Frauen in Philosophie und Wissenschaft. Women Philosophers and Scientists

Reihe herausgegeben von

Ruth Hagengruber, Paderborn, Deutschland

Women Philosophers and Scientists

The history of women's contributions to philosophy and the sciences dates back to the very beginnings of these disciplines. Theano, Hypatia, Du Châtelet, Lovelace, Curie are only a small selection of prominent women philosophers and scientists throughout history. The research in this field serves to revise and to broaden the scope of the complete theoretical and methodological tradition of these women.

The Springer Series Women Philosophers and Scientists provide a platform for scholarship and research on these distinctive topics. Supported by an advisory board of international excellence, the volumes offer a comprehensive, up-to-date source of reference for this field of growing relevance.

The Springer Series Women Philosophers and Scientists publish monographs, handbooks, collections, lectures and dissertations.

For related questions, contact the publisher or the editor.

Frauen in Philosophie und Wissenschaft

Die Geschichte der Philosophinnen und Wissenschaftlerinnen reicht so weit zurück wie die Wissenschaftsgeschichte selbst. Theano, Hypatia, Du Châtelet, Lovelace, Curie stellen nur eine kleine Auswahl berühmter Frauen der Philosophie- und Wissenschaftsgeschichte dar. Die Erforschung dieser Tradition dient der Ergänzung und Revision der gesamten Theorie- und Methodengeschichte.

Die Springer Reihe Frauen in Philosophie und Wissenschaft stellt ein Forum für die Erforschung dieser besonderen Geschichte zur Verfügung. Mit Unterstützung eines international ausgewiesenen Beirats soll damit eine Sammlung geschaffen werden, die umfassend und aktuell über diese Tradition der Philosophie- und Wissenschaftsgeschichte informiert.

Die Springer Reihe Frauen in Philosophie und Wissenschaft umfasst Monographien, Handbücher, Sammlungen, Tagungsbeiträge und Dissertationen.

Bei Interesse wenden Sie sich an den Verlag oder die Herausgeberin.

Advisory Board

Prof. Dr. Federica Giardini (Università Roma Tre)
Prof. Dr. Karen Green (University of Melbourne)
PD Dr. Hartmut Hecht (Humboldt Universität Berlin)
Prof. Dr. Sarah Hutton (University of York)
Prof. Dr. Katerina Karpenko (Kharkiv National Medical University)
Prof. Dr. Klaus Mainzer (Technische Universität München)
Prof. Dr. Lieselotte Steinbrügge (Ruhr-Universität Bochum)
Prof. Dr. Sigridur Thorgeirsdottir (University of Iceland)
Prof. Dr. Renate Tobies (Friedrich-Schiller-Universität Jena)
Dr. Charlotte Wahl (Leibniz-Forschungsstelle Hannover)
Prof. Dr. Mary Ellen Waithe (Cleveland State University)
Prof. Dr. Michelle Boulous Walker (The University of Queensland)

Kay Herrmann · Barbara Neißer
(Hrsg.)

Grete Henry-Hermann: Politik, Ethik und Erziehung

Texte zur Praktischen Philosophie sowie zu politischen und pädagogischen Fragestellungen

 Springer VS

Hrsg.
Kay Herrmann
Technische Universität Chemnitz
Chemnitz, Deutschland

Barbara Neißer
Köln, Deutschland

ISSN 2524-3640 ISSN 2524-3659 (electronic)
Frauen in Philosophie und Wissenschaft. Women Philosophers and Scientists
ISBN 978-3-658-43083-2 ISBN 978-3-658-43084-9 (eBook)
https://doi.org/10.1007/978-3-658-43084-9

Die Deutsche Nationalbibliothek verzeichnet diese Publikation in der Deutschen Nationalbibliografie; detaillierte bibliografische Daten sind im Internet über https://portal.dnb.de abrufbar.

Planung/Lektorat: Frank Schindler
Springer VS ist ein Imprint der eingetragenen Gesellschaft Springer Fachmedien Wiesbaden GmbH und ist ein Teil von Springer Nature.
Die Anschrift der Gesellschaft ist: Abraham-Lincoln-Str. 46, 65189 Wiesbaden, Germany

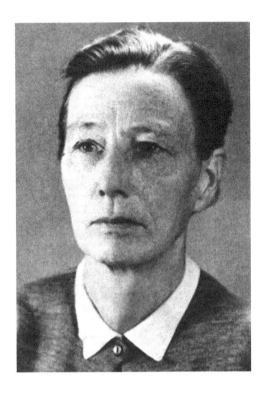

Quelle: Archiv der sozialen Demokratie der Friedrich-Ebert-Stiftung, 6/FOTA180872

Inhalt

Vorwort

Dieser Band enthält die politischen, ethischen und bildungspolitischen Schriften Grete Henry-Hermanns aus den Jahren 1945–1984, in denen sich ihre Arbeit vor allem auf folgende Bereiche konzentrierte: die Verbindung von Politik und Ethik, ihre pädagogische Tätigkeit sowie bildungspolitische Schriften.

Am Ende des Zweiten Weltkrieges lebte Grete Henry-Hermann wie viele ISK-Mitglieder in London. Ihr Interesse galt dem Aufbau einer freiheitlichen und sozial gerechten Gesellschaft im Nachkriegsdeutschland. Dazu hatte sie bereits vor 1945 mehrere Schriften verfasst, in denen sie die Bedeutung des ethischen Sozialismus hervorhob. Die kritische Philosophie von Kant, Fries und Nelson blieb für sie auch in der Nachkriegszeit die ethische Grundlage für eine demokratische, sozial gerechte Gesellschaft und für politisches Handeln. In ihrem umfangreichen Werk ‚Politik und Ethik' setzt sie sich mit anderen Ethikkonzepten (z. B. der empirischen Ethik und der christlichen Ethik) auseinander und zeigt deren Probleme auf, die sie als Grundlage für politisches Handeln fragwürdig machen. Als Grundlage für eine ethisch begründete Politik, für Rechtsstaatlichkeit und für eine verlässliche Vertrauensbasis der Bürger in die handelnden Politiker sieht sie die Ethik von Kant und Nelson. Dabei bemüht sie sich, die konkrete historische Situation 1945 und die Erfahrungen der Menschen in Deutschland mit dem Nationalsozialismus in ihre Überlegungen einzubeziehen. Der Erziehung und Bildung der Politiker in der neuen Gesellschaft misst sie eine wesentliche Rolle zu.

1946 kehrte Grete Henry-Hermann nach Deutschland zurück und ließ sich in Bremen nieder. Dort übernahm sie die Leitung der im Aufbau befindlichen Pädagogischen Hochschule und wurde deren Gründungsrektorin[1]. Denn nicht nur der Bildung und Erziehung der Politiker, sondern auch der Bildung und Erziehung der Lehrkräfte kam nach ihrer Überzeugung eine zentrale Rolle beim Aufbau der demokratischen deutschen Nachkriegsgesellschaft zu. Besonders wichtig war ihr dabei die Erziehung der Kinder zu Toleranz und Verständigungsbereitschaft mit

---

1 Kerstin, Friderike: Grete Henry-Hermann: Physikerin und Philosophin auf Augenhöhe mit den Großen. In: Buchelt, Andrea (Hg.): Katalog zur Ausstellung Frauen im Aufbruch. 100 Jahre bremische Wirtschafts- und Kulturgeschichte. Bremen 2011.

Andersdenkenden. Über diese Nachkriegsjahre schreibt ihre damalige Studentin
Ute Hönnecke:

> Grete Henry suchte nach Menschen, denen sie zutraute, dass sie verant-
> wortungsbewusste Lehrerpersönlichkeiten werden können in einer neuen
> Zeit mit einer zu errichtenden Demokratie.[2]

Ute Hönnecke hebt in ihren Erinnerungen vor allem die Offenheit, menschliche
Nähe und Glaubwürdigkeit ihrer damaligen Professorin hervor:

> Grete Henry war der Inbegriff von Toleranz und klarer Glaubwürdigkeit.
> Sie bildete uns durch ihr Vorbild. Sie war selbstbestimmt, vernünftig
> selbstbestimmt. Was für sie für richtig hielt, das tat sie auch. Sie sah, wo
> Hilfe nottat, war jederzeit gesprächsbereit und konnte ganz persönlich –
> wohlbedacht und tatkräftig – helfen, insbesondere in Fällen auch schüt-
> zend für einen eintreten.[3]

Mit ihren Studierenden übte sie das Denken in Sokratischen Gesprächen und
war offen für deren konkrete moralische Probleme in diesen schwierigen Jahren. Die
Bedeutung von Bildung und Erziehung für das Wirken von Grete Henry-Hermann
in der Nachkriegszeit muss hoch eingeschätzt werden. Neben ihrer Lehrtätigkeit
an der Pädagogischen Hochschule Bremen gründete sie dort die ‚Gewerkschaft
Bildung und Erziehung (GEW)‘, deren Pädagogische Hauptstelle sie leitete, und
engagierte sich darüber hinaus in verschiedenen Bildungsgremien. 1954 wurde sie
in den ‚Deutschen Ausschuss für das Erziehungs- und Bildungswesen‘ berufen. Die
Jahre in diesem Ausschuss und ihre Tätigkeit von 1954 bis 1960 waren für sie sehr
wichtig, vor allem der Austausch mit Kolleginnen und Kollegen unterschiedlicher
weltanschaulicher Positionen.[4]

In diesem Ausschuss setzte sie sich für eine demokratische Erziehung und für
Reformen der Schulstrukturen (Schülermitbestimmung und neue Lehr- und Lernformen) ein. Den Rahmenplan und die Empfehlungen des Ausschusses stellt sie

---

2 Hönnecke, Ute: Der heilige Improvisatius – Grete Henry-Hermann als Leiterin der
   Lehrerausbildung in der Nachkriegszeit. In: Susanne Miller/Helmut Müller (Hg.): In der
   Spannung zwischen Naturwissenschaft, Pädagogik und Politik. Zum 100. Geburtstag von
   Grete Henry-Hermann. Bonn 2001, S. 28.
3 Ebd., S. 29.
4 Miller, Susanne: Erinnerungen an Grete Henry-Hermann. In: Susanne Miller/Helmut
   Müller (Hg.): In der Spannung zwischen Naturwissenschaft, Pädagogik und Politik. Zum
   100. Geburtstag von Grete Henry-Hermann, S. 14.

in ihrem Beitrag ‚Neuordnung des Schulwesens' ausführlich dar. Da in der neuen Bundesrepublik die Bildungspolitik Ländersache war, wurden die Empfehlungen des Ausschusses von den Ländern jahrelang nicht berücksichtigt. Erst Mitte der 60er Jahre begannen einzelne SPD-regierte Länder mit der Reform des Schulwesens und griffen dabei auch auf die Empfehlungen des Ausschusses zurück.

Neben ihrer pädagogischen Tätigkeit engagierte sich Grete Henry-Hermann auch politisch: Sie war Mitglied der SPD und arbeitete ab 1957 im kulturpolitischen Ausschuss der SPD mit. Außerdem verfasste sie Beiträge für die SPD-interne Zeitschrift ‚Geist und Tat' und nahm über ihre enge Verbindung zu Willi Eichler Einfluss auf das Godesberger Programm der SPD von 1959. Nach den Erinnerungen von Susanne Miller trat sie vor allem für eine Öffnung der Partei für Intellektuelle und Bürger unterschiedlicher Weltanschauung ein und betonte die internationale Dimension des demokratischen Sozialismus.[5] Mit dem Thema des Godesberger Programms und den Grundwerten der sozialen Demokratie befasste sie sich auch in den Beiträgen ‚Grundwerte und letzte Wahrheiten' und in ihrem Vortrag ‚Grundwerte in der pluralistischen Gesellschaft', die in diesem Band enthalten sind.

1949 wurde die Philosophisch-Politische Akademie wiedergegründet. Ihre erste Vorsitzende wurde Minna Specht. Ihr folgte 1961 Grete Henry-Hermann, die die Philosophisch-Politische Akademie bis 1978 leitete und politische Tagungen unter dem Titel ‚Geist und Tat' sowie Sokratische Gespräche für Studierende, ehemalige ISK-Mitglieder und interessierte Bürger organisierte. In den 70er Jahren arbeiteten Minna Specht und Grete Henry-Hermann zusammen mit anderen Schülern Leonard Nelsons an der Herausgabe seiner gesammelten Schriften im Felix Meiner Verlag. Diese Aufgabe dauerte von 1970 bis 1977, und welche Anstrengungen damit verbunden waren, schildert Grete Henry-Hermann in dem Beitrag ‚Ceterum censeo', den sie zum 65. Geburtstag des Verlegers Richard Meiner schrieb.

Grete Henry-Hermann starb 1984 und posthum erschien 1985 im Felix Meiner Verlag ihr umfangreichstes Werk, eine kritische Auseinandersetzung mit Leonard Nelsons Begründung der Ethik unter dem Titel ‚Die Überwindung des Zufalls – Kritische Betrachtungen zu Leonard Nelsons Begründung der Ethik als Wissenschaft'. An dieser Schrift hat sie seit den 50er Jahren immer wieder gearbeitet, um die Kernaussagen der Ethik Nelsons herauszuarbeiten und ihre Begründung von den aus ihrer Sicht falschen Absolutheitsansprüchen zu befreien.[6] Diese Schrift wird in einem eigenständigen Band wiederveröffentlicht.

---

5   Ebd., S. 14 f.
6   Henry-Hermann, Grete: Die Überwindung des Zufalls – Kritische Betrachtungen zu Leonard Nelsons Begründung der Ethik als Wissenschaft. Hamburg 1985, Vorwort von Gustav Heckmann, S. XI–XX.

Gerade vor dem Hintergrund der aktuellen Debatte um die Unterscheidung zwischen einem (der Postmoderne zugeschriebenen) Werterelativismus und einem (neuerdings wieder im Rahmen des Neuen Realismus vertretenen) Wertuniversalismus erscheint der in ihrer Schrift ,Ethik und Politik' gegebene Hinweis wichtig, dass es auch bei unterschiedlichen Wertsystemen entscheidend darauf ankommt, nach gemeinsamen Interessen zu suchen, über die eine Verständigung möglich ist. Denn gerade wenn Wertesysteme als universal angesehen werden, wird tendenziell nur ein Dialog unter dem Primat eines dieser Wertesysteme zugelassen, was z. B. in der Auseinandersetzung zwischen Staaten mit gegensätzlichen Wertesystemen den Dialog prinzipiell verunmöglichen kann.

Die hier abgedruckten Texte wurden von Grete Henry-Hermann teilweise unter verschiedenen Namen veröffentlicht, z. B. als Grete Henry-Hermann oder nur als Grete Henry oder unter dem Pseudonym Peter Ramme. Auf die Wiedergabe der abweichenden Namen wurde hier verzichtet.

Eingeleitet wird der Band durch einen Beitrag von Jörg Schroth. Er setzt sich ausführlich mit Grete Hermanns Schrift ,Ethik und Politik' auseinander, die im Mittelpunkt des ersten Abschnitts steht. Darüber hinaus werden kleinere Schriften besprochen, die sich ethischen, politischen und pädagogischen Themen widmen.

Die Texte wurden unverändert übernommen. Ergänzungen, Korrekturen oder Streichungen der Autorin wurden übernommen. Bei Streichungen wird der ursprüngliche Text in arabischen Fußnoten angegeben. Auch Rechtschreibung und Zeichensetzung wurden weitgehend unverändert beibehalten. Lediglich bei offensichtlichen Schreibfehlern oder nicht gesetzten Satzzeichen wurden diese in eckigen Klammern korrigiert bzw. ergänzt (z. B. [.]). Unterstreichungen wurden durch Kursivschrift ersetzt. Die ursprüngliche Paginierung erscheint in Doppelstrichen (z. B. //133//). Fußnoten der Autorin wurden übernommen. Editorische Anmerkungen der Herausgeber werden als Fußnoten in arabischen Ziffern auf jeder Seite neu beginnend dargestellt. Anmerkungen der Herausgeber mit Kommentarcharakter erscheinen als Endnoten am Ende des jeweiligen Textes und sind im laufenden Text durch eckige Klammern (z. B. [1]) gekennzeichnet. Einige Texte enthalten Anmerkungen in Kurzschrift. Diese wurden in der vorliegenden Ausgabe nicht berücksichtigt.

An erster Stelle möchten wir uns bei Dieter Krohn bedanken. Dieter Krohn hat elf Texte aus seinem Privatarchiv für diesen Band zur Verfügung gestellt. Er ist ein profunder Kenner der Biographie Grete Henry-Hermanns und konnte unsere Arbeit durch wichtige Detailinformationen ergänzen. Ohne seine Hilfe wäre der vorliegende Band nicht möglich gewesen.

Wir danken allen, die zum Gelingen des Editionsprojekts beigetragen haben. Unser Dank gilt vor allem den Mitarbeitern des Archivs der sozialen Demokratie in Bad Godesberg, insbesondere der Leiterin Frau Anja Kruke, Herrn Olaf Guercke sowie Herrn Peter Pfister für die mühevolle Digitalisierung der Texte. Ein besonderer Dank gilt der Philosophisch-Politischen Akademie e. V., die dieses Projekt in Auftrag gegeben und finanziell unterstützt hat.

Für die mühevolle Gestaltung der Druckvorlage und das anschließende Korrekturlesen danken wir besonders Herrn Arnd Hartung und Frau Kira Just de la Paisières.

Für die Einräumung der Abdruckrechte von Nachlässen und Archivmaterialien danken wir folgenden Institutionen: Archiv der sozialen Demokratie der Friedrich-Ebert-Stiftung und Philosophisch-Politische Akademie e. V. Bonn.

Unser Dank gilt auch der Herausgeberin der Reihe ‚Frauen in Philosophie und Wissenschaft. Women Philosophers and Scientists‘, Frau Ruth Hagengruber, für die Gelegenheit, in dieser Reihe zu publizieren.

Besonders danken wir Herrn Schindler vom Verlag für Sozialwissenschaften im Springer Verlag für die hervorragende Betreuung des Buchprojektes.

Chemnitz, im Oktober 2023   Köln, im Oktober 2023

Kay Herrmann   Barbara Neißer

Einleitung: Ethik und Politik bei Grete Hermann

Jörg Schroth

Im Zentrum des vorliegenden Bandes steht die größere systematische Abhandlung, ‚Ethik und Politik‘. Sie ist von dem praktischen Interesse geleitet, „zur Not unserer Zeit Stellung zu nehmen und nach der Verantwortung der heute lebenden Menschen zu fragen, Schritte zur Ueberwindung dieser Not zu unternehmen." (S. 3) Die praktische Frage, welche politisch-pädagogischen Schritte zur Überwindung dieser Not notwendig sind, ist nicht mehr Gegenstand dieser Abhandlung. Sie soll vielmehr nur die philosophische Grundlage zur Bestimmung dieser Schritte liefern, das heißt, die „Ziele und Werte, an denen politisches Geschehen gemessen werden sollte" (S. 3), grundsätzlich klären.

Ausgangspunkt ist Henry-Hermanns Diagnose der „Not unserer Zeit", die sie darin sieht, dass die naturwissenschaftlichen und technischen Errungenschaften zugleich Fluch und Segen sind. Sie können zwar unser Leben „reicher, freier und leichter" (S. 5) gestalten, aber durch ihren Missbrauch auch größeres Unheil anrichten als alle Naturgewalten.

Zur Diagnose der Not gehört auch eine Diagnose der vernünftigen Reaktionsmöglichkeiten auf diese Not. Nach Henry-Hermann sind folgende Einsichten die Grundvoraussetzung für einen vernünftigen Umgang mit dem möglichen Missbrauch der menschlichen Errungenschaften:

1. Wie man dieses Unheil verhindern kann, ist keine technische Frage, sondern eine „Frage der Moral und einer an ihr orientierten Politik." (S. 6)
2. Es bedarf daher politischer Strategien und Entscheidungen, die an moralischen Maßstäben gemessen werden müssen (S. 7):

> Es kommt darauf an, die Errungenschaften der Technik in die Hände guter Menschen zu legen, in einem guten, sozial wohlgeleiteten Staat. Das Gleiche gilt für sonstige naturwissenschaftliche Entdeckungen, für volkswirtschaftliche Beziehungen, für die Kunst der Organisation. Es ist eine Frage der Moral und einer an ihr orientierten Politik, über ihre Anwendung zu wachen. (S. 6)

3. Man darf sich nicht der verbreiteten Illusion hingeben, dass es eine natürliche
   Harmonie der gesellschaftlichen Kräfte und Interessen gibt, sodass sich langfris-
   tig alles zum Guten entwickeln wird:

   > Das alte Vertrauen, das Generationen vor unserer Zeit beherrscht hat: im natürli-
   > chen Wechselspiel menschlicher und gesellschaftlicher Kräfte werde, im Grossen
   > und Ganzen gesehen und jedenfalls auf die Dauer, die Entwicklung aufwärts
   > führen, der Missbrauch wissenschaftlicher und organisatorischer Errungenschaf-
   > ten werde überwunden oder doch in engen Grenzen gehalten werden – dieses
   > Vertrauen hat sich als trügerisch, irreführend, falsch erwiesen. Es gibt keine
   > solche automatische Harmonie der Kräfte und Interessen in der menschlichen
   > Gesellschaft. (S. 7)

   Dieser Illusion erliegen nach Henry-Hermann sowohl die liberale Theorie als
   auch der Marxismus. (S. 7–9)

4. In dieser illusorischen Hoffnung kommt nach Henry-Hermann dennoch „etwas
   zum Ausdruck, was wir nicht preisgeben können, solange wir nach einem Ausweg aus den Katastrophen des 20. Jahrhunderts suchen wollen", nämlich der
   „Glaube an das Gute" (S. 9), der darin besteht,

   > dass man im gesellschaftlichen Leben aufwärts- und abwärtsführende Entwick-
   > lungen unterscheiden kann, und das heisst, Entwicklungen zu besseren und
   > solche zu schlechteren Verhältnissen, wobei sich dieses „besser" und „schlechter"
   > nicht auf die Interessen nur dieser oder jener gesellschaftlichen Klasse bezieht,
   > sondern eine objektive Wertung des Gesellschaftszustandes enthält. [Wir] set-
   > zen also einen Massstab des Guten voraus, der auf das gesellschaftliche Leben
   > anwendbar ist und nach dem [wir] den Gesellschaftszustand beurteilen. (S. 9)

5. Wenn wir die Illusion einer natürlichen Entwicklung zum Guten aufgeben, aber
   an dem Glauben an das Gute festhalten, müssen wir uns nach Henry-Hermann
   auf „ethische Ueberzeugungen und sittliche Kräfte" besinnen und im politischen Leben an sie anknüpfen. (S. 10)

6. Zwei Richtungen dieser Anknüpfung sind die empirische Ethik und die christliche Ethik. Beide sind jedoch keine geeigneten Methoden, um den Glauben an
   das Gute in der Gesellschaft praktisch umzusetzen.

   (a) Die empirische Ethik sucht nach sittlichen Kräften „in der menschlichen
       Natur und in den gesellschaftlichen Wechselwirkungen" (S. 10 f.):

   > Solche Tatsachenuntersuchungen zeigen, mit welchen Kräften und Widerständen
   > wir in Natur und Gesellschaft zu rechnen haben, und ob und mit welchen Mitteln
   > wir unsere Zwecke erreichen können. Sie sagen uns aber nicht, welche Zwecke
   > wir uns setzen sollten. Insbesondere enthalten sie keinen Grund, der Menschen
   > bewegen könnte, sich bessere Zwecke zu setzen oder für ihre guten Zwecke mehr

Opferbereitschaft aufzubieten als bisher. Die Not unserer Zeit aber liegt, wie wir gesehen haben, nicht darin, dass Menschen in der Wahl ihrer Mittel unsicher sind, sondern darin, dass sie es in der Wahl ihrer Zwecke an Verantwortungsbewusstsein fehlen lassen. (S. 14 f.)

(b) Die christliche Ethik sucht nach göttlichen Kräften und Werten (S. 11). Aber im „Vertrauen in eine übernatürliche Ordnung der Dinge, in Gottes Plan mit der Welt, dem sich der Mensch, im Gehorsam gegen Gottes Gebote, einfügen kann und soll", hat sie die realistische Haltung und die vor uns liegende Aufgabe preisgegeben:

> [Sie hat] die realistische Haltung preisgegeben, um die sich die Vertreter der empirischen Ethik mit Recht bemühen: sich die Ziele für das eigene Handeln in der Erfahrungswelt zu wählen, in der wir leben, und für die Erreichung dieser Ziele nur auf die in dieser Erfahrungswelt wirkenden Kräfte zu bauen. Wer als Politiker sich die christliche Ethik zur Richtschnur nimmt, orientiert sich an der Welt, an die er *glaubt*, nicht an der Natur, die er aus Erfahrung *kennt* und in der er *handeln* muss. (S. 26)
> Das Vertrauen für die Erfüllung der eigenen Aufgabe in übernatürliche Kräfte setzen, bedeutet in Wahrheit die Preisgabe dieser Aufgabe. Denn nur da machen wir uns im Ernst an eine Aufgabe, wo wir den eigenen Kräften und den Mitteln, über die wir verfügen, die Erreichung des Erstrebten zutrauen. (S. 11)

7. Aus diesen Betrachtungen ergibt sich nach Henry-Hermann eine Warnung vor zwei zu vermeidenden Gefahren (S. 32):
   – Den Boden der Erfahrung zu verlassen und auf übernatürliche Kräfte zu bauen.
   – Der Illusion anzuhängen, dass die gesellschaftlichen Kräfte „von sich aus schon zum Guten führen" werden.

Die wissenschaftliche, betrachtend-erklärende Betrachtungsweise des Geschehens in Natur und Gesellschaft bietet keinen Weg, diese Gefahren zu vermeiden und die Politik an ethischen Überzeugungen zu orientieren. Sie kann zwar die Not unserer Zeit erklären, aber keinen Ausweg daraus anbieten. Bleibt sie die einzige Betrachtungsweise, ist ein Ausweg durch die Besinnung auf die Ethik ausgeschlossen, weil es von den zufälligen Kräfteverhältnissen abhängt, wohin sich die Gesellschaft entwickelt. Dieser fatalistischen Sichtweise steht entgegen unser „Vertrauen, dass wir es dem Zufall entziehen können, wofür wir uns einsetzen" (S. 33):

> Jede besonnene Lebensäußerung stellt also wirklich einen andern Zusammenhang her, als es die kausal-naturgesetzliche Abhängigkeit einer Wirkung von ihren Ursachen ist. Jede besonnene Entscheidung ist durch Gründe bestimmt, und dieses Vermögen, sich im Denken und Handeln an Gründen zu orientieren, macht es uns möglich, dem Irrtum auszuweichen, die Wahrheit zu finden, Werte

zu schaffen und uns damit dem Zufall zu entziehen, den alle Naturgesetze offen
lassen: Es gibt keinen naturgesetzlichen Zusammenhang, nach dem die Wahrheit
ans Licht kommen und das, was gut ist, verwirklicht werden müsste; aber der
besonnen handelnde Mensch kann planmässig daran arbeiten, die Wahrheit zu
erkennen und das als gut Erkannte zu verwirklichen. (S. 33 f.)

Es gibt also nur einen Ausweg aus der Not unserer Zeit:
(i)   sich darauf zu besinnen; dass verantwortungsbewusste Menschen den beson-
      nenen Entschluss fassen können, es durch moralisch orientiertes Handeln dem
      Zufall zu entziehen, wohin sich die Gesellschaft entwickelt,
(ii) dahin zu arbeiten, dass dieser Entschluss gefasst wird und
(iii) diejenigen, die ihn gefasst haben, politischen Einfluss bekommen (S. 35).

Notwendig für diesen Ausweg ist ein „Massstab dessen, was gut ist für die
Gesellschaft" (S. 35), ein Maßstab in Form von Werten und Normen, den die
Ethik und philosophische Politik aufdeckt.

Zwei Schwierigkeiten gilt es dabei zu überwinden:
1. Vertragen sich die beiden Betrachtungsweisen?

> Verträgt sich die realistische Vorstellung, wonach im Naturgeschehen die stärkste
> Kraft den Ausschlag gibt – und zwar im politisch-gesellschaftlichen Geschehen
> so gut wie in Vorgängen der unbelebten Natur –, mit der Ueberzeugung, dass
> wir die politische Entwicklung in die Richtung lenken können, die wir für gut
> halten? (S. 36)

Hierauf antwortet Henry-Hermann:

> Wenn wir demnach hier auch nicht nachweisen konnten, wie naturgesetzliche
> Abhängigkeit und besonnene Wahl mit einander vereinbar sind, so ist doch
> klar, dass wir faktisch dauernd mit beiden Zusammenhängen rechnen und ohne
> Inkonsequenz die Möglichkeit, besonnen in den naturgesetzlichen Ablauf der
> Ereignisse einzugreifen, nicht leugnen können. (S. 38)

2. Wie können wir moralische Fragen entscheiden (und den Maßstab finden),
   wenn die empirischen Wissenschaften dazu nicht hinreichen und die Berufung
   auf eine göttliche Offenbarung nicht infrage kommt? (S. 38) Die Lösung
   hierfür sieht Henry-Hermann in Nelsons Methode der regressiven Abstraktion
   (S. 39 f.).

Im zweiten Teil ihrer Schrift ‚Ethik und Politik' will Grete Hermann Richtlinien
für die Politik finden, indem wir mit der Methode der Abstraktion unsere „eigenen
ethischen Vorstellungen [...] klären und auf die ihnen zu Grunde liegenden Wertüberzeugungen" zurückverfolgen (S. 42). Hierbei drängen sich zwei Fragen auf:

1. Die Frage nach dem Zweck, dem gemäß die Gesellschaft organisiert werden soll:

> Es ist die Frage, was im gesellschaftlichen Leben politisch gesichert werden sollte, nach welchem Massstab die bestehenden Verhältnisse beurteilt und politische Programmpunkte auf ihre Berechtigung und Dringlichkeit geprüft werden sollten. (S. 43)

2. Die Frage nach den menschlichen Beweggründen, sich für diesen Zweck einzusetzen und „den eigenen Willen unbeugsam auf die Durchführung dessen zu richten, was man als gut erkannt hat, ohne sich durch andere lockende Ziele ablenken oder durch Anstrengungen und Opfer abschrecken zu lassen" (S. 43):

> Was kann, bei besonnener Wahl, einen Menschen bestimmen, sich für diesen Zweck, die Besserung der gesellschaftlichen Zustände also, einzusetzen und um seinetwillen widerstreitende Wünsche und Ideale zurückzustellen, die ihn auf ein anderes Betätigungsgebiet locken? (S. 43)

Als Maßstab zur Beurteilung der politischen Verhältnisse und Ziele diskutiert Henry-Hermann drei Ideen: die Sicherung des Friedens, die Verwirklichung der Freiheit und die Gewährung gleicher Rechte für alle. (S. 45) Geklärt werden muss, wie sich die drei Ideen zueinander verhalten.

> Unter dem Eindruck der beiden Weltkriege wird begreiflicher Weise heute oft die Forderung, den Frieden zu sichern, in den Vordergrund gestellt. (S. 45)

Dennoch kann nach Henry-Hermann die Sicherung des Friedens nicht der oberste Wertmaßstab sein, denn:

> Den Frieden zu sichern, ist für sich nur ein negatives Ideal: Es verlangt die Ausschaltung des blossen Gewaltverhältnisses zwischen den Einzelnen und zwischen den Völkern. (S. 46)

Die Sicherung des Friedens ist daher nur eine Vorbedingung dafür, „dass das gesellschaftliche Leben überhaupt an Wertmasstäben orientiert wird" (S. 46) und nicht durch bloße Gewaltverhältnisse geregelt wird.

> Aber gerade weil es sich nur um eine *Vor*bedingung handelt, gibt das Ideal der Friedenssicherung selber keine Antwort auf die Frage, welches denn nun diese Wertmassstäbe sind, die, wenn der Friede gesichert ist, das Leben leiten sollten. (S. 46)

Was Henry-Hermann anschließend zur Sicherung des Friedens schreibt, klingt, als hätte sie es heute, nachdem Russland seit über einem Jahr einen Angriffskrieg gegen die Ukraine führt, verfasst:

> Wenn wir den Frieden deshalb suchen, weil er eine Bedingung dafür ist, dass in der Gesellschaft das Gute und Vernünftige geschieht, dann dürfen wir ihn nicht um jeden Preis erkaufen. Gerade heute, unter dem Eindruck der beiden Welt-kriege, hat sich bei vielen Menschen das Verständnis vertieft, dass der Sehnsucht nach Frieden nicht mit einer pazifistischen Gesinnung gedient ist. Friede, der erkauft ist durch kampfloses Zurückweichen vor Diktatoren, ist nicht die Vor-bereitung für ein vernünftiges Leben, sondern im Gegenteil die Einwilligung in ein blosses Gewaltverhältnis. Er ist daher auch nicht einmal *gesicherter* Friede, sondern führt dahin, Konflikte zu verschärfen und den Zündstoff für neue Kriege anzuhäufen. Es gibt also eine Grenze, über die hinaus die Wahrung des Friedens kein Ideal mehr ist, und diese Grenze ist wiederum bestimmt durch die Ideale, die im gesellschaftlichen Leben verwirklicht werden sollten. Denen gegenüber, die dieses Leben ihrer Willkür unterwerfen wollen, ist Kampf und Widerstand geboten. Erst wenn ihr Einfluss ausgeschaltet ist, kann der Friede dazu dienen, dass eine bessere Gesellschaftsordnung aufgebaut wird. (S. 46)

Die Verwirklichung der Freiheit, die zweite der drei genannten Ideen, kann nach Henry-Hermann ebenfalls nicht der oberste Wertmaßstab sein: Da es keine unbeschränkte Freiheit für alle geben kann, benötigen wir

> einen Massstab dafür, wie die Freiheitssphären der Einzelnen gegen einander abgegrenzt werden sollten. Und diesen Massstab finden wir nicht in dem Ideal der Freiheit, sondern in jener dritten Idee, [...], in der Forderung, rechtliche Zustände zu schaffen, oder, mit andern Worten, allen die gleichen Rechte zu gewähren. (S. 48)

Die Gewährung gleicher Rechte für alle hat daher Vorrang vor den anderen beiden Ideen und ist der oberste Wertmaßstab zur Beurteilung politischer Verhält-nisse und Ziele: Ein rechtlicher Gesellschaftszustand ist ein Zustand, in dem alle die gleichen Rechte haben, was heißt, dass alle den gleichen Anspruch auf Berücksich-tigung ihrer Interessen haben. Mit diesem Anspruch auf gleiche Interessenberück-sichtigung ist zwar noch kein Kriterium formuliert, wie zwischen widerstreitenden Interessen abgewogen werden soll, aber er reicht hin, um Vorrechte einzelner Personen und Personengruppen auszuschließen:

> Von einem solchen Vorrecht sprechen wir also da, wo im Konflikt der Interessen und Ansprüche, die des einen von vornherein als gewichtiger eingesetzt werden als die des andern. Von vornherein, das heisst: unabhängig vom Wert und der Dringlichkeit der Interessen selber, und also nur mit Rücksicht auf die Person dessen, der sie vertritt, mit Rücksicht darauf nämlich, ob er einer bestimmten, in dieser Gesellschaft ausgezeichneten Klasse, Rasse oder sonstigen herrschenden

Gruppe angehört. Gegen die Ungleichheit, die in einer solchen Bevorzugung
liegt, fordern wir einen Zustand der Gleichheit, in dem jedem die gleiche Chance
gegeben ist, seine Interessen zu befriedigen, jedenfalls soweit das von gesellschaftlichen Einrichtungen abhängt. (S. 50)

Um solche Bevorzugungen auszuschließen, wird der interpersonelle Interessenkonflikt als intrapersoneller Interessenkonflikt interpretiert, also die widerstreitenden Interessen als in einer Person vereinigt gedacht (S. 51 und 53). Offen
bleibt noch die Frage, wie zwischen widerstreitenden Interessen abgewogen werden
soll. Henry-Hermann geht zunächst nur auf die Schwierigkeiten der Abwägung
(§ 21) ein, die darin bestehen, „dass die vorliegenden Umstände nicht genau genug
bekannt sind" (S. 53) oder wir „die Wirkungen dieser oder jener Entscheidung
nicht mit Sicherheit voraussehen können" (S. 54). Ihre Lösung besteht in der
Pflicht „zu besonders sorgsamer Prüfung der vorliegenden Umstände" (S. 54)
sowie „nach bestem Wissen und Gewissen die möglichen Konsequenzen seines
Vorgehens gegen einander abzuwägen" (S. 55). Diese Schwierigkeiten sind
jedoch nur Schwierigkeiten in der Anwendung des Wertmaßstabes und keine des
Wertmaßstabes selbst. Eine solche Schwierigkeit des Wertmaßstabes selbst tritt
erst dort auf, wo „eine Unsicherheit bestehen bleibt, welches unter den betroffenen
Interessen vorzugswürdig ist, oder – wenn in der Abwägung Risiken berücksichtigt
werden müssen – ob das erstrebte Ziel ein solches Risiko wert ist" (S. 55). Da
die widerstreitenden Interessen als in einer Person vereinigt gedacht werden, ist
diese Unsicherheit eine „Unsicherheit über das, was in Wahrheit im eigenen Interesse liegt" (S. 56). Da „Richtlinien für den Politiker" (S. 56) gesucht werden,
führt dies zur Frage, von welchen gesellschaftlichen Bedingungen es abhängt, dass
Menschen ein Leben gemäß den eigenen wahren Interessen führen können. Die
Sicherstellung dieser Bedingungen ist die Richtlinie für die Politik und zugleich
der Rechtsanspruch der Menschen (S. 56 f.). Da Henry-Hermann oben schon
festgestellt hat,

frei zu sein, das eigene Leben so zu führen, wie man es für gut hält, ist selber
unmittelbar ein Wert (S. 49)

behauptet sie nun, dass es im wahren Interesse der Menschen liegt, frei zu sein.
Mit der Freiheit sind zwei Ansprüche verbunden, die schwierig miteinander zu
vereinigen sind: der Anspruch, „dass Menschen in Freiheit über ihr Leben verfügen können und sollten, und der, dass diese Entscheidung über die Gestaltung des
eigenen Lebens nicht der blossen Willkür überlassen, sondern von der Besinnung
geleitet sein sollte, wofür es wert sei zu leben" (S. 58). Da die Erfüllung dieser
Ansprüche auch von den gesellschaftlichen Bedingungen abhängt, ergibt sich als

der gesuchte Maßstab für die Politik das gleiche Recht für alle auf einen Zugang zu einem freien Leben:

> Da es im wahren [...] Interesse des Menschen liegt, frei zu sein, so fordert das Recht, dass der Zugang zu einem vernünftigen und selbsttätigen Leben jedem in der Gesellschaft in gleicher Weise offen steht, soweit das jedenfalls von gesellschaftlichen Bedingungen abhängig ist. (S. 58)

Damit ist gemeint:

> Freiheit von allen diesen Schranken [der gesellschaftlichen Verhältnisse], die den Weg zur vernünftigen Selbstbestimmung versperren; Freiheit für die eigene Besinnung auf das, was dem Leben Wert geben kann, und für die eigene Entscheidung, dieser Einsicht gemäss zu leben. Auf diese Freiheit hat jeder in der Gesellschaft das gleiche Recht, der sich ihrer nicht durch ein Verbrechen als unwürdig erwiesen hat. (S. 59)

Damit schließt Henry-Hermann die Beantwortung der oben genannten ersten Frage ab und widmet sich der zweiten Frage, der „ethische[n] Frage, ob Menschen einen verlässlichen Grund haben und finden können dafür, dass sie am Kampf für Frieden, Freiheit und Recht teilnehmen sollten" (S. 59). Wie viel dieser Kampf von den einzelnen Menschen verlangt, hängt ab von den politischen und sozialen Umständen.

> Dem Wechsel der Umstände kann nur eine lebendige Ueberzeugung gewachsen sein, die, in immer neuer Abwägung der jeweils gegen einander streitenden Ansprüche und Interessen, auf das eine Ziel zurückkommt, freie und rechtliche Verhältnisse zu schaffen. (S. 60)

Die Frage ist: „Finden wir eine solche Ueberzeugung in der eigenen Vernunft?" (S. 60). Für Henry-Hermann ist klar, dass „die Teilnahme am Kampf gegen das herrschende Unrecht jeder anderen Aufgabe, die Menschen sich setzen können, vorgeht (S. 62). Es wäre Selbsttäuschung, „die Frage nach dem Sinn des eigenen Lebens loslösen zu wollen von der nach dem öffentlichen Leben" (S. 61).

Diejenigen, die nicht an dem Kampf gegen das Unrecht teilnehmen und der Forderung, in diesen Kampf zu ziehen, andere Forderungen (z. B. für die Familie zu sorgen, künstlerische und wissenschaftliche Projekte zu vollenden) entgegensetzen, haben nach Henry-Hermann die widerstreitenden Forderungen nicht wirklich abgewogen und den Wert der „altbewährten Güter und Werte des Lebens" (S. 61) nicht in Relation gesetzt zur Dringlichkeit der Forderung, sich dem Kampf gegen das herrschende Unrecht anzuschließen (S. 62). Gegen diese Haltung findet sie deutliche Worte:

> Aber muss er sich auf den Kampf mit ihnen einlassen? Immer wieder haben Menschen, die über den Charakter der Naziherrschaft durchaus klar waren, versucht, trotzdem das eigene Leben aus den politischen Wirren herauszuhalten, um Werten nachzugehen, die ihnen vom gesellschaftlichen Geschehen unabhängig schienen. Das wissenschaftliche Institut, in dem sie arbeiteten, künstlerische Werke, denen sie sich widmeten, persönliche Beziehungen zu Familie und Freunden wurden zu einer Insel im politischen Geschehen, auf der sie sich vor dessen Gefahren sicher und von dessen Anforderungen unbelästigt fühlten. Gegen diese Haltung, draussen bleiben zu wollen aus dem, was das gesamte gesellschaftliche Leben bedroht, wendet sich das Gefühl derer, die die Ansprüche ihres Lebens an diesem grösseren Geschehen überprüft haben. Die scheinbare Unabhängigkeit solcher Inseln ist nur vorgetäuscht. Die Pflege von Kunst und Wissenschaft oder von relativ freien menschlichen Beziehungen, die hier möglich ist, hat dazu beigetragen und ist dazu missbraucht worden, die Umwelt über die Zustände der ganzen Gesellschaft irrezuführen. Wer im III. Reich lebt oder sich sonstwie mit ihm abfindet, sich aber von den politischen Vorgängen um ihn herum absperrt, um sich mit andern, an sich schönen und würdigen Gegenständen zu befassen, deckt dieses System mit seinem Namen und dem seiner Arbeit. Es gibt keine Neutralität gegenüber dem rechtlichen und kulturellen Niedergang im öffentlichen Leben. Wer ihm nicht entgegentritt, hat teil an ihm. Was er im übrigen an Schönem und Gutem schaffen mag, ist entwertet durch diesen Anteil am gesellschaftlichen Unrecht, mit dem es belastet ist. (S. 62)

Auf die Frage, wie diese Forderung, im Kampf gegen das herrschende Unrecht teilzunehmen, vereinbar ist mit dem „Ideal der Freiheit, nach dem jeder selber besonnen die ihm angemessenen Ideale und Zwecke im Leben finden sollte" (S. 62 f.), gibt Henry-Hermann eine klare Antwort: Das Ideal der Freiheit wird eingeschränkt durch den „Gedanken des Rechts":

> Wer unter Berufung auf das Ideal der Freiheit sich persönlich herauszuhalten sucht aus dem Chaos und Unrecht, das um ihn herum überhand nimmt, willigt faktisch in diesen Zustand ein. Denn er duldet ihn. Und zugleich verweigert er denen die Solidarität, die unverschuldet unter dem Unrecht leiden, und denen, die sich bemühen, menschenwürdige Bedingungen herzustellen. Sie alle aber sind darauf angewiesen, dass ihnen Solidarität entgegengebracht wird. Es ist also der Gedanke des Rechts, der dem unbeschränkten Gebrauch der eigenen Freiheit entgegentritt. (S. 63)

Nach Henry-Hermann kann sich die vernünftige Selbstbestimmung diesem
Gedanken nicht verschließen. Daher führt die

> eigene Auseinandersetzung mit dem, was die Not unserer Zeit von uns fordert,
> [...] ernsthaft zu Ende gedacht, dahin, den Sinn des eigenen Lebens darin zu fin-
> den, dass es teilnimmt an dem Bemühen, diese Not zu überwinden und also die
> Beziehungen der Menschen und der Völker zu einander rechtlich zu gestalten.
> (S. 63)

Jedem Menschen ist also „die Einsicht zugänglich [...], dass sein eigenes wahres
Interesse von ihm die Teilnahme an solchen Bemühungen fordert" (S. 63).

Dies drängt die Frage auf, warum es dann nicht gelingt, die Menschen durch
bloße Aufklärung über dieses Interesse zur Teilnahme am Kampf gegen Not und
Unrecht zu bewegen (S. 63). Mit dieser Frage beschäftigt sich Henry-Hermann
in §§ 24 und 25, wo sie schließlich die Forderung und Bedeutung der politischen
Erziehung betont:

> Die politische Erziehung wendet sich [...] nicht an alle Menschen und ist kein
> Ersatz für den politischen Kampf. Sondern sie wendet sich an die, die den gege-
> benen Umständen nach am meisten bereit und in der Lage sind, den politischen
> Kampf für Frieden, Freiheit und Recht aufzunehmen. Ihnen soll sie dazu helfen,
> den Anforderungen dieses Kampfes gewachsen zu sein und, in immer erneuter
> Auseinandersetzung mit den auftauchenden Konflikten und Aufgaben, die Fes-
> tigkeit zu gewinnen, ihrem Ziel treu zu bleiben. (S. 65)

Äußerst interessant sind § 26 „Ziel und Mittel" und § 27 „Die Rechtfertigung politischer Mittel", in denen es um die Frage geht, welche Mittel im politischen Kampf
„für die Verwirklichung von Recht, Frieden, Freiheit" (S. 68) moralisch erlaubt
sind. Sind gemäß der Maxime „Der Zweck heiligt die Mittel" alle Mittel erlaubt? Manche werden vielleicht erstaunt darüber sein, dass Henry-Hermann dieser Maxime im
Grunde (mit einer Einschränkung, S. 74 f.) zustimmt:

> Es ist rechtlich geboten, in der Gesellschaft einen Rechtszustand anzustreben und zu
> sichern. Wo diese Forderung in Konflikt gerät mit irgend welchen anderen mensch-
> lichen Ansprüchen, Wünschen oder Idealen, gebührt ihr daher der Vorrang. Darum
> ist kein Preis zu hoch, der um dieses Zieles willen gezahlt werden muss.
> Damit erkennen wir den Grundgedanken an, auf den die Maxime vom Zweck,
> der die Mittel heiligt, gewöhnlich gestützt wird: Der Zweck, mit dem wir es hier
> zu tun haben, ist rechtlich notwendig und darum wichtiger als irgend welche kol-
> lidierenden Interessen. Denn – das ist die entscheidende Ueberlegung, auf die wir
> hier immer wieder zurückkommen müssen – kein Interesse ist berechtigt, das
> nur befriedigt werden kann durch ein Festhalten an gesellschaftlichem Unrecht.
> (S. 74)

Henry-Hermanns tiefgründige Überlegungen, die sie zu dieser Antwort führen, können hier nicht im Einzelnen nachgezeichnet werden. Sie sind aufschlussreich auch für die Frage, inwiefern Nelsons Ethik als deontologisch oder konsequentialistisch interpretiert werden kann.

Neben der umfangreichen Abhandlung ‚Politik und Ethik' enthält der Band einige kleinere Schriften.

In ‚Angewandte Ethik' setzt sich Henry-Hermann mit Herrmann Steinhausens Buch *Die Rolle des Bösen in der Weltgeschichte* auseinander und weist dessen religiöse Betrachtungsweise zugunsten von Nelsons realistischer Betrachtungsweise zurück: Während die religiöse Ethik bei „einer Pflege der Gesinnung" (S. 85) stehen bleibt, ist Nelsons Ethik dafür da, angewandt zu werden.

In ‚Ethik und Sozialismus' (1947) nimmt Henry-Hermann den Gedanken wieder auf, dass wir es nicht dem Zufall, dem „blinden Kampf der gesellschaftlichen Kräfte" (S. 90) überlassen müssen und dürfen, in welche Richtung sich die menschliche Gesellschaft entwickelt. Ebenso, wie wir mit Physik und Technik die Naturkräfte zu beherrschen und nutzen lernten, können wir auch die gesellschaftlichen Kräfte beherrschen und durch eine geeignete Politik die menschliche Gesellschaft „aus dem Zyklus von Kriegen und Krisen" herausführen:

> Das wäre eine Politik, die sich nicht an den Sonderinteressen dieser oder jener Gruppe orientiert, sondern die in ihrer Zielsetzung und in der Wahl ihrer Mittel die Wirkungen auf alle davon Betroffenen in Rücksicht zieht. Es wäre eine Politik, der grundsätzlich jeder müßte zustimmen können, der mit offenen Augen und gutem Willen nach dem sucht, was für die politische Ordnung der menschlichen Gesellschaft das Gute und Rechte ist. Eine solche Politik muß demnach in Theorie und Praxis auf ethischen Ueberzeugungen beruhen – eben auf einer wohlbegründeten Ueberzeugung von dem, was für die politische Ordnung der menschlichen Gesellschaft das Gute und Rechte ist. (S. 90)

Die Frage ist, „ob der Sozialismus als politische Lehre uns die Grundlagen und Richtlinien für eine solche Politik bietet", und, falls dies der Fall ist, wie man „im Neuaufbau des politischen Lebens die Richtlinien" anwenden kann (S. 90 f.). In dem Aufsatz formuliert Henry-Hermann fünf Schwierigkeiten mit dieser Idee des Sozialismus (und weist auf mögliche Lösungen hin):

1. „Wie soll es [...] auf die Frage nach dem, was gut und recht für die menschliche Gesellschaft ist, eine objektive, für alle richtige Antwort geben?" (S. 91)
2. „Bedeutet nicht jede Festlegung auf einen objektiven und damit endgültigen rechtlichen Maßstab eine Vergewaltigung des gesellschaftlichen Lebens? [...] Wollte man die Beziehungen der Menschen zueinander nach einem unabänderlichen Schema regeln, dann würde man Einrichtungen und Gesetze, die vielleicht unter bestimmten Verhältnissen angebracht waren und als wohltuend

empfunden wurden, beibehalten, auch wenn diese Verhältnisse längst nicht mehr vorliegen." (S. 92)

3. Die dritte Schwierigkeit betrifft die Frage, ob und wie die abstrakte Forderung nach Gleichheit „uns dazu verhelfen kann, konkrete politische und gesellschaftliche Konflikte gerecht zu entscheiden. Ist sie dazu nicht viel zu vage? Sie schließt gesellschaftliche Privilegien aus, aber was heißt das konkret, wenn etwa Fragen wie die nach der Freiheit der Presse, nach der Höhe gerechter Löhne, nach staatlichen Aufwendungen für kulturelle oder für soziale Forderungen zur Entscheidung stehen?" (S. 93)

4. Die entscheidende Schwierigkeit ist, „wie eine politische Arbeit aufgebaut werden kann, die mit der Anarchie der politischen Zielsetzung Schluß macht, die sich also nicht an den Sonderinteressen dieser oder jener Gruppe orientiert, sondern an diesen Ideen der Gleichheit und Freiheit, und der darum jeder, der mit offenen Augen und gutem Willen nach dem Rechten fragt, zustimmen könnte, und hier stehen wir wohl vor der tiefsten Schwierigkeit: Wo finden wir die Menschen, die diese politische Arbeit aufbauen können und wollen, ohne sich durch widerstreitende persönliche Interessen oder durch irgendwelche Sonderinteressen ihrer Klasse, ihrer Partei, ihres Volkes davon abdrängen zu lassen? Ist so etwas überhaupt möglich?" (S. 94)

In ‚Die Lehre vom Recht' (1948) erörtert Henry-Hermann kurz anlässlich eines rechtsphilosophischen Buches den Unterschied zwischen geltendem und richtigem Recht.

‚Zur Entwicklung und Begründung ethischer Überzeugungen' (1968) untersucht die Rolle der Verhaltensforschung für die Kritik der praktischen Vernunft und ergänzt den 1973 erschienenen Aufsatz ‚Die Bedeutung der Verhaltensforschung für die Kritik der Vernunft' (in: Grete Henry-Hermann: *Philosophie – Mathematik – Quantenmechanik. Texte zur Naturphilosophie und Erkenntnistheorie, mathematisch-physikalische Beiträge sowie ausgewählte Korrespondenz aus den Jahren 1925 bis 1982*, hrsg. von Kay Herrmann, Wiesbaden 2019, S. 417–432).

In ‚Ethik und Politik. Nelson zum 90. Geburtstag' (1972) erläutert und verteidigt Henry-Hermann Willi Eichlers Einschätzung, „dass sich schließlich als das Ueberragende seiner [Nelsons] gewaltigen Gesamtleistung seine Bemühungen herausstellen werden, Ethik und Politik theoretisch und praktisch miteinander zu verbinden." Die theoretische Verbindung von Ethik und Politik, also die Verbindung der in der Ethik begründeten Ideale – die viele für weltfremd halten mögen – mit den Realitäten der Politik, besteht in der Kombination eines „die Realitäten nicht verkennenden Idealismus" mit einem „politischen Realismus", womit man begründen kann, (i) dass eine Politik der Kompromisse notwendig ist zur Verwirklichung der Ideale und (ii) bestimmen kann, unter welchen Umständen Kompromisse als

Mittel zur Annäherung an die Ideale abzulehnen oder geboten sind. Die praktische Verbindung von Ethik und Politik erfolgt schlicht durch die Anerkennung, dass es unsere Pflicht ist, die theoretischen Erkenntnisse der Ethik im persönlichen und öffentlichen Leben zur Richtschnur zu nehmen.

In ‚Erziehung in der sozialen Demokratie' (1954) widmet sich Henry-Hermann der Frage nach dem Ziel der Erziehung. Dass „die Not unserer Zeit [...] uns dazu [nötigt], dem Anliegen der Erziehung unsere besondere Aufmerksamkeit zuzuwenden" (S. 145) war schon ein Ergebnis der Schrift ‚Ethik und Politik'. Ausgehend davon, dass man die Aufgabe der Erziehung vom Kind her und von der Gesellschaft her betrachten kann, fragt sie,

> welche Haltung in einer nach den Ideen der sozialen Gerechtigkeit und der Demokratie geordneten Gesellschaft vom Staatsbürger gefordert und welche Freiheit der eigenen Entfaltung und Betätigung ihm in ihr gegeben werden sollte. (S. 146)

Die geforderte Haltung ist die demokratische Haltung, die „soziales Verantwortungsbewusstsein", „die innerlich freie und selbständige Stellungnahme des einzelnen" und „Verständigungsfähigkeit und Verständigungsbereitschaft" (S. 147) verlangt. Als Ziel der Erziehung formuliert Henry-Hermann schließlich:

> die Aufmerksamkeit zu lenken auf die Notwendigkeit, den Menschen zur innerlich freien und würdigen Gestaltung des eigenen Lebens zu bilden, und diese Freiheit doch zu verstehen als die bewußte Anerkennung und Aufnahme von Verantwortung und sittlicher Bindung. (S. 147)

In ‚Gespräch zwischen Nord und Süd über die Schulreform' (1950) berichtet Henry-Hermann über eine Tagung zur Reform des deutschen Schulsystems, auf der verschiedene Schulversuche vorgestellt und diskutiert wurden. Leitend für all diese Versuche muss „die Aufgabe der Erziehung zum demokratischen Menschen" sein: (S. 153)

> Wenn wir das Erziehungsziel, das uns hier vorschwebt, genauer zu bestimmen suchen, so ergeben sich im Wesentlichen drei Merkmale:
> 1. Dieser „demokratische Mensch" steht aktiv und verantwortlich im öffentlichen Leben,
> 2. seine verantwortliche Teilnahme beruht auf eigenem kritischem Denken und eigener sittlich-sozialer Entscheidung – nicht auf blinder Gleichschaltung mit irgend einer herrschenden Strömung,
> 3. er ist trotzdem auch da, wo er durch diese Haltung in Gegensatz zu seiner Umwelt gerät, zur offenen und toleranten Auseinandersetzung bereit und fähig, wird also Meinungsverschiedenheiten und Konflikte zwar ernstnehmen und ansprechen, sie aber, soweit es an ihm liegt, auf dem Weg der Verständigung austragen.

In ‚Neuordnung des Schulwesens' (1959) verteidigt Henry-Hermann einige Aspekte des von ihr mitverfassten „Rahmenplans zur Umgestaltung und Vereinheitlichung des allgemeinbildenden öffentlichen Schulwesens". Insbesondere verteidigt sie die umstrittene Idee der „Studienschule", deren Aufgabe es ist, „Schüler in besonderem Maße zu den geschichtlichen Quellen unserer Kultur zu führen" (S. 177),

> um im Ganzen unseres Volkes die Beziehung zu den Quellen unserer Kultur, die aufgeschlossene und kritische Auseinandersetzung mit dem, was die Vergangenheit uns zu sagen hat, wach und lebendig zu erhalten. Ohne die Pflege und Bewahrung dieser geschichtlichen Tiefendimension gerät unser schnelllebiges Geschlecht in die Gefahr der Verflachung und Zersplitterung. Nicht darauf kommt es an, daß jeder Gebildete den Rückgang zu den Quellen der Kultur selber vollzieht, wohl aber darauf, daß im Ganzen des Volkes eine, wenn auch zahlenmäßig nicht große Gruppe, in dieser Beziehung zur Ueberlieferung den Schwerpunkt der eigenen Bildung findet. Diesem Anliegen unserer Zeit soll die Studienschule dienen. (S. 178)

‚Toleranz, Erziehung zur Toleranz, religiöse Erziehung' (1951) enthält „Thesen der Pädagogischen Hauptstelle der Arbeitsgemeinschaft Deutscher Lehrerverbände" zur Frage: „Welche Anforderungen an die Erziehung ergeben sich aus der Tatsache, daß unsere Kinder in eine weltanschaulich und politisch zerrissene Umwelt hineinwachsen?" (S. 185) Die grundsätzliche Antwort auf diese Frage – vor dem Hintergrund der Verantwortung der Erziehenden

> gegenüber dem Recht des Kindes, seinem Recht, hineinzuwachsen in die Aufgaben des Lebens, praktisch geschult, sie zu meistern mit dem klaren Blick für die unsere Zeit durchziehenden Gegensätze, mit Kraft und Mut zu eigener Stellungnahme, mit Aufgeschlossenheit und Bereitschaft zur Verständigung auch mit dem Andersdenkenden (S. 186) –

ist die Forderung einer Erziehung zur Toleranz und Demokratie. (S. 185)

In ‚Erziehung und Leistung in der Schule' (1951) geht Henry-Hermann davon aus, dass auch die Hochschulen eine Erziehungsaufgabe haben:

> Es geht in Schule und Hochschule gerade heute vordringlich um die Erziehung der ihnen anvertrauten Menschen. (S. 193)

Obwohl man heute nicht mehr von einem Erziehungsauftrag der Hochschulen sprechen würde, ist das, was Henry-Hermann darunter versteht, aktueller denn je:

> Wir leben in einer Zeit der Krisen und Katastrophen. Sie zu überwinden, ist kein nur politisch-organisatorisches oder wirtschaftliches Problem. Es ist auch keine Aufgabe, die diplomatischen Verhandlungen überlassen bleiben darf. In der Breite unseres Volkes muss Verständnis und Verantwortung für das Geschehen der Zeit wachsen, gegründet auf die eigene Fähigkeit, kritisch Stellung zu nehmen und sich nicht durch Propaganda, Massensuggestion und politischen Druck beirren zu lassen, gegründet aber auch auf der Aufgeschlossenheit auch dem Andersdenkenden gegenüber, Gegensätzen und Konflikten weder skeptisch-relativistisch auszuweichen, noch sie nur durch Gewalt zu lösen, sondern in echter Toleranz das ehrliche Anliegen auch beim anderen zu sehen und Gegensätze fruchtbar zu machen. (S. 193 f.)

Die Erziehungsaufgabe in Schulen und Hochschulen ist nach Henry-Hermann unlösbar verknüpft mit der Aufgabe der Leistungssteigerung, die der „Entfaltung und Stärkung aller Kräfte des Kindes [dient], die es im Kampf des Lebens leistungsfähig machen" (S. 194), und die nicht durch ein „Nützlichkeitsdenken" auf die Vermittlung von Kenntnissen und Fertigkeiten eingeschränkt werden darf.

In ‚Vertrauen und Kritik im menschlichen Erkennen' (1958) diagnostiziert Henry-Hermann zunächst, dass durch den technischen Fortschritt

> das innere und äußere Gleichgewicht im Leben der Menschen labil geworden ist: für die ganze menschliche Gesellschaft durch drohende Katastrophen, die wenn sie eintreten, das, was der Mensch im Lauf seiner Geschichte aufgebaut und entwickelt hat, in einem bisher nie erreichten Maß vernichten werden; für den Einzelnen, der in der durchtechnisierten Gesellschaft in die Rolle des bloßen Funktionärs gedrängt zu werden droht, der sich selber weithin nur als Rädchen in einem großen Mechanismus empfindet und damit in seinem Menschsein gefährdet ist. (S. 197)

Damit verbunden ist eine „tieferliegende Unsicherheit […] gegenüber den Fragen nach dem, was wahr ist und nach dem, was zu tun gut ist", die daraus resultiert, dass das naturwissenschaftliche Denken „den Menschen kritisch gemacht" hat gegenüber den geschichtlich überlieferten Antworten auf diese Fragen.

> Kritik aber, wenn sie zu neuer Sicherheit führen soll, braucht einen Ausgangspunkt, dem wir vertrauen können. In dieser Wechselbeziehung zwischen Kritik und Vertrauen aber scheint mir das innere Gleichgewicht der Menschen unserer Zeit weithin gestört zu sein. (S. 198)

Nach Henry-Hermann können uns drei Erfahrungen der Geschichte der physikalischen Forschung helfen, „diese Störung zu verstehen":

> Worin liegt ihre *Bedeutung für unsere Zeit*, die daran leidet, dass wir es in der
> äußeren Beherrschung der Natur sehr weit gebracht haben und gerade dadurch
> in die Gefahr geraten sind, dass die vom Menschen geschaffene Technik nun
> ihrerseits den Menschen beherrscht und bedroht? Ich glaube, dass eine der
> Ursachen – und gewiss nicht die einzige! – darin liegt, dass das Wesen naturwis-
> senschaftlichen Erkennens missverstanden worden ist […]: Die Ueberschätzung
> der Naturwissenschaft, die eine Weltanschauung aus ihr machte. In der galten
> dann nur die Kategorien der Physik: Materie und Kausalität. Für die Frage nach
> Sinn und Wert menschlichen Tuns blieb faktisch kein Platz. Das in dieser Weise
> überschätzte naturwissenschaftliche Denken diskreditierte die Bemühungen, die
> der schnell wachsenden Menge an naturwissenschaftlichem Wissen und techni-
> schen Können hätten die Waage halten sollen: die sich mit dieser Erweiterung
> menschlichen Wissens und Könnens ergebenden Möglichkeiten, das Leben
> des einzelnen und die gesellschaftlichen Verhältnisse zu wandeln, kritisch auf
> ihren Wert für das menschliche Leben zu durchdenken, statt sich vorwiegend
> beeindrucken zu lassen von der Größe und Neuigkeit der technischen Errungen-
> schaften. (S. 207)

Die Überschätzung der Naturwissenschaft wurde zwar überwunden, aber:

> An die Stelle dieser Ueberschätzung und Verabsolutierung unserer Naturer-
> kenntnis traten nun weithin Auffassungen, die, streng genommen, auf den
> Erkenntnisanspruch der naturwissenschaftlichen Forschung überhaupt verzich-
> teten und ihre Bedeutung nur noch darin sahen, dass sie uns Mittel in die Hand
> gibt, unsere Umwelt zu beeinflussen. Mit der Preisgabe der Frage nach dem, was
> wahr ist, aber verlor auch die nach Wertmaßstäben für das menschliche Tun ihre
> Bedeutung. (S. 208)

In ‚Was leistet die Psychologie für die Erziehung' (1982) setzt sich Henry-Hermann mit der Frage auseinander, ob die Bestimmung des Ziels der Erziehung der
Psychologie oder der Ethik zukommt. Diese Frage ist nicht schon beantwortet
durch den Verweis darauf, dass das Urteil über das Erziehungsziel ein Werturteil
ist und daher nur in der Ethik begründet werden kann, da dies die Befürchtung
weckt, dass die Ethik ein Erziehungsziel formuliert, das nicht durch die Psychologie dahingehend überprüft wurde, ob es der Natur des zu erziehenden Menschen
entspricht. Es bedarf daher einer differenzierteren Betrachtung des Verhältnisses
von Psychologie und Ethik.

‚Grundwerte in der pluralistischen Gesellschaft' widmet sich der Frage, wie es
möglich ist, dass Menschen mit grundverschiedenen Überzeugungen und Weltanschauungen sich dennoch im Dialog miteinander über konkrete Probleme miteinander verständigen und Lösungen finden können.

‚Bemerkungen zu Nelsons Politik' (1964, verfasst zusammen mit Susanne Miller) enthält einige Kritikpunkte an Nelsons erfahrungsunabhängigen Aufbau seiner Politik.

Die Schrift ‚ „Grundwerte" und „letzte Wahrheiten". Zwei Grundentscheidungen und ihre Problematik' (1969) beleuchtet den philosophischen Hintergrund der beiden Grundentscheidungen des Godesberger Programms der SPD: Entwicklung „seine[r] Forderungen aus Grundwerten, die alle Menschen ansprechen und für alle gültig sind" sowie „neutral gegenüber den widerstreitenden Weltanschauungen der pluralistischen Gesellschaft" zu sein (S. 239). Die Schrift lässt sich lesen als ein Bekenntnis zu der später von John Rawls vertretenen Auffassung, dass wir zwischen Vorstellungen des Rechten und Vorstellungen des Guten unterscheiden müssen, dass wir hinsichtlich der Vorstellungen des Guten das Faktum des Pluralismus hinnehmen müssen, wir uns aber dennoch auf eine gemeinsame Vorstellung des Rechten einigen und darauf eine gerechte Gesellschaft errichten können.

‚Nelson, Leonard (1882–1927)' ist der Eintrag in der 1967 von Paul Edwards herausgegebenen mehrbändigen ‚Encyclopedia of Philosophy'. (In der 1998 von Edward Craig herausgegebenen ‚Routledge Encyclopedia of Philosophy', die die ältere Enzyklopädie als Standardnachschlagewerk ablösen sollte, gibt es leider keinen Eintrag mehr zu Leonard Nelson.)

In ‚Leonard Nelson, der Philosoph und Vegetarier' (1978) berichtet Henry-Hermann über ihren Weg zur Vegetarierin: Gegenüber Nelsons abstrakter Ableitung des Vegetarismus aus dem Gebot der Gerechtigkeit blieb sie lange skeptisch, denn sie „fand den Weg nicht zur eigenen Überzeugung, die auch das Gefühl erfaßt und die Sicherheit gibt, mit den eigenen Gedanken auf dem richtigen Weg zu sein" (S. 266). Erst durch den „Verdacht, daß Sicherheit und Überzeugung vielleicht nur darum fehlten, weil es mir gar so greulich war, mich in meiner Lebensweise auf Grund eines moralischen Urteils von meiner Umwelt abzuheben und im Zusammenleben mit anderen für mich vegetarische Kost und somit Sonderregelungen zu verlangen" (S. 266), und einen anschließenden vegetarischen Selbstversuch gelang es ihr, die „quälende Diskrepanz zwischen Gefühl und Reflexion" (S. 267) aufzulösen.

In ‚Recht und Unrecht in der Beziehung zu Mensch und Tier' (1982) erinnert Henry-Hermann anlässlich des 100. Geburtstages von Nelson an dessen Begründung der Rechte von Tieren sowie der Anwendung des Abwägungsgesetzes auf Tiere.

In ‚Ceterum censeo. Bemerkungen zu Aufgabe und Tätigkeit eines philosophischen Verlegers' (1983) berichtet Henry-Hermann über die Veröffentlichung von Nelsons ‚Gesammelte Schriften' im Felix Meiner Verlag.

Henry-Hermanns Schriften in Band 2 beschäftigen sich mit ethisch-politischen Fragen auf der Grundlage von Leonard Nelsons Ansichten, ohne diese selbst explizit zu thematisieren oder zu hinterfragen. Die kritische Auseinandersetzung mit Nelsons Auffassungen zur Ethik erfolgt in Band 3, welcher den gesamten Text des 1985 erschienenen Buches ‚Die Überwindung des Zufalls. Kritische Betrachtungen zu Leonard Nelsons Begründung der Ethik als Wissenschaft' enthält sowie ergänzend die kurze Schrift aus dem Nachlass ‚Zur Begründung der Ideallehre'. Eine ausführliche Einführung zu Henry-Hermanns scharfsinnigen Betrachtungen zu Nelson findet sich in Gustav Heckmanns Vorwort.

Während Band 3 vor allem diejenigen gewinnbringend lesen können, die an einer äußerst diffizilen akademischen Auseinandersetzung mit Nelsons Werk interessiert sind, bieten die Schriften in Band 2 eine für alle an ethisch-politischen Fragen Interessierten eine zum Nachdenken anregende Lektüre, die nichts an Aktualität verloren hat.

Jörg Schroth

Abschnitt I: Politik und Ethik

Politik und Ethik[*]

VORBEMERKUNG.

Die Untersuchungen der vorliegenden Arbeit gehen von dem praktischen Interesse aus, zur Not unserer Zeit Stellung zu nehmen und nach der Verantwortung der heute lebenden Menschen zu fragen, Schritte zur Ueberwindung dieser Not zu unternehmen. Diese Erörterung ist philosophischer Natur. Denn wie lässt sich, ohne eine grundsätzliche Klärung der Ziele und Werte, an denen politisches Geschehen gemessen werden sollte, entscheiden, worauf es für die Entwicklung der menschlichen Gesellschaft ankommt?

Wir haben es im Folgenden nur mit diesen grundsätzlichen Fragen zu tun. Damit ist der Umfang dieser Untersuchungen begrenzt. Sie sollen den Boden bereiten für die Diskussion konkreter politischer und politisch-pädagogischer Massnahmen. Diese Diskussion selber aber liegt ausserhalb des Rahmens dieser Arbeit. Insofern drängen deren Ueberlegungen über sich selber hinaus, und zwar sind es, wie sich zeigen wird, vor allem die zwei Gebiete der politischen Erziehung und der politischen Organisation, für die, in weiterführenden Erörterungen, die Anwendung der gewonnenen Grundsätze erarbeitet werden muss.

Das Rüstzeug für die hier vorgenommenen philosophischen Untersuchungen ist das der kritischen Philosophie, deren führende Vertreter IMMANUEL KANT, JAKOB FRIEDRICH FRIES und, in unserer Zeit, LEONARD NELSON sind. Insbesondere ist die wissenschaftliche Arbeit LEONARD NELSONS, wie er selber sie in seinen politischen und erzieherischen Bestrebungen praktisch verwertet hat, bestimmend gewesen für die Entwicklung der folgenden Ausführungen. Da diese im übrigen daraufhin beurteilt werden sollten, wie weit sie die sich aufdrängenden Fragen klären und Wege zu ihrer Lösung zeigen, so ist im Text darauf verzichtet worden, Aeusserungen der genannten Forscher zur Begründung oder Erläuterung heranzuziehen.

London, Januar 1945.

Grete Hermann

---

[*] G. Hermann: Politik und Ethik. Herausgegeben im Auftrag des ISK von der ‚Renaissance' Publishing Co., London 1945, S. 1–59.

//1//

KAP. I. EINE FRAGE DER MORAL.

§1. Die Not der Zeit.

Die wirtschaftlichen und politischen Katastrophen des 20. Jahrhunderts sind der Ausdruck einer tiefergehenden Krise unserer Zeit. Einrichtungen und Erfindungen, von Menschen gemacht, voller Möglichkeiten, das Leben reicher, freier und leichter zu gestalten, werden benutzt, um Verwirrung zu stiften, zu zerstören, zu knechten. Ihnen ist es zu verdanken, dass Kriegsverwüstungen und wirtschaftliche Erschütterungen so um sich greifen konnten, wie die vergangenen Jahrzehnte es gezeigt haben.

Naturwissenschaft, Technik und Organisationskunst haben in ihrem schnellen und stetigen Aufstieg ungeheure, vor hundert Jahren noch fast unbekannte Naturkräfte in den Dienst des Menschen gestellt. Mit ihrer Hilfe können Entfernungen in kurzer Zeit überbrückt, Verbindungen zwischen den verschiedenen Wirtschaftsräumen hergestellt, die Reichtümer der Erde aufgesucht und ausgenutzt werden. Aber diese Errungenschaften haben die Krise von einem Land zum andern überspringen lassen, bis nahezu alle Länder der Erde erfasst waren. Im Zentrum des technischen Fortschritts stand die Ausbildung immer wirksamerer Mittel, Menschenleben und lebenswichtige Güter zu vernichten, und im Wettbewerb damit die Erfindung von Gegenmitteln, die Instrumente der Zerstörung ihrerseits zu zerstören. Das Unheil, das Menschen durch ihre Kenntnis und Beherrschung von Naturgewalten über die Menschheit gebracht haben, übersteigt all das, was sie von blinden, übermächtigen Naturkräften erlitten hat.

Das Gefühl für diese Zusammenhänge liegt als besonderer Druck auf den Menschen unserer Zeit. Wenn durch den Missbrauch der grossen Leistungen menschlichen Fleisses und menschlicher Erfindungsgabe das Leben der Völker unter die zunehmende Bedrohung von Kriegs- und Wirtschaftsnot gerät, hat es dann immer noch Sinn, sich wieder an die gleichen Kräfte des Fleisses und des Erfindergeistes zu wenden, um einen Ausweg aus dieser Lage zu finden?

In den Bemühungen unserer Zeit, Richtlinien für die Aufbauarbeit der Nachkriegszeit zu finden, spüren wir die Beunruhigung, die von dieser Frage ausgeht. Als im Herbst 1941 die „British Association for the Advancement of Science" in London ihre grosse Tagung abhielt, an der Forscher und Politiker teilnahmen, da wurde die Erörterung volkswirtschaftlicher, medizinischer, organisatorischer und technischer Probleme der Kriegs- und Nachkriegszeit immer wieder, und zwar an den entscheidenden Stellen der Konferenz durchbrochen von der tiefergreifenden

Sorge, wie die Ergebnisse solcher Untersuchungen dagegen gesichert werden können, missbraucht und dadurch ein Fluch statt ein Segen der Menschheit zu werden.
Man suchte den Ausweg in verschiedenen Richtungen. Der amerikanische Bot-
schafter in London, J. G. WINANT, forderte, die „heilenden Hände der Wissenschaft
und die schöpferischen Kräfte //2// der mechanischen Künste" vom Zugriff der
Nazis zu befreien. „Denn der Nazismus hat die grossen Erfindungen freier Forscher
gestohlen und in seinem Amoklauf missbraucht, den Menschengeist zu versklaven,
statt zu befreien."

Gewiss haben die Nazis im Missbrauch wissenschaftlich-technischer Errungenschaften eine Spitzenleistung erreicht. Aber haben sie dafür wirklich stehlen
müssen? Wer hatte es denn vorher verantwortungsvoll unternommen, das gefährliche Werkzeug naturwissenschaftlicher Entdeckungen vor solchem Missbrauch
zu bewahren? Was haben Naturforscher, was haben demokratische Regierungen
getan, um zu *sichern*, dass diese Forschungsergebnisse nicht zu schlechten Zwek-
ken ausgenutzt werden? Der Erfinder des Dynamits hat einen Preis ausgesetzt für
Taten im Dienst des Friedens. Aber er hat nicht vermocht, die Kontrolle über seine
Erfindung in die Hände friedliebender Menschen zu legen. Demokratische Regierungen, die den Anspruch erheben, dem Frieden und der Freiheit zu dienen, haben
den Skandal internationaler Geschäftemacherei in der Rüstungsindustrie unter
ihren Augen geduldet. Auch für den komplizierten Mechanismus wirtschaftlicher
Verflechtungen hat es an einer verantwortungsvollen Ueberwachung gefehlt. In den
Händen von Menschen, die von Profitgier und Machthunger geleitet waren, – und
das waren keineswegs nur die Hände HITLERS und seiner nächsten Hintermänner
– haben Verkehrstechnik und Wirtschaftsorganisation das wirtschaftliche Chaos,
und mit ihm Hunger und Not über die Erde verbreitet.

Die Frage, was solchen Kräften der Zerstörung entgegengesetzt werden könne,
lässt sich also nicht erledigen mit dem Hinweis, dass Nazi-Schandtaten gesühnt,
dass sie, so weit das geht, in ihren Wirkungen aufgehoben und für künftige Zeiten
unmöglich gemacht werden sollen. EDUARD BENESCH ist, in den Eröffnungsworten
zu einer der Sitzungen der erwähnten Konferenz, ernster auf diese Frage eingegangen mit der einfachen Bemerkung, dass die Aufgabe, den Missbrauch technischer
Erfindungen zu verhindern, kein technisches Problem sei, sondern eine Frage der
Moral und einer weisen Politik. Es kommt darauf an, die Errungenschaften der
Technik in die Hände guter Menschen zu legen, in einem guten, sozial wohlgeleiteten Staat. Das Gleiche gilt für sonstige naturwissenschaftliche Entdeckungen, für
volkswirtschaftliche Beziehungen, für die Kunst der Organisation. Es ist eine Frage
der Moral und einer an ihr orientierten Politik, über ihre Anwendung zu wachen.

§2. Harmonie der Kraefte?

Die Aufforderung, politische Entscheidungen an moralischen, ethischen, rechtlichen Ueberzeugungen zu messen, um so einen Ausweg aus der Krise unserer Zivilisation und Kultur zu finden, tönt uns heute von vielen Seiten entgegen. Aber was bedeutet das, und was folgt daraus für die Lösung der vor uns liegenden Aufgaben?

Es schliesst zunächst eine negative Ueberzeugung ein. Das alte Vertrauen, das Generationen vor unserer Zeit beherrscht hat: im natürlichen Wechselspiel menschlicher und gesellschaftlicher Kräfte werde, im Grossen und Ganzen gesehen und jedenfalls auf die Dauer, die Entwicklung aufwärts führen, der Missbrauch wissenschaftlicher und organisatorischer Errungenschaften werde überwunden oder doch in engen Grenzen gehalten werden – dieses Vertrauen hat sich als trügerisch, irreführend, falsch erwiesen. Es gibt keine solche automatische Harmonie der Kräfte und Interessen in der menschlichen Gesellschaft.

//3// Ein ernsthafter Beobachter unserer Zeit hat den Glauben an eine solche Harmonie gesellschaftlicher Kräfte und Interessen das „bildende Prinzip der politischen und der sozialen Struktur der westlichen Gesellschaft"[1] genannt. Dieser Glaube hat im vergangenen Jahrhundert zwei verschiedene Formen angenommen, die Theorie des „Laissez faire" und die Lehre von KARL MARX.

Die liberale Theorie ging aus von der Annahme eines natürlichen Gleichgewichts zwischen den einander widerstreitenden Interessen in der Gesellschaft. Wenn jeder Einzelne den eigenen Interessen folgt, so wird, nach dieser Auffassung, das Wohl aller in der bestmöglichen Weise gefördert. Denn jeder weiss, dass er für die Befriedigung seiner Interessen von seinen Mitmenschen abhängig ist. Er wird daher schon aus Klugheitsgründen auch auf deren Interessen Rücksicht nehmen. Jeder ist daran interessiert, dass das gesellschaftliche Leben in wohlgeordneter, vorausberechenbarer Weise vor sich geht. Er ist daher auch bereit, sich dieser Ordnung und den Regeln der Gesellschaft zu unterwerfen und der eigenen Willkür damit gewisse Schranken aufzuerlegen.

Schon KARL MARX hat den entscheidenden Fehler dieser Theorie angegriffen. Sie verkennt, dass die wechselseitige Abhängigkeit der Menschen von einander durchaus nicht so ausbalanciert ist, dass jeder, bei Strafe der Missachtung seiner Interessen, die seiner Mitmenschen zu achten genötigt ist. Die Gesellschaft ist zerrissen in Klassen und Völker, die verschiedenen Zugang zu den Gütern des Lebens haben. Die Verträge, mit denen die Mitglieder verschiedener Gruppen ihre Beziehungen regeln, sind nicht, wie der Liberalismus es hingestellt hatte, das Ergebnis freier Verhandlungen, in denen jeder seine Interessen in die Wagschale wirft und die dadurch zu einem fairen Ausgleich dieser Interessen führen. Sondern sie sind,

---

1 PAUL TILLICH, in seiner Schrift: „War aims," New York.

den gegebenen Machtverhältnissen entsprechend, ein Diktat des wirtschaftlich und politisch Starken, gemildert nur in dem Mass, in dem er Gegenkräfte fürchten muss, denen er sich nicht gewachsen fühlt. Die in diesem Kampf Unterlegenen nehmen eine solche Entscheidung an, nicht weil sie ihnen fair erscheint, sondern weil ihre Einwilligung der Preis ist, für den allein ihnen die Teilnahme an den gesellschaftlichen Gütern zugebilligt wird. Kein Wunder, dass unter diesen Umständen Fleiss und Erfindungsgeist nicht in erster Linie dem Wohl und dem Fortschritt der Menschheit zu Gute kommt, sondern dass ihre Errungenschaften in wachsendem Mass benutzt werden, Machtpositionen zu verteidigen und Rivalen niederzuhalten.

Die soziologische Aufklärungsarbeit von Karl Marx hat in diese Zusammenhänge tief hineingeleuchtet. Sie hat gezeigt, wie selbst Moral, Religion und kulturelle Güter als Waffen im Kampf um wirtschaftliche Monopolstellungen missbraucht worden sind. Trotzdem ruht auch diese Lehre auf dem Vertrauen, dass die in der Gesellschaft wirkenden Kräfte von selber und unvermeidlich diesen Missbrauch ausschalten und das menschliche Zusammenleben auf eine höhere Form bringen werden. Der Mechanismus, von dem Marx diese Entwicklung erwartet, ist zwar nicht mehr der eines angeblich gesicherten Gleichgewichts der Interessen und Kräfte – er wusste, dass ein solches Gleichgewicht nicht bestand und nie bestanden hatte. Aber er glaubte, ökonomische Kräfte in ihrem Einfluss auf das gesellschaftliche Leben beobachtet und damit das Gesetz von dessen Entwicklung erkannt zu haben. Die „immanenten Gesetze der kapitalistischen Produktion„ erzwingen, so meinte er, die Zentralisation des Kapitals, die planmässige Ausbeutung der Erde, die Ausbildung nur gemeinsam verwendbarer Arbeitsmittel //4// und die Verbindung aller Völker durch das Netz des kapitalistischen Weltmarktes. Was ist die Folge ?

„Mit der beständig abnehmenden Zahl der Kapitalmagnaten, welche alle Vorteile dieses Umwandlungsprozesses usurpieren und monopolisieren, wächst die Masse des Elends, des Druckes, der Knechtschaft, der Entartung, der Ausbeutung, aber auch der Empörung der stets anschwellenden und durch den Mechanismus des kapitalistischen Produktionsprozesses selbst geschulten, vereinten und organisierten Arbeiterklasse. Das Kapitalmonopol wird zur Fessel der Produktionsweise, die mit und unter ihm aufgeblüht ist. Die Zentralisation der Produktionsmittel und die Vergesellschaftung der Arbeit erreichen einen Punkt, wo sie unverträglich werden mit ihrer kapitalistischen Hülle, Sie wird gesprengt. Die Stunde kapitalistischen Privateigentums schlägt. Die Expropriateure werden expropriiert.“[2]

Auch diese Vorhersagen haben sich nicht bewährt, so wenig wie die des Liberalismus. Es stimmte nicht, dass mit der Konzentration des Kapitals das Elend der breiten Masse wuchs. Den Massen ging es zwar schlecht, aber nicht zunehmend

---

2   Karl Marx: „Das Kapital,“ 24. Kapitel.

schlechter, sondern allmählich besser. Durch die Verbesserung ihrer Lage wurde zwar die Klassenscheidung und die Ausbeutung nicht beseitigt, wohl aber wurde die Empörung der Ausgebeuteten niedergehalten und ihre Hoffnung gestärkt, man werde auf dem Weg allmählicher Reformen einer gerechten Zukunft entgegengehen und so das Risiko und die Opfer des revolutionären Kampfes vermeiden. Viele Arbeiter hatten bald mehr zu verlieren als ihre Ketten, und die Zahl derer wuchs, die dieses „Mehr" nicht aufs Spiel setzen wollten im Kampf um die Befreiung von den Ketten.

Die Arbeiterschaft wurde also nicht unwiderstehlich in die Revolution getrieben. Ebensowenig waren die Angehörigen der besitzenden Klasse genötigt, einander gegenseitig totzuschlagen, bis die Letzten von ihnen wehrlos dem Ansturm revolutionärer Massen erliegen mussten. Sie sind ungleich erfinderischer gewesen, als MARX voraussah. Trusts und andere wirtschaftliche Organisationen haben dem Konkurrenzkampf unter ihnen die Grenzen gezogen, die im Interesse der entscheidenden Machtgruppen nötig waren. Gegen die Gefahr der Revolution sicherten sich diese Gruppen durch gewisse Zugeständnisse an die Massen, und wo das nicht hinzureichen schien, durch die Bezahlung oder Tolerierung des faschistischen Hausknech[t]s, der bereit war, ihnen die unangenehme Anwendung unverhüllten Terrors abzunehmen.

§3. Der Glaube an das Gute.

So ist es denn heute klar: Die in der Gesellschaft wirkenden Kräfte bieten keine Garantie, weder für einen harmonischen und fairen Ausgleich der Interessen, wie er dem Liberalismus, wenigstens in der Theorie, vorschwebte, noch für eine gesellschaftliche Entwicklung, die, wie der Marxismus es voraussagte, zur Ueberwindung der Klassengegensätze führen muss.

Und doch kommt in dieser alten Hoffnung etwas zum Ausdruck, was wir nicht preisgeben können, solange wir nach einem Ausweg aus den Katastrophen des 20. Jahrhunderts suchen wollen: Ihre Vertreter setzen voraus – wenn auch vielfach naiv, ohne sich über diese Voraussetzung Rechenschaft zu geben, ja ohne den Widerspruch zu merken, in den sie dadurch zu ihren sonstigen, materialistischen Anschauungen geraten –, dass man im gesellschaftlichen Leben aufwärts- und abwärtsführende Entwicklungen //5// unterscheiden kann, und das heisst, Entwicklungen zu besseren und solche zu schlechteren Verhältnissen, wobei sich dieses „besser" und „schlechter" nicht auf die Interessen nur dieser oder jener gesellschaftlichen Klasse bezieht, sondern eine objektive Wertung des Gesellschaftszustandes enthält. Sie setzen also einen Massstab des Guten voraus, der auf das gesellschaftliche Leben anwendbar ist und nach dem sie den Gesellschaftszustand beurteilen.

Vielen Menschen ist mit dem Scheitern jener Hoffnung der Glaube an das Gute überhaupt verloren gegangen. Die Erfahrung, dass der anscheinende Fortschritt auf wissenschaftlichem, technischem und organisatorischem Gebiet den Mächten der Zerstörung in die Hände gearbeitet hat, hat sie der Vorstellung des Guten gegenüber verzweifelt oder zynisch gemacht. Die Ideale des Friedens, des Rechts, der menschlichen Freiheit und Würde erschienen ihnen als leere Worte, die mit der Wirklichkeit und insbesondere mit dem politischen Geschehen nichts zu tun haben. In dieser Wirklichkeit hat man mit Wirtschaftskrisen und Weltkriegen zu rechnen. Und die gesellschaftlich wirksamen Kräfte scheinen im Ganzen dahin zu tendieren, die Gefahr solcher Katastrophen grösser und umfassender zu machen. Denn diese Gefahr entspringt nicht aus mangelnder Kenntnis und Beherrschung der Natur, sodass sie durch den Fortschritt von Erfahrung und Technik überwunden werden könnte. Sondern sie wächst an, wenn, mit fortschreitender Erfahrung, die Menschen ihre Konflikte und Kämpfe mit immer gefährlicheren Waffen ausfechten. Was bleibt dem Einzelnen anders übrig, als sich nach einem Schlupfwinkel umzusehen, der einen gewissen Schutz verspricht? Rette sich, wer kann!

Gegen einen solchen Fatalismus steht die Behauptung von BENESCH, es sei eine Frage der Moral und einer weisen Politik, wissenschaftliche und organisatorische Errungenschaften in die Hände guter Menschen zu legen. Wer heute, nachdem die Hoffnung auf eine naturgegebene Aufwärtsentwicklung des gesellschaftlichen Lebens endgültig Schiffbruch erlitten hat, für das politische Leben die Wiederbelebung ethischer Ueberzeugungen und sittlicher Kräfte verlangt, nimmt damit die Vorstellung vom Guten auf und hält sie fest. Er muss mehr tun: sich mit dieser Vorstellung auseinandersetzen gerade im Licht der Erfahrung, dass die Hoffnung auf die naturgegebene Entwicklung der Gesellschaft zum Guten trügerisch war und gescheitert ist. Welche Ueberzeugungen melden sich in dieser Vorstellung an, wenn es nicht die ist, es werde sich schon alles zum Guten wenden? Und inwiefern kann die Besinnung auf diese Ueberzeugungen uns einen Ausweg aus dem Chaos zeigen, nachdem wir die Hoffnung haben aufgeben müssen, dass die in der Gesellschaft wirkenden Kräfte uns mit Naturnotwendigkeit zu diesem Ausweg führen würden?

KAP. II. EMPIRISCHE ETHIK.

§4. Ein soziologischer Ansatz.

Die Versuche, im politischen Leben aufs Neue an ethische Ueberzeugungen und sittliche Kräfte anzuknüpfen, fallen im Wesentlichen nach zwei Richtungen auseinander.

Die Vertreter der einen halten daran fest, die Kräfte, auf die sie sich verlassen wollen, in der menschlichen Natur und in den gesellschaftlichen Wechselwirkungen zu suchen. Sie ziehen aus dem Scheitern der bisherigen Hoffnungen nur den einen Schluss, dass diese Kräfte nicht ohne weiteres mit allen anderen in der Natur in Harmonie sind. Sie erkennen an, dass es von menschlichen Anstrengungen abhängt, den Missbrauch angeblicher zivilisatorischer Errungenschaften zu verhindern, Klassengegensätze zu überwinden, //6// Kriege und Wirtschaftskatastrophen unmöglich zu machen. Sie forschen nach ethischen, sittlichen Kräften im Menschen, von denen sie die Aufbietung solcher Anstrengungen erwarten können. Die Vertreter der anderen Gruppe haben all diesen Versuchen gegenüber ein tiefes Misstrauen. Sie sehen im Scheitern der alten Hoffnungen eine Bestätigung ihrer Ueberzeugung, dass die menschliche Natur zu schwach ist, dem Guten zum Sieg zu verhelfen. Sie warnen vor dem Vertrauen auf Menschenkraft und suchen Hilfe in der Verbindung des Menschen mit einer übernatürlichen Welt, mit göttlichen Kräften und Werten.

Wir wollen auf beide Erwägungen genauer eingehen.

Es ist naheliegend und berechtigt, die Kräfte, von denen man die Ueberwindung gesellschaftlicher Katastrophen erwartet, unter den Naturkräften zu suchen, die das gesellschaftliche Leben bestimmen. Diesen Katastrophen entgegenzutreten, ist eine Aufgabe für den Politiker. Der aber muss, um die gesellschaftlichen Verhältnisse seinem politischen Ziel gemäss zu beeinflussen, Realist sein. Das heisst, er muss die gegebenen Umstände und die in ihnen wirkenden Kräfte studieren, unter diesen Kräften diejenigen finden und stärken, die in die angestrebte Richtung drängen, und jene anderen Kräfte so weit wie möglich ausschalten, die einer solchen Entwicklung entgegenstehen. Das Vertrauen für die Erfüllung der eigenen Aufgabe in übernatürliche Kräfte setzen, bedeutet in Wahrheit die Preisgabe dieser Aufgabe. Denn nur da machen wir uns im Ernst an eine Aufgabe, wo wir den eigenen Kräften und den Mitteln, über die wir verfügen, die Erreichung des Erstrebten zutrauen.

Ein charakteristisches Beispiel, in der Richtung dieser Gedankengänge nach einer Lösung zu suchen, ist der „Excursus on social Morality", den G. D. H. COLE in seinem Buch: „Europe, Russia and the future" vorlegt.[3] Er geht aus von der Ueberlegung, dass es in Ermangelung einer prästabilierten Harmonie der Interessen und gesellschaftlichen Kräfte darauf ankomme, dass Menschen, im Bewusstsein einer moralischen Verpflichtung, sich für die Besserung der gesellschaftlichen Zustände einsetzen. Aber worin liegt die „Besserung" des Gesellschaftszustandes? Was ist eine „Verpflichtung", was ist „moralisch gut"? COLE antwortet: Was moralisch gut ist, ändert sich im Lauf der Zeit. Es entwickelt sich entsprechend und im Zusammenhang mit der sich ausbildenden naturwissenschaftlichen Erfahrung. Für deren Entwicklung ist kennzeichnend, dass wir dauernd an ihrer Erweiterung und an

---

3   Gollancz, 1941.

der Revision unserer Auffassung von der Natur arbeiten. Nicht als ob wir diese
Auffassungen plötzlich als grundlos und verfehlt fallen lassen und durch entgegengesetzte ersetzen müssten. Aber wir sind darauf gefasst, sie bei wachsender Erfahrung als blosse Annäherung an eine adäquate Beschreibung der Naturvorgänge zu
erkennen, die wir, um neuen Entdeckungen Rechnung zu tragen, verschärfen und
ergänzen müssen, ohne den in ihnen enthaltenen richtigen Kern preiszugeben.

In ähnlicher Weise, so argumentiert COLE, entwickelt sich mit wachsender
Erfahrung die in einer Gesellschaft anerkannte Moral. Der Kreis derer, denen
gegenüber der Einzelne sich verpflichtet fühlt, und denen insofern im gesellschaftlichen Leben Rechtsansprüche zugebilligt werden, wird allmählich weiter gezogen.

„Moralische Werte gewinnen, zum mindesten in jeder sich entwickelnden Zivilisation, fortgesetzt vollere und tiefere Bedeutung. ... In Wahrheit hat der Bereich
des Moralischen keine festen //7// Grenzen. In jeder fortgeschrittenen Gemeinschaft sind viele Fragen moralische Fragen für einige Menschen und nicht für die
anderen. Das Jagen von Tieren als Sport ist ein deutliches Beispiel, und Fleischessen
ist ein anderes." Mit wachsender Zivilisation und Erfahrung „wird es unmoralisch,
lebenden Wesen unnötig Schmerz zuzufügen".

Diesem Entwicklungsprozess stehen allerdings Hemmungen entgegen, und
daran scheitert die Hoffnung, dass die sich entfaltenden sittlichen Kräfte zur
Ueberwindung der Klassengegensätze und zum gesellschaftlichen Fortschritt
führen *müssten*. Solche Hemmungen beruhen zum Teil auf ursprünglichen
Gegenkräften der menschlichen Natur, auf ihrer Trägheit, Selbstsucht oder einer
Angst vor dem Unbekannten. Zum Teil gehen sie aus von künstlich geschützten
moralischen Tabus, die der Gesellschaft von ihrer herrschenden Klasse auferlegt
und anerzogen worden sind. Hemmungen der zweiten Art enthalten die tieferliegende, die entscheidende Gefahr: Sie ersticken den gesunden Entwicklungsprozess
und führen dadurch zu einer „falschen" Moral, die autoritär und starr ist, die nur
durch den dogmatischen Druck der herrschenden Gesellschaftsschicht eine Zeit
lang aufrechterhalten werden kann, dann aber, wenn überhaupt Zweifel an ihr aufkommen und in der Gesellschaft Einfluss gewinnen, völlig in sich zusammenbricht.
Im Gegensatz zu einer solchen aufgezwungenen „falschen" Moral ist die „wahre"
Moral dadurch ausgezeichnet, dass sie anpassungs- und entwicklungsfähig ist, den
sich ändernden Umständen Rechnung trägt und zu einer immer weitergehenden
Berücksichtigung der Interessen und Bedürfnisse anderer führt.

§5. Bedeutung und Grenzen dieser Untersuchung.

Diese Ausführungen sind offenbar von dem Bemühen getragen, realistisch zu sein,
auf dem Boden der Tatsachen zu bleiben. Der Verfasser hält sich an die Erfahrung
und versucht, das Wesen des Moralischen in soziologischen Untersuchungen zu

erfassen. In diesen Untersuchungen ist vieles richtig und überzeugend dargestellt: Es gibt in der Entwicklung Einzelner und auch in der einer Gesellschaft ein solches Wachsen und sich Weiten des Verantwortungsbewusstseins, wie COLE es schildert, in dem mehr und mehr auch die von unserem Handeln betroffenen Interessen *anderer* bei der eigenen Entscheidung berücksichtigt werden. Es ist ebenfalls richtig, dass diese Entwicklung nicht nur durch die Trägheit und Selbstsucht des Einzelnen unterbunden werden kann, sondern dass gesellschaftliche Einrichtungen ihr, im Interesse priviligierter Schichten, entgegenwirken, mit dem Erfolg, dass die moralischen Ueberzeugungen eines Volkes in einem traditionellen Schema erstarren oder in unklaren Gefühlsreaktionen, vielleicht auch in einem um sich greifenden Skeptizismus versanden.

Aber helfen diese soziologischen Feststellungen zu einer Beantwortung der Frage, was uns aus den gesellschaftlichen Katastrophen der Gegenwart herausführen könne, an denen das alte Vertrauen auf eine naturgegebene Harmonie der Interessen gescheitert ist? COLE erwartet diesen Ausweg offensichtlich davon, dass Menschen aus moralischer Ueberzeugung dem Missbrauch zivilisatorischer Errungenschaften entgegentreten. Darin liegt die Bedeutung seiner Untersuchung, wonach sich in jeder nicht völlig erstarrten Gesellschaft solche Ueberzeugungen regen und zu einer vorwärtstreibenden, die öffentliche Meinung und Willensbildung bestimmenden Kraft werden, *sofern* sie nicht verbogen oder gelähmt sind durch die ihnen drohenden Hemmungen: durch die Trägheit und Feigheit des menschlichen Herzens und durch den Klassencharakter der heutigen Gesellschaft.

//8// Diese Einschränkung: „Sofern sie nicht gelähmt oder verbogen sind" mahnt allerdings zur Vorsicht. Jene Hemmungen, die eine kräftige Entfaltung moralischer Ueberzeugungen zerstören können, sind offenbar in unserer Zeit so stark und wirksam gewesen, dass diese Ueberzeugungen gegen die hereinbrechenden Mächte des wirtschaftlichen Chaos, des Faschismus und des Krieges keine politisch spürbare Kraft mobilmachen konnten. Was haben wir diesen Mächten entgegenzusetzen, die ihrerseits mit dazu beitragen, die moralische Widerstandskraft in den Menschen zu brechen?

Auf diese Frage gibt COLE keine klare Antwort, er stellt sie nicht einmal ausdrücklich. Vielleicht beruhigt er sich bei der Feststellung, dass fast in jeder Gesellschaft einige Menschen leben, die der Moral ihrer Zeit voraus sind. Jene persönlichen und gesellschaftlichen Hemmungen schliessen ja nicht aus, dass Einzelne stark genug sind, sich von ihnen frei zu machen. Diese Menschen werden dann in ihrer Beurteilung der herrschenden Verhältnisse und in ihren politischen Forderungen und Bemühungen einen strengeren Massstab anlegen, als die herrschende Moral ihn zulässt, strenger in dem Sinn, dass sie den Kampf gegen gesellschaftliche Privilegien in Gebiete hineintragen, die von dieser Moral gedeckt sind.

Der Hoffnung aber, dass von solchen Menschen die befreiende Kraft ausgehen werde, die andere mitreisst und zu einer entscheidenden Aenderung der gesellschaftlichen Verhältnisse führt, steht wiederum die Tatsache entgegen, dass die Mächte der Zerstörung, des Chaos, der Demoralisation, zum mindesten in unserer Zeit, die Oberhand gewonnen haben. Die Frage, vor der wir stehen, ist die, ob wir dieses Kräfteverhältnis ändern können.

Was folgt für diese Frage aus COLES Untersuchungen? Der Nachweis, dass bestimmte Hemmungen die freie und kräftige Entwicklung moralischer Ueberzeugungen verhindern, legt den Gedanken nahe, diese Hemmungen auszuschalten, um dadurch die Widerstandskraft der moralischen Ueberzeugungen zu stärken. Aber was bedeutet das praktisch? Diese Hemmungen gehen aus von den Klasseneinrichtungen der Gesellschaft und von allgemein menschlichen Schwächen, wie sie sich in jeder Gesellschaft finden. Um die Hemmungen der ersten Art auszuschliessen, müssten wir den Klassencharakter der Gesellschaft selber zerstören, also gerade diejenige politische Aenderung vornehmen, zu deren Herbeiführung wir die moralische Kraft erst stärken wollen. Also bleibt nichts übrig, als in denen, die sich von den gesellschaftlichen Vorurteilen relativ frei gehalten haben, den Widerstand gegen die inneren Hemmungen zu stärken, die aus Trägheit, Feigheit, Eigennutz stammen. Es fragt sich nur, was diese Menschen bewegen kann, den Kampf gegen die eigene Bequemlichkeit aufzunehmen. COLE zeigt ihnen nur, dass dies ein notwendiges Mittel ist für den Zweck, bessere und zuverlässigere Kräfte für den politischen Fortschritt zu gewinnen. Das Mittel wird aber nur der wollen, der den Zweck will und diesen Zweck höher schätzt als die eigene Bequemlichkeit und Sicherheit. Und da keine notwendige Harmonie besteht zwischen dem gesellschaftlichen Fortschritt und den persönlichen Interessen dessen, der für ihn kämpft, so kann die entschlossene Wahl dieses Zwecks wieder nur einer lebendigen moralischen Ueberzeugung entspringen, also eben der Kraft, die durch die Ueberwindung von Trägheit und Feigheit erst gestärkt werden sollte. Wir drehen uns also auch hier im Kreise.

Und das ist auch verständlich. COLE bleibt bei soziologisch-psychologischen Untersuchungen stehen, und also bei der historisch-empirischen Frage, in welchem Ausmass heute moralische Ueberzeugungen gesellschaftlich wirksam sind und durch welche //9// Umstände sie nach Inhalt und Stärke beeinflusst werden. Solche Tatsachenuntersuchungen zeigen, mit welchen Kräften und Widerständen wir in Natur und Gesellschaft zu rechnen haben, und ob und mit welchen Mitteln wir unsere Zwecke erreichen können. Sie sagen uns aber nicht, welche Zwecke wir uns setzen sollten. Insbesondere enthalten sie keinen Grund, der Menschen bewegen könnte, sich bessere Zwecke zu setzen oder für ihre guten Zwecke mehr Opferbereitschaft aufzubieten als bisher. Die Not unserer Zeit aber liegt, wie wir gesehen haben, nicht darin, dass Menschen in der Wahl ihrer Mittel unsicher sind, sondern darin, dass sie es in der Wahl ihrer Zwecke an Verantwortungsbewusstsein fehlen lassen.

Ob und wie die Besinnung auf moralische Ueberzeugungen daran etwas ändern kann, bleibt eine offne Frage, die einer Untersuchung bedarf. COLE hat sich aber den Zugang zu dieser Frage von vornherein abgeschnitten dadurch, dass er das moralisch Gute gleichsetzt mit dem, was Menschen jeweils für moralisch gut halten. Die Frage nach dem Inhalt der Moral wird dadurch für ihn identisch mit der soziologischen Frage, welche moralischen Vorstellungen in einer gegebenen Gesellschaft herrschen und wie diese Vorstellungen sich voraussichtlich weiter entwickeln werden. Nach dieser Gleichsetzung glaubt er, sich an die erprobten Methoden der Erfahrungswissenschaften halten zu können und die schwierigere Frage ausschalten zu dürfen, ob denn wirklich das recht und gut ist, was heute dafür gehalten wird. Das ist nämlich keine blosse Tatsachenfrage mehr, sondern eine Wertfrage. Es ist eine Frage nicht nach dem, was faktisch *geschieht* und wofür Kräfte eingesetzt *werden*, sondern nach dem, was geschehen *soll* und wofür wir Kräfte aufbieten *sollen*. Und erst bei der Untersuchung dieser Frage besinnen wir uns auf die eigenen sittlichen Ueberzeugungen und setzen uns mit ihnen auseinander.

Die Vergleichung, die COLE anstellt, zwischen moralischen Ueberzeugungen und dem sich entwickelnden Erfahrungswissen hätte ihn darauf aufmerksam machen können, dass er in seinen Untersuchungen die entscheidende Frage bei Seite schob. Die Naturwissenschaft verdankt ihren stetigen Aufstieg gerade der Tatsache, dass ihre Vertreter den Gegenstand ihrer Untersuchungen, das Naturgeschehen und die es beherrschenden Kräfte, zu unterscheiden wissen von den Vorstellungen und Ueberzeugungen, die Menschen sich von diesen Vorgängen und Kräften gebildet haben. Nur daher können sie den Auffassungen ihrer Zeit und auch den eigenen Ueberzeugungen gegenüber kritisch bleiben und fortlaufend prüfen, wie weit diese Vorstellungen dem Naturgeschehen entsprechen und wo sie ihm nicht gerecht werden. Ein entsprechender Ansporn, die herrschenden sittlichen Auffassungen einer Epoche zu klären, zu vertiefen und damit ihren Einfluss auf das gesellschaftliche Leben zu stärken und sie gegen Missbrauch zu sichern, kann ebenfalls nur von der kritischen Frage ausgehen, ob diese sittlichen Auffassungen richtig sind, ob sie hinreichend weit gehen in der Berücksichtigung der Umstände oder ob in den öffentlich anerkannten sittlichen Wertungen wesentliche Gesichtspunkte entstellt oder verkannt sind. Diese Frage stellen, heisst aber, von der blossen Feststellung und Erklärung von Tatsachen abzugehen und Wertfragen zu behandeln. Und da lassen uns die Methoden der Erfahrungswissenschaften im Stich.

§6. Mittelbare Interessen am Guten.

Andere Versuche, die Ethik als eine Erfahrungswissenschaft zu behandeln, sind einen Schritt weiter gegangen als der von Cole, vermeiden es aber wie er, über die blossen Tatsachenfragen hinauszugehen und Wertfragen zu stellen. Sie wenden sich der Frage //10// zu, welche Interessen denn die Entwicklung der sittlichen Auflassungen, wie Cole sie etwa geschildert hat, vorantreiben, und zwar sie vorantreiben in der Richtung einer lebendigen und zunehmenden Anpassung an die sich ändernden gesellschaftlichen Verhältnisse.

Mit dieser Untersuchung bleiben wir auf dem Boden der Erfahrung und gewinnen anscheinend doch das gesuchte Mittel, sittliche Ueberzeugungen als Gegenkräfte gegen Chaos, Krisen und Kriegsgefahr einzusetzen. Wenn wir nämlich wissen, dass Menschen von Haus aus ein Interesse an der Entwicklung dieser Ueberzeugungen haben – so wie man bei ihnen ein Interesse an einer Erweiterung ihrer Erfahrung voraussetzen kann, zum mindesten insoweit, als sie sich davon Vorteile versprechen –, dann können wir versuchen, durch einen Appell an dieses Interesse und eventuell durch eine Aufklärung über seine Bedeutung moralische Anschauungen zu klären, zu vertiefen und zu stärken, ohne uns auf die schwierige Frage nach dem Guten selber – im Gegensatz zu dem, was Menschen unter gegebenen Umständen für gut halten – einzulassen.

Was für Interessen können das sein? Darauf sind die verschiedensten Antworten gegeben worden. Am einfachsten schien die Berufung auf Sympathie und Mitgefühl zu sein, weil das Regungen sind, die den Menschen an den Interessen seiner Mitgeschöpfe teilnehmen lassen. Der Anblick des Leidens und der Freude unserer Mitmenschen kann ähnliche Gefühle in uns wecken und uns dazu bewegen, uns die Interessen der anderen zu eigen zu machen.

Als die entscheidende Kraftquelle für den Kampf gegen das heutige gesellschaftliche Chaos reicht diese Seite der menschlichen Natur aber gewiss nicht hin. Das Mitgefühl stellt keine notwendige und gesicherte Verbindung her zwischen dem eigenen Interesse und dem der andern. Es wird nämlich einerseits nur in dem Masse geweckt, in dem Freude und Leid des andern uns anschaulich vor Augen tritt und unser Gefühl erregt. Die aus Sympathie und Mitgefühl erwachsende Bereitschaft, andern gegen das ihnen angetane Unrecht beizustehen, verblasst mit der räumlichen und persönlichen Entfernung, aus der die Berichte über erlittene Uebel zu uns kommen. Und sie erliegt andererseits der abstumpfenden Macht der Gewöhnung an solche Nachrichten und der Abneigung, widerstreitende eigene Interessen aufzuopfern. Wer diesen Hemmungen gegenüber nur immer stärker, eindringlicher, anschaulicher an das Mitgefühl im Einzelnen appellieren wollte, mag unter Umständen Erfolg haben, aber nur da, wo keine allzu grossen Opfer gefordert werden. Die Schranke, die Abstumpfung des Gefühls und Eigennutz der

Interessen ihm entgegenstellen, überwindet er auf diesem Weg sicher nicht. Dafür brauchen wir eine andere Kraft als die eines Gefühls, das sich nicht beliebig hochpeitschen lässt, sondern bei zu grosser Belastung unvermeidlich erlahmt.

Kann diese Kraft nun – wie oft angenommen worden ist – von wiederkehrenden Erfahrungen ausgehen, die die Menschheit seit den frühsten Zeiten geselligen Zusammenlebens gesammelt hat: Erfahrungen der Abhängigkeit des einen vom andern, die den Einzelnen dazu anhalten, auf andere Rücksicht zu nehmen, damit sie ihm gegenüber das Gleiche tun? Ohne im Einzelnen auf die Theorien einzugehen, die sich zur Erklärung moralischer Vorstellungen auf solche Erfahrungen und Interessen berufen – Theorien, die je nach den sozialen Anschauungen ihrer Vertreter verschieden gefärbt sind –, können wir in ihnen allen die folgende Ueberlegung wieder//11//finden: Menschen sind in ihren Beziehungen zu einander an einem geordneten Verkehr interessiert – jeder natürlich an einem solchen, bei dem die eigenen Interessen möglichst gut gewahrt sind. Ohne solche Ordnung ist es unmöglich, vorherzusehen, was aus einer Unternehmung werden wird. Wo immer man mit ihr in den Interessenbereich anderer hineingerät – und das geschieht dauernd–, muss man damit rechnen, dass die eigenen Absichten mit den Plänen der andern kollidieren und dann von ihnen durchkreuzt werden. Besser, als es in jedem solchen Fall auf einen Machtkampf ankommen zu lassen, was auf die Dauer das ganze Leben der Gesellschaft chaotisch machen würde, ist es, einen modus vivendi einzuführen, der jedem den Bereich seiner Rechte und seiner Pflichten festlegt, ihm den Genuss dieser Rechte zusichert und ihn zur Erfüllung seiner Pflichten anhält. Die Vorstellung, dass der Verkehr unter Menschen nach solchen Regeln geordnet sein sollte, dass der Einzelne diese Regeln respektieren und dass die Staatsmacht da, wo das nicht geschieht, ihre Befolgung erzwingen sollte, diese Vorstellung scheint demnach dem Interesse jedes Einzelnen nach einem voraussehbaren, sinnvollen Verfolgen der eigenen Zwecke zu entsprechen.

Lassen wir es hier dahingestellt, wie solche Theorien die von ihnen behauptete Entstehung sittlicher Vorstellungen – und also der Ueberzeugung, dass es für die Beurteilung des menschlichen Handelns höhere Massstäbe gibt als den des eigenen Nutzens – aus blossen Nützlichkeitserwägungen erklären wollen. Dann bleibt, im Zusammenhang unserer gegenwärtigen Untersuchung, noch die Frage, ob dieses Interesse an gesellschaftlicher Sicherheit und Ordnung hinreicht, den Vorstellungen von Recht und Pflicht und von der Achtung staatlicher Gesetze einen entscheidenden Einfluss auf das Leben der Gesellschaft zu verschaffen.

Es ist sicher richtig, dass die Bereitschaft, gesellschaftliche Verpflichtungen anzuerkennen und sich den Gesetzen, die solche Verpflichtungen festlegen, zu fügen, weitgehend von dem Wunsch nach geordneten Verhältnissen getragen wird. Wer die Wohltaten einer solchen Ordnung geniessen will, kann sich über deren Anforderungen nicht einfach hinwegsetzen, jedenfalls dann nicht, wenn er mit andern umgeht, von denen er für die Befolgung seiner Zwecke abhängt. Daher fügt sich der Durchschnittsmensch im Allgemeinen der gesellschaftlichen Ordnung, befolgt die Verkehrsregeln, bezahlt seine Steuern, hält sich an die Gesetze seines Landes. Er tut das nicht nur, weil ihm andernfalls Strafe droht, sondern weil er – unbeschadet seiner Kritik an einzelnen Bestimmungen und gelegentlichen massvollen Verstössen gegen sie – im Ganzen das Bestehen einer solchen gesetzlichen Ordnung bejaht und weiss, dass er am besten fährt, wenn er mit ihr nicht in Konflikt gerät.

Aber den Völkerfrieden und den menschlichen Fortschritt können wir solchen Klugheitsüberlegungen nicht anvertrauen. Die Spekulationen auf diesen Geist und der Appell an ihn sind in unserer Zeit so drastisch ad absurdum geführt worden, dass sich daran nicht vorbeisehen lässt. Ein klassisches Beispiel hierfür ist das 1911 erschienene Buch NORMAN ANGELLS: „Die falsche Rechnung", in dem er zu zeigen versucht, dass die internationale Verflechtung des Völkerlebens und die entwickelte moderne Technik jeden Krieg zu einer Katastrophe für Sieger und Besiegte machen, dass Kriege also nicht mehr rentabel seien und daher verschwinden würden. Die Geschichte hat auf diese „Rechnung" ihre Antwort gegeben. Der Fehler liegt darin, zu übersehen, dass der Krieg, trotz des Elends, das er über die Völker bringt, für einzelne Gruppen in der Gesellschaft sehr wohl rentabel sein kann: Die Rüstungsindustrie verdient an ihm; der deutsche Grossgrundbesitz lebte von einem Zollsystem, das für die überwiegende Mehrheit des Volkes eine //12// tötliche Belastung war und das nur durch den Hinweis auf einen drohenden Krieg einen Schein von Notwendigkeit und Berechtigung erhalten konnte. Imperialistischer Machthunger kann nur in Kriegen befriedigt werden, und seine Vertreter sind bereit, das eigene Schicksal und das der Menschheit aufs Spiel zu setzen, tun ihn zu befriedigen.

Gewiss, das sind jeweils nur relativ wenige Menschen, verglichen mit der Zahl derer, die unter solchem skrupellosen Treiben leiden. Ein deutscher Wirtschaftsführer soll sie einmal auf einige Hundert geschätzt haben. Es ist eine alte Frage, warum alle andern sich diese Hyänen der menschlichen Gesellschaft gefallen lassen, statt sich ihrer mit vereinten Kräften zu erwehren. Liegt diese Befreiungstat etwa nicht im Interesse jedes Einzelnen, sodass sich das Interesse an sicheren und geordneten Verhältnissen dafür mobilisieren liesse? Es wäre ein Rückfall in alte Illusionen, auf so etwas zu hoffen. HITLERS Taktik, wie die Taktik aller blossen Machtpolitiker, war es stets, Opponenten, innenpolitische und aussenpolitische, gegen einander auszuspielen. Divide et impera! Der Erfolg dieser jahrtausendealten Taktik beweist, dass der Durchschnittsmensch überzeugt ist, es sei leichter, sich gutwillig auf den Boden selbst unbequemer Tatsachen zu stellen, als in unsicheren Protesten und Kämpfen gegen die Machthaber für das Wohl der Menschheit einzutreten und dabei das eigene zu gefährden. „Das Hemd ist uns näher als der Rock" – ist die allgemein anerkannte Theorie aller Nützlichkeits-Politiker.

Es gibt noch eine andere Reihe von Versuchen, ein Interesse an sittlichem Verhalten und an der Entfaltung der eigenen sittlichen Ueberzeugungen aufzuweisen. Sie knüpfen an moderne psychologische Untersuchungen an. Die menschlichen Triebe und Interessen machen, so hat sich gezeigt, eine Entwicklung durch, die, wenn sie nicht gestört und unterdrückt wird, mehr und mehr zur bewussten Leitung des eigenen Innenlebens führt. Der Mensch lernt im Lauf dieser Entwicklung, seine Triebe einzuordnen in eine, den Augenblick und sein Begehren überragende Vorstellung von dem, was ihm erstrebenswert erscheint. Er gewöhnt sich daran, Wünsche zurückzuhalten und über ihre Befriedigung oder den Verzicht auf sie daraufhin zu entscheiden, wie weit sie mit seinen sonstigen Interessen und Wertungen im Einklang sind. Wo diese Entwicklung nicht frei vor sich geht, sondern von Schwierigkeiten belastet ist, denen der junge Mensch nicht gewachsen ist, entstehen Krankheiten, die eine volle Entwicklung der Lebenskräfte und Lebensmöglichkeiten unterbinden. Solchen Krankheits- und Hemmungserscheinungen schreibt man egoistische Enge, Lebensangst und einen aus innerer Unsicherheit geborenen Geltungs- oder Zerstörungstrieb zu. Zu einem gesund und frei entwickelten Leben, so argumentiert man, gehört ein Teilnehmen am Leben anderer und eine Bereitschaft, sich sogenannte ideale Ziele zu setzen und im Kampf für sie gegebenenfalls auch Opfer zu bringen.

Damit ist der alte Gedanke neu belebt worden, dass sich das Schlechte in der menschlichen Gesellschaft als eine Art Krankheit erklären lasse und dass man zur Bekämpfung dieser Krankheit nur an das natürliche Interesse jedes Menschen zu appellieren brauche, die eigene Persönlichkeit gesund und reich zu entwickeln. Mit dem Hinweis auf dieses Interesse, dessen Befriedigung angeblich selber schon soziales Verhalten hervorruft, glaubt man, dem Einwand entgangen zu sein, dass man sich wieder nur auf den Eigennutz berufen habe und dass der keine Garantie für friedliche und rechtliche Zustände biete.

In Wahrheit sind wir mit dieser Erklärung um keinen Schritt weiter gekommen, sondern stehen vor einer blossen Wiederholung //13// des alten Fehlers. Es stimmt schon nicht, dass das Interesse an einer gesunden und vielseitigen Entfaltung der eigenen Anlagen von Haus aus das vorherrschende Interesse in einem Menschen sein müsste und dass man ihn daher, um ihn zu einem vernünftigen Leben zu bewegen – wenn auch nur vom Standpunkt seiner Gesundheit aus vernünftig – nur darüber aufzuklären brauchte, was seiner Gesundheit dienlich sei. Die geistige Gesundheit des Menschen ist in keiner Weise besser als seine körperliche Gesundheit dagegen geschützt, aus Nachlässigkeit oder Unbeherrschtheit aufs Spiel gesetzt zu werden. Was aber mehr ist: Gesundheit und Vielseitigkeit reichen durchaus nicht hin, einen Menschen friedliebend und pflichtbewusst zu machen, z.B. auch da, wo seine Pflicht eine Tätigkeit fordert, die nicht die Pflege der eigenen besonderen Anlagen und Neigungen zulässt. Wer das Interesse an der harmonischen Entwicklung der eigenen Persönlichkeit über alles stellt, wird den heutigen Anforderungen des Kampfes ums Recht und um die Sicherung des Friedens gewiss nicht gewachsen sein. Auch dieses Interesse sichert also nicht, wie hier angenommen wird, die Entfaltung *ethischer* Kräfte, die allein dem Missbrauch menschlicher Errungenschaften und Vermögen ein Ende machen kann.

§7. Das Dilemma der empirischen Ethik.

Wir sind zu einem merkwürdigen Ergebnis gekommen: Die alte Illusion, dass sich auf die Dauer in der Gesellschaft fortschrittliche Kräfte durchsetzen müssten, schleicht sich auf dem einen oder dem andern Weg in fast alle hier untersuchten Theorien ein. Das geschieht, obwohl die meisten von ihnen ausdrücklich von der Feststellung ausgehen, dass dieser Glaube an einen naturnotwendigen Fortschritt sich als falsch und irreführend erwiesen habe, und obwohl sie, um diesen Fehler zu vermeiden, sich offenbar darum bemühen, den Tatsachen gerecht zu werden und die vorliegenden Erfahrungen zu verarbeiten. Wo liegt also der Grund für die immer wiederkehrende Täuschung?

Sehen wir uns die Aufgabe an, die durch diese Untersuchungen gelöst werden soll: Die Erfahrungen unserer Zeit haben gezeigt, dass der berühmte „subjektive Faktor" eine bedeutsamere Rolle im gesellschaftlichen Leben spielt, als man noch im vorigen Jahrhundert angenommen hatte. Weder ökonomische, noch irgend welche sonstigen gesellschaftlichen Kräfte garantieren, auch nur auf die Dauer, den gesellschaftlichen Fortschritt. Ob in einer Epoche fortschrittliche oder fortschrittsfeindliche Kräfte die Oberhand gewinnen, hängt ab von den Interessen und Ideen, die von Menschen verfochten werden, und von den Anstrengungen, die dabei aufgeboten werden. Da fragt es sich also, was den menschlichen Willen zu den Anstrengungen bewegen könne, friedliche und rechtliche Zustände zu erkämpfen und zu sichern. Diesen Ansporn für den menschlichen Willen erwartet man von ethischen Vorstellungen, und diese Annahme soll an der Erfahrung, wie Soziologie und Psychologie sie zusammengetragen haben, geprüft und bestätigt werden. Man durchmustert also die auf den Willen wirkenden Kräfte mit der Frage, ob die Interessen an Frieden, Recht und gesellschaftlichem Fortschritt stark genug sind, die ihnen entgegenstehenden Kräfte zu überwinden. Nur wenn sich zeigen lässt, dass sie es sind oder sein werden, zeigen diese Untersuchungen uns einen Ausweg aus den politischen und wirtschaftlichen Katastrophen der Gegenwart. Um diesen Nachweis bemühen sich daher alle die von uns untersuchten Theorien.

Aber, dieser Nachweis lässt sich nicht führen. Es gibt kein Naturgesetz, nach dem das Gute siegen, und das heisst hier, nach dem die dem Fortschritt günstigen Kräfte auf die Dauer den ihnen entgegenstehenden Widerständen überlegen sein müssten. Die alte //14// Hoffnung auf einen solchen naturgegebenen Fortschritt ist ja gerade an der Erfahrung gescheitert, und eben diese Feststellung ist der Ausgangspunkt unserer Ueberlegungen. Diese Fortschrittsgläubigkeit preiszugeben, statt dessen aber aus der bisherigen Erfahrung ableiten zu wollen, dass die sittlichen Kräfte im Verein mit Nützlichkeitserwägungen, die in die gleiche Richtung drängen, stark genug sein werden, widerstreitende Interessen zurücktreten zu lassen, ist eine widerspruchsvoll gestellte Aufgabe. Es ist daher kein Wunder, dass jeder, der sich auf diese Aufgabe einlässt, schliesslich wieder bei dem alten fatalistisch-optimistischen Glauben landet, den er über Bord geworfen zu haben meinte.

Wo liegt der Fehler? Noch nicht darin, dass man versucht, aus der Erfahrung Aufschluss über die sittlichen Ueberzeugungen im Menschen zu bekommen. Wer sich vorurteilslos nur diese Aufgabe stellt, wird eine ganze Reihe der Beobachtungen bestätigt finden, auf denen jene Theorien aufbauen. Er kann verfolgen, wie sittliche Vorstellungen schon in einfachen Formen menschlichen Zusammenlebens auftauchen, wie sie sich, Hand in Hand mit den Gesellschaftsformen und Lebensgewohnheiten, entwickeln, wie sie dabei allmählich umfassender werden oder aber in dogmatisch festgelegten Sittenregeln erstarren. Er kann untersuchen, dass und wie diese Entwicklung von der anderer Interessen beeinflusst wird, und er wird feststellen, dass dabei das Verständnis und die Teilnahme für andere, die Einsicht in den Wert friedlicher und geordneter Verhältnisse und das Interesse an einem reichen und vielseitigen Leben eine Rolle spielen.

Aber solche Untersuchungen zeigen andererseits, dass sittliche Ueberzeugungen und Antriebe nur *eine* Seite der menschlichen Natur sind, und keineswegs von Haus aus die stärkste und richtunggebende. Sie erliegen nicht nur oft genug stärkeren widerstreitenden Trieben, Interessen oder Klugheitserwägungen, die auf den eigenen Nutzen bedacht sind. Die grössere Gefahr liegt vielmehr darin, dass sittliche Ueberzeugungen sich erst allmählich aus mehr oder weniger unklaren Gefühlsreaktionen herausbilden und in diesem Bildungsprozess von Umwelteinflüssen in diese oder jene Richtung gelenkt werden können. Sie können durch diesen Einfluss selber zu einem Instrument der Reaktion werden. Wie MARX richtig beobachtet hat, sind in einer Gesellschaft die herrschenden Gedanken die der herrschenden Klasse. Mit anderen Worten: Auch dieses Vermögen der menschlichen Natur, sich sittliche Ueberzeugungen zu bilden und daraus auch Ziele für das gesellschaftliche Leben abzuleiten, ist nicht gegen Missbrauch gesichert. Es kann eingeschläfert oder abgelenkt werden von den entscheidenden Quellen des gesellschaftlich stabilisierten Unrechts weg und auf harmlosere Objekte hin. Es kann darüberhinaus ausgenutzt

werden, die Kraft einer fanatischen Bereitschaft und Hingabe für nichtswürdige
politische Zwecke zu mobilisieren.

Welch unerhörtes Ausmass dieser Missbrauch annehmen kann, ist unserer Zeit
vor Augen geführt worden durch den Einfluss, den HITLER auf verzweifelte und
heruntergekommene Menschen ausüben konnte, und vor allem auf eine Jugend,
die in die durch Krieg und Krisen verwüstete Welt hineinwuchs. Dieser Einfluss
beruhte darauf, dass er skrupellos auf *allen* Seiten der menschlichen Natur zu spielen sich nicht scheute. Er hat nicht nur an die niederen Interessen im Menschen
appelliert, an Sadismus, blinden Machthunger und Eigennutz, sondern er hat in
dem Konzert seiner Lockungen und Drohungen auch den Ruf nach Dienst und
Aufopferung für die Gemeinschaft und nach tapferem Verfechten der eigenen
Rechte mitklingen lassen. Nur diese teuflische Mischung, alle Regungen des jungen
Menschen auszunutzen, hat weite Kreise //15// der deutschen Jugend in den chao-
tischen Taumel seiner „dynamischen" Politik hineinreissen können.

Das führt zurück an den Ausgangspunkt unserer Betrachtung: Die Kräfte des
Menschengeistes, die das Leben reicher und sicherer machen könnten, können
missbraucht und dann zu einem Fluch statt zum Segen der Menschheit werden.
Das gilt auch – wie wir nun festhalten müssen – von der Kraft, von der wir hier den
Ausweg aus der Krise erwarteten, vom Vermögen des Menschen, sich sittlichen
Ueberlegungen zu öffnen und um ihretwillen den eigenen Nutzen und persönliche
Rücksichten zurückzustellen.

Heisst das nun, dass schon die Besinnung auf ethische Ueberzeugungen selber
nur ein Rückfall in das alte trügerische Vertrauen auf einen naturnotwendigen
gesellschaftlichen Fortschritt war? Wenn wir mit dieser Besinnung nichts anderes
beabsichtigen als eine erneute Durchmusterung der in der Gesellschaft wirkenden
Kräfte, in der Hoffnung, nun endlich unter ihnen die eine gefunden zu haben, die
den Fortschritt garantiert, dann liegt in der Tat ein solcher Rückfall vor. Denn die
Erfahrung, an die wir uns dabei wenden, zeigt dem vorurteilslos Forschenden,
dass auch die Kraft sittlicher Ueberzeugungen wie jede andere Kraft im Leben der
Gesellschaft begrenzt ist, dass sie durch stärkere Gegenkräfte unterdrückt oder
abgelenkt werden kann. Es hängt von den jeweiligen Umständen ab, wohin bei
diesem Wechselspiel der Kräfte die Entwicklung in einem gegebenen Zeitpunkt
drängt. Und Aussagen darüber, welche Richtung in dieser Entwicklung *auf die
Dauer* siegreich sein wird, lassen sich aus solchen Erfahrungsuntersuchungen
überhaupt nicht ableiten.

Aber Hinweise wie der von BENESCH, dass Sicherung gegen Missbrauch keine
technische Frage, sondern eine solche der Moral sei, nötigen uns, bei Licht besehen,
gar nicht zu dieser empirischen Untersuchung. Sie fordern auf zu grösserer Verantwortung im Umgang mit den Errungenschaften, die Technik und Organisations-

kunst hervorgebracht haben, und damit zu einer Besinnung auf die Zwecke, für die diese Errungenschaften eingesetzt werden sollen. Dieser Geist der Verantwortung kann nur ausgehen von klaren und begründeten Ansichten über solche Zwecke, Ansichten über das, was gut ist und was im gesellschaftlichen Leben verwirklicht werden soll. Die hier geforderte Besinnung auf die Ethik heisst also, die Frage nach dem Guten selber zu stellen, und nicht nur nach dem, was, wie Soziologie und Psychologie es lehren, Menschen unter gegebenen Umständen für gut gehalten haben. Wir müssen uns darauf besinnen, welche Anstrengungen für die Verwirklichung des Guten in der Gesellschaft wir aufbieten *sollen*, und nicht nur aus der geschichtlichen Erfahrung entnehmen, welche Anstrengungen Menschen dafür aufgeboten haben.

KAP. III. CHRISTLICHE ETHIK.

§8. Die Berufung auf Gottes Plaene.

Was von der empirischen Ethik immer wieder vergessen oder doch in den Hintergrund gedrängt wird, steht für die christliche Ethik im Mittelpunkt ihrer Ueberlegungen: der Gedanke, dass die Natur des Menschen und der menschlichen Gesellschaft keine Sicherheit bietet dagegen, dass Kräfte und Fähigkeiten, die das Leben weiten könnten, für Tod und Vernichtung aufgeboten werden. Wie sehr sie sich gerade an dieser Ueberlegung orientiert, wird besonders klar in der Auseinandersetzung ihr'er Vertreter mit denen einer empirischen Ethik.

Eine solche Auseinandersetzung finden wir etwa in dem Buch von J. MIDDLE-TON MURRY: „The Defence of Democracy", das von //16// einer Würdigung des Marx'schen Ansatzes aus an die politischen und sozialen Probleme unserer Zeit herangeht. Mit diesem Ansatz verbindet den Verfasser viel, obwohl er selber auf dem Boden des Christentums steht. Die Marx'sche Kritik an Religion und Kirche stösst ihn nicht ab. Er erkennt in ihr den berechtigten Vorwurf, dass die Kirche, in der Zeit des sich entwickelnden und seine Herrschaft festigenden Kapitalismus, mit der Mehrzahl ihrer führenden Vertreter auf der Seite der herrschenden Klasse gestanden hat, dass sie eins der entscheidenden Instrumente gewesen ist, durch das die Gedanken dieser Klasse zu den in der Gesellschaft herrschenden Gedanken geworden sind.

Mit der Anerkennung dieser Kritik an der Kirche verbindet MIDDLETON MURRY eine tiefergehende Zustimmung zum Ausgangspunkt der Marx'schen Gesellschaftskritik, eine Zustimmung allerdings, die von den meisten Marxisten und wohl auch vom Urheber dieser Gesellschaftslehre selber entrüstet zurückgewiesen worden wäre. Er nimmt den Marx'schen Gedanken auf, dass das gesellschaftliche Leben einem Entwicklungsgesetz folgt, dem gemäss seine Formen sich immer höher entwickeln. An dieser Entwicklung nehmen die Menschen teil, obwohl sie sie weder geplant haben, noch verhindern können. Diese Teilnahme ist kein passives nur Mitgerissensein durch eine übermächtige Kraft, sondern aktive Zustimmung und Mitwirkung, Die Aktivität setzt ein, entweder dadurch, dass Menschen unter den gesellschaftlichen Verhältnissen so leiden, dass das Interesse an der blossen Selbstbehauptung sie zum Kampf nötigt, oder dadurch, dass die Einsicht in die vorwärtsdrängende gesellschaftliche Entwicklung den Forschenden bewegt, diesem Fortschritt zu dienen, die Welt nicht zu erklären, sondern sie, ihren Gesetzen folgend, zu verändern.

In der Haltung, die MARX hier dem denkenden Menschen, dem Forscher zuschreibt, sich aus Einsicht an die Seite der Leidenden zu stellen und ihren Kampf zu dem eigenen zu machen, sieht MIDDLETON MURRY die Konsequenz einer religiös-ethischen Geschichtsdeutung, die er selber bejaht. Denn Religion ist für ihn nichts anderes als die Anerkennung eines „göttlichen Musters in der menschlichen Geschichte", und ethisch ist die Haltung eines Menschen, sich diesem Muster einzufügen.

Erst in der späteren Entwicklung der Marx'schen Lehre, vor allem in dem, was er den Marx-Leninismus nennt, sieht MURRY eine Entartung dieser Geschichtsbetrachtung, die deren religiös-ethischen Grundton preisgibt und ins Materialistische verfällt: diese Entartung tritt ein mit der Beschränkung auf nur ökonomische Gewalten, die den Geschichtsprozess angeblich vorantreiben. Es kommt für uns hier nicht darauf an, dass diese Ansicht tiefer in der Marx'schen Lehre verankert ist, als MURRY glaubt. Wichtig ist, festzuhalten, bis wohin MURRY der Marx'schen Geschichtsdeutung zustimmt, und wo er von ihr abweicht. Er erkennt die Hoffnung als trügerisch, dass, unter der Wirkung ökonomischer Kräfte, das Proletariat unvermeidlich revolutioniert würde. Darum bleibt, so meint er, von der Marx'schen Erwartung nur die zweite Erwägung, dass Menschen in einer bewussten Anerkennung des in der Geschichte entdeckten göttlichen Planes sich diesem Plan einfügen. Und darin sieht er den religiösen Charakter dieser Geschichtsdeutung, der den politisch-ökonomischen Erörterungen erst ihr Gepräge gibt. Denn dieses Sich-Einfügen in den göttlichen Plan überschreite die Entscheidungen, zu denen ein Mensch durch die eigenen Interessen gedrängt werden kann. Es fordere von ihm, über sich selber hinauszuwachsen, und dazu gewinne er die Kraft nicht aus sich selber, sondern nur aus dem Verständnis für den ihn überragenden göttlichen Plan.

///17// Den Gedanken, dass eine Wendung zum Guten im gesellschaftlichen Leben nur ausgehen kann von Menschen, die Kraft und Entschluss dazu aus ihrem Gehorsam gegen den göttlichen Willen gewinnen, durch den sie sich dem Plan Gottes mit der Menschheit einfügen – diesen Gedanken finden wir häufig in dem, was Christen zu den politischen und sozialen Problemen beizutragen haben. Der

Erzbischof von Canterbury, DR. W. TEMPLE, entwickelt ihn in der folgenden Weise:[4] Was Menschen im Einklang mit den eigenen Zielen und Kräften als Wertmassstab für das gesellschaftliche Leben aufstellen können, reiche nicht hin, die heutigen Katastrophen zu überwinden; denn jedes nur auf menschliche Kräfte vertrauende Bemühen stehe unter dem Fluch der Erbsünde. Diese Erbsünde besteht darin, dass der Mensch auf sich selber bezogen ist:

„Unser Wertmassstab ist die Art, wie die Dinge auf uns wirken. So nimmt jeder von uns seinen Platz im Mittelpunkt seiner eigenen Welt ein. Aber ich bin nicht der Mittelpunkt der Welt oder der Massstab zur Unterscheidung von gut und böse. Ich bin es nicht, Gott ist es. Mit andern Worten: Von Anfang an habe ich mich selber an Gottes Stelle gesetzt. Das ist meine Erbsünde."

Die Erziehung, so führt TEMPLE weiter aus, kann diesem Auf-sich-selber-Bezogensein etwas von seiner Enge nehmen, indem sie den Interessenkreis des Menschen weitet. Das ändert nichts daran, dass sich nach wie vor diese Interessen daran orientieren, wie die Dinge auf ihn wirken. Wenn es gelingt, im Menschen Hingabe an Wahrheit und Schönheit hervorzurufen, befreit diese Erziehung ihn bis zu einem gewissen Grad von seiner Selbstbezogenheit. Aber eine vollkommene Befreiung davon ist auch so nicht möglich. Denn die verlangt die Hingabe des ganzen Herzens und die unbeschränkte Unterordnung des Willens unter ein alles überragendes Ziel. Das kann nur das Ziel sein, das Gott der Menschheit gesetzt hat: im freien Gehorsam und in einer Erwiderung der göttlichen Liebe seinen Gesetzen zu folgen. Jedes andere Ziel ist beeinflusst von den subjektiven Ueberzeugungen und Interessen des Menschen. Das Verständnis für den Willen Gottes und die Bereitschaft, seinen Geboten gehorsam zu sein, ist nach dieser Lehre nicht nur die Richtschnur, sondern auch die Kraftquelle, die es dem Menschen ermöglicht, den Mächten der Zerstörung zu widerstehen.

§9. Richtlinien fuer die Politik?

Diese christliche Ethik hat wirklich mit der Täuschung gebrochen, dass sich in der blossen Wechselwirkung der Naturkräfte, wie sie die Gesellschaft beherrschen, das Gute schon Bahn brechen werde. Sie hält darüberhinaus an einem Massstab für Gut und Böse fest und versucht nicht, diesen Massstab letzten Endes doch wieder nur aus den tatsächlichen Verhältnissen des Geschehens abzuleiten und ihnen anzubequemen. Sie täuscht sich daher auch nicht darüber, dass Menschen Dinge für gut oder doch zulässig halten mögen, die das keineswegs verdienen, und dass deshalb das Streben nach dem Guten dauernde Wachsamkeit sich selber und der gesellschaftlichen Umgebung gegenüber erfordert.

---

4 W. TEMPLE: „Christianity and Social Order."

An die Stelle einer Berufung auf blosse Erfahrungswissenschaften, auf Sozio-
logie, Psychologie oder Volkswirtschaftslehre, tritt für die christliche Ethik das
Vertrauen in eine übernatürliche Ordnung der Dinge, in Gottes Plan mit der Welt,
dem sich der Mensch, im Gehorsam gegen Gottes Gebote, einfügen kann und soll.
Damit hat sie aber zugleich die realistische Haltung preisgegeben, um die sich die
Vertreter der empirischen Ethik mit Recht bemühen: sich die Ziele für das eigene
Handeln in der Erfahrungswelt zu //18// wählen, in der wir leben, und für die
Erreichung dieser Ziele nur auf die in dieser Erfahrungswelt wirkenden Kräfte zu
bauen. Wer als Politiker sich die christliche Ethik zur Richtschnur nimmt, orientiert sich an der Welt, an die er *glaubt*, nicht an der Natur, die er aus Erfahrung
kennt und in der er *handeln* muss.

Eine Politik, die, realistisch und fortschrittlich zugleich, den wechselnden Verhältnissen und Beziehungen des gesellschaftlichen Lebens Rechnung trägt, muss
sich aber, sowohl in der Bestimmung ihrer jeweiligen Ziele, als auch im Aufsuchen
und Einsetzen der für diese Ziele verfügbaren Kräfte, an der Erfahrungswelt orientieren. Nur so kann der Politiker die Verantwortung dafür übernehmen, dass die
konkreten nächsten Ziele, auf die er hinarbeitet, einer besseren Zukunft dienen und
nicht bloss dazu führen, Macht anzuhäufen und neue Einrichtungen zu schaffen,
die den Kampf der Einzelnen, der Klassen, der Staaten gegen einander nur um so
grauenhafter machen. Und erst recht muss die Frage der verfügbaren Kräfte auf
Grund der vorliegenden Erfahrung entschieden werden, die allein ein Urteil darüber erlaubt, ob und wie die gestellten Aufgaben lösbar sind.

Das Bestreben, auf solche Fragen bestimmte und nachprüfbare Antworten zu
geben ist unvereinbar mit der Annahme, man könne und solle im vertrauensvollen
Gehorsam gegen eine göttliche Offenbarung den Plänen Gottes dienen, und diesem
Bemühen würden übernatürliche, göttliche Kräfte zu Hilfe kommen.

In Wahrheit steht denn auch kein Christ, dem sein Glaube an einen allmächtigen Gott ernst ist, ohne Vorbehalt zu der Ansicht, wonach ihm eine Verantwortung
für die Vollstreckung göttlicher Absichten zufällt. KARL BARTH geht in einem
offnen Brief an die Christen Englands[5] – geschrieben im Jahr 1940! – sogar so
weit, das christliche Glaubensbekenntnis zur Grundlage der folgenden politischen
Stellungnahme zu machen:

„Es kann nicht unsere Aufgabe sein, Gottes Kampf gegen seine Feinde auszu-
fechten, da dieser Kampf bereits durchgefochten und gewonnen ist am Kreuz von
Golgatha, Und weiter: Es wird uns klar werden, dass es nicht unsere Sache ist, das
Königreich Gottes durch diesen Krieg zu verteidigen oder auszudehnen, da dieses
Königreich durch Jesus Christus von selber kommen wird, wenn seine Stunde da

---

5   „A Letter to Great Britain from Switzerland."

ist, ohne unsere politische oder sonstige Beihilfe. … Eine weitere praktische Konsequenz: Es ist nicht notwendig für uns oder andere, uns mit Plänen und Bildern der wirtschaftlichen und sozialen, der nationalen und internationalen, und endlich der religiösen Bedingungen der neuen Weltordnung zu befassen, die nach dem Krieg eingerichtet werden soll. Wir sollen unsere Herzen nicht an solche Friedensziele hängen. Nichts spricht dagegen, dass wir von ihnen träumen, wie die Gelegenheit sich bietet. Aber wir sollen uns bewusst sein, dass wir nicht mehr tun können, als zu träumen von diesen Dingen."

Das ist in seiner Art konsequent: Das religiöse Vertrauen, dass Gottes Wille die Geschichte lenke, führt nicht zu klaren und bindenden ethisch-politischen Zielsetzungen. Die Konsequenz der Barth'schen Gedanken zeigt zugleich, wohin der Versuch führt, trotzdem Ethik und Politik auf eine solche christlich-religiöse Vorstellung zu gründen. Er führt zur Verleugnung der sittlichen Aufgabe, die uns heute in der Politik zur Wiederbesinnung auf die Ethik nötigt, zu unerträglicher Indolenz gegenüber der Frage, wie der Friede gesichert und wie eine bessere Gesellschaftsordnung gewonnen werden könne. Die Preisgabe der sittlichen Fragestellung wird in BARTHS Schrift bis zu einem gewissen Grad dadurch vertuscht, dass er der Konsequenz des eigenen Ansatzes nicht //19// durchweg treu bleibt, sondern die Unterstützung des gegenwärtigen Kampfes gegen HITLER als christliche Pflicht hinstellt, nämlich als Teilnahme an Gottes Kampf – der doch in Wahrheit schon gewonnen sei.

§10. Eine unvermeidliche Alternative.

Andere Vertreter einer christlichen Ethik und einer an ihr orientierten Politik gehen weiter in ihrer Stellungnahme zu ethisch-politischen Fragen. MIDDLETON MURRY and WILLIAM TEMPLE fordern in den erwähnten Schriften von sich und ihren Gesinnungsgenossen Entscheidungen, in denen sie die eigenen religiösen Ueberzeugungen auf die uns heute entgegentretenden gesellschaftlichen Probleme anwenden. Wie aber werden sie dabei mit der Kluft fertig zwischen dem politischen Geschehen in der Natur mit ihrem Widerstreit endlicher Kräfte und den Plänen eines allmächtigen Gottes, der auf die Mithilfe seiner endlichen Geschöpfe nicht angewiesen sein kann?

In TEMPLES Darstellung bleibt diese Kluft sichtbar in den Vorbehalten, mit denen er die praktisch-politischen Konsequenzen seiner grundsätzlichen Anschauungen anmeldet. Er trennt scharf von einander das, was Ideengehalt des christlichen Glaubens ist, was daher von der Kirche als ihre Lehre vertreten und von allen Christen anerkannt werden sollte, und die Vorstellungen, die einzelne Christen, er selber z.B., sich auf Grund ihres Glaubens vom Wert bestehender sozialer Institutionen und von notwendigen sozialen Reformen gebildet haben. Soziale und politische

Programme gehören nicht zum Bekenntnis der Kirche oder des Christentums, und die Kirche soll sich daher nicht auf irgend eine, wie immer ausgearbeitete politische Linie festlegen. Es gibt, so argumentiert TEMPLE, kein christliches soziales Ideal. Jeder Versuch, ein solches Ideal aufzustellen, sich überhaupt einen Idealzustand für Staat oder Gesellschaft auszumalen, führt auf starre Doktrinen, die den sich ändernden Umständen nicht gerecht werden. Das Christentum leiste etwas weit Wertvolleres als die Zeichnung eines solchen Idealbildes. Es nenne uns Grundsätze, nach denen wir die sozialen Verhältnisse beurteilen und denen gemäss wir auf sie einwirken sollen. Aber die Anwendung dieser Grundsätze erfordere Kenntnis der gegebenen Umstände, Kenntnis der die Gesellschaft beherrschenden Kräfte, Kenntnis der menschlichen Natur und ihrer Entwicklung, ihrer besonderen Stärken und Schwächen, die gerade unter den gegenwärtigen Bedingungen hervortreten. Diese Kenntnisse können nur in sorgsamen Studien des gesellschaftlichen Lebens gewonnen werden, und dieses Studium gehöre ganz und gar dem Wissen, der Wissenschaft, der Naturerkenntnis an. Es sei daher nicht Sache der Kirche, die das ewige Evangelium zu vertreten und die Lehren des Glaubens zu formulieren habe. Sie überlasse dieses Studium den Fachleuten, enthalte sich der Einmischung in die Politik und übe ihren Einfluss auf das öffentliche Leben dadurch aus, dass sie die eigenen Mitglieder zu moralischer Verantwortung im christlichen Sinn erzieht, sie dazu anhält, ihre Rechte und Pflichten als Staatsbürger in diesem Geist zu vertreten, und dass sie ihnen dazu die Grundsätze vermittelt, die eine solche Haltung bestimmen.

An diesen Ueberlegungen ist vieles richtig. Soziale und politische Idealbilder, die ein für allemal und bis in alle Einzelheiten hinein festlegen, wie die Gesellschaft organisiert sein und wie die Beziehungen zwischen den Menschen aussehen sollten, werden unvermeidlich zu einem Zerrbild des ihnen zu Grunde liegenden Ideals, da sie dem Wechsel der Umstände keine Rechnung tragen. Wir brauchen allgemeine Grundsätze, die erst in ihrer Anwendung auf die gegebenen Umstände zur Ableitung konkreter Forderungen führen. Und diese Forderungen werden je nach den gesellschaft//20//lichen Bedingungen verschieden aussehen. Jene Grundsätze allein reichen also nicht hin, festzulegen, was im einzelnen Fall auf politischem und sozialem Gebiet erstrebt werden sollte. Um das zu klären, müssen wir die Kenntnis der gesellschaftlichen Verhältnisse und der die Gesellschaft bestimmenden Kräfte hinzunehmen, und diese Kenntnisse lassen sich nicht aus ethischen Grundsätzen, sondern nur aus der Erfahrung gewinnen.

Soweit ist alles in Ordnung. Aber wieso folgt daraus, dass die Kirche, die den Anspruch erhebt, der Menschheit diese ethischen Grundsätze zu vermitteln, sich von der Aufgabe entbinden kann und sollte, diese Grundsätze auf die gegebenen Umstände anzuwenden? Dass dafür der Gehalt der christlichen Glaubenslehren nicht hinreicht, besagt nicht, dass die Kirche das Geschäft dieser Anwendung dem Fachmann der sozialen und politischen Verhältnisse überlassen müsste. Ebensogut, wie sie ihm zumutet, sich von ihr über die Grundsätze belehren zu lassen, nach denen er die gesellschaftlichen Zustände beurteilen und beeinflussen sollte, steht sie selber vor der Aufgabe, sich die nötigen Fachkenntnisse zu erwerben oder sie sich von geschulten Fachleuten übermitteln zu lassen, ohne die sie die praktischen Konsequenzen ihrer eigenen Lehre nicht ziehen kann.

Am weitesten in der Formulierung solcher Konsequenzen ist die katholische Kirche gegangen, z.B. in der päpstlichen Enzyklika „Rerum novarum", in der Leo XIII. christlich-katholische Richtlinien für die Sozialpolitik aufstellt. Aber auch diese Ansätze sind weit davon entfernt, eine klare politische Linie abzuleiten und die Gläubigen dieser Kirche auf sie zu verpflichten. Die katholische Kirche hat nicht die Anstrengung unternommen, auch nur ihre Geistlichen, die offiziellen Vertreter ihrer Lehre, zu einer einheitlichen und unzweideutigen politischen Stellungnahme zu erziehen. Sie hat im Gegenteil davon profitiert, dass sie Vertreter der verschiedenen politischen Richtungen in ihren Reihen hatte.

Hier ergibt sich aber eine unvermeidliche Alternative: Entweder sind die von der Kirche vertretenen Grundsätze klar und eindeutig genug, um, angewandt auf gegebene gesellschaftliche Verhältnisse, verbindliche soziale und politische Forderungen zu begründen, oder sie sind das nicht. Im ersten Fall schliesst die Zustimmung zu jenen Grundsätzen die Anerkennung der Aufgabe ein, ihre Anwendung auf die vorliegenden Umstände zu sichern, und das heisst, jene konkreten Forderungen abzuleiten und sich für ihre Durchführung einzusetzen. Die Kirche als die Vertreterin solcher Grundsätze, kann sich, wenn sie die eigene Lehre ernst nimmt, in diesem Fall nicht darauf beschränken, ihre Mitglieder über diese Grundsätze zu belehren und zu deren Anwendung zu ermahnen, selber aber politisch neutral zu bleiben. Ihre Lehren verdienen Beachtung vielmehr nur dann, wenn sie Rechenschaft darüber gibt, welche sozialen und politischen Konsequenzen unter den gegenwärtigen Bedingungen aus dem folgen, was sie predigt, und wenn sie sich klar und eindeutig zu der politischen Linie bekennt, auf die sie so geführt wird.

Im zweiten Fall reichen die kirchlichen Grundsätze nicht hin, dem Christen eine Richtschnur zu geben, an der er in jeder möglichen Situation sein Handeln orientieren kann. Um hier naheliegenden und häufig auftretenden Missverständnissen zu begegnen: Wer diesen Fall annimmt, bestreitet damit nicht den Ernst und die Tiefe des religiösen Gehalts einer solchen Lehre. Sondern er stellt hiermit nur fest, dass sich aus ihr nicht ethisch-politische Ueberzeugungen ableiten und begründen lassen. Die nach ethischer Fundierung suchende Politik braucht also eine andere Grundlage, um den Wertmassstab für ihre Urteile und Entscheidungen zu gewinnen.

//21//

§11. Politisches Christentum.

Wer mit der christlichen Ethik an die gesellschaftlichen Nöte unserer Zeit herangeht, steht vor der Frage, wie er sich dieser Alternative gegenüber entscheiden soll:
für ein politisches Christentum oder dafür, die Richtlinien für die Beurteilung politischer und sozialer Verhältnisse in andern als den christlichen Lehren zu suchen.
Und doch wird es heute kaum einen ernsthaften Vertreter einer christlichen Ethik
geben, der sich vorbehaltlos zu einer dieser beiden Möglichkeiten bekennt.

Die Ansprüche eines politischen Christentums sind im Lauf der Zeit erheblich
in Misskredit geraten, und zwar mit Recht. Sie führen, konsequent durchdacht,
dazu, den Staat zum weltlichen Arm der Kirche zu machen, der Kirche also die
höchste, weil auf göttliche Offenbarung gegründete Autorität in allen politischen
Entscheidungen zuzuerkennen. Wo dieser Anspruch erhoben und zur Richtschnur
politischen Verhaltens gemacht worden ist, wie im mittelalterlichen Katholizismus
oder im Kirchenstaat CALVINS, da wird unvermeidlich die Freiheit des Menschen,
sich in der Gestaltung des eigenen Lebens und in der Mitverantwortung für das
gesellschaftliche Leben seines eigenen Verstandes zu bedienen, in den entscheidenden Punkten geopfert. Denn die göttlichen Zwecke, zu deren politischer Sachwalte-
rin die Kirche sich hier macht, sind dem forschenden Menschengeist unzugänglich,
und die Kirche kann demnach nicht umhin, sich auf eine göttliche Offenbarung
zu berufen, deren Auslegung und Anwendung sie sich und ihren Funktionären
vorbehält.

Die Unmündigkeitserklärung der Menschheit, die in diesem Anspruch des
politischen Christentums eingeschlossen ist, ist von aufgeklärten Menschen längst
zurückgewiesen worden. Sie wird in ihrer radikalen Form heute kaum noch, und
jedenfalls nicht öffentlich, als politisches Programm vertreten. Aber die christlichen Kirchen haben darum nicht darauf verzichtet, politischen Einfluss auszuüben,
und insbesondere der Vatikan ist nach wie vor ein politischer Machtfaktor ersten
Ranges geblieben. Die Politik dieser offiziellen Vertreter des Christentums hat das
Ihre dazu beigetragen, das Misstrauen gegen jede derartige Politik wachzuhalten.
In den Jahren des sich stabilisierenden Faschismus führt die Vatikanpolitik von den
Konkordaten mit MUSSOLINI und HITLER bis zur Unterminierung des spanischen
Freiheitskampfes und zur Unterstützung der Verräter, die Frankreich an HITLER
ausgeliefert haben. Sie bietet das Schauspiel eines Paktierens mit den Sklavenhal-
tern der Menschheit gegen die freiheitliebenden Völker und Bewegungen. Selbst
der Widerstand, den die Kirchen, die katholische sowohl wie die protestantische,
in Deutschland gegen den Nationalsozialismus geleistet haben, trägt – unbeschadet
der persönlichen Tapferkeit, Opferbereitschaft und des Idealismus Einzelner – die

Spuren dieser dunklen politischen Zusammenhänge. Sie zeigen sich darin, dass der
Kampf von beiden Konfessionen erst in dem Augenblick aufgenommen wurde,
als die Kirchen selber angegriffen wurden, und dass er im Wesentlichen auf die
Verteidigung der kirchlichen Interessen beschränkt blieb. Die Misshandlungen von
Juden und Sozialisten im Dritten Reich sind nur in vereinzelten Fällen an Ort und
Stelle von Vertretern der Kirchen gebrandmarkt worden. Die kirchlichen Organisationen haben dazu geschwiegen und ihre eigene Gegnerschaft zum Dritten Reich
erst entdeckt, als sie feststellen mussten, dass HITLER auch ihnen gegenüber picht
daran dachte, sein Wort zu halten. Pastor NIEMOELLER, der Märtyrer der Bekennt-
niskirche, hat, noch 1934, im Jahre nach dem Reichstagsbrand und der Errichtung
der Konzentrationsläger, sein Buch „Vom U-Boot zur Kanzel" geschlossen mit
dankbarem Gedenken für „das gewaltige //22// Werk der völkischen Einigung und
Erhebung, das unter uns begonnen ist". Und der Erzbischof VON GAHLEN, der den
Mut aufbrachte, während des Krieges von der Kanzel aus Nazimethoden anzugreifen, konzentrierte seine Vorwürfe darauf, dass kirchliche Vermögen enteignet,
kirchliche Organisationen verboten, Priester, Mönche und Nonnen ungerecht
beschuldigt, in der Ausübung ihrer kirchlichen Funktionen behindert, verhaftet
und verurteilt worden seien.

Aus Erfahrungen dieser Art haben viele ernste Christen den Schluss gezogen,
dass die Kirche sich überhaupt aus der Politik heraushalten solle, um nicht der
Versuchung zu verfallen, eine· politische Machtposition verteidigen zu wollen.
Das Reich, das sie zu vertreten habe, sei nicht von dieser Welt, und sie gerate auf
Abwege, wenn sie eine angeblich christliche Politik festlegen und vom Staat deren
Durchsetzung verlangen wolle. Von Ueberlegungen dieser Art ist es zu verstehen,
wenn TEMPLE, MURRY und viele andere die Aufgabe der Kirche, als der Verkünde-
rin der christlichen Offenbarung und ihrer Ethik, darauf beschränken, christlichen
Geist zu wecken und zu pflegen und Menschen dieses Geistes zu ermahnen, in
„verantwortungsvoller Freiheit" ihre Bürgerrechte und -pflichten auszuüben.

Aber sie ziehen in dieser Selbstbeschränkung bei weitem nicht die Konsequenz,
die aus der eindeutigen Ablehnung jener politischen Ansprüche folgt: sich auf die
andere Seite jener Alternative zu stellen und sich also darüber klar zu werden, dass
die Berufung auf den Willen Gottes keine eindeutigen, politisch anwendbaren
Richtlinien gibt, wie wir sie zur Lösung der vor uns liegenden Aufgaben brauchen.
Solche Richtlinien müssen menschlicher Einsicht und Kritik zugänglich sein.
Wenn überhaupt, werden wir sie daher nur in der Besinnung auf eine eigene
unmittelbare sittliche Ueberzeugung finden können, die sich auf das gesellschaftliche Leben bezieht, so wie wir es in der Erfahrung kennen lernen.

KAP. IV. ETHISCHER REALISMUS.

§12. Die Aufklaerung ethischer Ueberzeugungen.

Zwei Warnungen ergeben sich aus den bisherigen Betrachtungen. Die empirische und die christliche Ethik haben je eine von ihnen aufgefasst. Aber beide haben dabei jeweils die andere Anforderung aus dem Auge verloren.

Die eine Gefahr, die wir vermeiden müssen, ist die, den Boden der Erfahrung unter den Füssen zu verlieren. Wir können den Massstab für das, was gut ist und bei unserer politischen Urteilsbildung und Zielsetzung richtunggebend sein soll, keiner übernatürlichen, angeblich vollkommeneren und erhabeneren Wirklichkeit entlehnen, als es die uns umgebende Erfahrungswelt ist, und wir können für die Verwirklichung unserer Ziele keine anderen Kräfte mobil machen als die aus der Erfahrung bekannten Naturkräfte, die das gesellschaftliche Leben beherrschen.

Die zweite Warnung richtet sich darauf, mit allen Illusionen zu brechen, als würden diese Kräfte von sich aus schon zum Guten führen. Man nimmt dieser alten Hoffnung auch dadurch nicht den utopischen Charakter, dass man ausdrücklich die ethischen Ueberzeugungen der Menschen mit zu den gesellschaftlich wirksamen Kräften rechnet. Sie gehören zwar dazu, aber kein Naturgesetz gibt uns die Gewähr, dass sie nicht von stärkeren Gegenkräften beiseite gedrängt werden können, oder, was noch verhängnisvoller ist. dass sie nicht verbogen und für die eigennützigen Zwecke irgend welcher gesellschaftlichen Schmarotzer missbraucht werden.

//23// Es ist nicht zu verwundern, dass die bisher betrachteten Versuche, die Politik an ethischen Ueberlegungen zu orientieren, je an einer dieser beiden Anforderungen gescheitert sind. Denn wie soll es gelingen, beiden zu genügen? Der Verzicht darauf, in den gesellschaftlichen Kräften, so wie die Erfahrung sie uns zeigt, eine Garantie für die Verwirklichung des Guten zu suchen, scheint nur den Weg offen zu lassen, sich nach anderen Kraftquellen umzusehen und von ihnen den Massstab zu gewinnen für das, was gut ist. Und umgekehrt: Worauf sollen wir, bei realistischer Beschränkung auf die Erfahrungswelt, die Aussicht gründen, dass die menschliche Gesellschaft aus dem Zyklus von Krisen und Kriegen herauskommt, wenn nicht auf die Hoffnung, dass die gesellschaftlichen Kräfte und die Naturgewalten einem solchen Fortschritt günstig sind?

Der Konflikt zwischen beiden Anforderungen ist in der Tat unvermeidbar, solange wir die Erfahrungswelt nur mit den Augen des Naturforschers betrachten, der nach den Ursachen und Kräften fragt, die den Ablauf der Ereignisse hervorrufen. Diese Betrachtungsweise hat im übrigen durchaus ihr Recht, und zwar allen Gebieten der Erfahrungswelt gegenüber. Sie ist, insbesondere, unentbehrlich für die politische Gestaltung der gesellschaftlichen Verhältnisse. Denn die verlangt auf soziologischem und psychologischem, auf volkswirtschaftlichem und physikalischtechnischem Feld die nüchterne Abschätzung der Kräfte, mit denen wir es zu tun haben. Aber die beste Berechnung dieser Kräfte und Verhältnisse garantiert den Erfolg nicht. Sie zeigt bestenfalls Chancen für tatkräftig und entschlossen zupak-kende Menschen. Und da hängt alles davon ab, ob diese Tatkraft und Entschlossen-heit vorhanden ist, und, darüber hinaus, ob sie sich darauf richtet, Frieden, Recht und Freiheit zu sichern, oder darauf, auf Kosten dieser Menschheitsgüter irgend einem Eigennutz zu dienen.

Gewiss können wir auch dieser Frage gegenüber wieder den Zusammenhang von Ursachen und Wirkungen, von Kräften und ihren Wechselwirkungen studie-ren. Aber solche Untersuchungen beschränken sich darauf, die Not unserer Zeit zu *erklären*, und wirken unter Umständen sogar lähmend der Aufgabe gegen-über, dieser Not ein Ende zu setzen und die Welt zu *ändern*. Gibt es keine andere Betrachtungsweise dem Geschehen in Natur und Gesellschaft gegenüber als die betrachtend-erklärende, dann ist unser Versuch, durch eine Besinnung auf die Ethik aus dem politischen Chaos herauszukommen, von vornherein gescheitert.

Moderne wissenschaftliche Theorien, gerade des gesellschaftlichen Geschehens, neigen dazu, nur diese eine Betrachtungsweise anzuerkennen und jeden Versuch, an die Ereignisse mit einer anderen Fragestellung heranzugehen, als utopisch und unwissenschaftlich abzulehnen. Im eigenen Leben aber macht niemand mit dieser Ansicht ernst. Konsequent zu Ende gedacht, würde sie dahin führen, im eigenen Denken und Handeln, in allem, was an, mit und durch uns geschieht, nichts ande-res sehen zu können als das Abrollen eines Mechanismus, in dem es dem Zufall der gegebenen Kräfteverteilung überlassen bleibt, ob dabei Wahrheit oder Irrtum, Chaos oder Ordnung, die Schaffung oder die Zerstörung von Werten herauskommt. Diese fatalistische Haltung aber wird, selbst von ihren theoretischen Verfechtern, faktisch durch jede, noch so geringfügige besonnene Lebensäusserung durchbro-chen. Denn Besonnenheit besteht darin, dass wir planmässig Irrtümer vermeiden und uns so verhalten, wie wir es für gut halten. Sie beruht auf dem Vertrauen, dass wir es dem Zufall entziehen können, wofür wir uns einsetzen. Wir besinnen uns darauf, ob die Meinungen, die sich uns anbieten, die Entschlüsse, die wir fassen möchten, etwas taugen, ob wir Gründe dafür haben, mit ihnen das Richtige und Gute zu treffen. Sofern //24// wir besonnen handeln, orientieren wir uns an solchen Gründen, sei es, dass wir sie gefühlsmässig aufgefasst haben, sei es, dass wir uns in einem mehr oder weniger klaren Gedankengang Rechenschaft über sie geben.

Jede besonnene Lebensäusserung stellt also wirklich einen andern Zusammen-hang her, als es die kausal-naturgesetzliche Abhängigkeit einer Wirkung von ihren Ursachen ist. Jede besonnene Entscheidung ist durch *Gründe* bestimmt, und dieses Vermögen, sich im Denken und Handeln an Gründen zu orientieren, macht es uns möglich, dem Irrtum auszuweichen, die Wahrheit zu finden, Werte zu schaffen und

uns damit dem Zufall zu entziehen, den alle Naturgesetze offen lassen: Es gibt keinen naturgesetzlichen Zusammenhang, nach dem die Wahrheit ans Licht kommen
und das, was gut ist, verwirklicht werden müsste; aber der besonnen handelnde
Mensch kann planmässig daran arbeiten, die Wahrheit zu erkennen und das als gut
Erkannte zu verwirklichen.

Dieses Verhältnis zur Wahrheit und zum Guten, das im besonnenen Entschluss
hergestellt werden kann, tritt uns allerdings selten rein und unverkennbar entgegen.
Menschliches Denken bleibt im Kampf mit Trugschlüssen, Vorurteilen, Ablenkungen, unter deren Einfluss ein gewünschtes Ergebnis wie ein bereits gesichertes
hingenommen wird. Im menschlichen Handeln mischt sich die besonnene Wahl
von Zielen und Mitteln mit triebhaftem Reagieren auf irgend welche Umwelteinflüsse. Und selbst das besonnene Festhalten an einem einmal gefassten Entschluss,
das allen ablenkenden Einflüssen trotzt, bietet in sich keine Gewähr, dass auch
die Wahl des Zieles selber besonnen erfolgt ist. Nur wo ein Mensch sich darüber
Rechenschaft gibt, dass das gesetzte Ziel die Anstrengungen und Opfer *wert* ist, die
es erfordert, nicht aber da, wo Eigennutz oder Gier ihm sein Ziel aufdrängen oder
wo er sich unter dem Bann eines fanatisch erfassten Aberglaubens entschliesst,
kann von besonnener Zielsetzung die Rede sein. Gerade dieses Nebeneinander
von Erkenntnis und Irrtum, von Besonnenheit und Gier oder Eigennutz liegt der
Tatsache zu Grunde, von der unsere Ueberlegungen ausgingen, dass die Errungenschaften von Wissenschaft, Technik und Organisationskunst zu Werkzeugen
der Zerstörung werden und dass daher die Kriege und Krisen unserer Zeit alle
Schrecken blosser Naturkatastrophen hinter sich lassen.

Unter dem Druck dieser Erfahrung verlieren wir leicht den Blick für das Vermögen, uns durch Gründe zu bestimmen und es dem Zufall zu entziehen, ob unser
Denken zur Wahrheit führt und unser Handeln Gutes schafft. Sehr verständlich
also, dass die Versuche, einen Ausweg aus den gesellschaftlichen Katastrophen zu
finden, immer wieder zurückgreifen entweder auf die kausal-erklärende Analyse
der vorhandenen gesellschaftlichen Kräfte – in der Hoffnung, deren Zusammenwirken werde uns letzten Endes schon aus dem Unheil herausführen – oder aber
auf das angeblich religiöse Vertrauen, dass ein vollkommener und reinerer Wille
als der menschliche die Geschichte lenke und dass die Unterstellung unter ihn die
Rettung bedeute.

In Wahrheit aber zeigt die Erfahrung der gesellschaftlichen Katastrophen nur
immer wieder, dass die Wechselwirkung der Naturkräfte – welche es auch sein
mögen – nicht nach Wertmassstäben verläuft. Die stärkste Kraft gibt den Ausschlag, und es ist zufällig, ob unter den gegebenen Verhältnissen etwas Wertvolles
geschaffen, erhalten oder ob es vernichtet wird. Das schliesst aber nicht aus, dass
Menschen besonnen nach Wahrheit und Wert fragen und die eigenen Entschei-

dungen an diesen Massstäben orientieren können. Sie *können* das tun, – ob und wie weit sie allerdings davon Gebrauch machen, und insbesondere, wie tief sie dabei die eigenen //25// Wünsche und Pläne daraufhin ansehen, ob sie wert sind, verfolgt zu werden, ist nach Naturgesetzen dem Zufall überlassen; gesichert werden kann es nur durch den besonnenen Entschluss verantwortungsbewusster Menschen.

Es gibt also nur einen Ausweg aus dem Chaos unserer Zeit: sich darauf zu besinnen, dass Menschen diesen Entschluss fassen können; dahin zu arbeiten, dass er gefasst wird und dass diejenigen, die ihn gefasst haben, politischen Einfluss bekommen.

Damit wird klar, *welche* Hilfe von der Besinnung auf die Ethik ausgehen kann für eine anständige, weise und realistische Politik. Was wir brauchen, sind besonnen gefasste politische Entscheidungen, und zwar solche, in denen die besonnene Prüfung vordringt bis zu der Frage, was in den gesellschaftlichen Verhältnissen der Menschen und Völker gut und geboten ist, wonach sich Fortschritte und Rückschritte in der Entwicklung dieser Verhältnisse bestimmen und an welchem Massstab daher verantwortungsbewusste Politiker ihr Vorgehen orientieren sollten.

Wir stehen also wirklich vor der Frage nach dem Massstab dessen, was gut ist für die Gesellschaft, und nicht nach dem, was faktisch heute von einzelnen oder von der Mehrzahl der Menschen für gut gehalten wird. Damit unterscheidet sich die richtig verstandene ethische Frage von den Untersuchungen jener Empiriker, die nur das gelten lassen, was sich je nach den wechselnden Verhältnissen als wirksame Kraft in der Erfahrungswelt nachweisen lässt. Der angebliche Realismus dieser Selbstbeschränkung beruht in Wahrheit auf der Verkennung eines wesentlichen Zusammenhangs in der Erfahrungswelt, mit dem wir faktisch rechnen. Er verkennt, dass wir die uns umgebenden Naturereignisse nicht nur nach dem Schema kausaler Zusammenhänge beurteilen, sondern dass wir sie an Wertvorstellungen messen und – in wie engen Grenzen der Einzelne das auch tun mag – etwas diesem Massstab Entsprechendes zu erreichen und zu gestalten suchen. Ethik ist nichts anderes als die konsequente Aufklärung und Anerkennung der Ansprüche, die diesem Verhalten zu Grunde liegen. Und zwar müssen wir dabei festhalten, dass sie ihm nur zu Grunde liegen, und es nicht etwa von Haus aus automatisch und unverhüllt beherrschen. Ohne eine eigene, besonnene Aufklärung bleiben sie daher verdunkelt von Irrtum, Eigennutz und, gefährlicher noch, von planmässig gepflegten gesellschaftlichen Vorurteilen.

Der Uebergang von der Tatsachenfrage, was Menschen für gut *halten*, zu der Wertfrage – der eigentlich ethischen Frage –, was gut *ist* im Zusammenleben der Menschen, bedeutet demnach keineswegs den Verzicht auf die realistische Ueberlegung, dass wir unsere politischen Ziele den Verhältnissen der Erfahrungswelt gemäss zu wählen und mit den in dieser Erfahrungswelt wirkenden Kräften

zu verfechten haben. Denn die Wertansprüche, die wir aufzuklären und auf die
ihnen zu Grunde liegenden Massstäbe zu durchmustern haben, melden sich, wenn
auch dunkel und verworren im eigenen besonnenen Handeln an. Wir suchen den
Massstab, den die eigene Vernunft an das Geschehen in Natur und Gesellschaft
anlegt, wenn sie es besonnen bewertet und zu gestalten sucht. Wir sind daher nicht
darauf angewiesen, dass ein die Natur und unsere Vernunft überragender Wille
diesen Mass[s]tab offenbart.

§13. Freiheit der Wahl.

Gegen die Verbindung von Ethik und Politik, wie sie sich hiernach als notwendig
erweist, ja schon gegen die Möglichkeit der hier geforderten ethischen Theorie werden verschiedene grundsätzliche Schwierigkeiten vorgebracht, die unser Vorhaben
von vornherein als utopisch und verfehlt erscheinen lassen können.

//26// Die erste liegt in der Frage, ob das Nebeneinander der beiden Betrachtungsweisen, von denen wir hier gesprochen haben, widerspruchslos möglich ist.
Verträgt sich die realistische Vorstellung, wonach im Naturgeschehen die stärkste
Kraft den Aus[s]chlag gibt – und zwar im politisch-gesellschaftlichen Geschehen
so gut wie in Vorgängen der unbelebten Natur –, mit der Ueberzeugung, dass wir
die politische Entwicklung in die Richtung lenken können, die wir für gut halten?

Wir rühren damit an das alte Problem der Willensfreiheit. Auf politischem
Gebiet macht sich der Zweifel an der Möglichkeit dieser Freiheit bemerkbar in
dem um sich greifenden Fatalismus und in der verzweifelten Ueberzeugung, der
Gang der Ereignisse sei letzten Endes von ungeheuren gesellschaftlichen Kräften
bestimmt; das Verhalten des Einzelnen falle dem gegenüber wenig ins Gewicht,
und selbst da, wo es eine Rolle zu spielen scheine, sei es doch selber nur wieder
Wirkung und Ausdruck gesellschaftlicher Verhältnisse. Richtig an diesen Ueberlegungen ist, dass sich auch im politischen Geschehen kausale, naturgesetzliche
Zusammenhänge aufdecken lassen. Der Ausbruch von Kriegen und Krisen, die
Politik der Grossmächte und die einzelner Politiker oder politischer Gruppen lassen
sich erklären aus nachweisbaren Kräften, Interessen und Verhältnissen, die diese
oder jene politische Wendung herbeigeführt haben. Je gründlicher diese Analysen
der politisch wirksamen Kräfte durchgeführt werden, desto genauer lassen sich aus
ihnen die Tendenzen der weiteren Entwicklung bestimmen. Diese Möglichkeit der
Vorhersage, in welcher Richtung sich voraussichtlich die Dinge entwickeln werden,
scheint unvereinbar mit der Aufgabe, selber diese Richtung so festzulegen, wie es
für die menschliche Gesellschaft gut ist. Denn es bleibt zufällig, ob und wie weit die
faktisch vorliegenden Entwicklungstendenzen, wie wir sie in der kausal-erklärenden
Betrachtung des Geschehens auffassen, abweichen von dem, was wir bei ethischer
Beurteilung desselben Geschehens als *erstrebenswert* erkennen, – und wir haben in

unserer Zeit hinreichend deutlich erfahren, wie scharf dieser Zufall gegen die Sache
des Friedens, der Freiheit und der Kultur entscheiden kann. Es würde zu weit führen, hier vollständig auf diese tiefliegenden Schwierigkeiten einzugehen. Aber schon unsere bisherigen Ueberlegungen zeigen, dass die
fatalistische Beschränkung auf das blosse Beobachten, Erklären und Vorhersagen
der gesellschaftlichen Entwicklung keineswegs diesen Schwierigkeiten aus dem
Weg geht, ja dass sie nicht einmal in sich selber konsequent ist. Sehen wir genau zu,
so finden wir schon in unserer Ausgangsfrage dasselbe Nebeneinander der beiden
Betrachtungsweisen, der kausal-erklärenden und der wertenden und wählenden.
Diese Frage drängte sich auf mit der Beobachtung, dass menschlicher Fleiss und
menschliche Erfindungsgabe zu einem Verhängnis für die Menschheitsgüter des
Friedens, des Rechts und der Freiheit werden können, dann nämlich, wenn sie im
Dienst eigennütziger Zwecke stehen. Soweit nun jemand Fleiss und Erfindungsgabe aufbietet, handelt er gewiss besonnen. Er traut sich selber zu, den Ablauf der
eigenen Vorstellungen lenken und in das Naturgeschehen eingreifen zu können,
und zwar so, dass das Ergebnis dem entspricht, was er erstrebt: sich klare und
richtige Vorstellungen zu bilden von dem, was geschieht, und zu verwirklichen,
was ihm gut dünkt. Mag sein, dass seine Zwecke eigennützigen und minderwer-
tigen Wünschen entspringen. In diesem Fall wird die Möglichkeit, planmässig in
das Geschehen einzugreifen, missbraucht für schlechte Zwecke. Aber es wäre ein
Fehlschluss, aus der Möglichkeit dieses Miss//27//brauchs auf die Unmöglichkeit
zu schliessen, besonnen wählen zu können. Im eigenen Kampf mit Widerständen
wissen wir sehr genau zu unterscheiden, ob blinde Naturkräfte unsern Wünschen
und Absichten entgegenstehen, oder ob wir es mit einem besonnen kämpfenden
Gegner zu tun haben, der planmässig unsere Absichten durchkreuzt. Erdbeben
und Unwetterkatastrophen, so verheerend sie sein mögen, zielen nicht ab auf Vernichtung und Unterwerfung, wie Menschen es im Kampf gegen ihre Mitmenschen
tun.

Wer also, um der Einheitlichkeit einer nur kausal deutenden Betrachtungsweise
willen, die Möglichkeit leugnet, planmässig auch in das politische Geschehen einzugreifen und es in die Richtung zu lenken, die man als gut erkannt hat, der leugnet
damit das Problem selber, von dem wir hier ausgegangen sind, und die Erfahrung
dazu, die uns dieses Problem aufgenötigt hat.

Besonders hartnäckige Zweifler versuchen, diesem Dilemma dadurch auszuweichen, dass sie die Erfahrung von all dem, was menschliche Besonnenheit
zustandebringen und wozu sie missbraucht werden kann, ausschliesslich kausal
deuten. Konsequenter Weise müssten sie dann die Vorstellung, wir seien besonnener Akte fähig, für einen blossen Wahn erklären, dessen Entstehung sich aus irgend
welchen Umwelteinflüssen, denen das Menschengeschlecht in seiner Entwicklung

ausgesetzt war, verstehen lassen muss und der heute selber zu einer Kraft geworden ist, die am Zustandekommen der modernen Zivilisation – Kriegstechnik und krisenfördernde Wirtschaftseinrichtungen eingeschlossen – mitgewirkt hat.

Auch diese Haltung, als unbeteiligter Zuschauer das gesellschaftliche Geschehen gleichsam von aussen verfolgen zu wollen, ohne an seinen angeblichen Wahnvorstellungen teilzuhaben, lässt sich aber nicht widerspruchslos durchführen: jede eigene besonnene Lebensäusserung ruht selber auf der Ueberzeugung, die in dieser Theorie für blosse Einbildung erklärt wird, und verwickelt daher deren Verfechter in Widersprüche. Schon die Aufstellung einer solchen Theorie ist Inkonsequenz und Anmassung. Denn wer sie geltend macht, gibt vor, sich dabei auf gute Gründe zu stützen. Er beansprucht also für die eigene Behauptung eben das, was diese Behauptung ihrem Inhalt nach als Einbildung ablehnt: dass er seine Meinung durch ein Abwägen der für und der gegen sie sprechenden Gründe geprüft und damit gegen Irrtum geschützt habe.

Wenn wir demnach hier auch nicht nachweisen konnten, *wie* naturgesetzliche Abhängigkeit und besonnene Wahl mit einander vereinbar sind, so ist doch klar, dass wir faktisch dauernd mit beiden Zusammenhängen rechnen und ohne Inkonsequenz die Möglichkeit, besonnen in den naturgesetzlichen Ablauf der Ereignisse einzugreifen, nicht leugnen können. Wir werden also im Folgenden mit dieser Möglichkeit rechnen.

§14. Die Methode ethischer Untersuchungen.

Die zweite Schwierigkeit betrifft die Methode, nach der sich Fragen der Ethik entscheiden lassen. Wir geraten hier wieder in ein Dilemma dadurch, dass wir die beiden, anscheinend einander entgegengesetzten Gesichtspunkte vereinigen müssen: Wir haben es einerseits mit einer *Wert*frage zu tun und kommen daher nicht mit den Methoden der Erfahrungswissenschaften aus, Tatsachen zu beschreiben und zu erklären. Wir müssen andererseits bei der Beantwortung dieser Wertfrage, wie die Ethik sie stellt, den Verhältnissen der Erfahrungswelt Rechnung tragen und können unsere Grundsätze daher nicht einer göttlichen Offenbarung oder einer abstrakten Spekulation entnehmen.

//28// Auch diese Frage, wie wir beiden Bedingungen genügen können, ist im Grunde schon durch die vorangegangenen Ueberlegungen beantwortet, und wir stehen hier nur vor der Aufgabe, aus unseren früheren Betrachtungen die Regeln abzuleiten, nach denen sich sittliche Ueberzeugungen prüfen und begründen lassen.

Wir müssen dabei von den besonnenen Lebensäusserungen ausgehen, wie wir sie bei uns selber und anderen in der Erfahrung kennen lernen. Denn wie wir gesehen haben, orientiert sich der Mensch in jedem besonnenen Verhalten an einer

Wertvorstellung und lenkt seine Ueberlegungen und Entscheidungen so, dass er erreicht, was er für erstrebenswert hält. Wir wissen andererseits, dass die aufgewandte Besinnung verschieden tief gehen, dass ihr Ergebnis daher von Hemmungen und Ablenkungen beeinflusst sein kann und daher nicht ohne weiteres für das genommen werden darf, was sich bei vorurteilsloser Prüfung als gut erweist.

Um eine solche vorurteilslose Prüfung durchzuführen, bleibt uns nichts anderes übrig, als beharrlich den Weg zu Ende zu gehen, dessen mehr oder weniger weit gehende Ansätze wir in der Erfahrung gefunden haben. Ohne Bild ausgedrückt: Was wir hier zu tun haben, ist die Vertiefung und Klärung jener zunächst nur gefühlsmässigen Besinnung auf das, was unter gegebenen Umständen für uns zu tun gut ist. Dieses Gefühl mag durch Leidenschaften gehemmt, durch Gewohnheiten, durch momentane oder dauernde Einwirkungen der Umgebung von dem abgelenkt sein, was es bei freier und ungestörter Entfaltung anerkennen würde. Aber solche Störungen lassen sich überwinden, so wie wir auch sonst durch besonnene Kritik die eigenen Ueberzeugungen von Vorurteilen reinigen können. Dazu ist es nötig, das eigene Gefühl, so wie es sich unter gegebenen Umständen äussert, nach seinen Gründen zu fragen. Wir können uns darauf besinnen, welche Umstände es in der ganzen uns vorliegenden Situation sind, die uns bewogen haben, dies oder jenes als gut anzuerkennen oder anzustreben. Diese Besinnung führt zu einer Verständigung mit uns selber über die Massstäbe, die das eigene Gefühl im vorliegenden Fall angewandt hat, und ermöglicht damit die Prüfung, ob wir denn wirklich diese Massstäbe allgemein, also auch losgelöst von den Besonderheiten des uns gerade jetzt beschäftigenden Falles anerkennen würden, oder ob äusserer Druck oder innere Hemmungen uns hier zu einem Verhalten bestimmt haben, das wir, wären wir unbeteiligte Beobachter, ablehnen oder verurteilen würden.

Dieses Verfahren, nach dem sich sittliche Ueberzeugungen aufklären und bereinigen lassen, ist das der Abstraktion. Es besteht darin, den faktisch vorliegenden sittlichen Ueberzeugungen, wie wir sie in der eigenen Erfahrung kennen lernen, auf den Grund zu gehen und die Massstäbe aufzusuchen, an denen das unbefangene Gefühl sich orientiert. Dieses Verfahren genügt in der Tat den beiden Bedingungen, die wir erfüllen müssen und in deren Vereinigung das uns hier beschäftigende Problem lag: Es geht aus von der eigenen faktischen gefühlsmässigen Beurteilung gegebener Verhältnisse und Vorgänge, und erlaubt, ja fordert sogar, die gewonnenen Massstäbe daran zu prüfen, ob sie sich auch unter veränderten Umständen bewähren oder ob wir sie, wenn wir den möglichen Wechsel der Verhältnisse berücksichtigen, vielleicht nicht in der Allgemeinheit anerkennen können, die ihnen zunächst zuzukommen schien. Auf der anderen Seite sind wir bei diesem Verfahren weit davon entfernt, nur zu registrieren, was Menschen heute für gut halten, ohne auf die kritische Frage einzugehen, ob das, was für gut gehalten wird, auch in Wahrheit gut sei. Die Methode der Abstraktion besteht ja gerade darin, das gefühlsmässige //29// Urteil loszulösen von den Hemmungen und Störungen, die aus den besonderen Umständen des vorliegenden Falles erwachsen, und von ihm aus zu der ihm zu Grunde liegenden allgemeinen Ueberzeugung der eigenen Vernunft vorzudringen.

Das Unterfangen, durch diese Methode der Abstraktion gültige Massstäbe zu gewinnen, an denen der Politiker sich orientieren kann und sollte, beruht freilich auf einem Vertrauen, das heute nur wenige aufbringen, auf dem Vertrauen nämlich, in der eigenen Vernunft ein ursprüngliches sittliches Interesse finden zu können. Dieses Verfahren setzt voraus, dass es einen Massstab des Guten gibt, den wir durch die Analyse der eigenen Ueberzeugungen auffinden und über den sich alle die verständigen können, die diese Untersuchung mit hinreichender Sorgfalt und Vorurteilslosigkeit unternehmen. Die bisherige Erfahrung allerdings scheint dieser Voraussetzung nicht günstig zu sein. Die heute herrschenden Anschauungen von dem, was im öffentlichen Leben gut und geboten ist, sind so durchsetzt von Meinungsverschiedenheiten, von skeptischen und relativistischen Einschränkungen, dass sie weithin das Misstrauen verbreitet haben, auf ethische Fragen lasse sich überhaupt keine allgemeingültige und begründete Antwort geben. Diesem Misstrauen gegenüber aber gilt die Mahnung KANTS, sich der „pöbelhaften Berufung auf vorgeblich widerstreitende Erfahrung" zu enthalten, das heisst, nicht unter Berufung auf die bisherige Erfahrung etwas als unabänderlich hinzunehmen, das abzuändern nur noch nicht ernsthaft genug versucht worden ist.

Die vorliegende Arbeit unternimmt es nicht, in einer abstrakt-philosophischen Untersuchung nachzuweisen, dass unser Verfahren bei hinreichender Sorgfalt zu einem allgemeingültigen Ergebnis führen *muss*.[6] Wir beschränken uns hier auf das Experiment selber, durch das Verfahren, auf das unsere Untersuchungen uns geführt haben, die Klärung der ethischen Ueberzeugungen vorzunehmen, ohne die wir keine Erneuerung und Gesundung des politischen Lebens erhoffen können.

§15. Macht und Moral.

Ehe wir an dieses Experiment herangehen, noch eine Bemerkung darüber, worin die hier gesuchte Beziehung der Politik zur Ethik besteht.

Politik ist die Kunst, die Gesellschaft einem gegebenen Zweck gemäss zu organisieren. Der Politiker muss daher sich der Kräfte bedienen, die das gesellschaftliche Leben beherrschen. Daraus folgt, dass politische Fragen jeder Zeit Machtfragen einschliessen. Denn die Durchführung jedes politischen Programms hängt ent-

---

6 Diese Untersuchung liegt vor in den Arbeiten der kritischen Philosophie und ist am weitesten durchgeführt in dem Werk von L. NELSON: „Kritik der praktischen Vernunft."

scheidend, wenn auch nicht ausschliesslich, von der Macht seiner Vertreter ab, den Widerstand politischer Gegner zu überwinden und gegebenenfalls gewaltsam niederzuzwingen.

Ethik, als die Lehre von dem, was zu tun und anzustreben gut ist, wendet sich dagegen an die Gesinnung der Menschen, an ihre innere Kraft und Bereitschaft, sich auch da, wo sie nicht unter blossem äusseren Zwang stehen, für das Gute einzusetzen.

Was heisst es nun, die Politik an ethischen Grundsätzen zu orientieren? Wie lässt sich das Streben nach Macht vereinigen mit dem Appell an die Gesinnung; die Bereitstellung und Anwendung von Zwangsmitteln mit dem Ideal, sich frei von Zwang für das Gute zu entscheiden?

//30// Der Gegensatz beider Erwägungen ist oft als unüberbrückbar empfunden worden. Ist er es, dann stehen wir vor der Alternative, entweder die Politik von der Bindung an ethische Richtlinien zu lösen, oder um der ethischen Anforderungen willen auf den politischen Machtkampf zu verzichten. In beiden Fällen aber würden wir faktisch die Aufgabe fallen lassen, die uns zur Frage nach der ethischen Fundierung der Politik geführt hat. Denn der Verzicht auf ethische Richtlinien im politischen Kampf bedeutet Zustimmung den Mächten gegenüber, die heute die Errungenschaften von Zivilisation und Kultur zum Schaden der Menschheit missbrauchen. Aber auch der zweite Vorschlag, sich um des Appells an die Gesinnung willen jeder Gewaltanwendung zu enthalten, läuft darauf hinaus, diesen Mächten den Weg freizugeben. Wollte man nämlich auch durch eine Erziehung der Menschen die gesellschaftlichen Uebel allmählich zu überwinden suchen, so würde man dabei doch das Werk einer solchen Erziehung von vornherein jedem ernsthaften Widersacher ausliefern, der vor Gewaltanwendung nicht zurückscheut. Sich dieser Gefahr gegenüber damit beruhigen zu wollen, dass auf die Dauer auch solche Gegner sich dem moralischen Appell öffnen und ihren Widerstand aufgeben werden, wäre nur wieder die alte Illusion, wonach die Kräfte des Guten im Naturgeschehen schliesslich die Oberhand behalten müssten.

Wir stehen hier also im Grunde vor derselben Schwierigkeit, die sich schon der Aufklärung und Begründung ethischer Ueberzeugungen entgegenstellte: dem Schein eines Widerspruchs zwischen dem Realismus, sich unvoreingenommen über die faktisch in Natur und Gesellschaft herrschenden Kräfte zu unterrichten und sich in den eigenen Plänen an sie zu halten, ohne Täuschung darüber, dass in ihnen selber keine Garantie für eine Verwirklichung des Guten liegt, und der ethischen Gesinnung, sich besonnen in der Wahl der eigenen Zwecke an dem zu orientieren, was als gut erkannt worden ist. Wir haben bereits gesehen, dass diese beiden Anforderungen in Wahrheit geradezu auf einander angewiesen sind. Konsequent durchdacht, führt jede von ihnen auf die andere. Wir geraten also erst in einen Widerspruch, wenn wir, aus Angst vor diesem Widerspruch, eines von beiden preisgeben, entweder die nüchterne Prüfung und Berücksichtigung der Tatsachen, oder die besonnene Orientierung an den eigenen Wertvorstellungen. Der Schein-Realist, der von solcher Wertbesinnung nichts wissen will, wird seiner Maxime faktisch in jedem Augenblick untreu, in dem er überhaupt irgend etwas besonnen unternimmt. Ebenso aber verrät der Schein-Idealist, der um der Reinheit seiner Gesinnung willen an Machtkämpfen und Gewaltanwendung nicht teilhaben will, die eigenen Ideale, die von ihm den Kampf für die Verwirklichung des als gut Erkannten fordern.

Die Lösung die [sic!] Dilemmas liegt also auch hier wieder in der richtigen Vereinigung beider Gesichtspunkte, und also in einem ethischen Realismus. Angewandt auf die gesellschaftlichen Probleme, mit denen wir es hier zu tun haben, heisst das, dass wir als Realisten das politische Mittel der Macht nicht ablehnen dürfen, sondern bereit sein sollen, die Verwirklichung friedlicher, freier und rechtlicher gesellschaftlicher Verhältnisse gegebenenfalls mit Gewalt zu erkämpfen und zu sichern; dass wir andererseits als Idealisten diese Mittel des politischen Kampfes nicht zum Selbstzweck machen dürfen, sondern durch die ethische Besinnung auf das zu erreichende Ziel, das unseren politischen Entscheidungen die Richtung gibt, die gesellschaftliche Macht in den Dienst von Frieden, Freiheit und Recht stellen sollen.

//31// Diese Besinnung anzustellen und, nach der Methode der Abstraktion, darüber Klarheit zu schaffen, welche Anforderungen diese uns vorschwebenden Ideale stellen, ist die Aufgabe des zweiten Teils dieser Arbeit.

KAP. V. DIE LEHRE VOM RECHT.

§16. Recht und Moral.

Wir gehen mit einem bestimmten Zweck an die Aufgabe heran, die eigenen ethischen Vorstellungen zu klären und auf die ihnen zu Grunde liegenden Wertüberzeugungen zurückzuverfolgen: Wir erwarten, auf diesem Weg die Richtlinien für eine Politik zu finden, die beides vereinigt, die nüchtern-realistische Abschätzung der gegebenen Verhältnisse und das unbestechlich-idealistische Festhalten an dem als gut und recht erkannten politischen Ziel.

Dieses politische Interesse bestimmt den Zugang, von dem aus wir die gestellte Aufgabe in Angriff nehmen. Ethische Vorstellungen melden sich auf den verschiedensten Gebieten des Lebens an, und es gibt daher von Haus aus eine Reihe verschiedener Zugänge, von denen aus man sich um die Aufhellung dieser Vorstellungen bemühen kann. Wir suchen unter ihnen denjenigen, der von der Beurteilung politischen Verhaltens ausgeht.

Dabei drängen sich zwei Fragen auf, die von vornherein deutlich getrennt werden müssen. Da Politik die Kunst ist, die Gesellschaft einem gegebenen Zweck gemäss zu organisieren, so ist die erste Frage die, welches dieser Zweck sein sollte. Es ist die Frage, was im gesellschaftlichen Leben politisch gesichert werden sollte, nach welchem Massstab die bestehenden Verhältnisse beurteilt und politische Programmpunkte auf ihre Berechtigung und Dringlichkeit geprüft werden sollten. Da andererseits die Verfolgung dieses Zweckes nur dann gesichert ist, wenn politisch aktive Menschen ihn sich besonnen und auf Grund der eigenen sittlichen Ueberzeugungen zu eigen gemacht haben, so ergibt sich die zweite Frage: Was kann, bei besonnener Wahl, einen Menschen bestimmen, sich für diesen Zweck, die Besserung der gesellschaftlichen Zustände also, einzusetzen und um seinetwillen widerstreitende Wünsche und Ideale zurückzustellen, die ihn auf ein anderes Betätigungsgebiet locken?

Beide Fragen hängen eng mit einander zusammen. Und doch lenken sie die Aufmerksamkeit auf ganz verschiedene Wertüberlegungen. Nur die zweite hat es unmittelbar mit sittlichen Aufgaben zu tun. Denn nur sie fragt nach dem, was einen Menschen dazu bewegen kann, sittlich zu handeln, d.h. den eigenen Willen unbeugsam auf die Durchführung dessen zu richten, was man als gut erkannt hat, ohne sich durch andere lockende Ziele ablenken oder durch Anstrengungen und Opfer abschrecken zu lassen.

Die erste Frage hat es dagegen gar nicht mit den Beweggründen menschlicher Entschlüsse zu tun. Sie beschäftigt sich mit den gesellschaftlichen Verhältnissen, soweit sie durch organisatorische Eingriffe beeinflusst und geformt werden können. Wir fragen hier, ob sich unter den vielen möglichen Zwecken, nach denen das öffentliche Leben politisch organisiert werden könnte, solche auszeichnen lassen, deren Verwirklichung einen Wert in sich trägt, die also nicht nur dem persönlichen Interesse dieses oder jenes Politikers, dieser oder jener politischen Gruppe dienen.

Wenn es nicht gelingt, beide Fragen klar gegen einander abzugrenzen, sind wir in der Gefahr, die eine über der anderen zu vergessen. CARR hat in seinem vielbesprochenen Buch: „Conditions //32// of peace" die Krise unserer Zeit als eine moralische Krise beschrieben. Das verführt ihn aber dazu, einseitig die moralische Frage in den Vordergrund zu stellen. Er konzentriert sich im Wesentlichen auf die Untersuchung, ob und wie die Besinnung auf Pflichterfüllung und Opferbereitschaft in den Menschen unserer Zeit gestärkt werden könnte, damit daraus eine rettende Kraft für das gesellschaftliche Leben erwachse. So richtig es aber auch ist, dass ohne solche sittlichen Kräfte eine Erneuerung des politischen Lebens nicht erwartet werden kann, so unzureichend, ja gefährlich ist es, sich auf diesen Appell allein zu konzentrieren und die Frage nach dem zu verwirklichenden politischen Ziel darüber zu vernachlässigen. Diese Frage ist oft zurückgestellt worden unter

Berufung darauf, dass die Reinheit der Gesinnung nur von der Stärke und Beharrlichkeit dieser Bereitschaft abhänge und dass es für den moralischen Wert der
Handlung unwesentlich sei, was der Handelnde für seine Pflicht halte und ob er mit
seinen Anstrengungen ans Ziel komme oder an äusseren Widerständen scheitere.
Darauf ist zu sagen: Gewiss mindern Irrtum oder Misserfolg an sich den moralischen Wert einer Anstrengung nicht herab, wohl aber ist auch dieser moralische
Wert unvereinbar mit Gleichgültigkeit oder Nachlässigkeit im Kampf gegen Irrtum
und Misserfolg. Wo nicht ausdrücklich und ernsthaft die Frage gestellt wird, welche
politischen Ziele es denn wert sind, dass für ihre Verwirklichung moralische Kräfte
aufgeboten werden, da verdient der Appell an die Moral nicht, ernstgenommen zu
werden. Es ist die Probe auf den Ernst des Pflichtbewusstseins und der Opferbereitschaft eines Menschen, ob er darüber klar ist, *was* zu tun seine Pflicht ist, *wofür*
er Opfer bringen soll und will und wie er seinem so bestimmten politischen Ziel
mit der besten Aussicht auf Erfolg dienen kann. Wer das verkennt, arbeitet faktisch
denen in die Hände, die, wie die Nazis es versucht haben, die sittliche Bereitschaft
junger Menschen für schlechte Zwecke missbrauchen möchten.

Ebenso verhängnisvoll aber ist der andere Fehler, nämlich über der inhaltlichen
Festlegung des politischen Zieles den Appell an die sittlichen Kräfte im Menschen
zu vergessen. Auch dieser Fehler ist naheliegend und hat vielfach gerade solche
Menschen verführt, die Politiker genug waren, zu wissen, dass sich die gesellschaftlichen Missstände nicht überwinden lassen durch blosse Erziehung und durch gutes
Zureden. Man wehrt sich, und zwar mit Recht dagegen, die politische Sicherung
von Frieden, Recht und Freiheit zu ersetzen durch einen moralischen Appell an die,
die in der Gesellschaft gewisse Machtpositionen innehaben. So unerlässlich es aber
auch ist, sich solcher Machtpositionen zu versichern und ihren Missbrauch politisch zu verhindern, so hängt doch gerade die Durchführung dieser Aufgabe davon
ab, dass Menschen da sind, die sich ihrer annehmen. Es wäre unrealistisch und
utopisch, zu erwarten, sie könnten dazu durch eigennützige Interessen angehalten
werden. Solche persönlichen Interessen können bestenfalls einmal zufällig in eine
Richtung drängen, die dem gesellschaftlichen Fortschritt günstig ist. Gesichert ist
die fortschrittliche Entwicklung nur dann, wenn sie von Politikern gewollt wird, die
aus der unbedingten Bereitschaft heraus handeln, dem Missbrauch der Macht ein
Ende zu setzen, indem sie die eigene politische Macht, um die sie kämpfen, in den
Dienst von Recht und Freiheit stellen.

Wir werden daher im Folgenden auf beide Fragen eingehen. Es entspricht dabei
dem Ausgangspunkt unserer Ueberlegungen, anzufangen mit der, die sich unmittelbar mit dem Ziel des Politikers befasst und die Massstäbe untersucht, nach denen
wir bei hinreichender Besonnenheit bestimmen, welche politische Gestaltung der
Gesellschaft wir anstreben sollten.

//33//

§17. Ideale des gesellschaftlichen Lebens.

Richtlinien und Ziele für den gesellschaftlichen Wiederaufbau nach dem Kriege werden heute viel diskutiert. Wir haben also hinreichend Gelegenheit, die Vorstellungen zu studieren, mit denen Menschen an diese Fragen herangehen, und in diesen Vorstellungen die zu Grunde liegenden Wertmassstäbe aufzusuchen.

Wir müssen dabei allerdings im Auge behalten, dass wir es mit einer *Wert*überlegung zu tun haben und nicht, was häufig an deren Stelle gesetzt wird, mit der Untersuchung gesellschaftlicher Entwicklungstendenzen. Diese Verschiebung der Fragestellung entspringt wieder dem Verdacht, reine Wertüberlegungen würden den Kontakt zur Wirklichkeit preisgeben und zum Bau blosser Luftschlösser verleiten. Welches auch immer unser politisches Programm ist, wir müssen es in Natur
· und Gesellschaft, wie die Erfahrung sie uns kennen lehrt, durchführen, und wenn wir deren Kräfte und Verhältnisse und damit auch ihre augenblicklichen Entwicklungstendenzen nicht kennen, dann riskieren wir es, Utopien nachzujagen und Einrichtungen zu schaffen, die unter den gegebenen Bedingungen dem Fortschritt feindlich sind.

Dieses Argument ist unbestreitbar richtig. Der realistische Politiker braucht die Kenntnis der gesellschaftlich wirksamen Kräfte. Aber diese Kenntnis wird für ihn fruchtbar nur in dem Mass, in dem er weiss, was er erreichen will. Und zwar muss er grundsätzlich darüber im Klaren sein. Wer nur im Hinblick auf eine gegebene Situation und mit dem oft zu Unrecht gepriesenen Respekt vor den Tatsachen sich seine Ziele setzt, dem fehlt der Massstab dafür, wie weit er gehen kann und gehen sollte in der Veränderung der vorgefundenen Verhältnisse.

Wir werden daher die Frage nach den Tatsachen und Entwicklungstendenzen so lange zurückstellen, bis wir über den Massstab klar sind, nach dem wir diese bestehenden Verhältnisse politisch beurteilen und nach dem wir uns in ihnen unsere politischen Ziele setzen sollten.

Auf die Frage, welches dieser Massstab ist, werden uns heute im Wesentlichen drei Ideen genannt: die Sicherung des Friedens, die Verwirklichung der Freiheit, die Gewährung gleicher Rechte für alle. Unter Menschen, die ernsthaft am Fortschritt des gesellschaftlichen Lebens interessiert sind, wird es kaum einen Streit darüber geben, dass in allen drei Ideen dringende Anforderungen zum Ausdruck kommen. Die Schwierigkeiten in der Verständigung fangen aber an, sobald wir nach dem Inhalt und der Rangordnung dieser Forderungen fragen.

Unter dem Eindruck der beiden Weltkriege wird begreiflicher Weise heute oft die Forderung, den Frieden zu sichern, in den Vordergrund gestellt. Unter dem Gesichtspunkt, welches die nächsten, dringlichsten Aufgaben der Nachkriegszeit sein werden, ist das auch weitgehend berechtigt. Denn davon, ob es gelingt, den Frieden wirklich zu sichern, hängt der Sinn jeder Neugestaltung der europäischen Verhältnisse ab.

Wenn wir dagegen an die drei genannten Ideen mit der Frage herangehen, welche von ihnen den umfassenderen Wertmassstab enthält, dann werden wir auf eine andere Rangordnung geführt. Den Frieden zu sichern, ist für sich nur ein negatives Ideal: Es verlangt die Ausschaltung des blossen Gewaltverhältnisses zwischen den Einzelnen und zwischen den Völkern. Dieses Gewaltverhältnis ist dadurch gekennzeichnet, dass Konflikte und Streitfragen jeweils von dem Stärkeren gewaltsam nach seinem Willen und seiner Willkür entschieden werden, ohne Rücksicht darauf, ob seine Wünsche es wert sind, erfüllt zu werden. Soweit dieser Zustand //34// der Gewalt herrscht, ist der Verkehr der Menschen und der Völker unter einander durch die blosse Wechselwirkung der verschiedenartigen gesellschaftlichen Kräfte bestimmt, und es bleibt dem Zufall überlassen, ob die jeweils überwiegende Kraft dem gesellschaftlichen Fortschritt dient oder ihn unterbindet. Dieser Zufall herrscht, solange ein blosses Gewaltverhältnis besteht. Er kann also nur durch die Sicherung des Friedens ausgeschaltet werden, und diese ist demnach in der Tat eine Vorbedingung dafür, dass das gesellschaftliche Leben überhaupt an Wertmassstäben orientiert wird. Aber gerade weil es sich nur um eine *Vor*bedingung handelt, gibt das Ideal der Friedenssicherung selber keine Antwort auf die Frage, welches denn nun diese Wertmassstäbe sind, die, wenn der Friede gesichert ist, das Leben leiten sollten.

Und weiter: Wenn wir den Frieden deshalb suchen, weil er eine Bedingung dafür ist, dass in der Gesellschaft das Gute und Vernünftige geschieht, dann dürfen wir ihn nicht um jeden Preis erkaufen. Gerade heute, unter dem Eindruck der beiden Weltkriege, hat sich bei vielen Menschen das Verständnis vertieft, dass der Sehnsucht nach Frieden nicht mit einer pazifistischen Gesinnung gedient ist. Friede, der erkauft ist durch kampfloses Zurückweichen vor Diktatoren, ist nicht die Vorbereitung für ein vernünftiges Leben, sondern im Gegenteil die Einwilligung in ein blosses Gewaltverhältnis. Er ist daher auch nicht einmal *gesicherter* Friede, sondern führt dahin, Konflikte zu verschärfen und den Zündstoff für neue Kriege anzuhäufen. Es gibt also eine Grenze, über die hinaus die Wahrung des Friedens kein Ideal mehr ist, und diese Grenze ist wiederum bestimmt durch die Ideale, die im gesellschaftlichen Leben verwirklicht werden sollten. Denen gegenüber, die dieses Leben ihrer Willkür unterwerfen wollen, ist Kampf und Widerstand geboten. Erst wenn ihr Einfluss ausgeschaltet ist, kann der Friede dazu dienen, dass eine bessere Gesellschaftsordnung aufgebaut wird.

§18. Recht und Freiheit.

Welches sind nun diese anderen Ideale, an denen sich der Wert des Gesellschaftszustandes misst? Von den beiden übrig bleibenden Ideen, der Verwirklichung der
Freiheit und der Sicherung gleicher Rechte für alle, hat für viele Menschen heute
die erstere den stärkeren Klang. Der Widerstand gegen die Nazi-Diktatur, der von
den unterdrückten europäischen Völkern geführt wird, ist ein Kampf für die Freiheit dieser Völker. Mehr als alle sonstigen Entbehrungen, Unsicherheiten und Nöte,
die der Krieg über die Menschheit gebracht hat, hat die Vernichtung ihrer Freiheit
Widerstandskräfte geweckt. Die Kriegs- und Terrormaschine HITLERS hat mehr
als einmal davor die Waffen strecken müssen. Angedrohte Geiselerschiessungen
sind nicht vollstreckt worden, da sie den illegalen Widerstand doch nicht brechen
konnten; Streikenden wurden Zugeständnisse gemacht; die Zwangsverschickung
von Arbeitern aus den besetzten Ländern in die deutsche Kriegsindustrie konnte
bei weitem nicht in dem geplanten Ausmass durchgeführt werden. Das sind Siege,
die diese unterdrückten Völker durch ihren Freiheitswillen über den Machtapparat
von Tyrannen errungen haben. Dieser Kampf hat Menschen aus verschiedenen
gesellschaftlichen Schichten und politischen Lagern zusammengebracht. Klassengegensätze und politische Meinungsverschiedenheiten sind zurückgetreten hinter
dem einigenden Gedanken, dass ein kampfloses Hinnehmen dieser Freiheitsberaubung das grösste Uebel sei, mag die Aussicht auf den Erfolg des Widerstandes
auch so gering sein, wie etwa im Herbst 1940.

//35// Der Kampf gegen die Hitler-Diktatur hat aber noch eine andere Seite.
Und die warnt uns, in der Idee der Freiheit die oberste Richtlinie auch nur für
diesen Kampf selber zu sehen. Dieser Kampf ist nur langsam in Gang gekommen.
HITLER und seine Hintermänner hatten Zeit genug, den Terrorapparat gegen die
Opponenten im eigenen Land und die Kriegsmaschine zum Ueberfall auf Europa
auszubauen, ehe sie auf überlegenen Widerstand stiessen. Dieses Zögern auf Seiten
derer, von denen schliesslich einer nach dem andern dem Angriff der Barbaren
zum Opfer gefallen ist, lässt sich nicht aus blosser Unwissenheit erklären. Man wusste, mit wem man es zu tun hatte, oder konnte das zum mindesten wissen. HITLER
hat nie ein Hehl daraus gemacht, dass er sich in seinen Plänen nicht durch die
Achtung vor irgend jemandes Freiheit zurückhalten lassen werde. MUSSOLINI hat
offen von dem „verwesten Leichnam der Freiheit" gesprochen. Beide sind trotzdem
lange Zeit mit ihren Plänen durchgedrungen, weil sie jeweils hinreichend vielen
ihrer möglichen Opponenten versicherten, sie wollten sich keineswegs in deren
Angelegenheiten einmischen. Sie verlangten dafür nur, dass man ihnen in der Auseinandersetzung mit diesem oder jenem Widersacher freie Hand liesse. Sie beriefen
sich also frech selber auf die Idee der Freiheit – und daraufhin wurde ihnen das Feld

überlassen von Menschen, die bereit waren, die Freiheit anderer zu opfern, solange sie die eigene nicht ernsthaft bedroht glaubten.

Man wird sagen, dass dieses Zurückweichen nicht weniger als die Anmassungen der Diktatoren ein blosser Missbrauch der Freiheitsidee sei. Wahre Freiheitsliebe sei unvereinbar mit der Unterdrückung anderer oder auch nur mit der Duldung solcher Unterdrückung. Wie aber entscheiden wir, ob in einem gegebenen Fall Unterdrückung vorliegt – Unterdrückung, im Sinn eines auf Willkür und blosser Gewalt beruhenden Eingriffs in die Freiheit eines anderen – oder eine notwendige, berechtigte, mit Gründen vertretbare Beschränkung seiner Freiheit? Nicht jede Freiheitsbeschränkung kann nämlich als Unterdrückung verurteilt werden. Unbeschränkte Freiheit für alle zu fordern, widerspricht sich selber. In jeder Gesellschaft ist unvermeidlich der eine abhängig vom andern. Die freie Betätigung eines Menschen beschränkt die der andern, deren Interessen von seiner Handlung betroffen werden. Wir brauchen also einen Massstab dafür, wie die Freiheitssphären der Einzelnen gegen einander abgegrenzt werden sollten. Und diesen Massstab finden wir nicht in dem Ideal der Freiheit, sondern in jener dritten Idee, auf die wir hingewiesen werden, in der Forderung, rechtliche Zustände zu schaffen, oder, mit andern Worten, allen die gleichen Rechte zu gewähren.

Es ist daher angebracht, zunächst diese Forderung ins Auge zu fassen und über ihren Inhalt klar zu werden. Solange sie vergessen oder missachtet wird, ist auch der Kampf für die Freiheit in der Gefahr, zu einem blossen Kampf um Vorrechte zu werden und damit Wert und Würde einzubüssen.

Das heisst allerdings nicht, dass die Rechtsidee ihrerseits ohne Besinnung auf das Ideal der Freiheit aufgefasst oder gar angewandt werden könnte. Wir haben im Gegenteil bereits gesehen, wie eng der Zusammenhang zwischen beiden Ideen ist. Denn wenn die Konflikte, in die das Freiheitsstreben des einen mit dem des anderen geraten kann, rechtlich geschlichtet und nicht durch blosse Gewalt entschieden werden sollen, dann ist damit zugleich gesagt, dass zu den Rechtsforderungen, die in der Gesellschaft gewahrt werden sollen, Achtung vor der Freiheit der Menschen gehört.

//36// In dieser wechselseitigen Beziehung beider Ideen auf einander aber haben die Anforderungen des Rechts den Vorrang. Der Rechtsanspruch tritt dem Streben nach Freiheit beschränkend entgegen, sobald es in Konflikt gerät mit dem Streben anderer. In einem solchen Konflikt entscheidet die Rechtsidee gegen die rücksichtslose Behauptung nur der eigenen Wünsche: ihre Anforderungen bestimmen die Grenze, bis zu der allein die Verteidigung der eigenen Freiheit idealen Wert hat. Es gilt nicht das Umgekehrte, dass die rechtliche Lösung solcher Konflikte auf die Bedingungen eingeschränkt wäre, unserem Freiheitsbedürfnis zu genügen. Wohl aber gehört es zu einer rechtlichen Lösung der Konflikte, zu berücksichtigen, welchen Wert die Freiheit für das menschliche Leben hat. Und darüber gibt die Idee der Freiheit uns Auskunft.

Dieses ungleiche Verhältnis der beiden Ideen zu einander macht es verständlich, dass der Kampf für die Freiheit oft, zumal angesichts einer so radikalen Freiheitsberaubung, wie wir sie heute in Europa sehen, die stärker mitreissende, dringendere Forderung zu sein scheint als der nüchterne Anspruch, für eine rechtliche Schlichtung gesellschaftlicher Konflikte einzutreten. Frei zu sein, das eigene Leben so zu führen, wie man es für gut hält, ist selber unmittelbar ein Wert – ein Wert allerdings, den viele erst dann schätzen und verstehen lernen, wenn ihnen diese Freiheit genommen wird. Die Anforderung des Rechts schränkt dagegen diesen Wert nur auf die Bedingung ein, dass über dem Streben nach eigener Freiheit die Achtung von den Rechten anderer nicht vergessen wird. In dieser Einschränkung liegt ihre Bedeutung, nicht im Aufzeigen eigener, unabhängiger Werte. Aber diese Einschränkung ist die unerlässliche Bedingung für den Wert einer Gesellschaft. Wo diese Bedingung missachtet wird, verlieren alle Bestrebungen, die auf Kosten einer Sicherung rechtlicher Verhältnisse verfolgt werden, Wert und Berechtigung – mögen sie an sich auch durch noch so hohe gesellschaftliche Ideale bestimmt sein.

§ 19. Die Anforderung des Rechts an den Gesellschaftszustand.

Was sind rechtliche Zustände? Man hat die Anforderungen des Rechts oft erklärt durch die Idee der Gleichheit. Darin kommt ein ursprünglicher und unausrottbarer Anspruch des Rechtsgefühls zum Ausdruck, der Protest gegen Privilegien aller Art, wie sie das gesellschaftliche Leben bis heute beherrschen, und die Forderung, jedem die gleiche Chance im gesellschaftlichen Leben zu geben. Diese Deutung des Rechtsgedankens führt aber in Schwierigkeiten, sobald wir sie auf vorliegende gesellschaftliche Konflikte und soziale Probleme anzuwenden suchen. Da wird immer wieder der Verdacht laut, dass diese Forderung der Gleichheit konsequent angewandt, zur Gleichmacherei, zu einer Uniformierung des Lebens nötige, die dessen freie Gestaltung hemme. Diese Forderung verkenne, so wendet man ein, dass Menschen einander eben nicht gleich seien, dass sie verschiedene Anlagen und Interessen, und daher auch verschiedene Ansprüche und Entwicklungsmöglichkeiten im Leben hätten. Jedem trotzdem das Gleiche zuzugestehen, würde alle unter ein einheitliches Schema pressen. Und dieser vergewaltigende Druck auf die menschliche Persönlichkeit würde zudem die Menschen noch verschieden treffen. Diejenigen, die sich schwerer als andere in eine ihnen von aussen auferlegte Schablone einfügen, die selbständigeren, freieren, den eigenen Anlagen nach reicheren Naturen also, werden durch eine solche Uniformierung härter getroffen als passive Menschen, die sich leichter anpassen.

Aber gerade diese Konsequenzen machen darauf aufmerksam, dass die Idee der Gleichheit sich nicht mit der Vorstellung solcher Gleichmacherei deckt. Gleichheit, wie unser Rechtsgefühl sie //37// fordert, hat mit der Verwischung menschlicher Verschiedenheiten nichts zu tun. Nicht gegen die Unterschiede der Anlagen und der Lebensgestaltung protestiert dieses Gefühl, sondern gegen die Vorrechte Einzelner, die aus den Entbehrungen, die sie andern aufnötigen, Vorteil, Freiheit und Lebensgenuss gewinnen. Diese Verschiedenheit in den Rechten, die von der Gesellschaft dem Einzelnen zugestanden werden, würde durch die äussere Uniformierung des Lebens noch nicht einmal überwunden. Denn selbst dabei fragt es sich ja noch, wem diese Uniform auf den Leib geschnitten ist und für wen sie die Zwangsjacke bedeutet, in die er gewaltsam von der Herrenklasse gesteckt wird.

Das immer wiederkehrende Missverständnis, als bedeute rechtliche Gleichheit die Uniformität des Lebens aller, entsteht also offensichtlich aus einer Unklarheit darüber, worin denn die Gleichheit bestehen soll, die wir fordern. Sie soll, wie schon gesagt, den Gegensatz bilden nicht zu den Verschiedenheiten der Menschen, wie sie von Natur aus da sind, sondern zu den gesellschaftlich zugebilligten Vorrechten, die dem einen auf Kosten des anderen ein bequemes und freies Leben ermöglichen. Von einem solchen Vorrecht sprechen wir also da, wo im Konflikt der Interessen und Ansprüche, die des einen von vornherein als gewichtiger eingesetzt werden als die des andern. Von vornherein, das heisst: unabhängig vom Wert und der Dringlichkeit der Interessen selber, und also nur mit Rücksicht auf die Person dessen, der sie vertritt, mit Rücksicht darauf nämlich, ob er einer bestimmten, in dieser Gesellschaft ausgezeichneten Klasse, Rasse oder sonstigen herrschenden Gruppe angehört. Gegen die Ungleichheit, die in einer solchen Bevorzugung liegt, fordern wir einen Zustand der Gleichheit, in dem jedem die gleiche Chance gegeben ist, seine Interessen zu befriedigen, jedenfalls soweit das von gesellschaftlichen Einrichtungen abhängt.

Um klarer zu sehen, was hiermit gemeint ist, brauchen wir uns nur darauf zu besinnen, in was für Konfliktsfällen rechtliche Probleme auftreten. Es handelt sich dabei stets um Konflikte eines Menschen mit *andern* Personen. Nicht jeder Interessenkonflikt ist von dieser Art. Es gibt Konflikte, in die ein Mensch nur mit sich selber gerät, da nämlich, wo seine eigenen Interessen mit einander kollidieren. Er muss dann wählen, welches seiner Interessen er auf Kosten der anderen befriedigen will. Diese Wahl mag ihm schwer fallen und ihn vor eine Reihe von Fragen und Unsicherheiten stellen. Solange der Konflikt aber in dieser Weise nur seine Interessen betrifft, taucht das Problem der Vorrechte und ihrer Verteidigung oder Beseitigung nicht auf. Der Wählende hat es nur mit sich selber zu tun und kommt daher nicht in die Lage, dass er einige der vom Konflikt betroffenen Interessen beiseite schieben kann und möchte einfach darum, weil es nicht *seine* Interessen sind, sondern die von anderen Personen – und zwar von solchen, die nicht in der Lage sind, ihm in seine Entscheidung dreinzureden.

Die Ungleichheit, der wir die Forderung des Rechts entgegenstellen, wird also dadurch möglich, dass jeder Einzelne unmittelbar nur von den eigenen Interessen bewegt wird, und von denen anderer höchstens mittelbar insoweit, als er seinerseits an ihrer Befriedigung ein Interesse nimmt. Solange wir von rechtlichen Erwägungen absehen, wird daher in einem Interessenkonflikt zwischen mehreren Personen nahezu jeder eine andere Lösung für erstrebenswert halten, die nämlich, die *seinen* Interessen dient, ohne Rücksicht auf die dabei verletzten Interessen anderer, es sei denn, dass er mit diesen anderen Interessen sympathisiert, also selber an ihrer Befriedigung ein Interesse nimmt. Welche dieser Lösungen dann verwirklicht wird, hängt – wiederum wenn keine rechtliche Besinnung hinzutritt – nicht mehr von einer Abwägung der verschiedenen Interessen ab, //38// sondern von dem Zufall, mit welcher Kraft und Geschicklichkeit jeder Einzelne für die Durchsetzung seiner Interessen ficht.

Jedem die gleiche Chance zu geben, heisst demnach, die Lösung des Konflikts so herbeizuführen, dass sie von diesem Unterschied der betroffenen Personen unabhängig ist, dass also alle vorliegenden Interessen so eingesetzt werden, als ob es sich um den Konflikt in einem einzelnen Menschen handelte. Wenn das geschieht, dann entfallen alle Vorrechte, die sich Einzelne oder bestimmte bevorzugte Gruppen in der Gesellschaft nur darum sichern können, weil sie körperlich, wirtschaftlich oder dank irgend welcher gesellschaftlichen Einrichtungen die Stärkeren sind, die, ohne wirksame Gegenwehr fürchten zu müssen, die Interessen der gesellschaftlich Schwächeren unberücksichtigt lassen können. Das Recht fordert, dass die abwägende Berücksichtigung der betroffenen Interessen nicht an der Grenze Halt macht, die die Interessen eines Einzelnen oder einer herrschenden Gesellschaftsgruppe von den Interessen der anderen trennt, sondern dass *alle* betroffenen Interessen, unabhängig davon, auf welcher Seite einer solchen Grenze sie stehen, in die Abwägung einbezogen werden.

§20. Der Massstab der Gleichheit.

Ein alter Einwand gegen jeden Versuch, einen allgemein verbindlichen Massstab aufzustellen für das, was im gesellschaftlichen Leben geschehen sollte, behauptet, jede solche Festlegung führe unvermeidlich zu einer Vergewaltigung des Lebens. Denn wie solle ein solcher Massstab dem dauernden Wechsel der Umstände gerechtwerden? Alle Regeln, die wir im gesellschaftlichen Verkehr anerkennen und durch die wir unsere gegenseitigen Beziehungen klarer, übersichtlicher, vorausberechenbarer machen, sind mit Rücksicht auf die zur Zeit vorliegenden Umstände festgelegt worden. Jedes Mal, wo das vergessen worden ist und solche zeitbedingten

Regeln als ewig gültige sittliche Gesetze verfochten wurden, hat man sich den Weg
zu einer weiterführenden, fruchtbaren Entwicklung des gesellschaftlichen Lebens
verbaut. Für den dann eintretenden Zustand der Erstarrung der gesellschaftlichen
Formen gilt GOETHES Wort: „Vernunft wird Unsinn, Wohltat Plage. Weh Dir, dass
Du ein Enkel bist!"

Wie steht es in dieser Hinsicht mit dem Massstab der Gleichheit, wie wir ihn
hier als die Richtschnur der Forderungen nach rechtlichen Verhältnissen aufgedeckt haben? Gleichheit verlangt nichts anderes, als dass die Interessen der körperlich, wirtschaftlich, gesellschaftlich Schwächeren, nicht darum ins Hintertreffen
geraten, *weil* sie die Interessen der Schwächeren sind und weil in dieser Gesellschaft die Interessen irgend einer bevorzugten Gruppe als solche von Haus aus
einen Vorsprung haben. Die geforderte Gleichheit schliesst die Gewährung von
Klassenvorrechten aus. Was das aber im Einzelnen bedeutet, welche gesellschaftlichen Formen und Einrichtungen diese rechtliche Gleichheit in der Gesellschaft
herstellen, und welche anderen ihr widerstreiten, das legt unser Grundsatz noch
nicht fest. Das kann nur im Hinblick auf die jeweiligen gesellschaftlichen Bedingungen entschieden werden, und diese Entscheidung kann daher unter verschiedenen Bedingungen verschieden ausfallen. Sie hängt davon ab, welche Interessen
in einer Gesellschaft vorliegen, wie weit den Umständen nach eine Befriedigung
einiger dieser Interessen die von anderen ausschliesst. Sie hängt weiter davon ab,
welche Mittel in einer Gesellschaft dazu gebraucht werden können, einen Teil ihrer
Mitglieder der Willkür einer Herrenschicht zu unterwerfen – diese Mittel und
Methoden wechseln je nach den Naturgaben, über die ein Land verfügt, und nach
den zivilisatorischen Errungenschaften, die Technik und Wissenschaft im Lauf der
Zeit erarbeitet haben.

//40// Der Vorwurf der Starrheit trifft diesen Massstab also gewiss nicht. Er
macht vielmehr die Entscheidung darüber, was unter gegebenen Bedingungen
rechtlich geboten ist, so sehr von einer Untersuchung dieser Verhältnisse abhängig, dass leicht der entgegengesetzte Verdacht entstehen kann: Ist hier die Freiheit,
den jeweiligen Umständen Rechnung zu tragen, nicht etwa dadurch erkauft, dass
bei Licht besehen gar kein Kriterium übrig bleibt, das eindeutig zwischen Recht
und Unrecht zu unterscheiden erlaubt? Die Entscheidung darüber soll, dem
Massstab der rechtlichen Gleichheit gemäss, aus einer Abwägung der mit einander
kollidierenden Interessen hervorgehen. Wie aber sollen wir diese Abwägung nun
vornehmen? Wie sollen wir entscheiden, welches dieser Interessen befriedigt zu
werden verdient und welche anderen um dieses überwiegenden Interesses willen
zurücktreten sollten? Der Massstab der Gleichheit sagt für diese Entscheidung nur,
dass niemandem von vornherein ein Vorrecht zugestanden werden soll. Niemand
soll Vorteile geniessen, die ihm nur darum zugänglich sind, weil er und seine Klas-

sengenossen die ihnen im Weg stehenden Interessen anderer unbesehen und unberücksichtigt beiseite schieben können. Aber mit welchem Gewicht sollen denn nun diese Interessen der anderen eingesetzt und wie soll entschieden werden, welches der kollidierenden Interessen den Vorzug verdient?

Der Massstab der Gleichheit gibt uns in der Tat für diese Frage keine automatisch funktionierende Patentlösung. Er verlangt nur, dass der Abwägende die betroffenen Interessen so behandeln soll, als gingen sie ihn alle gleich nahe an, also etwa so, als seien sie alle seine eigenen Interessen und als handle es sich um einen Interessenkonflikt, der sich nur in seiner Person abspielt. Nun wissen wir aber, dass auch solche Konflikte, die nur die eigene Person betreffen, uns vor erhebliche Probleme und Schwierigkeiten stellen können. Mit entsprechenden Schwierigkeiten werden wir also auch zu rechnen haben, wenn wir einen Konflikte zwischen verschiedenen Personen nach dem rechtlichen Massstab der Gleichheit schlichten wollen.

So richtig das aber auch ist, so dürfen wir doch über dieser noch zu behandelnden Schwierigkeit nicht aus dem Auge verlieren, wie einschneidend und klar schon die negative Forderung ist, keine Vorrechte im angegebenen Sinn mehr zu dulden. Die weitreichenden politischen Konsequenzen, die sich aus dieser Forderung ergeben, werden klar, wenn wir uns auf die noch heute gültige Marx'sche Entdeckung besinnen, wonach alle bisher bekannte Geschichte die Geschichte von Klassenkämpfen gewesen ist. Der Klassencharakter einer Gesellschaft besteht aber darin, dass eine Gruppe in dieser Gesellschaft die gesellschaftlichen Verhältnisse *ihren* Interessen gemäss gestalten und die übrigen Mitglieder der Gesellschaft zur Gefügigkeit nötigen kann, und dass es genügt, durch Geburt dieser herrschenden Klasse anzugehören, um an ihren Vorrechten teilzuhaben. In diesem Klassenverhältnis liegt die Ungleichheit, der wir die Forderung, rechtliche Verhältnisse zu schaffen, entgegenstellen. Diese Forderung ist also gewiss nicht inhaltsleer. Vielmehr findet das sozialistische Programm, die Gesellschaft von diesen Klassengegensätzen zu befreien, seine Begründung in diesem unabdingbaren Anspruch unseres Rechtsbewusstseins.

§21. Schwierigkeiten der Abwaegung.

Wir stehen vor der noch offnen Frage, wie denn nun, wenn Klassenvorrechte keine Rolle mehr spielen, in einem Konfliktsfall die Interessen des einen gegen die des anderen abgewogen werden sollen. Diese Frage bietet, wie wir gesehen haben, darum Schwierigkeiten, weil selbst da, wo der Konflikt nur die Interessen *eines* //40// Menschen betrifft, diesem nicht immer klar ist, welches seiner Interessen den Vorzug verdient. Woher kommt das? Zum Teil können wir die Schwierigkeiten der Wahl den eigenen Interessen gegenüber schon daraus erklären, dass die vorliegenden Umstände nicht genau genug bekannt sind. Solange jemand über irgend welche Verhältnisse nicht Bescheid weiss, von denen der Erfolg seiner Handlung abhängt, ist er unsicher, auf welche Weise er vorgehen soll, um möglichst viel von dem zu erreichen, was er wünscht und erstrebt. Irrt er sich über die Umstände, dann wird er vielleicht den eigenen Interessen gerade entgegenhandeln. Begreiflich also, dass Menschen, im Bewusstsein solcher Irrtumsmöglichkeiten, oft vor wichtigen Entscheidungen zaudern und unentschlossen hin und her schwanken.

Die gleiche Schwierigkeit tritt auf bei Konflikten, die verschiedene Personen betreffen. Wer in solchen Fällen die Entscheidung trifft auf Grund einer unvollkommenen oder irrigen Beurteilung der Umstände, riskiert ungewollte und vielleicht verhängnisvolle Folgen. Aber hier bedroht dieses Risiko andere, und nicht nur ihn allein. Er setzt die Interessen anderer mit aufs Spiel, die ein Recht darauf haben, dass ihre Interessen gebührend beachtet werden. Die Verpflichtung anderen gegenüber wird verantwortungsbewusste Menschen zu besonders sorgsamer Prüfung der vorliegenden Umstände bewegen.

Sofern es möglich ist, durch eine solche Prüfung die für die Entscheidung wesentlichen Verhältnisse kennen zu lernen, liegt hier kein neues rechtliches Problem vor. Die rechtliche Forderung ist klar: Entscheidungen, bei denen die Rechte anderer auf dem Spiel stehen – und jede politische Entscheidung ist von dieser Art –, können rechtlich nur dann verantwortet werden, wenn sie auf Grund dieser Prüfung der vorliegenden Umstände gefällt werden. Das ist nur eine weitere Konsequenz unseres Ergebnisses, dass der aufgestellte Grundsatz kein Kodex endgültiger Regeln und Gesetze ist, sondern auf die jeweiligen tatsächlichen Verhältnisse angewandt werden muss.

Auf eine tieferliegende Schwierigkeit stossen wir in den Fällen, wo wir, den Umständen nach, die Wirkungen dieser oder jener Entscheidung nicht mit Sicherheit voraussehen können. Das kommt im politischen Leben dauernd vor, und in Krisenzeiten wie den heutigen in besonders starkem Mass. Fast jede Entscheidung in der Kriegsführung z.B. – die Entscheidung, abzuwarten, was der Gegner unternehmen wird, ebenso wie die, selber die Initiative zu übernehmen und etwa einen neuen Kriegsschauplatz zu eröffnen – ist mit einem unvermeidlichen Risiko verbunden. Dieses Risiko mag das Leben und Schicksal unzähliger Menschen betreffen. Es kann nicht umgangen werden, weil viele Tatsachen sich völlig der Kenntnis derer entziehen, denen die Entscheidung zufällt, vielleicht auch darum, weil die Entscheidung drängt und nur wenig Zeit zu weiteren Erkundigungen zur Verfügung steht. Das Gleiche gilt für andere Gebiete des gesellschaftlichen Lebens. Die Einführung wirtschaftlicher Massnahmen, die Ausnutzung technischer Errungenschaften, der Aufbau eines Partei- oder Staatsapparats können den Politiker vor die gleiche Aufgabe stellen, in seiner Abwägung das Risiko zu berücksichtigen, das in dieser oder jener Entscheidung enthalten ist.

So sehr diese Unsicherheit einen Menschen belasten mag, so bedeutet aber auch sie nicht, dass unser Massstab hier versagt und unanwendbar wird. Dessen Anspruch an den Politiker geht dahin, nach bestem Wissen und Gewissen die möglichen Konsequenzen seines Vorgehens gegen einander abzuwägen. Um das zu tun, muss er z.b. das Urteil solcher Menschen heranziehen, die sich in der Abschätzung der zu erwartenden Folgen als besonders sicher und //41// erfahren erwiesen haben, und diejenigen ausschalten, von denen bekannt ist, dass sie bedenkenlos in ein Risiko einwilligen, sofern es andere und nicht sie selber bedroht. Das erfordert Sach- und Menschenkenntnis, es mag im einzelnen Fall hohe Ansprüche an Erfahrung und Urteilskraft stellen. Aber all das sind Schwierigkeiten nur in der Beurteilung des Tatbestandes, denen wir, nach dem Mass der zur Verfügung stehenden Erfahrung zu Leibe gehen können und müssen. Sie bedeuten dagegen keine Unklarheit hinsichtlich des Wertmassstabs nach dem die fragliche Entscheidung vorgenommen werden soll.

§22. Das Recht auf Freiheit.

Eine solche Unklarheit tritt erst dort auf, wo nach hinreichender Klärung des Tatbestandes eine Unsicherheit bestehen bleibt, welches unter den betroffenen Interessen vorzugswürdig ist, oder – wenn in der Abwägung Risiken berücksichtigt werden müssen – ob das erstrebte Ziel ein solches Risiko wert ist. Hierher gehören Fragen wie die, welche Opfer im Kampf für eine bessere Gesellschaftsordnung gerechtfertigt seien, welche Lasten dem Einzelnen in einer Gesellschaft zugemutet werden dürfen zu Gunsten etwa der Förderung von Kunst und Wissenschaft, oder die Frage, ob in der Wirtschaftsordnung die angeblich unökonomischen Interessen der Menschen berücksichtigt werden sollten, z.b. das Interesse, allen Rentabilitätsüberlegungen zum Trotz eine Arbeit um ihrer selbst willen zu wählen, auch wenn sie wirtschaftliche Nachteile mit sich bringt.

In diesen Fällen liegt das Problem wirklich in der Bewertung des einen und des anderen Anspruchs. Und diese Schwierigkeit lässt sich nicht ohne weiteres auflösen durch die Ueberlegung, wie jemand entscheiden würde, der unparteiisch und unvoreingenommen die kollidierenden Interessen gegen einander abwägt. Selbst wenn es sich nämlich um die Interessen nur eines einzelnen Menschen handeln würde, so braucht die Entscheidung für den Betreffenden selber weder leicht noch selbstverständlich zu sein. Wenn sein Interesse an Sicherheit, Geborgenheit, Lebensgenuss im Kampf liegt mit dem Streben nach einem reicheren und kühneren Leben, vielleicht mit wissenschaftlichen oder künstlerischen Interessen oder mit dem Ideal, teilzuhaben am Aufbau einer besseren Gesellschaftsordnung, dann kann es sehr wohl sein, dass er schwankt, welche Opfer solche Ziele ihm wert sind.

In diesem Schwanken verrät sich eine Unsicherheit über das, was in Wahrheit im eigenen Interesse liegt. Wir machen faktisch einen Unterschied zwischen dem, wonach ein Mensch im Augenblick verlangt – vielleicht triebhaft und unbesonnen –, und dem, was unter gegebenen Bedingungen in Wahrheit in seinem Interesse liegt, was für ihn gut wäre. Wir rechnen also damit, dass die jeweiligen Wünsche und Triebe eines Menschen nicht ohne weiteres zusammenstimmen mit dem, was er selber bei ruhiger Besinnung als gut und wertvoll erkennen würde. Denn diese Wünsche bilden sich unter den Anregungen und Lockungen des Augenblicks. Es ist von Haus aus nicht gesichert, wie weit dabei andere eigene Interessen berücksichtigt werden, deren Befriedigung erst später in Frage kommt und die daher zur Zeit der Aufmerksamkeit entglitten sind. Und erst recht ist nicht gesichert, wie weit sich solche Augenblickswünsche dem tieferen Interesse einfügen, dem Leben einen bleibenden Wert zu geben.

Mit dieser Feststellung bestätigen wir ein altes Ergebnis: Es gibt keinen naturnotwendigen Zusammenhang zwischen dem, was faktisch geschieht, und dem, was gut und wertvoll ist. Das gilt auch für das, was ein Mensch aus dem eigenen Leben macht. Mit sich selber darüber ins Reine zu kommen, welche Ziele es wert sind, //42// sich für sie einzusetzen, schon das ist eine Aufgabe, die Besonnenheit und Beharrlichkeit erfordert. Und erst recht sind solche Anstrengungen nötig, um das eigene Leben an solchen Ueberlegungen wirklich zu orientieren. Nur verhältnismässig wenige Menschen haben sich ernsthaft mit dieser Aufgabe befasst und sind vor ihren Schwierigkeiten nicht zurückgewichen. Den weitaus meisten scheint dagegen der Rahmen, in dem ihr Leben verläuft, durch Tradition und Verhältnisse so eng und unerschütterlich gezogen, dass der eigenen freien Wahl nur die Entscheidung über mehr oder weniger nebensächliche Einzelheiten überlassen bleibt.

Wie kann aber jemand, der die eigenen Interessen nicht versteht, den Interessen anderer gerecht werden? An welchem Massstab soll er – nach hinreichender Klärung des Sachverhalts – entscheiden, was im wahren Interesse jedes Beteiligten liegt und welchen Wert die Befriedigung eines Interesses für den Betreffenden hat? Um nicht willkürlich einen solchen Massstab aufzustellen oder kritiklos Vorurteile zu übernehmen, müssen wir uns wieder an die Methode der Abstraktion halten, die uns bei der Aufhellung der Forderung rechtlicher Gleichheit geleitet hat. Wir müssen also wieder fragen, wie Menschen gefühlsmässig auf die Frage nach Wert und Bedeutung der zu berücksichtigenden Interessen reagieren, und solchen Aeusserungen auf den Grund gehen, um in ihnen die Massstäbe aufzusuchen, an denen das unbefangene Gefühl sich orientiert.

Halten wir dabei fest, dass wir hier nach Richtlinien für den Politiker suchen. Wir fragen also nicht, wie ein Mensch den eigenen wahren Interessen nachkommen und damit aus seinem Leben etwas machen kann, was der aufgebotenen Anstrengungen wert ist. Sondern es geht darum, inwiefern er, um ein solches Leben zu führen, von gesellschaftlichen Bedingungen abhängig ist und welches daher die wahren Interessen sind, die von gesellschaftlichen Konflikten betroffen werden und bei deren Lösung Achtung verdienen. Nur so lässt sich entscheiden, welches die Güter und Werte sind, zu denen jeder in der Gesellschaft von rechts wegen den gleichen Zugang haben sollte.

Wir haben bereits die Antwort erwähnt, die heute, unter dem Eindruck von Weltkrieg und Faschismus immer nachdrücklicher und fordernder auf diese Frage gegeben wird. Der Kampf gegen diese Mächte der Zerstörung ist aufgenommen worden als ein Kampf für die Freiheit.

Die Idee der Freiheit selber aber bedarf der Klärung. Man hat oft und mit Recht darauf hingewiesen, dass ihr Anspruch leer und negativ erscheint, solange nicht klar ist, wovon und wofür Freiheit verlangt wird. Auf diese Frage hat u.a. ein Staatsmann unserer Zeit mit dem Hinweis auf die „vier Freiheiten" geantwortet, die Freiheit von Not und Furcht, die Freiheit der Rede und der Religion. Diese Antwort wird häufig als ein Ausdruck dessen genommen, worum der gesellschaftliche Kampf heute geht. Aber jede solche Aufzählung von Freiheiten lässt uns im Dunkeln darüber, welcher tieferliegende Anspruch der Auswahl gerade dieser Forderungen zu Grunde liegt. Sie bietet daher auch keine Gewähr dafür, erschöpfend zu sein, und sie nennt keinen Massstab, nach dem wir im Konfliktsfall den Wert dieser Freiheiten gegen einander und gegen den anderer Lebensgüter abschätzen könnten.

Die Versuche, tiefer zu gehen im Verständnis des menschlichen Freiheitsverlangens, führen uns aber anscheinend nur auf unsere Frage nach Sinn und Wert des Lebens zurück. Wer überhaupt fragt: „Freiheit wofür?" und „Freiheit wovon?", der verrät damit schon, dass ihm der Gebrauch, den ein Mensch von seiner Freiheit //43// macht, nicht gleichgültig erscheint[.] Er sucht den Wert der Freiheit darin, dass der Mensch für etwas frei ist, was seinem Leben Wert gibt. Wer demnach, ohne sich über Sinn und Wert seines Lebens Rechenschaft zu geben, die freie Verfügung über das eigene Leben nur benutzt, seinen jeweiligen Trieben und Launen zu folgen, der missbraucht seine Freiheit. Und diese verliert dann selber ihren Wert.

Diesem Urteil, das den Wert der Freiheit bemisst nach dem, wofür sie eingesetzt wird, begegnen wir in jeder ernsthaften Deutung des Freiheitsanspruchs. Es äussert sich in dem Bewusstsein, dass Freiheit kein Gut ist, das einem Menschen durch die blosse Gunst der Umstände geschenkt werden könnte, sondern eins, das er nicht ohne eigene Anstrengungen gewinnen kann. Wer frei zu sein beansprucht, das eigene Leben zu gestalten, wie er es für gut hält, der steht vor Entscheidungen, die ihm nicht immer leicht fallen. Er übernimmt selber die Verantwortung für das, was er aus seinem Leben macht. Vor dieser Verantwortung scheuen viele Menschen zurück. Und so ist es zu verstehen, dass die Freiheit oft als gefährliches Geschenk angesehen worden ist, und dass Menschen es vorgezogen haben, die Leitung ihres Lebens einer Autorität anzuvertrauen, die ihnen die schwierige Entscheidung abnimmt, was zu tun und wie zu leben für sie gut sei.

Die grundsätzliche Schwierigkeit, auf die wir hier stossen, liegt offenbar darin, zwei Ansprüche richtig mit einander zu vereinigen, die beide mit der Idee der Freiheit verbunden sind: der, dass Menschen in Freiheit über ihr Leben verfügen können und sollten, und der, dass diese Entscheidung über die Gestaltung des eigenen Lebens nicht der blossen Willkür überlassen, sondern von der Besinnung geleitet sein sollte, wofür es wert sei zu leben. Wer über dem ersten Anspruch den zweiten vergisst, verwechselt Freiheit mit Willkür und Zügellosigkeit. Wer über dem zweiten den ersten aus dem Auge verliert, wird, um Fehlgriffen vorzubeugen, den Menschen Lebenslehren anbieten, an die sie sich halten können, wo das eigene Urteil versagt. Freiheit, wie sie denen vorschwebt, die mit dem Einsatz ihres Lebens dafür kämpfen, ist in beiden Fällen preisgegeben. Diesem Freiheitsanspruch liegt also das Vertrauen zu Grunde, dass Menschen fähig sind, sich im Denken und Handeln an dem zu orientieren, was sie selber als wahr und gut erkannt haben. Er setzt ferner die Ueberzeugung voraus, dass sie sich dieses Vermögens auch bedienen und vernünftig selber über ihr Leben bestimmen können.

Nun haben wir bereits gefunden, dass dieses Vermögen sich in jeder besonnenen Lebensäusserung zum mindesten anmeldet, wenn seiner Betätigung auch oft durch Triebe und Leidenschaften, durch Vorurteile und Gedankenlosigkeit enge Grenzen gezogen sind. Diese Grenzen zu weiten, die inneren Hindernisse zu überwinden, die einer selbsttätigen vernünftigen Gestaltung des eigenen Lebens entgegenstehen, ist eine Aufgabe, die jeder für sich in Angriff nehmen muss, dem es mit dem Verlangen nach Freiheit ernst ist. Ob aber die Umgebung, in der er aufwächst, und die Bedingungen, unter denen er lebt, ihm dazu verhelfen oder ihn daran verhindern, den Wert und die Anforderungen der Freiheit aufzufassen, das ist eine gesellschaftliche, eine rechtliche Frage. Und mit dieser Frage haben wir es hier zu tun. Da es im wahren – oft allerdings unverstandenen – Interesse des Menschen liegt, frei zu sein, so fordert das Recht, dass der Zugang zu einem vernünftigen und selbsttätigen Leben jedem in der Gesellschaft in gleicher Weise offen steht, soweit das jedenfalls von gesellschaftlichen Bedingungen abhängig ist.

Eine solche Abhängigkeit liegt wirklich vor. In mehr als einer Weise können die gesellschaftlichen Verhältnisse diesen Zugang //44// verbauen: z.B. durch wirtschaftliche Not, die alle Kräfte eines Menschen absorbiert; durch Kriegsgefahr und drohende Arbeitslosigkeit, die ihn hindern, die eigenen künftigen Lebensbedingungen vorauszusehen und vorauszuplanen; durch ein Uebermass an wirtschaftlicher Organisation und gesetzlichem Zwang, wodurch ihm die freie Entscheidung in wichtigen Lebensfragen genommen und er der Entscheidung anderer unterstellt wird. Immerhin können solche Schranken einen freiheitliebenden Menschen gerade zum Kampf gegen die Einengung seines Lebens herausfordern. Denn ihr Druck ist spürbar für den, den sie hemmen. Es gibt andere – und das sind die gefährlicheren–, die jede Abwehr im Keim ersticken. Erziehungsmassnahmen, die darauf abzielen, nicht freie Menschen heranzubilden, sondern gefügige Wesen, die sich ohne Frage und Kritik der Autorität des Staates, einer Kirche oder traditionellen Meinungen beugen, können schon im Kinde das Vertrauen zerstören, aus eigener Kraft vernünftig über sich selber bestimmen zu können.

Auf die Fragen: „Freiheit wovon?" und „ Freiheit wofür?" können wir demnach antworten: Freiheit von allen diesen Schranken, die den Weg zur vernünftigen Selbstbestimmung versperren; Freiheit für die eigene Besinnung auf das, was dem Leben Wert geben kann, und für die eigene Entscheidung, dieser Einsicht gemäss zu leben. Auf diese Freiheit hat jeder in der Gesellschaft das gleiche Recht, der sich ihrer nicht durch ein Verbrechen als unwürdig erwiesen hat.

KAP. VI. POLITIK ALS SITTLICHE AUFGABE.

§23. Tua res agitur.

„Tua res agitur" – „Deine Sache wird hier verhandelt", sagt ein römisches Dichterwort. Nur wenn wir dieses Wort anwenden können auf unsere Untersuchung der Ideale des Friedens, der Freiheit, des Rechts, haben wir einen Schritt gewonnen. Denn diese Untersuchung sollte keinem nur akademischen, sondern einem praktisch-politischen Interesse dienen. Wir gingen aus von der Ueberlegung, dass die gesellschaftliche Entwicklung nicht von sich aus zum Guten führen *muss*. Gesellschaftlicher Fortschritt fällt der Menschheit nicht in den Schoss. Sie ist darauf angewiesen, dass Menschen ihn erarbeiten. Werden aber hinreichend viele und hinreichend entschlossene Menschen sich diese Aufgabe stellen? Das können nur Menschen sein, die an Frieden, Freiheit und Recht ein klares und lebendiges Interesse nehmen. Das allein genügt aber nicht. Zur Klarheit über diese Ideale muss die Entschlossenheit hinzutreten, sich für ihre Verwirklichung einzusetzen. Der Schritt vom Ersten zum Zweiten führt über die Frage: Welchen Sinn und welchen Wert hat es für mich, an dieser Aufgabe teilzunehmen?

Wir haben es hier nicht mit der Tatsachenfrage zu tun, wieviele Menschen diese Frage voraussichtlich positiv entscheiden und welche Kräfte sie für ihr Ziel aufbieten werden. Sondern wir stellen die ethische Frage, ob Menschen einen verlässlichen Grund haben und finden können dafür, dass sie am Kampf für Frieden, Freiheit und Recht teilnehmen sollten. Die Auseinandersetzung mit einer solchen Aufgabe fällt verschieden aus, je nach dem Menschen, der sie vornimmt, und je nach den Umständen, unter denen er das tut. Die Anforderungen, die dieser Kampf stellt, ändern sich mit den politischen und sozialen Verhältnissen. Die inneren Widerstände und Wünsche, die sich gegen diese Anforderungen richten, haben für verschiedene Menschen verschiedene Formen und Grade. Dem Wechsel der Umstände kann nur eine lebendige Ueberzeugung gewachsen sein, die, in immer neuer Abwägung der jeweils gegen einander streitenden Ansprüche und Interessen, auf das eine Ziel zurückkommt, freie und rechtliche Verhältnisse zu schaffen.

//45// Finden wir eine solche Ueberzeugung in der eigenen Vernunft? Tritt sie uns entgegen, wo Menschen sich der Frage gegenübersehen, welchen Anteil und, vielleicht auch, welche Verantwortung sie an der Entwicklung des gesellschaftlichen Lebens haben?

Es ist eine alte Erfahrung, dass die Frage nach der eigenen Verantwortung für das öffentliche Leben starker aufgefasst wird in Zeiten, in denen die Kluft zwischen gesellschaftlicher Praxis und den Ideen von Recht und Freiheit besonders schroff sichtbar wird. Die Widerstandskräfte, wie sie im unterdrückten Europa aufgewacht sind und ganze Völker zum Freiheitskampf zusammengeschlossen haben, sind nicht in der Aussicht auf einen leicht zu erringenden Sieg gewachsen. Wenige Jahre früher, als man noch mit einem Bruchteil der heutigen Opfer die Errichtung und Festigung des Naziregimes, die Entfaltung und Erprobung seiner Kriegsmaschine hätte stoppen können, da fehlte es an der dazu nötigen Schlagkraft. Was zu jener Zeit den Bemühungen einiger Vorausschauender nicht gelang, das ist in weitem Umfang im Anschauungsunterricht nazistischen Terrors zustandegekommen: Der Widerstand gegen die Unterdrückung ist kräftig und lebendig geworden, obwohl er jetzt nicht mehr nur Zeit, Kraft, Entschlossenheit und persönliche Einschränkungen fordert, sondern den Einsatz des Lebens und nahezu aller seiner Werte. Als, wenige Monate nach dem Zusammenbruch im Juni 1940, der Widerstand in Frankreich erwachte, da schöpfte diese Bewegung ihre Kraft gerade daraus, dass sie sich von einer Berechnung der Erfolgschancen unabhängig machte. Als England, im gleichen Sommer und Herbst, allein stand gegen einen unerhört erfolgreichen Gegner, seinen Luftangriffen ausgesetzt und von der Invasion bedroht war, da erstarkte in seiner Bevölkerung der einigende Wille, durchzuhalten, was immer kommen mochte.

Gewiss, der Faschismus hat Menschen genug gefunden, die vor ihm kapituliert haben oder doch dem Kampf mit ihm ausgewichen sind, obwohl auch sie wussten, was dieses System bedeutet und dass es schlecht ist. Die meisten von ihnen haben sich, wenn sie seine Herrschaft hinnahmen, auf all das berufen, was sie andernfalls hätten aufgeben müssen. Man müsse doch leben, sagten sie etwa, oder man habe eine Familie zu versorgen, oder man habe ein künstlerisches oder wissenschaftliches Werk unternommen, und könne dem nur mit ungeteiltem Herzen dienen.

Verglichen mit der Ueberzeugung derer, die trotz Gefahr, Elend und Unsicherheit sich nicht vom Freiheitskampf abbringen liessen, verraten alle diese Argumente, dass sie in Wahrheit nicht auf einer Abwägung der widerstreitenden Ansprüche beruhen. Gewiss, die Frage, wie weit man Opfer bringen könne und solle im Eintreten für anständige gesellschaftliche Verhältnisse, wird hier beantwortet. Diese Argumente ziehen sehr genau die Grenze, über die hinauszugehen man *nicht* bereit ist. Aber die Feststellung dieser Grenze erfolgt im Hinblick auf die sonst bedrohten Güter des Lebens, und es wird fast nie auch nur der Versuch unternommen, den Wert dieser Güter zu messen an der Dringlichkeit des Anspruchs, sich einzureihen in den Kampf für Frieden, Recht und Freiheit.

Der Unterschied zwischen denen, die in diesen Kampf hineingehen, und denen, die den Preis nicht zahlen wollen, den ein solches Verhalten, vor allem in Zeiten wie den unseren, kostet, braucht also nicht darin zu bestehen, dass beide Seiten verschiedene Wertmassstäbe anlegen. Sondern er kann daher rühren, dass die einen, aufgeschreckt vielleicht durch eine allzu grelle Erfahrung, ihren Blick geweitet und ihre bisherigen Wertungen an neu sich //46// vordrängenden Ansprüchen gemessen haben, während die andern, unter Berufung auf altbewährte Güter und Werte des Lebens, sich auf eine ernsthafte Auseinandersetzung mit solchen neuen Ansprüchen nicht einlassen. Der Gegensatz zwischen beiden Gruppen beruht dann darauf, dass sie in der Abwägung verschieden weit gegangen sind.

Den Massstab, der uns im gefühlsmässigen Werten und Abwägen leitet, werden wir am deutlichsten dort ausgeprägt finden, wo Menschen die Besinnung auf das, was gut ist, vornehmen ohne Scheu vor der Auseinandersetzung mit neu sich aufdrängenden Werten, die ihren bisherigen Interessen zuwiderlaufen mögen. Das sind, in unserem Fall, die, die sich durch die Erfahrungen unserer Zeit und ihrer Katastrophen dazu haben herausfordern lassen, die sonstigen Güter und Werte ihres Lebens gegen den Anspruch abzuwägen, die gesellschaftliche Not zu ihrer Sache zu machen und ihren Platz im Kampf für Freiheit und Recht einzunehmen, – und nicht die, die sich weigern, über die Grenze bisher bewährter und anerkannter Werte hinauszugehen.

Was bedeutet jenes Gefühl, wonach jemand meint, er könne, selbst auf die Gefahr hin, überrannt zu werden, den Sinn seines Lebens nur im Kampf gegen Sklaverei und Rechtlosigkeit finden? Zweierlei kommt darin zum Ausdruck: Das eine ist ein Urteil über gesellschaftliche Verhältnisse, in denen Rechtlosigkeit und Sklaverei herrschen: das andere ist das Bewusstsein, dass es Selbsttäuschung wäre, die Frage nach dem Sinn des eigenen Lebens loslösen zu wollen von der nach dem öffentlichen Leben.

Das erste führt zurück auf die Frage nach dem Wert der Gesellschaft, in der wir leben. Die Missachtung von Freiheit und Recht ist kein blosser Schönheitsfehler, der durch anderweitige Werte der Gesellschaft aufgewogen werden könnte. Selbst wenn es HITLER gelungen wäre, in dem von ihm beherrschten Europa die Arbeitslosigkeit zu beseitigen, die Wirtschaft einheitlich zu organisieren, sein Regime auf diesem Kontinent zu sichern und die Eroberung der anderen vorzubereiten, auch dann würden die Vorteile, die er den europäischen Völkern in diesem Prozess etwa hätte bieten mögen, die Verletzung selbst der elementarsten Anforderungen des Rechts nicht aufwiegen. Für den, der diese Anforderungen achtet, gibt es keinen Kompromiss mit den Vertretern dieses Regimes.

Aber muss er sich auf den Kampf mit ihnen einlassen? Immer wieder haben Menschen, die über den Charakter der Naziherrschaft durchaus klar waren, versucht, trotzdem das eigene Leben aus den politischen Wirren herauszuhalten, um Werten nachzugehen, die ihnen vom gesellschaftlichen Geschehen unabhängig schienen. Das wissenschaftliche Institut, in dem sie arbeiteten, künstlerische Werke, denen sie sich widmeten, persönliche Beziehungen zu Familie und Freunden wurden zu einer Insel im politischen Geschehen, auf der sie sich vor dessen Gefahren sicher und von dessen Anforderungen unbelästigt fühlten. Gegen diese Haltung, draussen bleiben zu wollen aus dem, was das gesamte gesellschaftliche Leben bedroht, wendet sich das Gefühl derer, die die Ansprüche ihres Lebens an diesem grösseren Geschehen überprüft haben. Die scheinbare Unabhängigkeit solcher Inseln ist nur vorgetäuscht. Die Pflege von Kunst und Wissenschaft oder von relativ freien menschlichen Beziehungen, die hier möglich ist, hat dazu beigetragen und ist dazu missbraucht worden, die Umwelt über die Zustände der ganzen Gesellschaft irrezuführen. Wer im III. Reich lebt oder sich sonstwie mit ihm abfindet, sich aber von den politischen Vorgängen um ihn herum absperrt, um sich mit andern, an sich schönen und würdigen Gegenständen zu befassen, deckt dieses System mit seinem Namen und dem seiner Arbeit. Es gibt keine Neutralität gegenüber dem //47// rechtlichen und kulturellen Niedergang im öffentlichen Leben. Wer ihm nicht entgegentritt, hat teil an ihm. Was er im übrigen an Schönem und Gutem schaffen mag, ist entwertet durch diesen Anteil am gesellschaftlichen Unrecht, mit dem es belastet ist.

§24. Politik und Erziehung.

KANT hat das rigorose Wort ausgesprochen: „Wenn die Gerechtigkeit untergeht, hat es keinen Wert mehr, dass Menschen auf Erden leben." Die Härte und Ausschliesslichkeit dieses Urteils hat viel Widerspruch hervorgerufen. Der gleiche Protest wird sich gegen die hier vertretene Behauptung richten, wonach die Teilnahme am Kampf gegen das herrschende Unrecht jeder anderen Aufgabe, die Menschen sich setzen können, vorgeht. Wie ist dieser Anspruch vereinbar mit dem Ideal der Freiheit, nach dem jeder selber besonnen die ihm angemessenen Ideale und Zwecke im Leben finden sollte?

Nun wissen wir bereits, dass dieses Ideal der Freiheit für sich allein nicht hinreicht, eine Richtlinie zu geben für das, was im menschlichen Leben gut ist. Wenn in einer Gesellschaft die Freiheit, das eigene Leben selbsttätig zu gestalten, von einer Herrenschicht als Privileg in Anspruch genommen wird, von dem die andern willkürlich ausgeschlossen werden können, dann ist dieser Anspruch selber Anmassung und Unrecht und verdient keine Achtung, selbst wenn er es den Bevorzugten ermöglicht, Kunst, Wissenschaft und Kultur zu pflegen.

Dem gleichen Gedanken begegnen wir hier, wo wir nach der Verantwortung des Einzelnen für das gesellschaftliche Geschehen fragen. Wer unter Berufung auf das Ideal der Freiheit sich persönlich herauszuhalten sucht aus dem Chaos und Unrecht, das um ihn herum überhand nimmt, willigt faktisch in diesen Zustand ein. Denn er duldet ihn. Und zugleich verweigert er denen die Solidarität, die unverschuldet unter dem Unrecht leiden, und denen, die sich bemühen, menschenwürdige Bedingungen herzustellen. Sie alle aber sind darauf angewiesen, dass ihnen Solidarität entgegengebracht wird.

Es ist also der Gedanke des Rechts, der dem unbeschränkten Gebrauch der eigenen Freiheit entgegentritt. Er meldet sich in zwei Formen; in dem eigenen rechtlichen Interesse an einem Gesellschaftszustand, in dem es anständig zugeht, und in dem Rechtsanspruch unserer Mitmenschen, dass wir das Unsere beitragen zu den Bemühungen, einen solchen Zustand zu schaffen.

So verstanden steht aber die Schranke, die dem Gebrauch der Freiheit auferlegt wird, nicht im Widerspruch zum Ideal der Freiheit. Dieses Ideal stellt uns die Aufgabe der Selbstbesinnung und Selbstbestimmung, das eigene Leben nach dem als gut Erkannten zu gestalten. Diese vernünftige Selbstbestimmung kann sich dem Gedanken des Rechts nicht verschliessen – sofern sie tief genug geht in der Besinnung auf das, was gut ist. Die eigene Auseinandersetzung mit dem, was die Not unserer Zeit von uns fordert, führt, ernsthaft zu Ende gedacht, dahin, den Sinn des eigenen Lebens darin zu finden, dass es teilnimmt an dem Bemühen, diese Not zu überwinden und also die Beziehungen der Menschen und der Völker zu einander rechtlich zu gestalten. Tua res agitur!

Aber sind wir mit diesem Ergebnis nicht doch einer blossen Utopie verfallen? Wenn jedem Menschen die Einsicht zugänglich ist, dass sein eigenes wahres Interesse von ihm die Teilnahme an solchen Bemühungen fordert, müsste dann nicht die blosse Aufklärung über dieses Interesse alle dahin bringen, dem heutigen Zustand ein Ende zu machen und etwas Besseres an seine Stelle zu setzen?

//48// Man hat in der Tat oft versucht, den politischen Kampf mit seinen Härten durch eine solche Aufklärungsarbeit zu ersetzen. Aber Versuche dieser Art haben noch nie den Zustand der menschlichen Gesellschaft entscheidend geändert. Wie sollten sie auch? Diese Aufklärungs- und Erziehungsarbeit verlangt Zeit und Ruhe und solche äusseren Umstände, dass Menschen angeregt werden, sich Gedanken darüber zu machen, wofür es wert ist, zu leben. Diese Arbeit ist daher abhängig von den bestehenden Verhältnissen. Solange die politische Macht in den Händen von Menschen ist, die, auch wenn sie die Ideen von Freiheit und Recht im Munde führen, sich nur an den eigenen persönlichen Interessen und denen ihrer Familie oder Klasse orientieren, so lange ist eine alle umfassende Aufklärungs- und Erziehungsarbeit unmöglich. Sie kann und wird sabotiert werden von den Machthabern der Gesellschaft. Deren Position wird nämlich unhaltbar, wenn diese Arbeit gelingen sollte, und andererseits können sie, dank ihrer Macht, die Bedingungen zerstören, unter denen allein diese Arbeit gelingen kann. Wer ernsthaft an der Aufklärung aller interessiert ist, muss also eine Vorarbeit ins Auge fassen: die politische Macht in die Hände von Menschen zu bringen, die selber eine solche Aufklärung begrüssen und fördern. Und das können nur Menschen sein, die darauf vertrauen, dass ihre Politik von aufgeklärten, Freiheit und Recht liebenden Menschen gebilligt werden kann.

Wir kommen damit auf die alte Platonische Weisheit zurück, wonach entweder die Könige zu Philosophen werden müssen – d.h. zu Menschen, die mit der Kunst der Selbstverständigung so weit vertraut sind, dass sie sich jeweils darauf besinnen, was den Einsatz ihrer Kräfte wert ist, und dass sie danach leben – oder die Philosophen zu Königen. Der gleiche Gedanke kommt zum Ausdruck in der Forderung, die KONFUZIUS seinen Schülern stellt: die grossen menschlichen Beziehungen in Ordnung zu bringen; denn: „Damit, dass der Edle ein Amt übernimmt, tut er seine Pflicht."

Die gesellschaftlichen Verhältnisse durch blosse Aufklärungs- und Erziehungsarbeit bessern zu wollen, ist demnach wirklich eine Utopie. Die Herbeiführung und Sicherung rechtlicher Zustände ist eine politische Aufgabe. Aber diese politische Aufgabe selber muss, wenn sie gelingen soll, von Menschen unternommen werden, die in der Erfüllung dieser Aufgabe den Sinn ihres Lebens sehen und daher entschlossen sind, sie widerstreitenden Interessen voranzustellen.

Wo finden wir solche Menschen? Darauf lässt sich nach den bisherigen Ueberlegungen zweierlei sagen. Zunächst: *Jeder*, der überhaupt fähig ist, besonnen zu handeln und seine Augen offen zu halten für das, was um ihn herum vorgeht, *kann* die Dringlichkeit dieser Aufgabe verstehen und in ihr sein eigenes wahres Anliegen erkennen. Ferner aber: *Für niemanden* ist dieses Verständnis – und zwar in der Klarheit und Entschlossenheit, durch die es zum entscheidenden Bestimmungsgrund des Willens wird – *ein blosses Geschenk der Natur*, ihm vorbestimmt durch die eigenen Anlagen und die äusseren Verhältnisse seines Lebens. Die Naturkräfte, die auf die Entwicklung des menschlichen Lebens Einfluss haben, können, je nach den Umständen, dieses Verständnis hemmen oder fördern. Sie können Aufmerksamkeit und Interessen von der Frage nach Sinn und Wert des Lebens ablenken, oder aber dem Menschen einen Anstoss geben, sich auf sich selber zu besinnen. Im Widerstreit der Kräfte, die in die eine, und derer, die in die andere Richtung drängen, ist niemand frei von inneren und äusseren Hemmungen, die es ihm erschweren, mit sich selber ins Reine zu kommen. Die Ueberwindung solcher Hemmungen mag für den einen und anderen //49// verschieden schwer sein. Aber keinem fällt sie von Natur aus in den Schoss. Sie muss erarbeitet werden durch beharrliche und nie endgültig abgeschlossene Anstrengungen.

Wir brauchen also Politiker, die diese Arbeit an sich selber geleistet haben und leisten. So wie die Aufgabe einer Aufklärung und Erziehung der Menschen uns auf die Notwendigkeit einer politischen Vorarbeit führte, so ist die Erfüllung dieser politischen Aufgabe ihrerseits davon abhängig, dass die Menschen, die sie unternehmen, selber erzogen sind. Ist das ein blosser Zirkel, der uns von der Aufgabe der Erziehung auf die der Politik, und von dieser wieder zurück auf die Aufgabe der Erziehung verweist? Nein; denn wir fallen hier nicht zurück auf das utopische Ideal, die gesellschaftlichen Verhältnisse durch blosse allgemeine Erziehungsarbeit zu ändern. Erziehung, so wie sie sich hier als notwendig erweist, ist nicht Selbstzweck; sie ist nicht mehr und nicht weniger als das notwendige Mittel für ein politisches Ziel. Wer sich diese Erziehungsaufgabe setzt, täuscht sich daher auch nicht darüber weg, dass dem gesellschaftlichen Fortschritt politische Kräfte entgegenstehen, die ihrerseits nicht durch Ueberredung, Aufklärung, Erziehung überwunden werden können und die die Erziehungseinrichtungen der Gesellschaft unter ihrer Kontrolle halten. Die politische Erziehung wendet sich daher nicht an alle Menschen und ist kein Ersatz für den politischen Kampf. Sondern sie wendet sich an die, die den gegebenen Umständen nach am meisten bereit und in der Lage sind, den politischen Kampf für Frieden, Freiheit und Recht aufzunehmen. Ihnen soll sie dazu helfen, den Anforderungen dieses Kampfes gewachsen zu sein und, in immer erneuter Auseinandersetzung mit den auftauchenden Konflikten und Aufgaben, die Festigkeit zu gewinnen, ihrem Ziel treu zu bleiben.

§25. Die Moeglichkeit der politischen Erziehung.

Ist es möglich, Menschen in dieser Weise für ihre politische Aufgabe zu erziehen? Wir haben die Forderung dieser Erziehung abgeleitet aus der Ueberlegung, dass jeder die Dringlichkeit der politischen Aufgabe einsehen und sie sich daraufhin zu eigen machen kann, dass aber niemandem diese Einsicht und diese Bereitschaft ohne weiteres, wie ein blosses Geschenk der Natur zufällt.

Gegen beide Behauptungen steht eine heute weit verbreitete Ansicht. Danach ist es in erster Linie Sache der Anlage, der Begabung oder gar einer besonderen Berufung, auf welchem Gebiet ein Mensch Gutes schaffen kann. In besonderem Mass wird das für die Politik in Anspruch genommen, gerade weil hier Torheit und Eigennutz so ungeheuren Schaden angerichtet haben und weiter anrichten. Und dieser Schaden trifft nicht nur Einzelne, sondern die menschliche Gesellschaft, ganze Völker und Klassen. Nur wer aus einem unmittelbaren Drang des eigenen Wesens heraus sich berufen fühle, gegen dieses Unheil anzugehen, solle den Kampf aufnehmen – so meint man daher. Denn tue ein Mensch es ohne diese innere Sicherheit, dann laufe er Gefahr, von den Schwierigkeiten überrannt zu werden und die Zahl der Unberufenen zu vermehren, die mit ihrer Torheit, ihrem Zaudern und Schwanken oder ihrem Eigennutz jeden gesellschaftlichen Fortschritt lähmen und verfälschen.

Vor solchen Unberufenen zu warnen, ist berechtigt. Auf kaum einem anderen Gebiet des menschlichen Lebens wird so oft wie in der Politik vorausgesetzt, dass jeder ohne weiteres mitreden könne und solle, wenn er nur ein gewisses Alter erreicht habe. Auf kaum einem anderen Gebiet wird weniger als hier von Sachverständigen geprüft, ob jemand, der Einfluss auf das Geschehen zu nehmen verlangt, sich unvoreingenommen und mit hinreichender Sach//50//kenntnis einsetzt für das, was wirklich im Interesse der von seinen Aktionen betroffenen Menschen liegt. Solange der Zugang zu den politischen Aemtern, die besondere Sachkenntnis und Verantwortungsbewusstsein erfordern, im Wesentlichen durch propagandistische Geschicklichkeit und den Druck wirtschaftlicher Machtmittel gewonnen wird, bleibt es dem Zufall überlassen, ob rechtliche Zwecke sich durchsetzen und mit welchem Geschick oder mit welcher Konsequenz sie verfochten werden. Unter dem zutreffenden Eindruck, dass schon zu viele unberufene und unredliche Menschen auf diesem Feld ihr Unwesen treiben, und in dem Gefühl, selber den hier vorliegenden Aufgaben nicht gewachsen zu sein, hat sich mancher ernste Mensch von diesen Aufgaben zurückgezogen. Statt hier Pfuscher zu sein, wollte er sich anderen Aufgaben zuwenden, die seinen Anlagen und seinen Fähigkeiten entsprachen.

Das ist verständlich. Aber es ist eine Reaktion, die das Uebel verschlimmert, statt ihm entgegenzutreten. Wenn diejenigen sich abkehren, die ein Gefühl haben für die Grösse und Dringlichkeit der rechtlich-politischen Aufgabe, dann tun sie das Ihre, andere heranzulassen, die entweder die Grösse dieser Aufgabe nicht begriffen haben oder an ihrer Lösung nicht interessiert sind. Wer in dieser Aufgabe den eigenen, überwiegenden Anspruch an das Leben aufgefasst hat, wird sich daher nicht damit abfinden, auf die Berufenen zu warten, die durch eine ursprüngliche Kraft ihres Rechtsgefühls auf diese Aufgabe gelenkt werden und deren Anstrengungen es dank einer natürlichen Begabung gelingt, sich gegen Gegner und Schwierigkeiten durchzusetzen. Sondern er wird die eigenen Kräfte und die ihm zugänglichen Mittel daraufhin ansehen, welchen Beitrag er mit ihnen zur Lösung dieser Aufgabe leisten kann und welcher Schulung er bedarf, um das erfolgreich zu tun.

Die Erfahrung bestätigt, dass die Zahl der Menschen, die dies verstehen, in den Zeiten wächst, in denen die Aufmerksamkeit durch drastische Erfahrungen nachdrücklicher als sonst auf dieses Gebiet gelenkt wird. Denken wir wieder daran, dass heute die europäische Widerstandsbewegung ganze Völker erfasst hat. Das Bewusstsein, dass dieser Befreiungskampf die Angelegenheit jedes Einzelnen ist und seinen persönlichen Einsatz verlangt, geht also weit hinaus über die Schar derer, die irgendwie von Haus aus ein politisches Interesse mitbringen. Was die Menschen hier vereinigt, ist nicht eine Verwandtschaft ihrer Begabungen, Neigungen oder einer ihrem Wesen naheliegenden Denkweise. Sondern es ist die gemeinsame Erfahrung, einem Gegner ausgeliefert zu sein, der vor nichts Achtung hat. Allen Repressalien zum Trotz hat diese Erfahrung den Kampfgeist entfacht, und zugleich die Bereitschaft zur Verständigung und Solidarität mit denen, die unter dem gleichen Druck leben und den gleichen Kampf aufnehmen.

Man wird einwenden, dass diese Gemeinschaft, zustandegekommen unter einer so aufrüttelnden Erfahrung, auch nur so lange zusammenhält, wie die gemeinsame Not besteht. Schon in den Tagen, als der bevorstehende Zusammenbruch des Hitler-Regimes deutlicher in Sicht kam, meldeten sich Anzeichen, dass die Einigkeit gefährdet ist. Menschen, die bereit gewesen waren, um des gemeinsamen Kampfes willen Sonderwünsche und Klassenvorrechte preiszugeben, fingen an, zu spekulieren, ob sie vielleicht mit einem geringeren Preis davonkommen könnten.

Solche Erfahrungen liegen vor, und es wäre falsch, an ihnen vorbeizusehen. Aber was beweisen sie? Doch nur, dass selbst ein Anschauungsunterricht wie der des Jahres 1940 nicht mehr ist als ein Anstoss, der Menschen hinlenken kann auf ihre Verantwortung dem gesellschaftlichen Geschehen gegenüber, der aber nicht sichert, //51// dass ihr Verständnis für diese Verantwortung den ablenkenden Versuchungen anderer Zeiten standhält. Auch die Ereignisse eines solchen Jahres nehmen uns nicht die Aufgabe ab, dieses Verständnis zu klären und den Willen zur Verantwortung zu festigen.

Die Frage, wie eine solche Vertiefungs- und Erziehungsarbeit im Einzelnen aussieht und mit welchen Mitteln sie ihr Ziel zu erreichen sucht, bedarf einer eigenen, eingehenden Untersuchung, die in der vorliegenden Arbeit nicht unternommen werden soll. Für den Nachweis der Möglichkeit dieser Erziehung, so wie er uns hier obliegt, genügt die Ueberlegung, dass sie den Menschen nicht in ein ihm fremdes Schema pressen, sondern in erster Linie ihm nur helfen soll, sich selber auf das zu besinnen, was recht und gut ist.

Für die sich hier aufdrängenden weiterführenden Fragen, nach welchen Richtlinien die politische Erziehung aufgebaut werden sollte, können wir nach den
bisherigen Ueberlegungen nur einige Hinweise geben. Sie lassen im Wesentlichen
erkennen, wie gross die hier liegenden Aufgaben sind.

Diese Erziehung kann und soll anknüpfen an die Selbstbesinnung, die durch
einschneidende gesellschaftliche oder persönliche Erfahrungen in einem Menschen angeregt worden ist. Aufgabe der Erziehung ist es, darüber zu wachen, dass
dieser Prozess der Selbstbesinnung nicht voreilig abgebrochen und dass er nicht
verfälscht wird. Er ist im Leben der Gesellschaft von vielen Gefahren bedroht. Er
kann abgestumpft werden durch Mutlosigkeit, wenn die Schwierigkeiten sich allzu
sehr häufen, oder durch ein Versinken in Kleinarbeit, über der das eigene lebendige Interesse an der Arbeit vergessen wird[.] Und er kann, wie die Psychoanalyse
gezeigt hat, abgebogen werden, wenn Triebe und Wünsche aus dem Bewusstsein
verdrängt werden, sodass es unmöglich wird, besonnen ja oder nein zu ihnen zu
sagen.

Pädagogik und Psychologie haben, auf Grund der vorliegenden Erfahrung,
Richtlinien und Methoden dafür herausgearbeitet, was solchen Gefahren gegenüber unternommen werden kann. Vom Standpunkt der politischen Erziehung
bleibt hier aber noch die Frage bestehen, wie weit jemand die Befreiung von Hemmungen dieser Art ausnutzt zu der immer tiefer dringenden Selbstbesinnung auf
das, was Sinn und Wert des Lebens ausmacht. Menschen zu dieser Arbeit an sich
selber zu erziehen, ist die grosse Aufgabe, vor der wir hier stehen.

§26. Ziel und Mittel.

Die entscheidende Bewährung der politischen Erziehung kann erst im politischen
Leben erfolgen. Ihre Aufgabe, die Politik auf eine sittliche Grundlage zu stellen
und damit gegen die Verfallserscheinungen zu schützen, die im Chaos unserer
Tage überhand nehmen, diese Aufgabe ist noch nicht erfüllt, wenn Menschen den
Entschluss gefasst haben, für die Verwirklichung von Recht, Frieden, Freiheit zu
kämpfen. Es fragt sich erst, was sie im politischen Tageskampf aus diesem Entschluss machen.

Vielen gilt es heute als nahezu unvermeidlich, dass Politik den Charakter ver-
dirbt, und zwar um so mehr, je entschlossener und sicherer jemand sein Ziel verfolgt[.] Denn um so grösser werde für ihn die Versuchung, im Kampf mit Widerständen, und vor allem mit politischen Gegnern moralische Bedenken fallen zu
lassen, durch die er sich in seiner Bewegungsfreiheit gehemmt sieht. Gibt er dieser
Versuchung nach, so wird er bald vor keinem Schritt zurückscheuen, durch den
er ein Hindernis aus dem Weg räumen und seinem Ziel näher kommen kann. Es
scheint, dass im Kampf //52// um den politischen Einfluss der skrupellose Mensch

den Vorsprung hat vor dem gewissenhaften, der sich auch in der Wahl seiner Mittel
an das hält, was er als recht und gut erkannt hat. Wird somit die sittlich-rechtliche
Besinnung, die uns in der Bestimmung unseres Ziels geleitet hat, nicht geradezu
zu einem Hemmschuh bei der Wahl der Mittel – sodass der Politiker, der sich ihr
anvertraut, an Kraft und Wirksamkeit einbüsst, was er an Zielklarheit und Reinheit
der Gesinnung gewonnen hat?

Hinter diesem Bedenken steht die Unsicherheit, was im politischen Kampf
zulässig ist, d.h. erlaubt im Sinne einer aufgeklärten Ethik. Für die Beantwortung
dieser Frage bieten sich zwei Erwägungen an, die uns in entgegengesetzte Richtungen zu drängen scheinen. Die eine geht aus von dem Gedanken, welche Bedeutung das aufgestellte politische Ziel für die menschliche Gesellschaft hat. Dieses
Ziel entspringt nicht dem nur persönlichen Wunsch eines oder einiger Menschen,
sondern ergibt sich aus rechtlichen Anforderungen, die im Zusammenleben der
Menschen geachtet werden sollen und denen jeder bei hinreichend tiefer und
unvoreingenommener Besinnung zustimmen kann. Darum verdient es, im Konflikt mit widerstreitenden Interessen und Ansprüchen vorangestellt zu werden. Das
aber heisst, dass gegebenenfalls Mittel, deren Anwendung unter anderen Umständen berechtigte Interessen verletzen und daher Unrecht wären, zulässig, ja geboten
sind, wenn der Kampf für dieses politische Ziel sie fordert.

Diesem Gedanken tritt der andere entgegen, wonach die Besinnung auf das, was
zu tun gut und geboten ist, nicht beschränkt bleiben kann, wenn sie ernst gemeint
ist, auf nur ein Gebiet, nur eine Zielsetzung im Leben. Wem es wirklich um eine
Besserung der gesellschaftlichen Verhältnisse zu tun ist, der vertritt damit, ob er
es zugibt oder nicht, ethisch-rechtliche Ansprüche und Forderungen, an denen er
die sozialen Beziehungen der Menschen zu einander misst. Er hat eine Vorstellung
davon, wie diese Beziehungen geregelt sein sollten – und kann sich daher konsequenter Weise der Frage nicht entziehen, wie er im eigenen Umgang mit anderen
Menschen diesen Forderungen und Ansprüchen gerecht wird. Und diese Ueberlegung deckt sich nicht ohne weiteres mit der anderen, ob ein gewisses Verhalten
geeignet ist, eine bestimmte politische Wirkung hervorzubringen.

In der politischen Praxis scheinen diese beiden Gedankengänge auf entgegengesetzte Extreme hinzudrängen. Wir erkennen den ersten in den Argumenten, mit
denen die Maxime: „Der Zweck heiligt die Mittel" verteidigt wird – angewandt hier
auf den politischen Zweck, dem gesellschaftlichen Fortschritt zu dienen, der, wie
man meint, jedes Mittel rechtfertigt, das ihn fördert. Wir finden den zweiten in
der Anklage, dass diese Maxime das politische Leben auch da vergiftet habe, wo es
ursprünglich auf einen guten Zweck gerichtet war.

Ein Beispiel: Gilt die Pflicht zur Wahrhaftigkeit und zur Treue einem gegebenen
Versprechen oder einem eingegangenen Vertrag gegenüber auch im politischen

Leben? Auf allen Gebieten des politischen Lebens taucht die Frage auf, ob und in welchem Rahmen es gerechtfertigt sei, sich politischen Einfluss durch Betrugsmanöver irgend welcher Art zu sichern. Gemäss der Maxime, wonach der Zweck die Mittel heiligt, gibt es für die Verwendung solcher Methoden nur die eine Schranke, dass sie unter Umständen ein Hindernis werden könnten auf dem Weg zum Ziel. Das kann eintreten, wenn ein Betrug im Fall seiner Entdeckung das Misstrauen von Menschen weckt, auf deren vertrauensvolle Mitarbeit oder Duldung der Politiker angewiesen ist. Aber auch da bleibt ihm, sofern er sich nur an die genannte Maxime hält, noch die Wahl, //53// ob er der Gefahr dieses Misstrauens dadurch begegnen soll, dass er sich vertrauenswürdig verhält, oder dadurch, dass er entstehendes Misstrauen einzuschläfern und aufkommenden Verdacht abzulenken lernt; – die politische Erfahrung aller Zeiten gibt genügend Fingerzeige, wie sich das machen lässt. Für die Wahl zwischen der einen und der anderen Verhaltensweise gilt bei dieser Abwägung nur die Nützlichkeitsüberlegung: Welcher dieser Wege führt schneller, leichter, mit geringerem Kräfteverlust vorwärts? Jede Lüge, jeder Vertragsbruch ist danach gerechtfertigt, der diese Bedingung erfüllt. Bis ins Extrem verfolgt, macht diese blosse Nützlichkeitsbetrachtung vor niemandem Halt, vor dem Bundesgenossen ebenso wenig wie vor dem politischen Gegner, vor dem Feind nicht, dem man im erklärten Krieg gegenüber steht, aber auch nicht vor dem Mitbürger, dem Klassen- oder Parteigenossen, mit dem man auf Grund geltender Gesetze, getroffener Vereinbarungen, gemeinsam anerkannter Organisationsformen verkehrt.

Wir wissen, dass diese Konsequenzen tatsächlich gezogen worden sind, und zwar nicht nur von Zynikern und Faschisten sondern von politischen Gruppen, deren erklärtes Ziel die klassenlose, sozialistische Gesellschaft ist. Programme, Parolen, Verträge, für die diese Gruppen oder ihre Führer sich einsetzen, werden behandelt wie blosse Werkzeuge zur Festigung der eigenen Machtposition. Man hält sich an sie, solange sie nützlich sind, um politischen Einfluss zu gewinnen und zu erweitern. Geraten sie aber, unter veränderten Umständen, in Konflikt mit diesem Zweck, oder erweisen sich andere, vielleicht widersprechende Forderungen und Vereinbarungen als nützlicher, dann werden die früheren Programme vergessen und alte Versprechungen gebrochen, als ob sie nie gegeben worden wären.

Diesen Methoden ist mit Recht der Vorwurf gemacht worden, demoralisierend und vergiftend auf das politische Leben zu wirken. Es ist dahin gekommen, dass man im Umgang mit Menschen, die sich ihrer bedienen, auf alles gefasst sein muss, auf jede Lüge, jeden Verrat, jede Verletzung geltender Gesetze. Dadurch ist es faktisch unmöglich geworden, vertrauensvoll mit ihnen zusammen zu arbeiten. Verkehr unter Menschen, der diesen Namen verdient, d.h. der auf Verständigung beruht und nicht auf blosser Vergewaltigung des einen durch den anderen, ist möglich nur in dem Masse, in dem man den Mitteilungen und Zusagen des Partners vertrauen kann. Die Maxime, dass der Zweck die Mittel heilige, hat daher das Fundament zerstört, auf dem menschliches Vertrauen und gemeinsames Streben aufbauen kann.

Was soll aber, auf Grund dieser Kritik, an die Stelle jener Maxime gesetzt werden? Ist jede Lüge, jeder Bruch eines Versprechens Unrecht – unabhängig davon, wer betrogen wird und für welchen Zweck es geschieht? Wer so weit geht in der Ablehnung blosser Zweckmässigkeitserwägungen, kann jederzeit in die Lage geraten, durch diese starre Haltung den politischen Zweck selber, an dem uns liegt, preiszugeben. Nehmen wir nur den Fall des illegalen Kampfes gegen das Nazi-Regime, wie er im unterdrückten Europa geführt worden ist. In diesem Kampf auf das Mittel der Ueberlistung und Täuschung des Gegners zu verzichten, würde heissen, ihn aufzugeben. Nun liegt es gewiss nahe, hier das Zugeständnis zu machen, dass einem solchen Gegner gegenüber, der sich durch die eigenen Verbrechen ausserhalb jeder Rechtsgemeinschaft gestellt hat, keine Pflicht zur Wahrhaftigkeit mehr besteht. Hat man aber erst diese eine Ausnahme zugegeben, dann fragt es sich, wo die Grenze zwischen berechtigter und unberechtigter Lüge verläuft. Sind Lüge und Betrug zulässig *nur* gegenüber dem politischen Gegner, der sich selber solcher Mittel bedient? So lässt sich die Grenze schon //54// darum nicht ziehen, weil Dinge, die einem solchen Gegner verborgen bleiben sollen, sehr häufig auch andern gegenüber abgestritten werden müssen, die andernfalls in Gefahr wären, sie zu verraten. Darüber hinaus lässt sich von vornherein überhaupt nicht sagen, welcher Art die Massnahmen sind, die sich im Kampf für eine bessere Gesellschaftsordnung als notwendig erweisen, und ob daher der, dem dieses Ziel ernst ist, nicht unter Umständen vor der Entscheidung steht, um dieses Ziels willen eine Lüge oder den Bruch eines Versprechens auf sich zu nehmen und zu verantworten.

Man hat vielfach versucht, solche Schwierigkeiten beiseite zu schieben durch die Bemerkung, dass einem guten Zweck nicht durch schlechte Mittel gedient werden könne. Damit wird der vorliegende Konflikt nur vertuscht, nicht gelöst. Es fragt sich ja erst, ob diese Mittel schlecht sind, wenn sie im Dienst eines guten Zweckes notwendig sind. Die Erfahrung hat gezeigt, dass fast alle diejenigen, die es ablehnen, Pech anzugreifen, weil sie sich dadurch „besudeln", sich entweder mehr und mehr aus dem politischen Kampf überhaupt zurückziehen, oder in einzelnen Fällen ihrem angeblichen Grundsatz doch untreu werden, da es im politischen Leben nun einmal nicht anders gehe. Diese Haltung läuft also in der Praxis wirklich darauf hinaus, das Ziel preiszugeben oder ihm mit schlechtem Gewissen und daher nur mit halbem Herzen zu dienen. Das aber ruft auf der Gegenseite die – ebenfalls berechtigte Kritik hervor, dass die moralischen Bedenken, die hier angemeldet werden, bei Licht besehen nur als Vorwand wirken, sich der dringlichsten Aufgabe unserer Zeit zu entziehen.

Derselbe Konflikt zwischen den beiden einander entgegengesetzten Urteils weisen lässt sich noch von einer Reihe anderer Probleme her beleuchten. Ein wichtiges Beispiel betrifft die Frage, welche Rücksicht im Rahmen einer politischen Aktion auf persönliche Rechte, Ansprüche und Wünsche des Einzelnen genommen werden solle. Vom Standpunkt der Maxime, wonach der Zweck jedes Mittel rechtfertigt, wird auch der Mensch zum blossen Werkzeug für die Verwirklichung dieses Zwecks. Die Behandlung, die ihm zusteht, bestimmt sich danach allein auf Grund der Ueberlegung, ob er brauchbar ist auf dem Weg zum Ziel, oder ob er ein Hindernis auf diesem Weg ist oder werden könnte. Ist er brauchbar, so soll er gebraucht werden; ist er ein Hindernis, so soll er unschädlich gemacht werden – ohne dass ihm ein Rechtsanspruch zugebilligt würde auch nur darüber, wie das eine oder das andere geschieht. Es liegen auch auf diesem Gebiet Erfahrungen vor, wohin diese Haltung in der Praxis geführt hat: dahin, Menschen zum blossen Sprachrohr einer Partei zu machen, bereit, von heute auf morgen, auf einen Befehl von oben hin, ihre politische Marschrichtung zu ändern, ohne sich selber darüber Rechenschaft zu geben, in welchem Verhältnis solche Wendungen zu dem ursprünglich anerkannten politischen Ziel stehen. Und so ist in solchen Menschen, die im Kampf für eine bessere Gesellschaft als blosse Werkzeuge eingesetzt wurden, gerade das zerstört worden, worauf, wie wir gesehen haben, dieser Kampf gegründet werden sollte, das Verständnis für die eigene Verantwortung dem gesellschaftlichen Geschehen gegenüber und die Besinnung darauf, was im Sinn dieser Verantwortung zu tun geboten sei.

So ist es auch hier begreiflich, dass diese Haltung Kritik und Widerspruch hervorgerufen hat. Man beruft sich etwa auf den Kantischen Gedanken, wonach das vernünftige Wesen sich selber und andere niemals als blosses Mittel, sondern jederzeit zugleich als Zweck an sich selbst behandeln solle. Aber was heisst das im politischen Leben? Eine politische Partei, die einheitlich und zielsicher die zur Verfügung stehenden Kräfte für ihr Ziel einsetzen //55// soll, ist auf die Disziplin ihrer Mitglieder angewiesen, auf deren Bereitschaft, sich einzuordnen. Es ist nicht immer möglich, Meinungsverschiedenheiten in Diskussionen zu bereinigen, ehe über eine Aktion entschieden wird. Was soll dann geschehen? Die Angst davor, sich in solchen Fällen zum blossen Werkzeug zu machen, hat immer wieder Menschen davon zurückgehalten, sich überhaupt parteipolitisch festzulegen, und damit zugleich davon, ernsthaft am politischen Kampf für eine rechtliche Gesellschaft teilzunehmen. Wird daher im ersten Fall der Einzelne rücksichtslos und rechtlos dem politischen Kampf untergeordnet, so besteht hier die Tendenz, diesen Kampf preiszugeben, wo er mit der freien Entfaltung der Persönlichkeit in Konflikt gerät.

Gibt es einen Ausweg, der beiden Gefahren entgeht, sowohl der einen, in der Wahl der Mittel gewissenlos zu werden, als auch der anderen, vor lauter Skrupeln bei der Wahl der Mittel, das Ziel fallen zu lassen?

§27. Die Rechtfertigung politischer Mittel.

Es ist eine Probe auf den Realismus unserer ethisch-politischen Ueberzeugungen, ob sie eine klare Antwort auf die Frage nach der Rechtfertigung politischer Mittel geben. Auf Grund unserer bisherigen Untersuchungen können wir zu dieser Frage zunächst so viel sagen, dass sie nicht mit einer Art von Katalog ethisch zulässiger oder einer Liste ethisch unzulässiger Mittel beantwortet werden kann[.] Die Besinnung auf das, was gut und erstrebenswert ist, hat uns immer wieder auf die Aufgabe geführt, die je nach den Umständen auftauchenden Ansprüche gegen einander abzuwägen. Die Anforderung des Rechts besagt nichts anderes, als dass in der Lösung von Interessenkonflikten nicht die körperliche, wirtschaftliche oder sonstige Macht eines der Partner den Ausschlag geben soll, sondern allein die Abwägung der betroffenen Interessen selber und der Bedeutung, die sie jeweils für ihren Besitzer haben. Es gibt kein Recht, das dem Einzelnen ein für allemal, unabhängig von dem vorliegenden Konflikt, zukommt.

Man nimmt zwar vielfach als ein solches angebliches Naturrecht in Anspruch etwa ein Recht auf sein Leben, ein Recht auf ein gewisses Eigentum, z.B. das durch eigene Arbeit erworbene, ein Recht auf die freie Entfaltung der Persönlichkeit oder darauf, nicht belogen und betrogen zu werden. Es ist begreiflich, warum sich der Gedanke aufdrängt, dass dies Rechte seien, die ohne Ausnahme, unter allen Umständen gewahrt bleiben sollten. Es handelt sich in allen diesen Fällen um wichtige Interessen im menschlichen Leben, um Bedingungen, die es uns ermöglichen, aus diesem Leben besonnen etwas zu machen, was Sinn und Wert hat. Niemand hat das Recht, leichtfertig einem andern diese Möglichkeit zu nehmen oder ihn darin zu hemmen, sie auszunutzen. Trotzdem aber bleibt wahr, dass das Leben der Güter höchstes nicht ist, und das Gleiche gilt für die anderen Güter, die hier in Frage stehen. Ihre tiefere Bedeutung liegt darin, dass sie uns helfen, für etwas zu leben, das den Einsatz der eigenen Persönlichkeit wert ist – und das wir eben darum, wenn wir dies ernst nehmen, als grösser und wichtiger erkennen als das eigene Leben und seine Freuden. Es gibt also höhere Ansprüche als die genannten Interessen. Und es kann geschehen, dass wir wählen müssen zwischen jenen Ansprüchen und diesen Interessen, oder zwischen den eigenen Interessen am Leben, an der Freiheit oder am Eigentum und denen unserer Mitmenschen. Daher gebührt keinem dieser Interessen ein unbedingter, durch nichts beschränkter Rechtsanspruch. Sie hören auf, berechtigt zu sein, wenn sie mit schwererwiegenden Ansprüchen anderer in Konflikt geraten.

Mit dieser Erwägung entfällt der Schein, als ob in der Politik schlechte Mittel unvermeidlich seien. Man denkt, wenn man so //56// etwas behauptet, nämlich meist an Eingriffe in solche wichtigen Interessen des Menschen wie die eben genannten: an die Preisgabe menschlichen Lebens, an Diebstahl und Raub, Lüge, Betrug oder Vergewaltigung. Es ist richtig, dass sich die Anwendung solcher Mittel nicht durchweg vermeiden lässt, sofern man in die Machtverhältnisse der Gesellschaft entscheidend eingreifen und sie umgestalten will. Ob ihre Anwendung berechtigt ist, hängt hier, wie überall, von der Abwägung der mit einander kollidierenden Interessen ab. Es fragt sich also, was auf dem Spiel steht, wenn man vor diesen Eingriffen in menschliches Leben und seine Güter und Werte zurückscheut, und was demgegenüber in solchen Eingriffen geopfert wird.

Sofern die fraglichen Mittel notwendig sind im Kampf für eine bessere Gesellschaftsordnung, fällt das Interesse an diesem Ziel zu Gunsten ihrer Anwendung in die Wagschale. Mit welchem Gewicht es das tut, hängt davon ab, wie klar und sicher dieses Ziel aufgefasst worden ist. Ist es gewählt worden auf Grund einer hinreichend tiefgehenden Besinnung auf das, was im gesellschaftlichen Leben angestrebt werden sollte, dann beruht es selber auf dem Interesse an der rechtlichen Lösung auftretender Konflikte. Unser altes Ergebnis, wonach das Streben nach rechtlichen Verhältnissen die unerlässliche Bedingung für den Wert gesellschaftlicher Zustände ist, ist die unmittelbare Anwendung der Rechtsidee auf das gesellschaftliche Leben. Weil überhaupt im Zusammenleben der Menschen Konflikte rechtlich entschieden werden sollen, und nicht einseitig zu Gunsten des jeweils Stärksten und Einflussreichsten, darum sind alle gesellschaftlichen Einrichtungen und Ansprüche Unrecht, die blosse Privilegien verteidigen und sich dem Aufbau rechtlicher Verhältnisse widersetzen. Es ist rechtlich geboten, in der Gesellschaft einen Rechtszustand anzustreben und zu sichern. Wo diese Forderung in Konflikt gerät mit irgend welchen anderen menschlichen Ansprüchen, Wünschen oder Idealen, gebührt ihr daher der Vorrang. Darum ist kein Preis zu hoch, der um dieses Zieles willen gezahlt werden muss.

Damit erkennen wir den Grundgedanken an, auf den die Maxime vom Zweck, der die Mittel heiligt, gewöhnlich gestützt wird: Der Zweck, mit dem wir es hier zu tun haben, ist rechtlich notwendig und darum wichtiger als irgend welche kollidierenden Interessen. Denn – das ist die entscheidende Ueberlegung, auf die wir hier immer wieder zurückkommen müssen – kein Interesse ist berechtigt, das nur befriedigt werden kann durch ein Festhalten an gesellschaftlichem Unrecht.

Sind wir uns klar über diese Begründung jenes Gedankens, dann können wir damit zugleich jene verhängnisvollen Konsequenzen abwehren, die unter Berufung auf die Vorzugswürdigkeit des verfolgten Zwecks jedes Mittel für gerechtfertigt erklären. Wir sind in unseren Ueberlegungen ausgegangen von dem kritischen

Argument, das sich dieser blossen Nützlichkeitspolitik und ihren Auswüchsen entgegenstellt, von dem Gedanken nämlich, dass auch die Wahl der Mittel nach den gleichen sittlich-rechtlichen Gesichtspunkten beurteilt werden soll, die über die Bestimmung des Ziels entscheiden. Dieser Gedanke ist durch unser Ergebnis in keiner Weise widerlegt, oder auch nur in seiner Gültigkeit eingeschränkt worden. Dass im Konfliktsfall der Kampf für rechtliche Verhältnisse widerstreitenden Interessen gegenüber vorgeht, bedeutet keinen Freibrief für die Wahl der Mittel. Auch dabei ist die gerechte Abwägung der betroffenen Interessen geboten. Wo menschliches Leben und menschliche Freiheit auf dem Spiel steht, wo es sich um den Bruch eines gegebenen Wortes oder sonstige Betrügereien handelt, da genügt zur Rechtfertigung solcher Zugriffe nicht die //57// blosse Erklärung, man habe sich damit politische Macht sichern und die dann für gute Zwecke verwenden wollen. Sondern es fragt sich, ob der erhoffte Machtzuwachs entscheidend gewesen und auch wirklich ausgenutzt worden wäre im Kampf für rechtliche Verhältnisse, und, darüberhinaus, ob dieser Schritt auf dem Weg zu einem rechtlich gebotenen Ziel nicht auch anders hätte getan werden können, ohne die Hintansetzung der Werte, die hier verletzt worden sind. Für den blossen Nützlichkeitsstandpunkt sind diese beiden Fragen bedeutungslos. Er kennt nur die eine, ob irgend ein Verfahren im Dienst eines gegebenen Zwecks brauchbar ist.

Beide Gedankengänge, die sich uns aufdrängen, wenn wir nach der Rechtfertigung politischer Mittel fragen, enthalten also einen berechtigten Kern. Halten wir uns für die Beantwortung dieser Frage an die Forderung des Rechts, Konflikte durch die unparteiische Abwägung der betroffenen Interessen zu entscheiden, dann können wir die richtigen Grundgedanken beider Erwägungen mit einander vereinigen, ohne in die entgegengesetzten, und auf beiden Seiten unheilvollen Folgerungen zu verfallen, die aus diesen Grundgedanken gezogen worden sind. Wir verstehen dann, dass der Kampf für den Rechtszustand den Vorrang hat vor widerstreitenden Interessen, und dass er doch nicht ein Zweck ist, der jedes Mittel heiligt. Und es wird andererseits klar, dass Gewissenhaftigkeit in der Wahl politischer Mittel nicht dahin führt, diesen Zweck preiszugeben.

Aber haben wir dieses theoretisch befriedigende Ergebnis nicht bezahlt mit der Anerkennung eines Grundsatzes, dessen praktische Anwendung ungeheure Schwierigkeiten mit sich bringt? Der rechtliche Gesichtspunkt, je nach den gegebenen Umständen die von einer Aktion betroffenen Interessen gegen einander abzuwägen, nötigt dazu, die eigenen Entscheidungen fortlaufend daraufhin zu prüfen, ob sie rechtlich in Ordnung sind. Diese Prüfung kann weder ein für allemal abgetan werden durch die Wahl des richtigen Ziels, noch kann sie sich an anschauliche Regeln halten, die zulässige gegen unerlaubte Handlungsweisen abgrenzen. Sie verlangt also die stete Wachsamkeit und immer erneute, selbsttätige Entscheidung, ob die eigenen Entschlüsse die berechtigten Ansprüche anderer gewahrt haben. Diese Erwägung ist noch erschwert durch die Schranken, denen jedes menschliche Wissen, jede menschliche Erfahrung unterliegt. Niemand kann, gerade bei wichtigen Entscheidungen, mit Sicherheit alle Folgen voraussagen, die ein Entschluss, den er fassen will, nach sich ziehen wird. In die Abwägung der betroffenen Interessen und die Beurteilung ihres Wertes gehen schon daher Fragen ein, mit denen der Einzelne sich nur nach bestem Wissen und Gewissen auseinandersetzen kann, ohne das Risiko auszuschliessen, dass er die Lage falsch beurteilt und die vorliegenden Interessen nicht richtig erkannt hat.

Ist es notwendig, dem Politiker diese Auseinandersetzung zuzumuten? Es liegt nahe, ihr auszuweichen, und das geschieht auch immer wieder. Wer meint, dass der Zweck die Mittel heilige, hält eine solche Rechenschaft für eine unnötige Belastung des Politikers, die seine Aufmerksamkeit und seine Willenskraft nur ablenke von der allein wichtigen Aufgabe, erfolgreich zu sein im Dienst eines fortschrittlichen Programms. Wer andererseits dieser Maxime aus berechtigten Gründen nicht nachgeben will, es aber der Einsicht und dem Willen des Menschen nicht zutraut, sich jeweils rechtlich zu entscheiden, der sucht nach dem festen Halt anschaulicher Regeln, die ein für allemal zulässige und unzulässige Mittel zu unterscheiden erlauben.

Beide Wege führen in die Irre. Unser Ziel, dem Recht in der menschlichen Gesellschaft Geltung zu verschaffen, erhält Sinn und //58// Begründung nur aus dem Anspruch, dass Interessenkonflikte rechtlich entschieden werden sollen. Es kann daher nur von Menschen aufgefasst und festgehalten werden, die in diesem Grundsatz des Rechts einen unmittelbaren Anspruch der eigenen Vernunft erkennen. Sich zu diesem Ziel zu bekennen, sich aber auf dem Weg dahin der Forderung rechtlicher Abwägungen zu entziehen, zeigt, dass man sich selber nicht verstanden hat. Und das rächt sich früher oder später, und zwar dadurch, dass man den Ausblick auf das Ziel verliert.

Es ist daher nicht gleichgültig, wie wir unser Ziel begründen und vertreten. Halten wir daran lest, dass es uns nicht durch den naturnotwendigen Verlauf der gesellschaftlichen Entwicklung, aber auch nicht durch das Diktat eines Menschen oder das Machtgelüste einer gesellschaftlichen Klasse aufgenötigt ist, sondern dass wir es gewonnen haben durch die Vertiefung und Klärung jener zunächst nur gefühlsmässigen Aeusserungen, in denen Menschen wertend zum gesellschaftlichen Geschehen Stellung nehmen. Es soll darum auch so verfochten werden, dass seine Vertreter an dieses Verständnis appellieren können und dass jeder, der guten Willens ist, sich davon überzeugen kann, dass diese Politik dafür eintritt, den Ansprüchen seines eigenen, aufgeklärten Rechtsbewusstseins Geltung zu verschaffen. Und dafür ist es entscheidend, dass eine solche Politik nicht nur in der Wahl ihres Ziels, sondern auch in ihren Organisationsformen und ihrem taktischen Vorgehen, vor allem aber in der Auswahl und Erziehung ihrer Funktionäre das Vertrauen rechtfertigt, dass rechtliche Erwägungen für sie bestimmend sind.

§28. Moral und eine weise Politik.

Das führt uns zurück zum Ausgangspunkt unserer Untersuchungen. Die Frage war, wie das politische Leben von dem Missbrauch gereinigt werden könne, mit dem heute die grossen Errungenschaften menschlichen Fleisses und Erfindergeistes zu Werkzeugen der Zerstörung und Unterdrückung gemacht werden. Fleiss und Erfindungsgabe allein sind offenbar keine Sicherung gegen diese Gefahr. Gerade sie sind ja eingesetzt worden im Dienst eigennütziger Zwecke und blinder Machtgier. Was bedeutet nun demgegenüber die heute viel gehörte Aufforderung, sich auf moralische Ueberzeugungen und sittliche Kräfte zu besinnen und von ihnen den Ausweg aus dem Chaos zu erwarten?

Darauf können wir jetzt antworten: Fleiss und Erfindungsgabe sind im Aufbau unserer Zivilisation fast ausschliesslich eingesetzt worden, die in Natur und Gesellschaft wirkenden Kräfte kennen und beherrschen zu lernen. Der Fortschritt der Wissenschaften im vergangenen Jahrhundert war in erster Linie der Aufschwung der Naturwissenschaften und der Technik. Diese Entwicklung war einseitig, in einer folgenschweren Weise. Sie hat durch die Konzentration auf die Fragestellung des Naturforschers, der Ursachen und Naturkräfte im Ablauf des Geschehens untersucht, die ethische Frage nach dem Wert dessen, was Menschen tun und erstreben, in den Hintergrund gedrängt. Diese Frage ist damit gewiss nicht zum Schweigen gebracht worden. Sie meldet sich überall da an, wo Menschen sich ernsthaft über den Sinn ihres Lebens Rechenschaft geben. Das ist geschehen und wird geschehen, auch wenn offizielle Vertreter der Wissenschaft eine solche Auseinandersetzung von vornherein für unwissenschaftlich und für die nur subjektive Stellungnahme des Einzelnen erklären.

Dieses von einer einseitigen Wissenschaft verkündete Verdikt hat trotzdem die verhängnisvolle Folge gehabt, den Glauben an die Möglichkeit wirklicher Aufklärung des gefühlsmässigen sittlichen Urteils zu erschüttern. Wo es sich aber um die öffentlichen //59// Angelegenheiten der menschlichen Gesellschaft handelt, um die Frage, was im gesellschaftlichen Leben gesichert und dem willkürlichen Zugriff des Einzelnen entzogen werden sollte, wie das Verhältnis der Bürger im Staat und der Völker zu einander geregelt werden sollte, da genügt es nicht, mit blossen Meinungen zu antworten, bei denen Gefühl und Vorurteil des einen gegen die andern stehen können. Wir brauchen hier einen festeren Halt als den nur gefühlsmässiger Entscheidungen. Aus zwei Gründen: einmal darum, weil die Sicherheit des Gefühls verloren geht, wenn man sich von dem anschaulich Uebersichtlichen entfernt.

Gesellschaftliche Wechselwirkungen, mit ihren vielfachen Verknüpfungen, durch die der eine vom anderen, die eine Gruppe von der anderen abhängig wird, lassen sich nicht so einfach überschauen, dass die Abwägung der jeweils betroffenen Interessen dem blossen Gefühl überlassen werden dürfte. Hinzu kommt, dass rechtliche Entscheidungen in diesen öffentlichen Angelegenheiten so gefällt und verfochten werden sollten, dass sie von den Betroffenen als rechtlich und gut verstanden werden können. Dazu genügt wiederum nicht die Berufung auf das blosse Gefühl, das seinem Wesen nach über den ihm zu Grunde liegenden Rechtsanspruch keine klare Auskunft gibt.

Es kommt also darauf an, diesen ethisch-rechtlichen Fragen die gleiche Sorgfalt und Aufmerksamkeit zuzuwenden, die von der Wissenschaft unserer Zeit den Fragen der Naturwissenschaft entgegengebracht worden sind. Diese Aufgabe klar herauszustellen und die Grundsätze und Richtlinien aufzusuchen, die sich aus der ethisch-rechtlichen Beurteilung des gesellschaftlichen Lebens für dessen politische Gestaltung ergeben, war das Ziel der vorliegenden Arbeit. Sie führt dabei in gewisser Weise über sich selber hinaus. Denn sie stellt uns vor eine Reihe weiterer Fragen, deren Beantwortung über den Rahmen dieser Untersuchung hinausgeht: auf Probleme der Anwendung dieser Grundsätze und Richtlinien im gesellschaftlichen Leben. Hierher gehören einmal die empirischen Fragen nach den heute herrschenden gesellschaftlichen Verhältnissen und Kräften, auf die wir die allgemeinen Ideen des Rechts und der Freiheit anwenden müssen, um konkrete ethisch-rechtliche Forderungen abzuleiten. Dahin gehören ferner die Probleme der Verwirklichung, die notwendigen Massnahmen aufzufinden, durch die die Erfüllung solcher Forderungen gesichert werden kann.

Wir können auf Grund der vorliegenden Untersuchung diese Probleme der Verwirklichung nennen und die Richtung erkennen, in der ihre Lösung zu suchen ist: sie betreffen die Erziehung von Politikern, die fähig und bereit sind, die Ideen von Recht und Freiheit zur Richtschnur ihrer Entscheidungen zu nehmen. Und sie betreffen das organisatorische Gefüge, den Aufbau von Partei und Staat, das solchen Politikern die Möglichkeit gibt, die gesellschaftlichen Verhältnisse diesen Ideen gemäss zu gestalten.

Jede dieser Fragen erfordert eine eigene, eingehende Untersuchung, die von den gleichen methodischen Erwägungen ausgehen muss, denen wir hier gefolgt sind. Diese weiterführenden Untersuchungen stellen den nächsten Schritt dar, um uns jenes Unternehmen, von dem allein wir die Ueberwindung der gesellschaftlichen Krise unserer Zeit erwarten können, klar vor Augen zu führen: in der rechten Verbindung von „Moral und einer weisen Politik" „die Errungenschaften der Technik in die Hände guter Menschen zu legen, in einem guten, sozial wohlgeleiteten Staat."

Angewandte Ethik*

Die geschichtlichen Katastrophen, in die das zwanzigste Jahrhundert uns tiefer und tiefer hineinstürzt, machen zum mindesten eins klar: Der Fortschrittsglaube, wie er das vorige Jahrhundert beherrschte und bis in das jetzige hineinreicht, muss einen tiefliegenden Fehler enthalten, der die Menschheit über den Abgrund getäuscht hat, vor dem sie stand. Wo liegt dieser Fehler?

Mit dieser Frage setzt sich *Herrmann Steinhausen* in einer kürzlich erschienenen kleinen Schrift[1] auseinander. Seine Antwort ergibt sich aus der folgenden Erwägung, die wir mit seinen eigenen Worten wiedergeben [1]:

„Die Denkweise des neunzehnten und des zwanzigsten Jahrhunderts hat nichts unversucht gelassen, den Begriff des Bösen aufzuweichen und ihn durch die dem gesunden Menschenverstand einleuchtenderen Begriffe des Ungesunden, Unzweckmässigen und Verunglückten zu ersetzen. Man brauche jetzt eigentlich gar nicht mehr über das ‚Böse' Worte zu verlieren, da es doch ganz ersichtlich im Denken des Durchschnittsmenschen, der ‚Bescheid weiss', keine Rolle mehr spielt. Aber dieses Böse ist innerhalb der praktischen Erfahrungswirklichkeit leider immer noch allzu deutlich spürbar vorhanden. Und es wirkt nur als unzureichender Trost, wenn wir von den Fortschrittsgläubigen hören, dass dieses Böse infolge nicht ganz erklärlicher, aber unvermeidlicher Rückschläge bei der Durchführung der Fortschrittsidee noch nicht in dem erstrebten Masse abgeschafft werden konnte. Merkwürdigerweise hat sich kaum einer jener neuzeitlichen Denker, die in dem Leben selbst den allerhöchsten Wert zu erkennen vermeinen und die den Glauben an überwirkliche Werte als Wahn abtun, ernsthaft mit der gewichtigen Frage auseinandergesetzt, warum denn dieses in allen seinen Aeusserungen, im Erhabenen und im Grausigen gleichberechtigte Leben noch immer nicht *am Ziele* angelangt, das heisst: warum noch nicht jener Zustand des Lebens erreicht sei, der //248// alle Fragen und Forderungen an die Wirklichkeit endgültig zum Schweigen bringt. Paradoxerweise sieht sich nämlich auch jener Mensch, der sich blind und unter völligem Verzicht auf ethische Massstäbe dem Leben an die Brust wirft, gänzlich ausserstande, das Leben als Ganzes kritik- und anspruchslos anzuerkennen und ganz einfach die verschiedenen in der Zeit ablaufenden Wellenbewegungen

---

* G. Hermann alias Peter Ramme: Angewandte Ethik. In: Sozialistische Warte, Bd.15, 1940, Nr. 9, S. 247–252.
1 „Die Rolle des Bösen in der Weltgeschichte." Bermann-Fischer Verlag, Stockholm.

des Lebens gleichmütig zu registrieren. Immer entdeckt auch jener Mensch, der jenseits von Gut und Böse zu stehen glaubt, dass irgend etwas an diesem Leben noch immer ,nicht stimme'. ...

Im Jahre 1914 haben die Staatsmänner Europas in den letzten Wochen vor Kriegsausbruch mit genau derselben optimistischen Emphase wie in diesem Jahre 1939 ausgesprochen, dass eine irgendwo wirksame Menschenvernunft am Ende doch noch den Absturz in den Abgrund der Bestialität verhindern werde. Noch zögert der moderne Mensch, die rätselvoll furchtbaren Kräfte beim Namen zu nennen, die all jene Hoffnungen zertrümmert haben, die ihn bei der systematischen Uebernahme der Erdregierung zu Beginn des neunzehnten Jahrhunderts beseelt haben. Er wird nicht mehr lange zögern. Vielleicht wird sich ihm der Begriff des *Guten* noch für längere Zeit verschleiern, – aber ohne den Begriff des *Bösen* wird er, der bestürzte Zeuge eines zweiten Weltenbrandes, nicht lange mehr auskommen können. ...

Das Böse, dieser zweite Krieg des zwanzigsten Jahrhunderts, von dem nicht nur über die Zukunft, sondern auch über die Vergangenheit unserer Kultur der zehrende Hauch der Verwesung hinströmt, dieses Böse, so glauben wir zu ahnen, konnte Wirklichkeit werden, weil die Gegenkraft gefehlt hat: das Böse wurde Ereignis, weil das Gute überhaupt nicht oder nur mehr undeutlich in das Bewusstsein der für unsere Zeit verantwortlichen Menschen getreten ist. Die Dämonen konnten dort frei schalten, wo die guten Geister das Feld geräumt hatten."

Diese Ueberlegungen führen mit grosser Sicherheit an den entscheidenden Punkt, von dem allein aus wir die Not unserer Zeit in ihren tieferen Ursachen verstehen können. Solange die Ideen von gut und böse, von Recht und Kultur als Illusionen diskreditiert sind, so lange fehlt es an einer Richtschnur, die uns einen Weg aus dem heutigen Chaos heraus zeigen könnte. Und so lange ist alles Reden von gesellschaftlichem Fortschritt und alles Hoffen, dass er sich „letzten Endes" durchsetzen werde, nur das törichte, nein das sträflich gedankenlose Vertrauen auf hohle Phrasen.

Diesen Selbstbetrug greift *Steinhausen* an der Wurzel an; seine ganze Schrift ist ein eindringlicher Appell zur Besinnung auf die sittlichen und rechtlichen Wertmassstäbe, an denen wir, ob wir es uns eingestehen oder nicht, das gesellschaftliche Leben messen.

Gerade weil dieser Appell aber auf den entscheidenden Punkt hinweist, an dem unsere Zeit krankt, ist es auch um so wichtiger, ein Bedenken zu erörtern, das sich gegen *Steinhausens* Darstellung wendet. Es betrifft die mystisch-religiöse Einkleidung seiner Gedanken, durch die für ihn die sittliche Entscheidung und der sittliche Kampf des Menschen zum Ausdruck eines Kampfes übermenschlicher, ja übernatürlicher Mächte werden:

„Immer wieder scheint es, als ob auf dieser Erde, auf der wir leben, ein Dauerduell zwischen der Gottheit und dem Teufel im Gang sei, bei dem wir nicht nur
die Rolle des Opfers, sondern auch noch die kompliziertere des Kommentators
zu übernehmen haben, und immer wieder wird aus dem menschlichen Gemüte
die bange und verzweifelte Kinderfrage sich erheben müssen: warum schlägt
Gott den Teufel nicht tot? Es ist kein Zufall, dass nicht erst seit dem Bestehen des
Christentums, das das Erlebnis dieses Kampfes zwischen Gott und Teufel über
jede menschliche Seele verhängt, immer wieder in der gläubigen Menschheit der
Drang durchgebrochen ist, an eine selbständige, dämonische Macht des Bösen zu
glauben, die mit der göttlichen Macht des Guten in einem beständigen Kriege liege;
die Menschen aber scheinen verdammt zu sein, //249// in dem Niemandsland zwischen den beiden Parteien sich aufzuhalten, in einem Niemandsland, das bald von
der einen, bald von der andern erobert wird.“

Man könnte geneigt sein, in solchen Ausführungen blosse Bilder zu sehen, die
einer an sich dunklen Wahrheit anschaulichen Ausdruck geben sollen. Aber mit
einer solchen Annahme würden wir weder dem gerecht, was *Steinhausen* sagen
will, noch auch dem Ernst der hier angeschnittenen Fragen, der es verbietet, sich
mit nur halbwegs passenden bildlichen Antworten zufrieden zu geben. Es ist
nicht gleichgültig, in welcher Form und Sprache wir uns über diese Grundfragen
menschlicher und gesellschaftlicher Beziehungen verständigen. Welche praktischen Konsequenzen sich daraus ergeben können, lässt sich vielleicht durch nichts
deutlicher machen als dadurch, dass wir *Steinhausens* Gedanken mit einer andern
Darlegung vergleichen, die den gleichen Appell zur sittlichen Besinnung vertritt.

Als *Leonard Nelson* mitten im vorigen Weltkrieg seine Kampfschrift: „Die
Rechtswissenschaft ohne Recht“ herausgab, da focht er gegen denselben ethischen
Relativismus, in dem *Steinhausen* die Wurzel des heute über uns hereinbrechenden Uebels findet. *Nelson* hatte die Folgen dieser Gesinnung vorhergesehen, ehe
sie noch im Licht jenes Weltbrandes sichtbar wurden. Nach Ausbruch des Krieges
hat er dem schon fertig vorliegenden Manuskript nur ein Schlusswort angefügt,
das auf die furchtbare Bestätigung hinweist, die seine Kritik inzwischen durch die
politische Entwicklung erfahren hatte. In diesem Schlusswort heisst es:

„Die, welche das über den Staaten stehende Recht leugneten, um nur den Erfolg
roher Gewalt anzubeten, die erleben nun das, womit sie in Gedanken spielten. …
Man wende nicht ein, dieser Krieg sei als ein unabwendbares Verhängnis über
die Menschheit hereingebrochen, und es liege kein Grund vor, die harmlos ihrer
Wissenschaft lebenden Rechtsgelehrten dafür verantwortlich zu machen. Denn
solange diejenigen, deren höchster Beruf es wäre, auf die Sicherung des Rechts
hinzuwirken. und denen die hohe Aufgabe anvertraut ist, das Rechtsbewusstsein
im öffentlichen Leben zu festigen und zum Siege über alle Machtvergötterung zu

führen, sich den Pflichten ihres Berufs so weit entfremden, dass sie, im Schwindel des Tanzes um das goldene Kalb der Souveränität, selber vor diesem Götzen in den Staub sinken, hat man keinen Grund, nach einem im Verborgenen wallenden bösen Geist zu suchen, um auf ihn die Verantwortung dafür abzuwälzen, dass eingetreten ist, was nur ein hinreichend entwickeltes öffentliches Rechtsbewusstsein abzuwenden vermocht hätte."

Für *Nelsons* Erwägungen ist gerade dies entscheidend, dass kein „im Verborgenen waltender böser Geist", sondern dass *Menschen* verantwortlich sind für das Unheil, das über Europa hereinbricht. Er hat daraus die Aufgabe abgeleitet, diesem Unheil auch mit Menschenkraft entgegenzutreten: den ethischen Relativismus durch den Aufbau einer wissenschaftlich begründeten Ethik zu widerlegen und eine politische Bewegung ins Leben zu rufen, die, auf dieses wissenschaftliche Fundament gestützt, für rechtliche Verhältnisse im Staats- und Völkerleben kämpft.

Es ist kein Wunder, dass wir in *Steinhausens* Ausführungen nach solchen Konsequenzen vergeblich suchen. Die Entscheidung zwischen gut und böse, Recht und Unrecht fällt nach seiner Betrachtung in einem Bereich, der weder der wissenschaftlichen Forschung zugänglich ist, noch von politischen Organisationen gestaltet werden kann. Zwar meint *Steinhausen* keineswegs, der Mensch könne und solle diese Entscheidung passiv hinnehmen. Er wendet sich beharrlich gegen jede fatalistische Geschichtsbetrachtung, die dem Menschen die Verantwortung für das geschichtliche Geschehen abspricht. „Der Mensch ist darauf angelegt, zu wählen und zu entscheiden" – erst das gibt uns ja überhaupt die Möglichkeit, das Geschehen an ethischen Massstäben zu messen und an dem Kampf teilzuhaben, den *Steinhausen* das „Dauerduell zwischen der Gott//250//heit und dem Teufel" nennt. Aber bei aller Freiheit und Verantwortung, die *Steinhausen* dem Menschen zuschreibt, bleibt es für ihn doch ein Kampf, in den der Mensch nur hineingestellt ist, der aber von andern als menschlichen Kräften ausgetragen wird. Gott und der Teufel kämpfen – und dem Menschen bleibt nichts anderes übrig, als sich auf die eine oder die andere Seite zu stellen, seine Stimme für die Anforderung des Guten zu erheben, oder diese Anforderung zu missachten und damit dem Bösen das Feld freizugeben.

Sich auf die Seite des Guten zu stellen, das heisst für *Steinhausen*, nicht zu verzweifeln an der „Möglichkeit, der brutalen Wirklichkeit … Forderungen des Geistes und Hoffnungen des Herzens entgegenzuhalten", sich des „Bösen zu erwehren … mit dem Wachtraum einer geistigen Ordnung", den blutigen Taten politischer Gewaltmenschen „entschlossen entgegenzudenken und die ganze Welt der Gewalt dadurch um ihre animalische Unschuld zu bringen, dass wir sie an einer höheren Idee messen". Von einer solchen Haltung erwartet *Steinhausen*, dass sie den Mächten des Bösen den entscheidenden Schlag versetzt:

„Die Gegenkraft gegen das Böse kann auch noch bei dem allgemeinen Sieg brutaler Gewaltsamkeit wirksam sein, so lange noch ein einziger Mensch in der Tiefe seiner Seele den Kampf gegen das Uebel fortzuführen entschlossen ist, das heisst: so lange er den von der puren Gewalt geschaffenen Tatsachen seine Anerkennung verweigert. ... Die Gewaltherrscher spüren deutlich, dass ihre Tyrannei noch nicht definitif befestigt ist, so lange noch eine einzige Menschenseele sich auf das Gesetz berufen und ein Menschengeist mit der Vorstellung des höchsten Guten die Flamme des Widerstandes nähren kann."

Auch *Steinhausen* will demnach Kampf und Widerstand gegen das Uebel. Und doch ist der Schwerpunkt seiner Forderungen radikal verschieden von den Konsequenzen, zu denen *Nelson* kommt. Während *Nelson* seine Aufmerksamkeit der Aufgabe zuwendet, *politische Macht*, in den Händen rechtlich gesonnener Menschen, zum Schutz des Rechts einzusetzen, schaut *Steinhausen* nur aus nach der *sittlichen Gesinnung*, an der Idee des Rechts und des Guten festzuhalten und sich zu ihr zu bekennen – die Frage aber, *wie* dieses Festhalten sich in den Taten der Menschen bekundet und wie es sich im Einzelnen bekunden *soll*, wird für ihn zu einer Frage höchstens zweiten Ranges.

An welchem Punkt trennen sich diese beiden Wege, die beide vom Appell an das sittliche Bewusstsein der Menschen ausgehen, und was ist es, das sie trennt? Es fällt nicht schwer, in *Steinhausens* Gedankengängen den Grund zu finden, der ihn misstrauisch macht gegen alle Pläne, durch politische Organisation dem Uebel beizukommen:

„Wenn wir, erschauernd vor der Dämonie des gegenwärtigen geschichtlichen Augenblicks, dieses Kriegsausbruchs, das Netzwerk der Kräfte zu entwirren suchen, die diesen Moment herbeiführen halfen, so hören wir in den Tiefen der Vergangenheit die lärmenden Schreie der Zustimmung, mit denen ursprünglich in freier Wahl, ein grosses Volk in der Mitte Europas sein eigenes Schicksal und damit das der Welt in die Hände eines Mannes legte, dessen einziges Konzept in der Vernichtung aller Menschen und aller Ideen bestand, die in anderer Richtung strebten als er selber. ... Wer fände den Mut, angesichts der elementaren Dämonie solcher Erscheinung zu raisonnieren, dass man durch Gegen-Aufklärung, durch geschicktere Propagandakniffe die Orgie der Selbsttäuschung hätte verhindern können, die diesem Manne ermöglichte, aufzutreten und sich zu behaupten, bis er das Signal zur Vernichtung geben durfte? ... Wer möchte noch wähnen, dass eine solche, die Masse des nur Menschlichen übersteigende, als Motor des Bösen funktionierende Dummheit abschaffbar sei, – dass man gleichsam durch Organisation die Sümpfe austrocknen könne, aus denen sie immer wieder gleich giftigen Schwaden emporsteigt? Das Böse rächt sich, wenn man ihm die Unehre antut, seine Manifestationen als Zufälle anzusehen und es //251// selbst für endgültig abschaffbar: es steckt im Leben selbst so unausrottbar tief, wie die Krankheit im Körper des Menschen."

Diesen für seine ganze Betrachtungsweise entscheidenden Gedanken, dass Bosheit und Dummheit nicht wegorganisiert oder durch Aufklärung aus der Welt geschafft werden könnten, hat *Steinhausen* nicht erst aus den Erfahrungen der jüngsten Zeit gewonnen. In diesen Erfahrungen findet er nur mit einer fast anschaulichen Deutlichkeit eine Wahrheit wieder, zu der im Grunde jede ehrliche Besinnung auf die eigene Verantwortung den Menschen führen muss: Es gibt in der Natur keine vollkommene Erfüllung der Forderung, die wir in diesem Verantwortungsbewusstsein anerkennen, durch die eigene sittliche Gesinnung zu sichern, dass wir in jedem Fall tun, was die Pflicht verlangt. Und ebenso wenig gibt es in der Natur eine Organisation, die mit unfehlbarer Sicherheit jedes Unrecht und jeden Schaden, den menschliche Dummheit anrichtet, verhindern könnte. Die inneren moralischen und die äusseren organisatorischen Kräfte, die für das Gute und den Schutz des Rechts eingesetzt werden können, sind und bleiben endlich, und das heisst, dass sie bedroht bleiben von der Gefahr stärkerer Gegenkräfte, die im Dienst von Torheit und Eigennutz stehen.

Aber nicht dieser Gedankengang trennt *Steinhausens* Weg von dem *Nelsons.* „Jeder ernste Mensch fühlt – so hat *Nelson* in einem Vortrag über sittliche und religiöse Lebensansicht gesagt –, dass die Erfüllung der Pflicht für ihn immer ein Kampf sein wird, dass ein Hang zum Bösen untilgbar mit seiner Natur verbunden ist. Er erkennt sich als radikal böse, wie *Kant* es nennt." Und auch in der Bedeutung, die sie diesem Hang zum Bösen zumessen, gehen die beiden Wege noch nicht auseinander. Wo Einigkeit herrscht darüber, im Bösen das zu sehen, was nicht sein und geschehen *soll*, da kann auch kein Zweifel darüber bestehen, dass man sich mit ihm nicht wie mit einem lästigen, aber unvermeidlichen Uebel abfinden kann, für das wir die Verantwortung ablehnen. Wir können das eigene sittliche Ungenügen, das uns in der Natur immer anhaften wird, nicht als Unglück hinnehmen, sondern erkennen eine Schuld in ihm. Indem wir das aber tun, rechnen wir uns selber einer Wirklichkeit zu, die den Schranken der Natur nicht unterliegt.

Wir können demnach sehr wohl verstehen, dass die Anerkennung sittlicher Massstäbe *Steinhausen* zu einer religiösen Betrachtung führt, die in dem endlichen und unvollkommenen Naturgeschehen die Wirklichkeit einer solchen anderen, unserer Erfahrung unzugänglichen Welt ahnt. Aber – und hier erst trennen sich die beiden Wege – die religiöse Betrachtung drängt bei *Steinhausen* die sittliche Beurteilung des Lebens, auf der sie doch aufbaut, faktisch in den Hintergrund. Anerkennen, dass die sittliche Kraft des Menschen endlich und daher besiegbar ist, heisst nämlich nicht, irgend welche menschlichen Schwächen und Ungerechtigkeiten als unvermeidbar und unbesiegbar hinzunehmen. Die überlebensgrosse

Dummheit und Niedertracht, die im III. Reich Gestalt angenommen hat, beweist nicht, dass diese „Orgie der Selbsttäuschung" nicht hätte verhindert und ihr Urheber nicht hätte unschädlich gemacht werden können, ehe er noch „das Signal zur Vernichtung geben durfte". Beides war möglich und wäre gelúngen, wenn nur die Menschen, die den Betrug durchschauten, sich, im Bewusstsein ihrer Verantwortung, rechtzeitig zu politischer Gegenwehr gegen das Gangstertum zusammengeschlossen hätten – wozu allerdings mehr gehört, als „den von der puren Gewalt geschaffenen Tatsachen die Anerkennung zu verweigern". Die Einsicht in das Verwerfliche dieser Tatsachen enthält daher, recht verstanden, selber die Forderung, nicht bei einer Pflege der Gesinnung stehen zu bleiben, sondern die Gesinnung in Taten zu erproben, die sich die Ueberwindung des heutigen Unrechtszustandes zum Ziel setzen. Erst in solchen Taten zeigt sich die Bereit//252//schaft, die eigene Ueberzeugung nicht nur festzuhalten und zu bekennen, sondern *anzuwenden*.

Wo dieses Anliegen, das als Recht Erkannte im gesellschaftlichen Leben auch zu verwirklichen, sich im Schatten einer religiösen Deutung der Geschichte verliert, da muss demnach im Verhältnis der sittlichen und der religiösen Ueberzeugungen etwas nicht stimmen. Das ist der Punkt, an dem auch *Steinhausens* Ruf zur Besinnung eine noch tiefergehende, klärende Bearbeitung verlangt. Denn sein eigener Kampf gegen den ethischen Relativismus führt, konsequent zu Ende gedacht, zur Anerkennung der Forderung, mit der *Nelson* einmal einen zögernden Schüler auf die Notwendigkeit einer politischen Aktion hingewiesen hat:

„Das war angewandte Ethik. Die Ethik ist da, um angewandt zu werden."

Anmerkungen

[1] Herrmann Steinhausen, Pseudonym für Eugen Steinhausen-Gürster, (1895–1980), deutscher Schriftsteller, Literaturwissenschaftler, Diplomat und Journalist. Er veröffentliche 1939 ‚Die Rolle des Bösen in der Weltgeschichte‘ und im selben Jahr ‚Die deutsche Kulturgeschichte, Bd. I und II‘.

Ethik und Sozialismus[*]

Der weitverbreitete Eindruck, wir seien nur Objekt im politischen Geschehen, entsteht durchaus nicht nur aus der deutschen Niederlage oder dem Zusammenbruch des deutschen Staatswesens. Sehen wir über die Grenzen Deutschlands hinweg, so finden wir, daß keineswegs wir allein mit diesem Eindruck zu tun haben. In Deutschland spürt man gewiß in ganz besonderer Weise den Druck einer Lage, in der man kaum sieht, wie und wo man gestaltend eingreifen kann. Aber welcher Politiker käme heute nicht in solche Lagen? Auch englische Sozialisten wie John Hynd und Ernest Devin haben es nicht nur mit Gegenkräften im eigenen Lande zu tun; auch sie sind abhängig von der verworrenen Wechselwirkung einer weltpolitischen Situation, in der jede wirtschaftliche Krise zur Weltwirtschaftskrise, jeder kriegerische Konflikt fast unvermeidbar zum Weltkrieg führt. Welcher Politiker, welche Regierung der Vereinten Nationen erweist sich dieser Situation gegenüber gestaltend und überlegen? Und wer kann eine überlegene Politik treiben? Man könnte sagen, daß die Entdeckung der Atombombe mit all dem, was sie an Sorge, Mißtrauen und Hilflosigkeit ausgelöst hat – und zwar auch bei denen, die das Geheimnis vorläufig noch besitzen und hüten –, ein Symbol unserer Zeit ist.

Genügt es, sich zum Verständnis dieser Zusammenhänge auf die alte Weisheit zu berufen, wonach wir als Menschen im Naturgeschehen von den Gesetzen und Kräften, die in der Natur herrschen, abhängig und diesen Kräften nur zu oft unterlegen sind? Dieser Gedanke reicht nicht hin, zu erklären, warum die politischen Zusammenhänge etwas die ganze Erde Umspannendes geworden sind und warum die in ihnen liegende Bedrohung des gesellschaftlichen Lebens mit unheimlicher Schnelligkeit zuzunehmen scheint. Diese Entwicklung beruht nicht auf dem Zusammenspiel blinder Naturkräfte; sie ist hervorgerufen durch Menschenwerk. Sie erklärt sich – so paradox das anmuten mag – aus der Tatsache, daß der Mensch Fortschritte gemacht hat in seinem Kampf, sich aus der Abhängigkeit von der Natur zu befreien und ihre Gesetze und Kräfte zu beherrschen.

Man könnte zwar versucht sein, aus den wiederkehrenden Katastrophen die Lehre zu ziehen, daß der Mensch mit diesem Bemühen einer Utopie nachjagt. Die Erfolge und Fortschritte in der Naturbeherrschung wären demnach nichts als Illusionen, deren wahre Natur sich in Krieg und Wirtschaftskrise enthüllt. Aber

[*]   G. Henry-Hermann: Ethik und Sozialismus. In: Geist und Tat. Monatszeitschrift für Recht, Freiheit und Kultur. Jg. 2, 1947, Nr. 2, S. 8–13.

diese Deutung verkennt die Tatsachen. Gewiß hat es in den menschlichen Bemühungen, die Kraft der Natur zu erkennen und zu beherrschen, auch Mißerfolge und
im Zusammenhang damit Katastrophen gegeben. Technische Fehlkonstruktionen
und mißlungene Experimente haben Menschenleben gekostet und Zerstörungen
angerichtet. Aber hier sprechen wir nicht von solchen Unglücksfällen, sondern
von jenen andern, die von Menschen dank ihrer Beherrschung der Naturgesetze
hervorgerufen wurden.

Die Konstruktion der Atombombe ist das Ergebnis eines beispiellosen Aufstiegs
von Naturwissenschaft und Technik. Fortschritte auf dem Gebiet der Organisation
und der Wirtschaft, die es ermöglichten, den Verkehr zu erweitern, Rohstoffe rational einzusetzen und auszunutzen, haben dahin geführt, wirtschaftliche Vorgänge
aller Länder eng miteinander zu verknüpfen. Und daher nehmen die Konflikte, die
irgendwo ausbrechen, ihre Ausbreitung über die ganze Erde.

Das Verhängnis liegt also darin, daß die Menschen zwar in der Lösung einzelner wissenschaftlicher, technischer, organisatorischer Aufgaben Umsicht und
Voraussicht beweisen und Erfolge erzielen, und daß ihnen doch die Ergebnisse
dieser Anstrengungen zum Verhängnis werden können. Der Physiker Nobel,
der Entdecker des Dynamits, wußte wohl, welch gefährliche Waffe er geschaffen
hatte. Das bewog ihn, einen Preis zu stiften für Taten Im Dienst des Friedens. Die
Gefahr, die in seiner //9// Entdeckung lag, hat er damit nicht gebannt. Die heutigen
Atomphysiker stehen vor dem gleichen Konflikt. Joliot-Curie, der Schwiegersohn
Madame Curie's, soll einen Streik der Physiker vorgeschlagen haben für den Fall,
daß es nicht gelingen sollte, durch eine politische Organisation die Verwendung
der Atomenergie nur für friedliche Zwecke zu sichern. Schon daß dieser Vorschlag
vorgebracht wurde, ist begrüßenswert, denn darin äußert sich das Verantwor-
tungsgefühl, es nicht dem Zufall zu überlassen, wer solche Forschungsergebnisse
in die Hand bekommt und für welche Zwecke sie verwandt werden. Solange dieser
Zufall herrscht, dürfen wir uns nicht wundern, wenn technische Errungenschaften
ausgenutzt werden von Menschen, denen im Kampf um die eigene Macht jedes
Mittel recht ist – etwa nach dem Motto Hitlers: „Wir kämpfen bis fünf Minuten
nach zwölf. Nach uns die Sintflut!" Was andernfalls dem Wohl der Menschheit
dienen könnte, wird dann zur Waffe im Kampf Mensch gegen Mensch. Aber wie
kann dieser Zufall ausgeschaltet werden?

Tiefergreifend als Nobels Friedenspreis und der erwähnte Vorschlag eines
Physikerstreiks ist ein anderer, ein politischer Versuch, dieses Problem zu lösen.
Ich denke an die Bemühungen, die von den Friedenskonferenzen zu Beginn
dieses Jahrhunderts bis zur Gründung des Völkerbundes nach dem ersten Weltkrieg geführt haben und die heute aufs neue angemeldet und gefordert werden
in zahlreichen Erörterungen, wonach die nationale Souveränität der Staaten

eingeschränkt werden und einer Internationalen Organisation zur Sicherung des Friedens untergeordnet werden müsse. Aber diese heutigen Erörterungen stehen im Schatten der Niederlage jener ersten Bemühungen. Der Völkerbund hat zwar einige kleinere internationale Konflikte friedlich beigelegt. In den entscheidenden Proben hat er versagt. Es genügt, an den vergeblichen Appell Chinas im Jahr 1932 zu denken, diesem Land gegen den Überfall Japans beizustehen. Er hat versagt, weil die beteiligten Großmächte nicht bereit waren, zur Schlichtung eines Konflikts, der ihre Interessensphäre nicht unmittelbar berührte, Opfer zu bringen. Dem Völkerbund fehlte die Macht, einen solchen Einsatz gegebenenfalls zu erzwingen. Und ihm fehlten die Menschen, die bereit und fest genug gewesen wären, eine solche Macht zur Verhinderung internationaler Rechtsbrüche auszunutzen.

In den entscheidenden Konflikten also, in denen das Schicksal ganzer Völker, ja, der Menschheit auf dem Spiele stand, war die Entwicklung und der Ausgang des Konflikts nur davon abhängig, welche Kräfte gegeneinander standen. Und es ist wiederum nicht zu verwundern, daß bei einem solchen Kampf, ob er nun wirtschaftlich oder militärisch ausgefochten wird, technische Errungenschaften benutzt werden, den Gegner zu vernichten oder niederzuhalten, daß sie also zu Werkzeugen der Zerstörung von Leben und Gütern werden.

Läßt sich daran grundsätzlich überhaupt etwas ändern? Es ist eine weitverbreitete Ansicht, daß die wissenschaftliche Haltung in politischen Fragen immer nur darin bestehen könne, jeweils die Kräfte, die an einer politischen Entwicklung, einem politischen Konflikt beteiligt sind, zu studieren, ihre Stärke abzuschätzen und miteinander zu vergleichen, um daraus die Tendenz der zu erwartenden kommenden Ereignisse zu bestimmen Alle Versuche, politische Vorgänge an andern Maßstäben zu messen als denen der bloßen Berechnung der tatsächlich vorhandenen Kräfte, ja, politische Entwicklung gar gemäß solchen andern Maßstäben gestalten zu wollen, gelten nach dieser Ansicht als Selbsttäuschung und Utopie.

Wäre damit das letzte Wort der Wissenschaft über politische Zusammenhänge und Entwicklungen gesprochen, dann gäbe es keinen Ausweg aus dem Dilemma, vor dem wir hier stehen, wonach im Chaos gegeneinander stehender politischer und gesellschaftlicher Kräfte die Ergebnisse wissenschaftlicher Forschung und technisch-organisatorischen Fortschritts der Menschheit zum Fluch werden. Man hat zwar früher oft seine Hoffnung darauf gesetzt, daß im anscheinenden Chaos dieser Kräfte doch eine geheime Harmonie walte, dank deren diese Gefahr menschlicher Errungen//10//schaften schließlich überwunden werden würde. Die liberalistische Theorie vertraute darauf, das Bemühen jedes einzelnen, den eigenen Interessen nachzugehen, werde auf die Dauer schon dem Wohl der ganzen Gesellschaft dienen. Und Sozialisten, die den Trugschluß dieser Lehre durchschauten, setzten vielfach ihre Hoffnung darauf, daß die Zunahme von Elend und Unterdrükkung einmal Menschen dazu nötigen würde, die gesellschaftlichen Verhältnisse zu ändern, und zwar so zu ändern, daß Klassengegensätze und Ausbeutung und damit zugleich Krisen und Kriege aus der Welt geschafft würden.

Solche Hoffnungen, vom nur naturgesetzlichen Zusammenwirken gesellschaftlicher Kräfte den Ausweg aus der Katastrophengefahr zu erwarten, mußten enttäuscht werden. Wer sich heute noch an sie hält, verkennt die deutlichen Lehren unseres Jahrhunderts. Die zeigen uns, zu welchen Vernichtungskatastrophen der blinde Kampf dieser Kräfte gegeneinander führen kann.

Aber warum müssen wir uns denn diesem blinden Kampf der gesellschaftlichen Kräfte überlassen? Wir haben ja gesehen, daß der Mensch im unmittelbaren Umgang mit den Dingen seiner Umgebung sich durchaus nicht blind dem Walten der Naturkräfte überläßt. Er hat die Möglichkeit, sich Ziele zu setzen und planmäßig auf deren Verwirklichung hinzuarbeiten und sich dabei die Naturkräfte, soweit er sie kennt und beherrscht, dienstbar zu machen. Und er hat die Möglichkeit, planmäßig diese Naturkräfte zu erforschen, sie kennenzulernen und zu beherrschen. Physik und Technik zeigen, wie weit die Menschheit es auf diesem Gebiet gebracht hat. Was auf diesem Gebiet möglich war, warum soll das nicht auch auf politischem Gebiet geschehen können? Sehen wir im Licht dieser Frage auf die Katastrophen des 20. Jahrhunderts zurück, dann zeigt sich, daß sie keineswegs nur der Ausdruck menschlicher Hilflosigkeit vor überwältigenden gesellschaftlichen Kräften sind. Sie erklären sich vielmehr daraus, daß diese Kräfte für egoistische Sonderinteressen dieser oder jener gesellschaftlichen Gruppe, dieses oder jenes Staatsverbandes eingesetzt worden sind, ohne Rücksicht auf die Frage, ob das dem Frieden und Fortschritt der Menschheit dient oder sie in eine neue Katastrophe hineinstürzt.

Herauszuführen aus dem Zyklus von Kriegen und Krisen kann uns daher nur eine Politik, die mit dieser Anarchie der politischen Zielsetzung Schluß macht. Das wäre eine Politik, die sich nicht an den Sonderinteressen dieser oder jener Gruppe orientiert, sondern die in ihrer Zielsetzung und in der Wahl ihrer Mittel die Wirkungen auf alle davon Betroffenen in Rücksicht zieht. Es wäre eine Politik, der grundsätzlich jeder müßte zustimmen können, der mit offenen Augen und gutem Willen nach dem sucht, was für die politische Ordnung der menschlichen Gesellschaft das Gute und Rechte ist. Eine solche Politik muß demnach in Theorie und Praxis auf ethischen Überzeugungen beruhen – eben auf einer wohlbegründeten Überzeugung von dem, was für die politische Ordnung der menschlichen Gesellschaft das Gute und Rechte ist. Das führt uns zu unserem Thema: Sozialismus und Ethik. Dieses Thema stellt uns die Frage, ob der Sozialismus als politische Lehre uns die Grundlagen und Richtlinien für eine solche Politik bietet. Wenn das der Fall ist, dann ergibt sich damit für uns die Aufgabe, im Neuaufbau des politischen Lebens diese Richtlinien anzuwenden. Aber wiederum: Wie ist so etwas möglich?

Im Rahmen eines einzelnen Aufsatzes lassen sich die tiefliegenden Schwierigkeiten nicht lösen, auf die man bei der Behandlung dieser Fragen stößt. Ich will mich darum beschränken, die wichtigsten dieser Schwierigkeiten zu nennen und den Weg anzudeuten, auf den uns eine Auseinandersetzung mit ihnen führt und auf dem wir ihre Lösungen suchen müssen.

Die erste Schwierigkeit entspringt der Überlegung, daß ethische Überzeugungen im menschlichen Gefühl leben und daß dieses Gefühl keine unveränderliche, ein für allemal feststehende und klare Einsicht ist. Das Gefühl wird vielmehr von Tradition und Erziehung, von gesellschaftlichen Gewohnheiten und Vorurteilen, von den Er//11//fahrungen des Einzelnen und denen seiner ganzen Umgebung beeinflußt. Was Menschen für gut und recht halten, ist daher abhängig von all diesen Umständen, unter denen sie leben. Je nach den bestehenden gesellschaftlichen Verhältnissen und dem besonderen Schicksal des Einzelnen hält der eine dies, der andere vielleicht das genau Entgegengesetzte für gut und notwendig. Wie soll es also auf die Frage nach dem, was gut und recht für die menschliche Gesellschaft ist, eine objektive, für alle richtige Antwort geben?

Die Tatsachen, auf die sich dieser Zweifel beruft, sind richtig wiedergegeben, wir können gewiß nicht jede Äußerung des sittlichen Gefühls schon als Erkenntnis hinnehmen. Wir werden vielmehr damit rechnen, daß die sittlichen Überzeugungen, wie sie uns im gesellschaftlichen Leben entgegentreten, von manchen Vorurteilen gefärbt sind. Die Erfahrung zeigt, daß diese Vorurteile weitgehend durch die Interessen der in der Gesellschaft herrschenden Klasse bestimmt sind. Wer nach objektiven sittlichen Überzeugungen sucht, wird also den Kampf mit solchen Vorurteilen aufnehmen müssen. Das ist eine schwierige Aufgabe; denn wie sollen wir entscheiden, was ein Vorurteil und was eine, von solchen verfälschenden Einflüssen ungetrübte Überzeugung ist? Aber den Kampf mit Vorurteilen und irreführenden Einflüssen führen wir auch auf andern Gebieten. Kein Bereich menschlicher Erkenntnis ist frei von der Möglichkeit des Irrtums und der Täuschung. Aberglauben und Irreführung hat es auch gegeben in Fragen der Natur- und der Menschenkenntnis. Wir werden darum aber nicht darauf verzichten, solche Fragen zu stellen und nach einer von Vorurteilen unverfälschten Antwort zu forschen. Warum sollte das gleiche Bemühen nicht auch da am Platze sein, wo die Frage nach dem Guten zur Entscheidung steht? Jede solche Untersuchung wird davon ausgehen, nach den Gründen der vorgebrachten, einander vielleicht widerstreitenden Meinungen zu forschen und diese Gründe daraufhin anzusehen, worauf sie sich berufen. Wir können hier nicht darauf eingehen, welche Fragen und Schwierigkeiten uns bei einer solchen Untersuchung entgegentreten und wie wir in der Erörterung der vorgebrachten Gründe eine objektive Entscheidung treffen können. Es muß hier genügen, festzustellen, daß es einen Ausgangspunkt für solche Untersuchungen

gibt. Die Erfahrung zeigt uns nämlich, daß es auch in rechtlich-politischen Streitfragen möglich ist, daß Menschen aufeinander eingehen, daß sie es also nicht dabei
bewenden lassen, daß Meinung gegen Meinung steht, sondern sich auf die Gründe
der eigenen Meinung besinnen und sich denen ihres Gesprächspartners prüfend
öffnen.

Wenn es gelingt, dieser Schwierigkeit Herr zu werden, stehen wir vor dem
zweiten Problem: Bedeutet nicht jede Festlegung auf einen objektiven und damit
endgültigen rechtlichen Maßstab eine Vergewaltigung des gesellschaftlichen
Lebens? Die gesellschaftlichen Verhältnisse, die Bedürfnisse der Menschen, die
Möglichkeiten, die vorliegenden Bedürfnisse zu befriedigen, und die Konflikte, die
sich dabei zwischen den Menschen ergeben, all das ändert sich dauernd. Wollte
man die Beziehungen der Menschen zueinander nach einem unabänderlichen
Schema regeln, dann würde man Einrichtungen und Gesetze, die vielleicht unter
bestimmten Verhältnissen angebracht waren und als wohltuend empfunden wurden, beibehalten, auch wenn diese Verhältnisse längst nicht mehr vorliegen. Dann
würde wieder und wieder Goethes Klage gelten: „Vernunft wird Unsinn. Wohltat
Plage. Weh Dir, daß Du ein Enkel bist!"

Es fragt sich nur, ob die Anerkennung eines objektiven Maßstabs für das, was
recht und gut ist, wirklich dasselbe ist wie die einer solchen starren, schematischen
Regelung der Verhältnisse. Prüfen wir daraufhin einmal den Maßstab, der in jeder
sozialistischen Beurteilung gesellschaftlicher Verhältnisse auf die eine oder andere
Weise zum Ausdruck kommt: den Maßstab der Gleichheit. Da fragt es sich allerdings zunächst, was für eine Gleichheit wir hier meinen. Ist es die Gleichheit irgendwelcher konkreter Bestimmungen des menschlichen Lebens, also etwa Gleichheit
der Arbeitszeit, des Arbeitslohnes, der Art und Menge der geforderten Arbeit,
oder //12// Gleichheit des Eigentums, der Wohnverhältnisse, der Lebensweise oder
was man sich sonst ausdenken könnte? Offenbar nicht. Diese Verhältnisse für alle
Menschen und alle Zeiten gleichmachen zu wollen, wäre eine tote Gleichmacherei,
aber nicht die Gleichheit, die wir als Sozialisten anstreben. Sie würde im Gegenteil
eine Ungleichheit unter den Menschen herstellen, gegen die sich das sozialistische
Ideal der Gleichheit gerade wendet. Denn die schematische Festlegung auf die gleichen Lebens- oder Arbeitsbedingungen für alle wäre ein Zwang, der verschiedenen
Menschen sehr verschieden zu schaffen machen würde. Passiven Naturen, denen
es nur um einen gesicherten Rahmen für ihr Leben zu tun ist, käme eine solche
Regelung vielleicht entgegen. Wer dagegen eigene Vorstellungen darüber hat, was
er aus seinem Leben machen möchte, dem wäre in dieser Gesellschaftsordnung
die Möglichkeit zur freien Betätigung der eigenen Kräfte geraubt. Die Gleichheit,
die wir als Sozialisten suchen, sollte aber auch diesem Interesse an einer freien
Betätigung der eigenen Kraft gerecht werden. Sie kann also, recht verstanden,

nicht eine Gleichheit hinsichtlich irgendwelcher äußeren Lebensbedingungen sein, sondern verlangt, daß jedem Menschen in der Gesellschaft die gleiche Möglichkeit gegeben wird, sich durch eine seinen Fähigkeiten angemessene Arbeit die Mittel zu erwerben, deren er auf Grund seiner Interessen und Bedürfnisse bedarf. Es würde wieder zu weit führen, auf die Erörterung und Begründung dieses Maßstabs im einzelnen einzugehen. Das bisher Gesagte genügt aber, um zu zeigen, daß wir es hier nicht mit einer schematischen Regelung der Verhältnisse zu tun haben. Gleichheit in diesem Sinn richtet sich gegen gesellschaftliche Privilegien aller Art, das heißt gegen Vorrechte, die jemand nur darum genießt, weil er einer von vornherein bevorzugten Klasse oder Gruppe in der Gesellschaft angehört, ohne Rücksicht also darauf, ob sein Anspruch schwerer wiegt und dringender ist als die Interessen seiner Mitmenschen, die um seinetwillen zurückstehen müssen.

Es fragt sich nur – und das führt uns hinein in die nächste grundsätzliche Schwierigkeit –, ob und wie diese Forderung uns dazu verhelfen kann, konkrete politische und gesellschaftliche Konflikte gerecht zu entscheiden. Ist sie dazu nicht viel zu vage? Sie schließt gesellschaftliche Privilegien aus, aber was heißt das konkret, wenn etwa Fragen wie die nach der Freiheit der Presse, nach der Höhe gerechter Löhne, nach staatlichen Aufwendungen für kulturelle oder für soziale Forderungen zur Entscheidung stehen? Kant hat unsere Forderung der Gleichheit auf die folgende einfache Form gebracht: Man stelle sich vor, daß alle von dem vorliegenden Konflikt betroffenen Interessen und Ansprüche unsere eigenen seien, und entscheide den Konflikt so, wie man es tun würde, wenn dies der Fall wäre. Das ist gewiß eine gute Regel; sie verbietet uns, die Interessen anderer einfach beiseite zu schieben, weil wir an ihnen nicht interessiert sind; sie verlangt von uns, auch diese Interessen in unserer Abwägung mit einzusetzen. Aber welches Gewicht kommt ihnen bei dieser Abwägung zu? Diese Frage ist darum schwer zu entscheiden, weil es uns auch bei einem Konflikt unserer eigenen Interessen durchaus nicht immer klar ist, welches von ihnen das bessere, vorzugswürdigere ist, oder, wie wir das auch ausdrücken, was in einem solchen Konflikt in unserm eigenen wahren Interesse liegt. Wir stehen in solchen Konflikten unter Umständen plötzlich vor einer Frage, die uns zu einer tiefgehenden Auseinandersetzung mit uns selbst nötigt, vor der Frage nach Sinn und Wert des eigenen Lebens. Die gleiche Frage taucht auf, wo wir es mit andern zu tun haben: Welches sind die für sie entscheidenden Interessen und Ansprüche, auf deren Achtung sie ein Recht haben?

Die Erschütterungen des gesellschaftlichen Lebens unserer Zeit geben uns einen gewissen Hinweis, wo wir die Antwort auf diese Frage zu suchen haben: In den Zeiten, als die faschistische Diktatur von Deutschland aus ganz Europa zu überschwemmen drohte, da meldete sich in den Unterdrückten und den Bedrohten immer stärker das Bewußtsein, welches Gut ihnen hier geraubt werden sollte. Der

Kampf, //13// den sie aufgenommen haben, war ein Kampf für die Freiheit, und
was uns dabei verband – oft über bisher trennende tiefe Gegensätze und Konflikte
hinweg –, war das Gefühl, daß es unvereinbar war mit Sinn und Würde des Lebens,
diesen Raub kampflos zu dulden.

Wir müssen es auch hier wieder bei diesem bloßen Hinweis bewenden lassen.
Mehr als ein Hinweis ist diese Erinnerung nicht: die Idee der Freiheit, auf die wir
hier geführt werden, bedarf der Klärung. Wir müssen uns Rechenschaft darüber
geben, wovon und wofür wir Freiheit fordern, und ferner, in welcher Beziehung die
beiden Ideen, auf die wir hier geführt worden sind, zueinander stehen, die Ideale
der Gleichheit und die der Freiheit.

Aber auch diese Klärung ist ihrerseits nur eine Vorarbeit. Wir bahnen uns damit
erst den Weg zu unserm entscheidenden Problem, wie eine politische Arbeit aufgebaut werden kann, die mit der Anarchie der politischen Zielsetzung Schluß macht,
die sich also nicht an den Sonderinteressen dieser oder jener Gruppe orientiert,
sondern an diesen Ideen der Gleichheit und Freiheit, und der darum jeder, der mit
offenen Augen und gutem Willen nach dem Rechten fragt, zustimmen könnte, und
hier stehen wir wohl vor der tiefsten Schwierigkeit: Wo finden wir die Menschen,
die diese politische Arbeit aufbauen können und wollen, ohne sich durch widerstreitende persönliche Interessen oder durch irgendwelche Sonderinteressen ihrer
Klasse, ihrer Partei, ihres Volkes davon abdrängen zu lassen? Ist so etwas überhaupt
möglich?

Halten wir uns wieder an die Erfahrungen gerade aus der Zeit des Kampfes
gegen das Hitler-Regime, dann wissen wir, zu welchen Opfern und zu welchem
Einsatz Menschen in ihrem Kampf für Freiheit und Gleichheit bereit gewesen
sind. Es war keineswegs immer die Aussicht auf Erfolg, was diese Menschen im
Widerstand gegen einen rücksichtslosen und lange Zeit fast unbesiegbar scheinen-
den Gegner aufrechtgehalten hat. Da sind vielmehr weit tieferliegende Kräfte und
Überzeugungen wirksam geworden als es die Frage nach dem eigenen Nutzen und
Erfolg oder die Rücksicht auf Sonderinteressen dieser oder jener gesellschaftlichen
Gruppe sind.

Wir dürfen allerdings nicht an andern, entgegengesetzten Erfahrungen vorbeisehen, an denen unsere Zeit auch reich ist. Gerade in den Tagen, als der bevorstehende Zusammenbruch der Nazi-Herrschaft sich deutlicher voraussehen ließ,
meldeten sich Zeichen dafür, daß mancher, der um des gemeinsamen Kampfes willen Sonderwünsche und Klassenvorrechte hatte zurückstellen wollen, nun anfing,
zu spekulieren, ob er nicht billiger davonkommen könnte. Und erst recht haben
sich Mißtrauen und Zwietracht aufs Neue gezeigt, als es nach der Niederlage des
Faschismus um den Neuaufbau des gesellschaftlichen Lebens ging.

Daher bleibt für den, der als Politiker nach einem Ausweg aus Krisen und Kriegen sucht, hier die entscheidende Aufgabe bestehen: die Arbeit an sich selber und den mit ihm kämpfenden Genossen, sich zu verständigen über die Ideen, an denen wir den Zustand der Gesellschaft messen, und der Überzeugung auf den Grund zu gehen, wonach es das eigene wahre Interesse ist, diesen Ideen im menschlichen Leben Ausdruck zu geben.

Wenn es uns gelingt, in Theorie und Praxis unserer politischen Arbeit diese ethische Grundlage sozialistischer Überzeugungen lebendig werden zu lassen, dann haben wir die entscheidende Aufgabe in Angriff genommen, bei deren Lösung wir nicht nur Objekt sind, sondern Subjekt werden und selber etwas gestalten können.

„Was tut not: Vor allem Erziehung zur Selbständigkeit – zur denkenden, wollenden und handelnden Persönlichkeit."

Hermann Greulich [1]

Anmerkungen

[1] Hermann Greulich (1842–1925) war ein Schweizer Politiker. Er gründete die erste Sozialdemokratische Partei der Schweiz und war ein Vorkämpfer für das Frauenstimmrecht. Hermann Greulich stammte aus Schlesien und wanderte nach einer Buchbinderlehre in die Schweiz aus. Hier engagierte er sich politisch in der sozialistischen Arbeiterbewegung. Er gründete die erste Schweizer Gewerkschaft und die Sozialdemokratische Partei und war von 1885 bis 1887 der erste Schweizer Arbeitersekretär. In der Folge bekleidete er verschiedene Ämter im Zürcher Kantons- und Stadtrat. Von 1902 bis 1905 wurde er in den Nationalrat gewählt, dem er nach zwischenzeitlichem Sitzverlust wieder von 1908 bis zu seinem Tod 1925 angehörte.

Die Lehre vom Recht[*]

Ein Beitrag zum Thema: „Sein und Sollen".

Die folgenden Ausführungen wurden angeregt durch die Auseinandersetzung zum Thema „Sein und Sollen" und durch ein Buch, das den Leser immer wieder in die gleiche Auseinandersetzung hineinstellt. Es ist 1945 erschienen und heißt: „Einführung in die Elemente der Rechtswissenschaft und Rechtsphilosophie."[1] Der Verfasser. J. Wanner. steht offenbar in der Gewerkschaftsbewegung. Sein Buch ist die preisgekrönte Arbeit, die er dem Verband Schweizer Postbeamten eingereicht hat. Seine Ausführungen gründen sich auf das Interesse an praktischer, gewerkschaftlicher und politischer Arbeit.

„Meine Abhandlung macht keinen Anspruch auf Wissenschaftlichkeit. Aber als Leitfaden und als erste Einführung dürfte sie doch … allen denen willkommen sein, die für den Aufbau einer von der Idee der Gerechtigkeit getragenen Gesellschaftsordnung und für das Ideal eines neuen wirklichen Rechts mit ihrer ganzen Persönlichkeit und mit allen ihnen zur Verfügung stehenden Kräften einzustehen gewillt sind."

Wichtiger vielleicht als manche Einzelheit ist dieser Zugang zu den untersuchten Problemen. Das unmittelbar praktische Interesse, sich in eine schwierige und abstrakte Wissenschaft hineinzuarbeiten, weil sie richtunggebend ist für die grundsätzliche Besinnung auf die eigenen Aufgaben, gibt dem Buch sein Gepräge und macht es lesenswert. Dieses Interesse findet einen schönen Ausdruck in dem besonders engen Kontakt, den der Verfasser offensichtlich zu den Schriften desjenigen Rechtsphilosophen unserer Zeit gefunden hat, der – in scharfem Gegensatz zu dem an unseren Hochschulen und Universitäten bis heute herrschenden Geist – die eigene philosophische Arbeit stets unter dem gleichen Gesichtspunkt ihrer praktischen Bedeutung gesehen hat, zu den Schriften Leonard Nelsons.

Das Bündnis zwischen rechtsphilosophischer Theorie und gesellschaftlich-politischer Praxis ist es nun gerade, das uns in das eingangs erwähnte grundsätzliche Problem hineinführt. Dieses Problem klingt in Wanners Buch wieder und wieder an, vielleicht ohne je völlig klargestellt und beantwortet zu werden. Wir haben es mit einer tiefliegenden Schwierigkeit zu tun, mit der jede Rechtslehre sich auseinander-

[*] G. Henry-Hermann: Die Lehre vom Recht. Ein Beitrag zum Thema ‚Sein und Sollen'. In: Geist und Tat. Monatszeitschrift für Recht, Freiheit und Kultur. Jg. 3, 1948, Nr. 3, S. 114–117.
1 Verlag Unionsdruckerei AG. Luzern. [Fußnote von Grete Henry-Hermann]

setzen muß, die ihren Anspruch, auf das wirkliche gesellschaftliche Leben angewandt zu werden, ernst nimmt. Ich glaube, es ist die gleiche Schwierigkeit, die den Anstoß der Diskussion zwischen Willi Eichler und Carl Dunkelmann gegeben hat.[2]

Diese Schwierigkeit läßt sich wohl am einfachsten aufzeigen, wenn wir ein paar Sätze von Wanners Buch nebeneinander stellen: Da heißt es einmal von dem in den Gesetzen einer Gesellschaft niedergelegten positiven Recht:

„Das positive Recht kann richtig oder nicht richtig sein, das heißt, es kann dem entsprechen oder nicht entsprechen, was die Rechtsidee (die Gerechtigkeit) für die gegebenen Umstände fordert." (Seite 16 f.)

Und ein paar Seiten weiter:

„Alle positive Gesetzgebung ist wandelbar. Sie muß sich bewußt bleiben, daß die Gesamtheit der einen Gesellschaftszustand charakterisierenden Umstande und Zustande dem Wechsel unterworfen ist und daß mit dem Wechsel dieses gesellschaftlichen Zustandes auch die positive Gesetzgebung selbst wechseln muß, um mit der Idee des Rechts im Einklang zu bleiben. Niemand wird behaupten wollen, daß die gesellschaftlichen Zustände von heute einem Ideal entsprechen. Zu einem solchen gehört vor allem die soziale Gerechtigkeit, es gehört dazu die persönliche //115// Freiheit, nämlich die nur durch das Gemeinschaftsleben eingeschränkte Möglichkeit zu vernünftiger Selbstbestimmung." (Seite 21.).

Zwischen diesen beiden Ausführungen aber heißt es an einer anderen Stelle:

„Richtig gesehen richtet sich ,Recht' nicht nach einem abstrakten, in Wirklichkeit nicht gegebenen absoluten Gerechtigkeitsbegriff, sondern nach Bedürfnissen, Wunsch und Willen der herrschenden Volksschicht. Was diese als Recht empfindet und normiert, gilt für sie als gerecht." (Seite 18.)

Und ein andermal noch kürzer und bündiger:

„Recht ist, was die Mehrheit einer Volksgemeinschaft (Staat) als Recht festsetzt, normiert." (Seite 6.)

Die Wandelbarkeit aller positiven Gesetzgebung zugegeben – darüber wird kein Streit bestehen –, so kommen wir hier auf die Frage nach dem Maßstab dafür, welche positive Gesetzgebung jeweils für die gegebenen gesellschaftlichen Verhältnisse richtig ist und der Idee des Rechts entspricht. Soll das danach entschieden werden, ob soziale Gerechtigkeit, persönliche Freiheit, vernünftige Selbstbestimmung in dieser Gesellschaft verwirklicht werden, oder danach, was die Mehrheit der herrschenden Volksschichten für Recht hält? Oder meint Wanner, daß dies beides immer und notwendig zusammenfiele?

---

2   Willi Eichler: Revolutionierung der sozialistischen Theorie. Carl Dunkelmann: Sein und Sollen. Im Oktober- und Dezemberheft 1947 von Geist und Tat. [Fußnote von Grete Henry-Hermann] [1]

Auf den gleichen Gegensatz führt die Kontroverse zwischen Eichler und Dunkelmann. Wo finden wir das Ideal für das gesellschaftliche Leben, das unserem politischen Handeln sein Ziel gibt? In der Philosophie, antwortet Eichler; sie setzt dem Menschen Ziele für sein Handeln, begründet sie, ordnet sie ihrem Wert nach und unterscheidet sich durch diese Wertuntersuchungen von den Natur- und Geisteswissenschaften, die es mit der bloßen Erforschung von Tatsachen und ihren Zusammenhängen zu tun haben. In den Erfahrungswissenschaften, behauptet Dunkelmann dagegen; denn sie erforschen auch das Fühlen und Wollen des Menschen und machen uns daher mit den Zielen und Werten vertraut, denen die Menschen tatsächlich nachjagen.

Woher dieser Widerstreit? Es liegt im Wesen der Rechtslehre, gerade wenn sie unter dem Gesichtspunkt ihrer Anwendbarkeit auf konkrete gesellschaftliche Verhältnisse angesehen wird, zwei Ansprüche anzumelden, die nicht leicht miteinander zu vereinen sind. Da ist zunächst der Anspruch, in der Rechtslehre einen zuverlässigen Maßstab zur Beurteilung der gesellschaftlichen Verhältnisse zu finden und damit zugleich ein Ziel für unser Bemühen, politisch auf die Gestaltung dieser Verhältnisse einzuwirken. Dieser Maßstab und dieses Ziel sollen durch die Idee des Rechts bestimmt sein; sie sollen sich damit von der Willkür dieses oder jenes Politikers dieser oder jener gesellschaftlichen Gruppe unterscheiden. Es sollen ein Maßstab und ein Ziel sein, die jeder Mensch einsehen und denen jeder zustimmen kann. Und nicht nur, der – so fordert auch Dunkelmann –, der zufällig unser politisches Glaubensbekenntnis teilt. Dieses Ziel und dieser Maßstab sollen, wie Wanner es ausdrückt, unser gesellschaftliches Leben an einem Ideal messen, an dem, was recht und richtig ist. Und darüber, was diesem Ideal entspricht, was „richtiges Recht" ist, soll die Rechtslehre entscheiden.

Wie kann sie das aber, wenn sie dem andern Anspruch gerecht werden soll, der, um der Anwendbarkeit willen, von ihr verlangt, den Boden der Erfahrungswelt nicht unter den Füßen zu verlieren? Maßstab und Ziel dürfen nicht so bestimmt werden, daß sie weltfremde Utopien sind, sondern so, daß sie für die wirklichen Nöte und Probleme des Lebens den Weg zur Lösung zeigen. Darum können wir sie nicht durch abstrakte philosophische Konstruktionen gewinnen, wie immer die geartet sein mögen. Wir müssen vielmehr ausgehen von den konkreten Situationen menschlicher und gesellschaftlicher Beziehungen und dem, was Menschen in solchen Situationen an rechtlichen Überzeugungen und Forderungen anzumelden haben. Auf diesen Weg drängen Dunkelmann und Wanner. Gerade hier sieht Dunkelmann die Möglichkeit, auch die Lehre vom Recht den Erfahrungswissenschaften einzuordnen, denn ist es nicht Erfahrung, die uns das Wünschen, Fühlen und Wollen, das sittliche //116// und rechtliche Reagieren des Menschen in den verschiedenen Lebenslagen erkennen läßt?

Aber diese Erfahrung führt uns nicht zu dem einen, für alle gültigen Maßstab, dem jeder zustimmt. Ob jeder einem und demselben Maßstab zustimmen könnte, sofern er ihn nur gründlich und vorurteilsfrei durchdenkt, wie sollen wir das entscheiden? Tatsache, Erfahrungstatsache ist jedenfalls das Auseinanderklaffen der Maßstäbe und Ziele, an denen die Menschen unserer Zeit das eigene Leben und ihr Verhältnis zum Leben der Gesellschaft orientieren. Wie sollen wir, wenn wir uns an die Erfahrung der heute von Menschen erwählten Ziele und Wertmaßstäbe halten, einem Menschen klarmachen, daß er „an der Verwirklichung des Sozialismus mitschaffen muß" – was Dunkelmann ihm klarmachen möchte? Gibt es ein gemeinsames Ziel und einen gemeinsamen Maßstab etwa für einen Jugendlichen, dessen Leben vom asozialen Treiben schwarzer Geschäfte verschlungen ist, und einem Sozialisten und Erzieher, der in diesem Treiben einen der Krebsschäden unserer Zeit sieht?

Solche Gegensätze lassen sich auch nicht durch den Hinweis auflösen, daß Menschen aus Irrtum oder Unkenntnis hinsichtlich der wirklichen gesellschaftlichen Verhältnisse sich törichte oder gefährliche Ziele setzen können. Die demoralisierenden Wirkungen des Schwarzen Marktes lassen sich nicht dadurch überwinden, daß man die gefährdete Jugend über die wirklichen sozialen und politischen Verhältnisse unserer Zeit aufklärt. Dunkelmann will daran appellieren, daß ein Mensch Sozialist sein müsse, „wenn er nicht seine Menschenart als die eines Vernunftwesens leugnen will". Was hilft dieser Appell, wenn er auf Menschen trifft, die den Antrieb verloren haben, ihre Menschenart als die von Vernunftwesen zu behaupten, oder auf andere, in denen dieser Antrieb zu matt und kraftlos geworden ist, um sie immun zu machen gegen die Versuchung, sich das Leben durch asoziale Praktiken zu erleichtern, geschweige denn, um sie zu aktiver Teilnahme an einer gerechten Neuordnung des gesellschaftlichen Lebens aufzurufen? Und wer von uns könnte sagen, daß er im Kampf mit den Nöten des Lebens sich immer und unbedingt danach richte, was er seiner Menschenart als der eines Vernunftwesens schuldig ist? Die „Logik der Tatsachen", auf die Dunkelmann sich berufen will, zwingt den nicht, der nicht bereits die Verpflichtung anerkannt hat, dem eigenen Leben höhere Ziele zu setzen als die des persönlichen Wohlergehens.

So wenig das, was Menschen faktisch wollen und erstreben, von vornherein mit sozialistischen Zielen zusammenfällt – selbst wenn man von Irrtümern über herrschende Verhältnisse absieht –, so wenig deckt sich das, „was die Mehrheit einer Volksgemeinschaft als Recht festsetzt", mit dem, „was die Rechtsidee (die Gerechtigkeit) für die gegebenen Umstände fordert". Auch zwischen den Formulierungen Wanners klafft der Gegensatz, der durch die Berufung auf die Erfahrung nicht aus der Welt geschafft werden kann. Und doch, wie sollen wir diese Rechtsidee anders auffassen und zur Richtschnur für politische Entscheidungen machen, als indem wir ausgehen von den lebendigen Situationen, in denen Menschen sich um die rechtliche Gestaltung ihres gesellschaftlichen Lebens bemühen und sich mit den Forderungen des Rechts auseinandersetzen? Alles andere wäre ein Abgleiten in weltfremde Spekulationen.

Gerade in Wanners Formulierungen liegt aber schon ein Hinweis darauf, wie sich der Gegensatz der beiden Ansprüche, die wir an die Lehre vom Recht stellen, überwinden läßt. Um uns über das zu verständigen, was das Recht fordert, müssen wir vom faktischen rechtlichen Urteil ausgehen, wie wir es unter Menschen finden. Dieses rechtliche Urteil selber aber schließt den Anspruch ein, daß es so etwas wie ein „richtiges Recht" gibt, im Gegensatz zu dem zu Unrecht erhobenen Rechtsanspruch derer, die ihre wirtschaftliche oder politische Macht dazu ausnutzen, sich Vorrechte zu sichern. Die Frage nach dem richtigen Recht enthält die Absage an den Gedanken, man könne das, was Recht sei, durch die bloße Feststellung entscheiden, was die Mehrheit oder die herrschende Schicht einer Gesellschaft für Recht hält. Sie enthält aber nicht die Absage an unseren Ausgangspunkt, vom lebendigen rechtlichen Urteil aus, und nicht auf Grund abstrakter Spekulationen, Verständnis zu gewinnen für //117// das, was die Idee des Rechts verlangt. Denn dieses lebendige rechtliche Urteil selber ist es ja, das uns auf den Unterschied zwischen geltendem und richtigem Recht hinweist. Das geltende Recht ist nicht immer richtiges Recht. Die Frage nach dem geltenden Recht läßt sich durch die bloße Befragung der faktisch in einer Gesellschaft anerkannten Meinungen und Gesetze beantworten. Die Frage nach dem richtigen Recht wird nicht so einfach entschieden. Sie verlangt eine kritische Haltung gegenüber diesen Meinungen und Gesetzen. Sie verlangt eine kritische Haltung auch gegenüber den eigenen Rechtsüberzeugungen. Auch die sind nicht von vornherein nur durch die reine Idee der Gerechtigkeit und deren Anforderungen an die vorliegenden Umstände bestimmt, sondern sie können durch persönliche Wünsche und Bedürfnisse, durch Klasseninteressen und Klassenvorurteile geformt und damit abgedrängt sein von der Forderung einer Rechtsordnung, der jeder zustimmen kann, der „seine Menschenart als die eines Vernunftwesens nicht leugnen will".

Um diese Kritik bemüht sich in Wahrheit jeder, der die eigenen Rechtsüberzeugungen und die seiner Umwelt ernst nimmt. Er wird in Fällen, wo er im eigenen Urteil unsicher ist oder in Widerstreit mit anderen gerät, sich nicht mit der bloßen Feststellung dieser Tatsache zufrieden geben, sondern das eigene und vielleicht auch das fremde Urteil daraufhin prüfen, ob es auf Gründen ruht, die seinen Anspruch klarer hervortreten lassen und ihn gegen den auftretenden Zweifel sicherstellen können. Mit dieser kritischen Frage nach den Gründen aber sind wir über die bloße Tatsachenfrage nach dem, was wir oder andere für Recht halten, hinausgegangen. Hier stehen wir vor der Wertfrage nach dem Maßstab für rechtliches Verhalten und rechtliche Verhältnisse, an dem das eigene Urteil sich klären und festigen kann.

Die ernsthafte Auseinandersetzung mit der eigenen Rechtsüberzeugung nötigt uns somit dazu, nicht in dem bloßen Tatbestand, daß wir oder andere etwas für Recht halten, sondern in den Gründen, auf die unsere Überzeugungen sich stützen, nach dem Maßstab zu suchen, an dem die Berechtigung ihres Anspruchs geprüft werden kann. Ob und wie sich auf diesem Weg die Idee des Rechts in ihrem für alle gültigen Gehalt aufklären läßt, ohne daß dabei ihre Anwendbarkeit auf die Wechselfälle des gesellschaftlichen Lebens verlorengeht, ist eine Untersuchung, die den Rahmen dieses Aufsatzes übersteigt. Leonard Nelson hat sie in seinem Hauptwerk, der „Kritik der praktischen Vernunft", durchgeführt. Aber schon, wenn wir diesen Weg, auf den uns die Auseinandersetzung mit der eigenen Rechtsüberzeugung drängt auch nur ins Auge fassen, treten Tatbestandsfragen und Wertfragen, Fragen des Seins und Fragen des Sollens auseinander. Was Recht ist, läßt sich nicht ableiten aus dem, was für Recht gehalten wird. Aber gerade darum liegt in jeder ehrlichen Rechtsüberzeugung die Gewißheit, als Vernunftwesen nicht nur anerkennend, sondern auch wertend und fordernd im gesellschaftlichen Leben zu stehen und darum mitverantwortlich zu sein für die rechtliche Ordnung dieses Lebens.

Alles wird wieder groß sein und gewaltig.
Die Lande einfach und die Wasser faltig.
Die Bäume riesig und sehr klein die Mauern;
Und in den Tälern, stark und vielgestaltig,
Ein Volk von Hirten und von Ackerbauern.

Und keine Kirchen, welche Gott umklammern
Wie einen Flüchtling und ihn dann bejammern
Wie ein gefangenes und wundes Tier, –
Die Häuser gastlich allen Einlaßklopfern
Und ein Gefühl von unbegrenzten Opfern
In allem Handeln und in Dir und mir.

Kein Jenseitswarten und kein Schaun nach drüben.
Nur Sehnsucht, auch den Tod nicht zu entweihn
Und dienend sich am Irdischen zu üben.
Um seinen Händen nicht mehr neu zu sein.

Rainer Maria Rilke

Anmerkungen

[1] Die Zeitschrift ‚Geist und Tat, Monatszeitschrift für Recht, Freiheit und Kultur' war eine innerparteiliche Zeitschrift der SPD. Sie erschien von 1947 bis 1963. Danach erschien sie als Vierteljahresschrift für Politik und Kultur herausgegeben von Willi Eichler.

Zur Entwicklung und Begründung ethischer Überzeugungen*

1.   Die Kritik der Vernunft als „Traktat von der Methode" – Kants Zugang zur Philosophie.

Logik, Mathematik und Erfahrungswissenschaften – so führt Kant in der Vorrede zur 2. Auflage der „Kritik der reinen Vernunft" aus – haben jeweils durch die Entwicklung der ihnen gemäßen Methode, den Rang von Wissenschaften erreicht; Ethik und Metaphysik (im Sinn einer Wissenschaft vom Übersinnlichen) sind davon noch weit entfernt. Da nun, vor allem in Mathematik und Naturwissenschaft, der Schritt vom vorwissenschaftlichen Herumtasten zur methodisch sicheren Entwicklung der Wissenschaft nur gelang durch eine „Revolution der Denkweise" so fragt es sich, ob das Mißlingen der bisherigen Versuche, Ethik und Metaphysik als Wissenschaften zu entwickeln, daher rührt, daß eine entsprechende Revolution hier noch aussteht.

---

*   G. Henry: Zur Entwicklung und Begründung ethischer Überzeugungen (1968). Privatarchiv Dieter Krohn.

Nun ist der Übergang vom schwankenden Probieren und Spekulieren zur methodischen Behandlung mathematischer und physikalischer Fragen gelungen durch die konsequente Orientierung an vernunfteigenen Vorstellungen und Verknüpfungsformen, durch methodisches Einsetzen der Spontaneität des menschlichen Erkenntnisvermögens also, in ihrem Gegensatz zur Rezeptivität für die Eindrücke der Sinne. Im Hinblick auf die Metaphysik gilt es daher zu untersuchen, ob diese Spontaneität des Erkennens auch unabhängig von sinnlich empfangenen Eindrücken die Wirklichkeit aufzufassen vermag.

In der Deduktion der Kategorien des Erfahrungsdenkens untersucht Kant die Funktion, die der verknüpfenden Spontaneität der Vernunft für die Erkenntnis der Wirklichkeit zukommt (§§ 15 – 22 der „Kritik der reinen Vernunft"). Er gewinnt zwei entscheidende Ergebnisse: a) Das Selbstverständnis im Vollzug erkennender Akte, begrifflich faßbar im „Ich denke", das sie alle muß begleiten können, ist nur möglich durch die Spontaneität synthetisch-kategorialer Verknüpfungen a priori, die eben darum für jede Wirklichkeitserkenntnis konstitutiv sind. b) Aber zum konkret Einzelnen können diese Kategorien für sich allein nie erkennend vordringen, da dieses nicht durch den Begriff gegeben wird, sondern nur durch die von diesem konkret Einzelnen bestimmte und eben darum empirische Anschauung. Nur als A-priori-Form des sinnlich angeregten Erfahrungsdenkens dienen kategoriale Verknüpfungen daher der Erkenntnis; als A-priori-Form des sinnlich angeregten Erfahrungsdenkens sind sie aber auch notwendig im Sinn von „Bedingungen möglicher Erfahrung".

Kant folgert aus diesen Ergebnissen die Unmöglichkeit einer spekulativen Metaphysik oder Glaubenslehre und die Beschränkung allen spekulativen Erkennens auf Erscheinungen: Spekulative Erkenntnis bleibt gebunden daran, wie die Wirklichkeit den Sinnen erscheint, sie bleibt damit abhängig von der besonderen Art der Empfänglichkeit des Menschen für Sinneseindrücke.

Auf der anderen Seite sieht Kant in jenem Selbstverständnis beim Vollzug aller besonnen-vernünftigen Akte eine eigene nicht spekulative, sondern praktische Beziehung auf das eigene Wesen in seiner sich selbst bestimmenden Spontaneität: „Im Bewußtsein meiner selbst beim bloßen Denken bin ich das Wesen selbst, von dem mir aber freilich dadurch noch nichts zum Denken gegeben ist .... Gesetzt aber, es fände sich .... Veranlassung, uns völlig *a priori* in Ansehung unseres eigenen *Daseins* als *gesetzgebend* und diese Existenz auch selber bestimmend vorauszusetzen: so würde sich dadurch eine Spontaneität entdecken, wodurch unsere Wirklichkeit bestimmbar wäre, //2// ohne dazu der Bedingungen der empirischen Anschauung zu bedürfen;" (Aus der zweiten Abteilung „Die transzendentale Dialektik" der „Kritik der reinen Vernunft" im Abschnitt „Allgemeine Anmerkung, den Übergang von der rationalen Psychologie zur Kosmologie betreffend")

Im Selbstverständnis des sich besonnen-einsichtig verhaltenden Menschen sieht Kant demnach den Bewußtseinsbereich, in dem ethische und religiöse Vorstellungen und Fragen beheimatet sind. Dieser fruchtbare Ansatz wird nur dadurch gehemmt, daß Kant, in der Überzeugung, es hier mit reiner, nicht sinnlich gebundener Spontaneität zu tun zu haben, die faktische Durchforschung dieses Selbstverständnisses und seiner Funktion im besonnenen menschlichen Verhalten abbricht und statt dessen logisch a priori sowohl das Grundgesetz ethischen Verhaltens, den kategorischen Imperativ, wie die praktischen Gehalte religiösen Vertrauens, die Postulate: Gott, Freiheit und Unsterblichkeit, zu deduzieren sucht.

Damit ist die Leistungsfähigkeit logischer Analysen gewiss überfordert. Fries, dem Nelson darin folgt, hält dem mit Recht entgegen, daß die vernunftkritische Untersuchung des A-priori-Gehalts besonnener menschlicher Lebensäußerungen ihrerseits der empirischen Forschung untersteht, unbeschadet des Umstandes, daß sie es mit dem Auftreten von Vorstellungen und Verknüpfungen a priori und deren Funktionen im Leben des vernünftigen Wesens zu tun hat.

Sowohl Fries wie Nelson haben eigene vernunftkritische Untersuchungen auf Grund dieser erfahrungswissenschaftlichen Fragestellung vorgelegt; die Unterschiede zwischen dem Ansatz des einen und des anderen gehen dabei tiefer, als Nelsons Rechenschaft über seine Korrektur eines angeblich nur terminologischen Mangels der Fries'schen Darstellung erkennen läßt – ein Zeichen für gewisse noch ungelöste tiefliegende Schwierigkeiten. Beide konnten noch nicht die Ergebnisse moderner Verhaltensforschung und Anthropologie verwerten, die von einer neuen Ausgangsfrage aus unmittelbar für die als Erfahrungswissenschaft verstandene Vernunftkritik Bedeutung haben und die in überraschender Weise den Grundgedanken von Kants Deduktion der Erfahrungskategorien neu aufnehmen, anzuknüpfen nämlich an das dem Menschen, als dem vernünftigen Wesen, eigentümliche Selbstverständnis im Vollzug einsichtig besonnener Verhaltensweisen.

2. Verhaltensforschung und Anthropologie in ihrer Bedeutung für die Kritik der praktischen Vernunft.

Konrad Lorenz hat die „Naturgeschichte der Aggression" studiert mit der Frage, „ob man aus alledem etwas lernen könne, das auf den Menschen anwendbar und zur Verhütung der Gefahren nützlich ist, die ihm aus seinem Aggressionstrieb erwachsen." („Über das sogenannte Böse" S. 333) Gefahren des Aggressionstriebes kennt der Zoologe und Verhaltensforscher auch beim Tier. Aber diese Gefahren haben die Leben und Art erhaltenden Wirkungen dieses Triebes nicht zunichte gemacht.

Die durch Mutation und Selektion gelenkte Entwicklungsgeschichte des Verhaltens höherer Tiere hat daher nicht zu einer Ausrottung des Aggressionstriebes geführt, sondern zur Entwicklung neuer, zum Teil sehr komplizierter Verhaltensweisen und auf sie gerichteter Triebe, die den Aggressionstrieb da, wo er zur Gefahr für die Lebens- und vor allem für die Arterhaltung wird, unter Hemmung setzen oder auf harmlose Ziele ablenken. Diese „Beherrschung" des Aggressionstriebes bestimmt das „moralähnliche Verhalten" von Tieren. Es handelt sich dabei weder um Selbstbeherrschung des Tieres noch um moralisches Verhalten, wohl aber um Verhaltensweisen, die im Sozialkontakt der höheren Tiere Beziehungen sichern analog denen, die im mitmenschlichen Verkehr zu achten, der Mensch ethisch-rechtlich verbunden ist. //3//

Für eine Kritik der praktischen Vernunft haben diese Befunde der Verhaltensforschung in zweierlei Hinsicht Bedeutung: Menschliches Verhalten, sofern an ihm ethische Vorstellungen, Wertungen, Strebungen oder aber auch deren Verdrängung und Entstellung teilhaben, ist hiernach, hinsichtlich des Gehalts der sich herausbildenden Regulierungen, den Sozialbeziehungen höherer Tiere verwandt. Aber die Formen, in denen solche Regulierungen erfolgen und gesteuert werden, sind in beiden Fällen qualitativ von einander verschieden. Dem „großen Parlament der Instinkte" beim Tier, in dem in einer Wechselwirkung von Außenreizen („Auslösern") und Triebenergien („Appetenzverhalten") mannigfacher, weithin durch Ritualisierung einander angepaßter Triebe das „moralähnliche Verhalten" gesichert ist – abgesehen von Unglücksfällen auf Grund besonderer Umstände -, steht beim Menschen die ihn herausfordernde, aber nicht zwingende „verantwortliche Moral" gegenüber. Das bedeutet nicht, daß die instinktiv zwanghafte Regulierung in der Wechselwirkung von Eindrücken, Trieben und Gewohnheiten für den Menschen entfällt; im Ablauf seines Verhaltens werden weite Strecken seines Reagierens auf Umwelt und eigene Bedürfnisse auch bei ihm in dieser Weise bestimmt, wobei sich dann auch inhaltlich die Verwandtschaft zwischen menschlichem und tierischem Verhalten zeigt. Aber für den Menschen sind solche unbewußt und in ihren Einzelzügen ungeplant ablaufenden Verhaltensweisen – die Art, wie er sich bewegt, wie er geht, spricht, schreibt usw. – nur die ihm zur Verfügung stehenden Möglichkeiten dessen, was er bewußt und besonnen beschlossen hat. Der Mensch handelt, wo das Tier reagiert; der Mensch ist damit, im Gegensatz zum Tier, der Frage fähig und ihr ausgesetzt, ob, was er tut, „richtig", „gut" und der gegebenen Lage „angemessen" sei – was immer er darunter verstehen mag.

Für eine vernunftkritische Analyse des somit vom Verhaltensforscher herausgestellten Unterschiedes zwischen Mensch und Tier bietet sich als besonders gut auffaßbarer Ausgangspunkt die menschliche Sprache an. Sie unterscheidet sich als eine Begriffssprache von den unter Tieren zum Teil sehr hoch entwickelten

Systemen von Verständigungszeichen. Im Gegensatz zu diesen ist die Sprache des Menschen und das, was sie ausdrücken kann, nicht an Momentaneindrücke und Momentanstimmungen gebunden, sondern enthält Sprachsymbole für Vorstellungen, die in der Verknüpfung solcher Momentaneindrücke gewonnen sind und in einem, sich allmählich weitenden Lebens- und Umweltverständnis das hier und jetzt Gegebene einem umfassenden Zusammenhang einordnen. Die begriffliche Sprache des Menschen entspricht seinem begrifflichen Denken, das seinerseits erst mit der Herausbildung dieses Werkzeugs, der begrifflichen Sprache, die Freiheit zu nahezu unbeschränkt fortschreitendem Fragen und Forschen erhält.

Begriffssprache und begriffliches Denken ermöglichen es dem Menschen, über momentane Sinneseindrücke und Gestimmtheiten hinaus ein den Augenblick übergreifendes Lebens- und Umweltverständnis aufzubauen. Diese Entwicklung selber aber ist daran gebunden, daß der Mensch zum Bewußtsein seiner selber kommt. Denn die Funktion des Lebens- und Umweltverständnisses im Leben des vernünftigen Wesens besteht eben darin, die Reaktion auf momentane Eindrücke und Gestimmtheiten nicht dem „großen Parlament der Instinkte" zu überlassen – obwohl es sich in beschränktem Maße auch im Menschen noch äußert -, sondern sie kritisch zu lenken eben an Hand jenes Lebens- und Umweltverständnisses. Das aber geschieht dadurch und nur dadurch, daß die Lebensäußerungen des Menschen, als des vernünftigen Wesens, geprägt sind vom Selbstverständnis oder Ich-Bewußtsein, das er von sich selber gewinnt, indem er sie vollzieht; dabei nämlich versteht er sie als zugehörig zum eigenen Tun und Handeln: „Ich" erkenne, werte, wähle, entscheide mich für ...... Ich *führe* also mein Leben und lasse es nicht einfach geschehen. //4//

Von dieser Deutung her wird die Unterscheidung zwischen dem „moral-ähnlichen Verhalten" höherer Tiere und der „verantwortlichen Moral" der Menschen verständlich: „Die Leistung, die beim Menschen die verlorengegangenen ‚Instinkte' ersetzt und vikariierend für sie eintritt, ist jene dialogisch forschende, *fragende* Auseinandersetzung mit der Umwelt, jenes Sich-ins-Einvernehmen-Setzen mit der äußeren Wirklichkeit, das auch etymologisch in dem Worte *Vernunft* enthalten ist. Der Mensch ist das vernünftige Wesen." (Konrad Lorenz „Über tierisches und menschliches Verhalten", Band II, Seite 187). In die gleiche Richtung weist Arnold Gehlens anthropologische Kennzeichnung der Sonderstellung des Menschen im Reich der Lebewesen (Arnold Gehlen „Der Mensch, seine Natur und seine Stellung in der Welt"; 8. Aufl. Frankfurt 1966), wenn er im Menschen den „Naturentwurf eines *handelnden* Wesens[""] sieht (S. 28) und seine besondere Beziehung zur Umwelt vordringlich charakterisiert durch das Vermögen zu besonnener Handlung und zu begrifflicher Sprache (§ 5 ff.)

Schließlich findet sich ein durchaus paralleler Gedankengang – begrifflich-formal stärker durchgearbeitet, empirisch-beschreibend weniger unterbaut – in Kants Deduktion der Kategorien des Erfahrungsdenkens. Spontaneität des Erfahrungsdenkens, wie sie im synthetischen Verknüpfen von Eindrücken nach a priori-Kategorien erfolgt, ist notwendig, weil nur so die zum Denken notwendige Einheit des Selbstbewußtseins erfaßt wird „Sonst würde ich ein so vielfärbiges, verschiedenes Selbst haben, als ich Vorstellungen habe, deren ich mir bewußt bin" („Kritik der reinen Vernunft § 16, zweiter Absatz). Spontaneität des Erfahrungsdenkens und damit Einheit des Selbstbewußtseins werden möglich dadurch und nur dadurch, daß Erfahrungsdenken kategoriales Denken ist, das mit der Verknüpfung der Vorstellungen deren Gehalte als objektiv mit einander verknüpft auffaßt; den logischen Beziehungen im Urteil entsprechen nach dem „Leitfaden der Entwicklung aller reinen Verstandesbegriffe" die dem Urteil erst Gehalt gebenden Kategorien.

Nun sucht Kant, worauf im ersten Abschnitt schon hingewiesen wurde, im Selbstverständnis des sich selber bestimmenden vernünftigen Wesens die Quelle seiner ethischen und religiösen Vorstellungen, wobei er allerdings um zum Prinzip rein autonomer Willensbestimmung vorzudringen, nicht vom sinnlich empirisch angeregten menschlichen Verhalten ausgeht, sondern allein aus dem Begriff einer den Willen bestimmenden Vernunft „die Grundsätze der empirisch unbedingten Kausalität" des Willens, das Sittengesetz also, meint ableiten zu können, (Siehe Einleitung zur „Kritik der praktischen Vernunft")

Der Versuch, Kants Ansatz von dieser Beschränkung auf logische Analyse zu befreien und die vernunftkritische Untersuchung des Selbstverständnisses im Vollzug besonnenen Verhaltens auf die Erfahrungsergebnisse von Verhaltensforschung und Anthropologie aufzubauen, nötigt dazu, einerseits mit Kant dieses Selbstverständnis auf praktische Kategorien und Kriterien zu untersuchen, die in ihm geltend gemacht werden – was weder von Lorenz noch von Gehlen konsequent durchgeführt wird, obwohl Lorenz etwa von „den strengen Gesetzen der Moral" („Über das sogenannte Böse" S. 350) spricht oder von der Beziehung „zwischen Neigung und Sollen" („Über tierisches und menschliches Verhalten" Band II, S. 187) und obwohl Gehlen in seiner Analyse den Menschen zu verstehen sucht als ein Wesen, „welches in sich oder mit sich eine *Aufgabe* vorfände, die er sich in seiner Selbstdeutung faßlich machen und verdeutlichen muß" („Der Mensch ..." S. 10). Andererseits nötigt unser Versuch dazu, vorwiegend mit Lorenz dieses Selbstverständnis des Menschen im Vollzug besonnenen Verhaltens //5// im Rahmen der Erfahrungswissenschaft von menschlichem und tierischem Verhalten zu verstehen, in der es sich als Sonderbegabung des Menschen, des vernünftigen Wesens, erweist, ohne dabei doch die nahe Verwandtschaft der Verhaltensweisen von Mensch und Tier aufzuheben.

Die vernunftkritischen Untersuchungen von Fries und Nelson helfen hier zunächst nicht weiter, da beide Kants Ausgang vom Selbstverständnis des „Ich denke" oder von der „reinen Apperzeption" wie Kant dafür auch sagt, nicht weitergeführt haben. Beide sagen ausdrücklich, er sei unverständlich. So heißt es bei Fries: „Es ist oft bemerkt worden, daß die Lehre von der reinen Apperzeption, oder der Abschnitt von der Möglichkeit der Verbindung, ... der schwierigste und unverständlichste in Kants Kritik der reinen Vernunft sei, und doch dasjenige, worauf für die Theorie alles ankommt." („Neue oder anthropologische Kritik der Vernunft", zweiter Band, S. 62 f.) Nelson schließt sich dem an: „Was ist nun diese reine Apperzeption bei Kant? Es ist schwer, hier volle Klarheit in Kants Auffassung zu bringen und sie ohne Vergewaltigung nach der einen oder anderen Richtung eindeutig in einer Formel auszusprechen." („Fortschritte und Rückschritte der Philosophie", S. 290)

3. Inwiefern und mit welchem Gehalt sind ethische Vorstellungen konstitutiv für menschliches Verhalten?

a) Der Mensch als handelndes Wesen.

Kants Deduktion der Kategorien und moderne Untersuchungen der Verhaltensforschung und Anthropologie stimmen darin überein, das Besondere des Menschen als des vernünftigen Lebewesens in seinem Vermögen zu sehen, im Vollzug seiner Lebensäußerungen zum Bewußtsein seiner selber zu kommen: Zusammen mit der Entwicklung begrifflichen Denkens und einer Begriffssprache werden ihm die eigenen Akte verständlich als das, was „ich" tue, wobei ich „mich selber" als identisches Subjekt „meines", nämlich durch dieses Selbstverständnis zusammengefaßten Lebens auffasse.

Die Verhaltensweisen der Lebewesen lassen, ebenso wie ihr Körperbau, eine Entwicklungsgeschichte des Lebens erkennen. Der durch Mutation und Selektion vorangetriebene Prozeß führt in aufweisbaren Abstammungslinien auf verschiedenen Wegen zu immer komplexeren, dabei in der Regel besser anpassungsfähigen Selbststeuerungssystemen – weit komplexer und trotzdem analog dem, was der Mensch jetzt in kybernetischen Maschinen aufzubauen lernt. In dieser Entwicklung hat sich die besondere Lebensmitgift des Menschen, als vernünftiges Wesen zum Bewußtsein seiner selber zu kommen, gegenüber der auch schon psychisch erlebten, durch Sinneseindrücke, Lust, Schmerz, Begehren und Triebe bestimmten Lebensart der ihm am nächsten verwandten höheren Tiere dadurch bewährt, daß sie den Menschen frei macht vom zwanghaften Bestimmtwerden durch solche

Momentaneindrücke und Gestimmtheiten zu Gunsten der dem Menschen möglichen Orientierung an einem Eindrücke und Gestimmtheiten deutenden Welt- und
Lebensverständnis. Allerdings: „Der Preis, um den der Mensch die konstitutive
Freiheit seines Denkens und Handelns erkaufen mußte, ist jenes Angepaßtsein an
einen bestimmten Lebensraum und eine bestimmte Form des sozialen Lebens, das
bei allen vor-menschlichen Lebewesen durch arteigene ererbte Aktions- und Reak-
tionsnormen gesichert ist." (Lorenz: „Über tierisches und menschliches Verhalten"
Band II, S. 186) Der heranwachsende Mensch ist darauf angewiesen, gemäß seinem
sich allmählich entfaltenden Lebens- und Umweltverständnis das eigene Verhalten
an die aufgefaßten Umstände handelnd selber anzupassen.

Dieser Tatbestand ist gemeint, wenn Gehlen den Menschen seinem Wesen nach
als konfrontiert mit „Aufgaben" charakterisiert („Der Mensch ..." S. 10). Er bedeutet insbesondere, daß der Mensch die eigenen Wünsche und Bedürfnisse nicht als
sein Verhalten zwangshaft bestimmende Triebkräfte erfährt und versteht – sofern
er jedenfalls //6// nicht, etwa in einem Zustand der Panik oder der Überwältigung
durch Schmerz oder Gier, alle Besonnenheit verloren hat –, sondern etwas, das
bezogen ist auf und damit eingeordnet in einen Wertzusammenhang, der in jenem
Lebens- und Umweltverständnis erfaßt wird, der es möglich, der es aber auch nötig
macht, die jeweils gerade auftretenden Wünsche, Einfälle, Neigungen und Begier-
den kritisch zu sehen im Zusammenhang des überhaupt Erstrebten und ihre Stärke
demgemäß zu beherrschen. Hier liegt die Quelle der Nelsonschen Unterscheidung
von Stärke und Wert der Interessen.

Wie für die vor-menschlichen Stufen der Lebensentfaltung, so gilt auch für den
Menschen mit seiner besonderen Gabe besonnen einsichtigen Handelns – ja für
ihn stärker und bedrohlicher als für die ihrer Umwelt starrer angepaßten Tiere! -,
dass Kräfte und Funktionen, die dem Leben und seiner weiteren Entfaltung dienen
können, die das in weiten Bereichen auch tun und sich eben damit entwicklungsgeschichtlich durchgesetzt haben, jeweils auch ihre spezifischen Gefahren für das
Lebewesen mit sich bringen. Anscheinend werden diese Gefahren um so größer,
je höher die Entwicklung und je differenzierter die Anpassung an die Umwelt
geworden ist. Für den Menschen und die Menschheit jedenfalls übersteigen die
Gefahren, die der Mensch dem Menschen bereitet, in ihrem Ausmaß mehr und
mehr alle Naturkatastrophen, die unabhängig sind von der besonderen menschlichen Begabung.

Im Gegensatz aber zu allen früheren Stufen der Selbstregulierung und
Anpassung des Lebens an seine Umwelt gilt für die besondere menschliche Gabe
besonnen einsichtigen Verhaltens, daß dieses Vermögen gegen die von ihm selber
heraufbeschworenen Gefahren eingesetzt werden kann, ja, daß eben *dieser* Einsatz
zu seinen wichtigsten Funktionen gehört. Der Mensch, und nur er unter den Lebe-

wesen, versteht sich selber als fehlbar und damit zu Selbstkritik und Selbstkorrektur herausgefordert; selbst wo Menschen sich einreden, von Irrtum, Versagen und Schuld frei zu sein, beruht das wohl meist auf der selber irrigen und überheblichen Meinung, sie seien durch eigenes Tun, gegebenenfalls in der Form des „Gehorsams gegen eine innere Stimme" oder Ähnliches, dieser Gefahr Herr geworden – womit diese als akut für das menschliche Leben zugegeben wird.

Mit dem Verständnis für die Möglichkeit eigenen Irrens und Versagens verbindet sich, als entscheidende Funktion der spezifisch menschlichen Gabe, das Vermögen, dieser Gefahr selbstkritisch zu begegnen. Dadurch und nur dadurch, daß das besondere menschliche Anpassungsvermögen besonnen einsichtigen Verhaltens die Möglichkeit der Selbstkorrektur bietet, erschließt es den Weg zu faktisch unbeschränkt fortschreitender Bildung und Entwicklung, zwar nicht für den Einzelnen, wohl aber für die Abfolge der Generationen; in ihr führen soziale Wechselwirkung und Tradition zur historischen Entwicklung menschlicher Kulturgesellschaften, die etwas qualitativ Neues ist gegenüber der biologischen Entwicklung tierischen Lebens.

b) Spekulative und praktische Kategorien.

Werkzeug dieser menschlichen Entwicklung ist nach dem Vorangehenden das kategorial begriffliche Denken. Wie Kant in der Deduktion der Kategorien des Erfahrungsdenkens nachgewiesen hat, hängen Einheit des Selbstbewußtseins und Herausbildung eines Lebens- und Umweltverständnisses vom synthetisch a priorischen Verknüpfen sinnlich gegebener Eindrücke ab. Diese vernunftkritische Analyse menschlichen Selbstverständnisses zeigt die enge //7// Beziehung zwischen der Erfahrungskenntnis von Objekten der Umwelt und dem Selbstverständnis des erkennenden Subjekts, das eigene Verhalten besonnen selber zu bestimmen. Die Verhaltensforschung, vor allem in ihrem Beitrag zur Anthropologie, stellt Erfahrungsgrundlagen zusammen, die diesen vernunftkritischen Ansatz zu einer Kritik der spekulativen und der praktischen Vernunft auszubauen erlauben und dabei den Kantischen Zugang davon befreien, begrifflich logische Analysen zu überfordern.

Diese Erfahrungsgrundlagen betreffen vor allem solche menschliche Verhaltensweisen, die sein kategorial begriffliches Denken erst anregen, ihm Material geben und Aufgaben stellen: Körper- und Sinnenbeherrschung, Verlangen, Triebe und spontane Reaktionen auf Eindrücke und Gestimmtheiten gehen der Entwicklung des menschlichen Denkvermögens voraus und stellen den Menschen in die Nähe ihm verwandter Tiere, die ihm in diesem Bereich vielfach überlegen sind – so etwa in der Körper- und Sinnenbeherrschung, aber auch in der Anpassung der Triebe an Lebens- und Gesundheitsbedürfnisse des Organismus. Die Funktion der Vernunft im Leben des Menschen besteht darin, aus diesen Elementen, die aus der vorgege-

benen Einfügung in den Regelkreis tierischen Lebens herausgelöst sind, wenn sie
dessen Beziehungen weithin auch noch im Ansatz enthalten, besonnen einsichtiges
Verhalten aufzubauen, und zwar dadurch, daß der Mensch mit Kategorien des
Erfahrungsdenkens zu verstehen und zu denken gelernt hat, was sein Körper tut,
seine Sinne aufnehmen, sein Verlangen erstrebt, und daß er dabei zugleich solche
Vorgänge und Zustände seiner Erfahrungsumwelt in Beziehung sieht zu eigenem
Tun, durch das er, das Subjekt dieser Erfahrung, sie, die Objekte dieser Erfahrung,
hat kennen lernen können: „Ich" greife nach Gegenständen, bewege mich unter
ihnen, sehe nach etwas hin, möchte etwas erreichen. Die Kantischen Kategorien
der Erfahrung und die mit ihnen zugleich sich herausbildende raum-zeitliche
Lokalisation des Wahrgenommenen sind Vernunftinterpretationen des in angeborenen oder relativ früh erworbenen Reaktionsweisen vom erwachenden Selbstverständnis Aufgefaßten. Das hebt nicht ihren Charakter auf, Vorstellungen und Verknüpfungen a priori im Gegensatz zu sinnlich empirisch empfangenen Eindrücken
zu sein. Wohl aber macht es – was ich hier nur andeuten kann -, verständlich, daß
mit fortschreitender Erfahrungswissenschaft auch deren A-priori-Kategorien, bzw.
deren Anwendungskriterien einer Fortbildung und Revision bedürfen können, wie
das in der modernen Naturwissenschaft ja in der Tat eingetreten ist.

    In entsprechender Weise entspringen ethisch-praktische Kategorien und Krite-
rien der Vernunft-Interpretation jener spezifisch menschlichen Situation, zwischen
eigenen Wünschen, Bedürfnissen, Strebungen besonnen wählen zu müssen, da
der das Tier leitende zwanghafte Ausgleich im „Parlament der Instinkte" für den
Menschen entfällt und dieser sich statt dessen selber *zur* besonnen wertenden Wahl
herausgefordert versteht. Begriffliche Rechenschaft über dieses Selbstverständnis
kommt ohne Wertkategorien, die auf das eigene Verhalten bezogen sind und angewandt werden, nicht aus, das aber sind, im weitesten Sinn des Wortes, ethische
Kategorien mit ihren Kriterien. Ethisches Werten und, jedenfalls bei hinreichend
entwickelter sprachlich begrifflicher Rechenschaft über das Selbstverständnis im
Vollzug besonnenen Handelns, ethische Überzeugungen sind insofern unabdingbar, im Leben des zum Selbstbewußtsein und damit immer schon zu einer gewissen
Selbstdisziplinierung erwachten Menschen.

c) Kriterien ethischer Wertungen.

Die der Vernunftkritik vorliegenden Erfahrungsgrundlagen machen, über die
Feststellung hinaus, wonach ethisches Werten unabdingbar zum menschlichen
Leben gehört, auch verständlich, was denn im Selbstverständnis des besonnen
Handelnden ethisch wertend gedeutet werden muß, welcher Art die zur //8//
Selbstdisziplinierung herausfordernden Konflikte und Unsicherheiten sind und
welcher Bewährungsprobe die als Lösung gesuchten Entscheidungen und Maßstäbe

unterliegen: Im Leben des Vernunftwesens haben nämlich wertend abwägende Bestimmungen des eigenen Verhaltens – ethische Wertungen und Strebungen im weitesten Sinn – die entsprechende nur weiter durchgebildete und höher differenzierte Funktion, die im Leben höherer Tiere das „große Parlament der Instinkte" vollzieht, die Herausbildung eines dem Leben von Individuum und Art dienenden Regelkreises. Was aber beim höheren Tier nur als Objekt der Verhaltensforschung studiert werden kann und dabei als erstaunliche Anpassung des Tieres und seines Verhaltens an die gegebenen Lebensbedingungen erscheint, das bietet sich, wenn nach menschlichem Tun gefragt wird, dem Menschen dar – abgesehen von der auch hier möglichen Betrachtung des menschlichen Lebens als eines Objekts von Erfahrungswissenschaft – in der ihm eigenen Weise seines Selbstverständnisses – als Handeln nämlich auf Grund erfaßter Wertzusammenhänge, denen gemäß „ich", das sich selber verstehende Subjekt, auf die „mir" bekannten Umweltverhältnisse einwirke unter entsprechender Disziplinierung und Regulierung „meiner" Triebe und Wünsche. Dabei ergeben sich verschiedene, zwar auf einander bezogene, aber doch weithin mit einander konkurrierende „Wertzusammenhänge", so insbesondere die im Selbstverständnis erfaßte Einheit des eigenen Lebens mit allem, was so ein Leben reich und erfreulich machen kann, auf der einen Seite und daneben auf der anderen die Zusammengehörigkeit einer sozialen Gruppe mit den ihr eigenen Werten, die den ihr Angehörigen Schutz gewährt, sie aber auch in ihrer Willkür beschränkt.

Wie die ihm entwicklungsgeschichtlich verwandten Tiere ist der Mensch auf Sozialkontakt mit seinen Artgenossen angewiesen. Die Entwicklung höherer, der Umwelt differenzierter angepaßter Lebensformen verläuft weitgehend Hand in Hand mit der Herausbildung sozial-gesellschaftlicher Formen des Zusammenlebens der Artgenossen, die nicht nur der Zeugung und Aufzucht des Nachwuchses, sondern dem Schutz des Einzelnen dienen und damit bessere Chancen für Erhaltung und Weiterbildung der Art bereitstellen. Auf einer relativ hohen Entwicklungsstufe treten dabei, wie Lorenz aufgewiesen hat, in enger Wechselwirkung mit einander auf: individuell bestimmte Beziehungen einzelner Mitglieder der Sozietät auf einander – sie „lernen einander persönlich kennen" und die innerartliche Aggression, durch die in der Gruppe eine Rangordnung festgelegt oder die volle Ausnutzung des zur Verfügung stehenden Lebensbereichs gesichert wird; hinzutreten schließlich, oft durch den Vorgang der „Ritualisierung", neue Verhaltensweisen und Sozialformen, durch die der Aggressionstrieb, ohne seiner arterhaltenden Wirkung verlustig zu gehen, unter Hemmung gesetzt oder abgelenkt wird, wo er gefährlich wird. So also entwickelt sich im Tierreich das „moralähnliche Verhalten".

Der Mensch steht, seiner Herkunft nach, in der Linie dieser Entwicklung. Die in ihr herausgebildeten Reaktions- und Verhaltensweisen finden sich weitgehend auch unter den Verhaltenselementen, die sich im menschlichen Tun zusammenfügen, nur daß sie dabei nicht mehr unvermeidbar das „moralähnliche Verhalten" hervorrufen, das, wie Lorenz einmal sagt, „dem wirklich moralischen nur in funktioneller Hinsicht analog, in allen anderen aber so weit von ihm entfernt ist, wie eben das Tier unter dem Menschen steht!" („Das sogenannte Böse", S. 164). Schon durch das Eigentümliche der menschlichen Sprache erfährt der Mensch den Umgang mit den Mitmenschen in einer ganz anderen Weise als das Tier den Kontakt mit seinen Artgenossen. Die Verständigungslaute unter Tieren dienen der Stimmungsübertragung oder sind Auslöser für entwicklungsgeschichtlich gewordenes Reagieren der Tiere auf einander. Die Begriffssprache des Menschen ist dagegen angelegt //9// auf gemeinsames Denken und Handeln, wie das in den Sprachformen von Frage und Dialog, Aufforderung, Bitte und Befehl und den in ihnen sich ausdrückenden spezifisch menschlichen Sozialbeziehungen sichtbar wird. Der Lebens- und Umweltzusammenhang, den der Mensch erfassen muß, um besonnen einsichtig handeln zu können, umschließt daher – als vordringlich bedeutsamen Bereich – die Sozialbeziehungen zu den Mitmenschen, die dabei nicht nur selber als Subjekte besonnenen Handelns verstanden, sondern als ansprechbare Partner gemeinsamen Handelns aufgefaßt werden. Das „Du-Bewußtsein" wird notwendige Ergänzung des „Ich"-Bewußtseins. In dieser sozialen Umwelt (die sich über den menschlichen Bereich hinaus öffnet auch zu andern Lebewesen hin, in die der Mensch sich hineinversetzt, weil er gewisse Seiten seines Wesens einfacher, unschuldiger, klarer in ihnen wiederfindet) baut praktische Vernunft die für menschliches Leben konstitutiven ethischen Wertungen auf und findet als Elemente dafür jene Anlagen „natürlichen Wohlwollens" (Pestalozzi) und natürlicher Hinwendung zum anderen als zu jemandem, der mich angeht, Anlagen, die dem entsprechen, was im Tier das moralähnliche Verhalten auslöst und was von jeher Menschen dazu bewogen hat, moralische Einsichten in Tierfabeln darzustellen. Nur so erklärt sich ja auch der Terminus „moralähnliches Verhalten"; die Bewältigung des Aggressionstriebs im Leben des höheren Tieres versteht der Mensch als moralisches Gleichnis, das ihm das Tier vorhält.

Die menschlich-vernünftige Deutung solcher Gleichnisse führt vom faktischen tierischen Verhalten so weit weg, „wie eben das Tier unter dem Menschen steht". Qualitativ verschieden ist für Tier und Mensch, was durch den Aggressionstrieb verteidigt und aufgebaut wird. Seine Funktion im Tierleben ist die Herausbildung kräftiger Individuen mit einem leistungsfähigen System von Trieben und Reaktionsweisen, die insbesondere zu einer den Normalbedingungen angepaßten Betätigung der Lebensfunktionen des Organismus drängen. Auch für den Menschen ist, wie die Entwicklungspsychologie zeigt, Entfaltung, Übung und Betätigung der seine Lebensart bedingenden Kräfte und Vermögen der Gegenstand seiner persön-

lichen Anteilnahme oder, wie Nelson es ausdrückt, seiner „eigentlichen Interessen".
Aber für ihn, als das zum Bewußtsein seiner selber erwachte Lebewesen, fügen sich
Herausbildung und Koordinierung dieser seiner Kräfte und Vermögen nicht ohne
weiteres zu der entwicklungsgeschichtlich herausgebildeten Wesenseinheit eines
gesunden Tieres und seiner Lebensart zusammen. Der Mensch erfährt und versteht
diese seine Interessen an eigener tätiger Lebensbewältigung vielmehr als Herausforderung und Aufgabe, das ihm im Selbstbewußtsein erschlossene eigene Leben
sinn- und wertvoll zu bestehen. Damit gewinnt in dem Lebens- und Umweltszu-
sammenhang, in dem ein Mensch nach dem Maß seiner Besonnenheit das eigene
Handeln ethisch wertend orientiert – „ethisch" hier wieder so weit verstanden, daß
es alles kritisch wertende Disziplinieren der eigenen Triebe und Antriebe umfaßt
und damit alles bewußt besonnene Modifizieren von deren Stärke -, der Bereich
der eigenen Person und ihres Lebens ein Gewicht eigener Art: er fordert heraus
zur Einordnung triebstarker Elementarbedürfnisse, er verführt zu unsachlicher
Abschließung und Überbetonung des eigenen Ich.

Immer wird gelten, daß das, was ein Mensch über Eindrücke und Gestimmtheiten des Augenblicks hinaus besonnen ins Auge faßt und für das eigene Verhalten berücksichtigt, auf einen endlichen begrenzten Bereich beschränkt bleibt; er
kann sehr eng begrenzt, er kann sehr einseitig bestimmt sein. Vor allem aber: Der
heranwachsende Mensch lernt ihn für das eigene Leben aufbauen, erweitern oder
einschränken nur im Sozialkontakt //10// mit seinen Mitmenschen, und daher
stets als Kind einer historisch gewordenen Kulturgesellschaft. Teilnahme an ihrer
Tradition kann für ihn beides bedeuten: Die Hilfe, deren er bedarf auf dem Weg,
selber mündig zu werden, oder aber die Verführung zu blinder Einordnung in das,
was „man tut" oder was „wir denken".

Die vernunftkritische Untersuchung ethischer Wertungen, wie sie konstitutiv
sind für das Leben des Menschen als des vernünftigen Wesens, weist somit zwei
Entscheidungs- und Konfliktsfelder auf, die zu ethisch-wertender Interpretation
durch die praktische Vernunft herausfordern, das Feld besonnen-weitsichtiger
Entwicklung eigener, spezifisch menschlicher Kräfte zur Lebensbewältigung und,
in enger Wechselwirkung damit, das der Einordnung in eine durch Verständigung,
gemeinsames Denken, Werten und Wollen geprägte und weiter zu entwickelnde
soziale Umwelt.

Die kritische Philosophie hat die Methode der abstrahierenden Analyse entwik-
kelt, um Vernunftverknüpfungen a priori auf philosophische Grundsätze zurückzuführen, die dann ihrerseits zur Kritik konkreter Einzelbeurteilungen dienen.
Ohne das noch im Einzelnen durchzuführen, behaupte ich, daß dieses abstrahierende Verfahren in der faktischen Auseinandersetzung von Menschen mit jenen
zwei Übungsfeldern Maßstäbe aufweist, die, trotz andersartiger vernunftkritischer

Deutung, ihrem Gehalt nach fast durchgängig mit den Nelsonschen Prinzipien des Ideals der vernünftigen Selbstbestimmung und des Gebots der gerechten Abwägung übereinstimmen, bis auf gewisse Differenzierungen in der Anwendung nämlich, die sich aus der unterschiedlichen Charakterisierung des Vernunftvermögens herleiten.

4. Begründung und Anwendung einer auf diesem Weg herausgestellten Ethik.

Was ist mit dieser Ableitung der ethischen Prinzipien gewonnen? Das Gebot der gerechten Abwägung und das Ideal der vernünftigen Selbstbestimmung, beide in der abstrakten Fassung, die von den nur empirisch zu bestimmenden besonderen Umständen möglicher Anwendungssituationen absieht, werden hiernach verstanden als Vernunftinterpretationen faktisch vollzogener Abwägungen und Wertungen, mit denen der Mensch, im Selbstverständnis eigenen Tuns, Entscheidungen und Konfliktlösungen beurteilt. Die abstrahierende Analyse sucht zu den faktischen ethischen Wertungen, wie sie für das Leben des vernünftigen Wesens unabdingbar sind, Maßstäbe, denen gemäß diese Wertungen verlaufen und die insofern dem sich selber als wertend und entscheidend verstehenden Menschen diese seine eigenen Wertungen deuten und überprüfbar machen. Die durch Abstraktion gewonnenen Prinzipien erweisen sich als zutreffend und gültig, oder aber sie erweisen sich als revisionsbedürftig je nachdem, ob sie das sich herausbildende wertbestimmte Lebensverständnis hinsichtlich des erfaßten Wertzusammenhangs einheitlich deuten, oder aber ob sie zur Einordnung unabweisbarer konkreter Einzelwertungen nicht hinreichen.

Ein Beweis der fraglichen Prinzipien ist das gewiß nicht. Es ist aber auch keine Begründung im Sinne der Forderung von Fries und Nelson, Urteile zu begründen durch die Aufweisung inhaltsgleicher „unmittelbarer Erkenntnisse" bzw. „unmittelbarer Interessen", die ihrerseits zum unantastbaren, gegen Zweifel und Revisionsbedürftigkeit schlechthin gesicherten Besitzstand des menschlichen Erkenntnisvermögens gehören. Die Vernunftkritik Kants kennt diesen Begriff der „unmittelbaren Erkenntnis" noch nicht; Nelson wirft ihr daher auch vor, sie gelange nicht zur Begründung der aufgewiesenen Prinzipien, die „nur .... in der faktischen Aufweisung einer dem Urteil zugrunde liegenden unmittelbaren Erkenntnis" („Fortschritte //11// u. Rückschritte ..." S. 285) gesucht werden könne. Nun versteht aber Kant, wie mir scheint, das Vermögen der menschlichen Vernunft und damit auch die Aufgabe der Vernunftkritik anders, als Fries und Nelson es tun: für ihn sind die Kategorien oder „reinen Verstandesbegriffe", ebenso wie die Grundsätze ihrer Anwendung, nicht ursprünglicher Erkenntnisbesitz der Vernunft, sondern „Funktionen des Verstandes" oder auch „Funktionen des Denkens" („Kritik der reinen Vernunft" § 13, vorletzter Absatz). Kant sieht in der Vernunft nicht einen – gewissermaßen: statischen – Besitzstand an unmittelbaren Erkenntnissen, sondern ein nur als dynamisch zu verstehendes – Vermögen, durch kategorial begriffliches Denken mit der Einheit des Selbstbewußtseins zugleich ein in sich zusammenstimmendes Lebens- und Umweltverständnis zu erlangen. Darum liegt für ihn die Rechtfertigung der Kategorien des Erfahrungsdenkens und ihrer Anwendung auf das sinnlich Gegebene in dem Nachweis, daß sie als „Bedingungen möglicher Erfahrung" diese ihre Funktion erfüllen; sie bedarf nicht der Aufweisung „unmittelbarer Erkenntnisse a priori", die der Vernunft unabhängig von der faktischen Entwicklung der Erfahrung als unantastbarer, wenn auch ursprünglich dunkler Erkenntnisbesitz zukommen.

Die vorliegenden Ausführungen folgen in dieser Hinsicht dem Kantischen Verständnis der Vernunft und demnach auch Kants Aufgabenstellung für die Vernunftkritik – jedenfalls so, wie ich diese verstehe. Diese Aufgabe geht dahin, den vernunfteigenen Vorstellungs- und Verknüpfungsweisen auf den Grund zu gehen, um so die eigene Vernunft darin zu verstehen, „wie sie sich Objekte zum Denken wählt" und welche Aufgaben sie sich ihrem Wesen nach vorlegen muß (Vorrede zur 2. Auflage der „Kritik der reinen Vernunft"). Die vernunftkritische Begründung philosophischer Grundsätze, die nur dem faktisch geltend gemachten Vertrauen zur Vernunft – dem „Selbstvertrauen der Vernunft" gemäß der Fries-Nelsonschen Terminologie – Ausdruck verleiht, vergleicht danach einen solchen Grundsatz nicht mit einer angeblich gegen Zweifel und Revision endgültig gesicherten unmittelbaren Erkenntnis, sondern mißt ihn am Gesamtgefüge des sich herausbildenden Welt- und Lebensverständnisses, mit dem die Vernunft ihre Funktion erfüllt, einsichtig – und insofern mit Selbstbewußtsein – das eigene Denken, Werten und Verhalten zu bestimmen.

Im Gegensatz zur Vernunftkritik Kants stütze ich allerdings die kritische Analyse des Vernunftvermögens auf Erfahrungswissenschaften, darunter neben der Psychologie vor allem auf Verhaltensforschung, aber auch auf Entwicklungslehre. Dadurch wird, wie mir scheint, der Unterschied zwischen einer statischen – von der Annahme eines endgültigen Besitzstandes an unmittelbaren Erkenntnissen ausgehenden – und einer dynamischen – d. h. nur ein Vermögen zu einsichtigem Deuten, Verarbeiten und Fortentwickeln annehmenden – Theorie der Vernunft erst wirklich bedeutsam: Ethische Grundsätze, das Gebot der gerechten Abwägung und das Ideal der vernünftigen Selbstbestimmung also, geben, wenn die Vernunft in dieser Weise dynamisch verstanden wird, nicht die Wertung eines Interesses wieder, das der Vernunft, wenn auch nur dunkel, abgeschlossen und unabänderlich zukommt, sondern sie bestimmen gewissermaßen „Grenzwerte", auf die besonnen einsichtiges Werten gerichtet ist und denen es sich nähert, *sofern und soweit* der Mensch die Herausforderung durch die eigene Vernunft annimmt. Es ist die Herausforderung, die sich ihm im Umgang mit dem Sozialpartner, mit dem eigenen Tatendrang, Genußstreben und sonstigen Wünschen aufdrängenden Werten einsichtig aufzufassen, sie in einem wachsenden Wertzusammenhang bewußt gegen einander //12// abzuwägen und dadurch auf die ihnen je nach den Augenblicks-Eindrücken und -Stimmungen zufallende Stärke der persönlichen Anteilnahme disziplinierend einzuwirken,

Je nach dem, ob man von einer statischen oder einer dynamischen Theorie der praktischen Vernunft ausgeht, erhält daher der kategorische Imperativ, den ich hier in der Nelsonschen Formulierung voraussetzen möchte, eine verschiedene Bedeutung, jedenfalls in seiner Beziehung auf den vernünftig bestimmten Willen und dessen Autonomie. Ob und wie weit dieser Unterschied Konsequenzen für die Anwendung der Ethik hat, insbesondere für Aufgaben der Erziehung und der Politik, soll hier nicht mehr im Einzelnen erörtert werden. Dafür sind eingehende und sorgsame Analysen notwendig, die den Rahmen des vorliegenden kurzen Entwurfs überschreiten. Ich beschränke mich auf einige Hinweise, die in solche Überlegungen hineinführen.

Für die statische Vernunftauffassung scheint der kategorische Imperativ, als begriffliche Wiedergabe des unmittelbaren sittlichen Interesses, zum einzigen praktischen Obersatz zu werden, dem nur die hinreichend genaue Kenntnis der Tatsachen und ihrer naturgesetzlichen Entwicklung – lauter Erfahrungswissen also – untergeordnet zu werden braucht, um die konkrete ethisch-rechtliche Beurteilung der vorliegenden Situation abzuleiten. Für die dynamische Vernunftauffassung ist dagegen diese konkrete Beurteilung, jedenfalls sofern sie Ausdruck eigentlichen Wertens ist und damit über bloße Begriffs-Dialektik hinausgeht, das Ergebnis einer prinzipiell unabgeschlossenen Entwicklung dieses eigenen Wertens, einer Entwicklung, die nicht von einem endgültig aufgefaßten Prinzip herab deduziert, sondern nur durch fortschreitende Arbeit am eigenen Werten und Streben und durch Erprobung der dabei eingesetzten, ihrerseits am kategorischen Imperativ orientierten Wertmaßstäbe aufgebaut werden kann.

Dieser Unterschied – sofern er in der Praxis einer ist – erhält ein besonderes Gewicht durch den Umstand, daß der kategorische Imperativ des Abwägungsgesetzes sich von vornherein an den Menschen als soziales Wesen wendet. Seine Anwendung betrifft vordringlich das mitmenschliche Zusammenleben mit seinen besonderen, durch die Begriffssprache ermöglichten Formen gemeinsamen Denkens, Wertens und Entscheidens, die aber stets begrenzt und überlagert sind von

Aggression, gegenseitigem Mißtrauen, zugefügtem Unrecht, Manipulieren des Mitmenschen „bloß als Mittel" (Kant).

Es gibt eine Reihe gerade in unserer Zeit brennender Aufgaben, die hier zum Prüfstein dienen mögen: unter Überwindung von – auch begründetem! – Mißtrauen friedliche und rechtliche Beziehungen aufzubauen; im Umgang mit Andersdenkenden das rechte Maß an Toleranz und Kompromißbereitschaft aufzubringen; menschliche, gesellschaftliche und politische Beziehungen wiederaufzubauen – nicht ohne Kritik und Wachsamkeit! –, wenn sie durch offensichtliches Unrecht eines, mehrerer oder aller Partner gestört sind. Bei solchen Aufgaben fragt es sich, ob bloße Tatsachenanalyse zusammen mit einem ein für allemal geklärten philosophischen Grundsatz den rechten Weg weisen kann, oder ob konkrete, produktive, nicht aus Grundsätzen deduzierbare Schritte der praktischen Vernunft – im Sinn der Menschlichkeit! – erforderlich sind, in denen Menschen im eigenen Wesen und in ihren Beziehungen zu einander etwas Neues aufbauen – durch wagendes Vertrauen vielleicht, durch liebend geduldige Anteilnahme, durch humorbereite Resignation gegenüber den Grenzen des Menschen in seiner Kreatürlichkeit, oder durch andere schöpferische Akte im Aufbau neuer mitmenschlicher Beziehungen.

abgeschlossen 6. März 1968

Ethik und Politik*

Leonard Nelson zum neunzigsten Geburtstag
(11. Juli 1972)

„Ich glaube, dass sich schliesslich als das Überragende seiner gewaltigen Gesamtleistung seine Bemühungen herausstellen werden, Ethik und Politik theoretisch und praktisch miteinander zu verbinden."
(Willi Eichler)

Man kann Willi Eichler, der mit der Federführung der Kommission zur Ausarbeitung des Godesberger Programms beauftragt war und der auch sonst – besonders als langjähriges Vorstandsmitglied der SPD – an führender Stelle im politischen Leben stand, gewiss keine weltfremde Schwärmerei vorwerfen. Wie konnte aber ein solcher Mann, der durch seine politische Tätigkeit bewiesen hat, dass er mit beiden Beinen auf dem Boden der Wirklichkeit stand, das „Überragende seiner gewaltigen Gesamtleistung" bei Leonard Nelson darin sehen, dass dieser eine nach vielfach herrschender Ansicht so weltfremde Angelegenheit wie die Ethik mit der Politik verbunden hat?

Selbst ein so orthodox-marxistischer Politikwissenschaftler wie Wolfgang Abendroth musste anerkennen, dass in ihrem Kampf gegen den Nationalsozialismus der seinerzeit von Nelson gegründeten sozialistischen Bewegung, dem „Internationalen Sozialistischen Kampfbund"(ISK), trotz ihres, wie Abendroth es ansieht, „aus einer idealistischen Philosophie entwickelten Ansatzes, der diese Gruppe keineswegs zu politisch-soziologischer Analyse prädestinierte – in vielen Fällen grösserer Einblick in politische Entwicklungstendenzen und brauchbarere Vorschläge zum politischen Handeln in der Abwehr des Faschismus möglich geworden sind, als sie den Führungsgruppen der Grossparteien verständlich waren."

Sollte der Versuch, Ethik und Politik theoretisch und auch praktisch miteinander zu verbinden, also doch wirklichkeitsnäher sein, als es zunächst scheinen mag?

---

* G .Hermann: Ethik und Politik (1972). Privatarchiv Dieter Krohn.

Schon der Titel seiner Schrift „Ethischer Realismus" deutet Nelsons Ablehnung eines nur schwärmerischen Idealismus an. Deutlicher bezeugen es die Schlussworte dieser Schrift:

> „Der Idealismus steht heute in Erbpacht bei den Schwärmern. Der Realismus ist das unbestreitbare Privileg der Egoisten geworden. Diese Monopole gilt es zu brechen, wenn die europäische Kultur und Gesittung noch eine Zukunft erleben soll. //2//
> Meine Hoffnung liegt bei einem neuen Bündnis. Ich plädiere für die heilige Allianz des Idealismus mit dem Realismus.
> Ist es uns Ernst mit unserem Idealismus, so werden wir nicht ruhen, bis wir die Mittel und Wege finden, um unsere Ideale zu verwirklichen."

Es war Nelson auch viel zu Ernst mit einem die Realitäten nicht verkennenden Idealismus, um nicht zur Erkenntnis durchzudringen, dass Kompromisse gerade auch für einen Idealisten, der sich zielbewusst für die Verwirklichung seiner Ideale einsetzen will, unvermeidlich sind. Es war ihm andererseits aber auch zu Ernst mit der Verwirklichung des Rechtszustandes, der ihm gleichbedeutend mit dem Sozialismus und dessen wissenschaftliche Begründung eines seiner Hauptanliegen war, als dass er nicht versucht hätte, genauer abzugrenzen, unter welchen Umständen Kompromisse abzulehnen und unter welchen sie geradezu geboten seien: Soweit es sich um einen Kompromiss handelt, der nicht unerlässlich ist, um die Verwirklichung des gesetzten Ideals zu dienen, ist er der Ausdruck eines zu verwerfenden gesinnungslosen politischen Libertinismus.

Ihm stellt er den echten politischen Realismus gegenüber, der sich Rechenschaft ablegt von den faktischen Machtverhältnissen als zu überwältigenden Hindernissen auf dem Weg zur Verwirklichung des Rechtszustandes. „Der Realismus", so erklärt Nelson, „verlangt daher eine Anpassung der politischen Mittel an diese Hindernisse und also auch den vorläufigen Verzicht auf die unbeschränkte Durchsetzung des Ideals, zu Gunsten der den Umständen nach möglichen Annäherung an das Ideal. Versteht man daher unter einem Kompromiss eine Abweichung von dem rechtlichen Ziel zu Gunsten einer solchen Anpassung an die Umstände, so steht die Notwendigkeit der Kompromisspolitik fest, und die Rechtspolitik selbst kann keine andere sein als eine Politik der Kompromisse."

Wer sich diese Gegenüberstellung von politischem Libertinismus einerseits mit seinen Kompromissen aus Gesinnungslosigkeit und andererseits politischem Realismus, der Kompromisse nur zulässt als unerlässliches Mittel zur besseren Annäherung an das feststehende Ziel der Durchsetzung des Rechts vor Augen hält, der wird Nelson weder vorwerfen können, er sei ein Vertreter fauler Kompromisse gewesen, noch wird er ihm nachsagen dürfen, er habe sich in den Elfenbeinturm blasser Theorie eingeschlossen. Vielmehr wird man anerkennen müssen, dass er einer der allzu wenigen Denker war, die, wie der greise Basler Professor Bernays von ihm sagte, „die Ergebnisse seines Philosophierens im Leben, insbesondere im politischen Leben, angewandt wissen" wollte und der sich „kämpferisch für die Forderungen der Gerechtigkeit" einsetzte. Diesem Anliegen entspricht es auch, dass Nelson in der Ausarbeitung seiner Philoso//3//phie Ethik und Rechtslehre im besonderen Hinblick auf die Politik entwickelte. Die von ihm eindeutig begründeten ethischen Anforderungen richten sich nicht nur an den einzelnen Menschen, sondern an ihnen hat sich auch die Politik zu orientieren.

Von seinen Schülern verlangte er, dass sie die ihnen vermittelten Erkenntnisse nicht nur theoretisch anerkannten, sondern dass sie diese ebenso in ihrem persönlichen Leben zur Richtschnur nahmen wie als eine Verpflichtung ansahen, sie im öffentlichen Leben zu verwirklichen, denn, so fordert Nelson in seiner Schrift „Öffentliches Leben":

> „Solange noch die unendliche Mehrheit seiner Mitgeschöpfe als schlechthin rechtlos gilt, solange es noch Einzelnen, vermöge ihrer wirtschaftlichen oder politischen Übermacht, gelingt, ganze Klassen von Menschen oder ganze Völker als blosses Mittel für ihre selbstsüchtigen Zwecke hinzuopfern, solange noch mächtige Institutionen bestehen, die durch Verbreitung öffentlicher Lügen die freie Geistesentwicklung der Menschen im Keime ersticken und im Namen der Religion der Menschenliebe die heiligsten Rechte der Menschen mit Füssen treten, ja solange nicht die letzte Spur solcher Institutionen vom Erdboden getilgt ist, so lange soll sich der Gebildete in der Schuld seiner entrechteten Mitgeschöpfe fühlen, so lange ist für den Gebildeten kein höheres Interesse und kein höherer Beruf möglich als die Erfüllung der ihm hieraus erwachsenden Pflicht, so lange soll er also auch den Wert seines eigenen Lebens allein nach der Erfüllung dieser Pflicht bemessen."

Hier schliesst sich der Kreis der theoretischen und der praktischen Verbindung von Ethik und Politik, die Willi Eichler als das Überragende in Nelsons gewaltiger Gesamtleistung bezeichnete. Sie veranlasste auch Professor Gerhard Weisser zu dem Urteil: „Seine Lehren sind dank ihrem entschiedenen, aber in strenger wissenschaftlicher Selbstdisziplin entwickelten Radikalismus selbst in ihren überholten Teilen hervorragend geeignet, eine junge Generation anzuregen, die sich engagieren will."

Abschnitt II: Schriften zu politischen und bildungspolitischen Fragen in der Nachkriegszeit und in der Bundesrepublik Deutschland 1947–1984

© Der/die Autor(en), exklusiv lizenziert an
Springer Fachmedien Wiesbaden GmbH, ein Teil von Springer Nature 2024
K. Herrmann und B. Neißer (Hrsg.), *Grete Henry-Hermann: Politik, Ethik und Erziehung*,
Frauen in Philosophie und Wissenschaft. Women Philosophers and Scientists,
https://doi.org/10.1007/978-3-658-43084-9_2

Die philosophischen Grundlagen der sokratischen Methode[*]

Die Aussprachen dieser Woche haben verschiedentlich auf die Frage geführt, welche philosophischen Überzeugungen der sokratischen Methode zu Grunde liegen. Wir standen etwa vor der Frage, welche Eingriffe des Leiters in ein sokratisches Gespräch zulässig seien, und welche nicht. Nach welchem Massstab sollen wir entscheiden, was zulässig ist? Um diesen Massstab zu finden, müssen wir einen Einblick haben in die Aufgabe, für deren Lösung die sokratische Methode eingesetzt wird, und in die Mittel und Weg, die für diese Lösung zur Verfügung stehen. Die sokratische Methode ist eine Unterrichtsmethode. Sie soll dem Schüler dazu verhelfen, Einsicht, Erkenntnis zu gewinnen. Wir werden daher den Aufschluss über das, was für die sokratische Methode wesentlich ist, in einer kritischen Erörterung der menschlichen Erkenntnis zu suchen haben. Das führt hinein in philosophische Untersuchungen. Philosophische Untersuchungen dieser Art liegen in der Tat der Arbeit, wie wir sie in dieser Woche getrieben haben, zu Grunde. Diese Tagung ist angeregt worden durch die Arbeit Leonard Nelsons, der die sokratische Methode als *die* Methode des philosophischen Unterrichts entwickelt und selber gepflegt hat. Er hat darüber hinaus ihre Bedeutung für den mathematischen und naturwissenschaftlichen Unterricht aufgewiesen. Und die pädagogisch-methodische Arbeit, die er damit geleistet hat, ruht auf einer bestimmten philosophischen Überzeugung, auf der von Kant begründeten, von Jakob Friedrich Fries weiterentwickelten kritischen Philosophie.

Wenn[1] von der kritischen Philosophie Kants die Rede ist, so erhebt sich die Frage: Welche ist gemeint? Unter den Schülern und Nachfolgern Kants gibt es verschiedene Richtungen, die in vielen, auch wesentlichen Punkten einander widersprechen. Das ist kein Zufall. Das Werk Kants ist reich an fruchtbaren Ideen und Ansätzen, so reich, dass ihrem Urheber die[2] systematische Verarbeitung der ihn beschäftigenden Ideen nicht vollständig gelungen ist. Dieser Mangel zeigt sich in Inkonsequenzen und Widersprüchen, die in den Kantischen Werken stehen geblieben sind. Dass neben den grossen Entdeckungen Kants in seinem System

---

[*] G. Hermann: Vortrag, gehalten während der pädagogischen Woche in Eddigehausen, am Montag, den 7. Oktober 1946. Privatarchiv Dieter Krohn.

[1] Ursprünglicher, aber gestrichener Text: in irgend einem Zusammenhang.

[2] Ursprünglicher, aber gestrichener Text: vollständige.

Irrtümer stehen, das geht aus der Tatsache dieser Widersprüche hervor. Was aber im Einzelnen Entdeckung und Erkenntnis und was Abweg und Irrtum war, das zu entscheiden war die wissenschaftliche Aufgabe, vor der seine Schüler und Nachfolger standen. Die Gegensätzlichkeit der verschiedenen nachkantischen Schulen, die sich auf Kant als ihren Gründer berufen, lässt sich aus diesen im Kantischen Werk selber liegenden Gegensätzen verstehen. Leonard Nelson hat, in seiner bisher unveröffentlichten Geschichte der Metaphysik, die //2// Lehre Kants systematisch nach solchen Stellen durchforscht, in denen eine Unstimmigkeit in den Ansätzen Kants die Schüler Kants vor eine Entscheidung stellte. In[3] allen entscheidenden Stellen dieser Art haben sich Vertreter für jede der damit gegebenen Fortbildungsmöglichkeiten der Kantischen Philosophie gefunden.

Wohin gehört im Gewirr der so entstandenen Kantischen Schulen die Kant-Fries'sche Philosophie? Fries hat sich, in der Beurteilung und in der Fortentwicklung der Kantischen Gedanken, an den methodischen Grundgedanken gehalten, der Kant, insbesondere vom Eintritt in die kritischen Periode[n] seines Philosophierens an, geleitet hat, an Kants Bestreben, die Philosophie auf den sicheren Weg der Wissenschaft zu bringen. Versteht man Kants „Kritik der reinen Vernunft" als das, als was er selber sie verstanden wissen wollte, als einen „Traktat von der Methode", dann ergibt sich damit ein Ausleseprinzip, das aus der Fülle Kantischer Gedanken die entscheidenden Entdeckungen und Ansätze herauszustellen erlaubt: Entscheidend für die kritische Philosophie sind nicht irgend welche Einzelergebnisse, mit denen Kant oder einer seiner Schüler auf die uralten, die Menschheit immer wieder beschäftigenden Probleme der Philosophie geantwortet hat; entscheidend ist die kritische Methode, um deren Entwicklung Kant sich bemüht hat und die ihm die Richtlinien dafür gegeben hat, solche alten philosophischen Probleme klar zu stellen und auf ihre Lösung hinzuarbeiten.

Der Schlüssel zu einem tieferen Verständnis der sokratischen Methode liegt in dieser kritischen Methode und in den ihr zu Grunde liegenden erkenntniskritischen Erörterungen, ob und wie philosophische Fragen sich wissenschaftlichmethodisch[4] behandeln lassen. Ich stehe also, wenn ich heute Morgen über die philosophischen Grundlagen der sokratischen Methode sprechen soll, vor der Aufgabe, Ihnen etwas über diese methodischen Untersuchungen der kritischen Philosophie zu erzählen. Wie aber soll ich diese Aufgabe anpacken? Ich glaube, dass Sie auf Grund der sokratischen Arbeit der hinter uns liegenden Tage verstehen werden, welche Schwierigkeiten diesem Versuch entgegenstehen, unsokratisch, durch einen blossen Vortrag eine Verständigung über ein so tiefliegendes Pro-

---

3   Ursprünglicher, aber gestrichener Text: Nelson hat nachgewiesen, dass.
4   Ursprünglicher, aber gestrichener Text: einer Lösung zuführen lassen.

blem herbeizuführen. Eine wirkliche Verständigung setzt voraus, dass wir uns gemeinsam mit einem solchen Problem herumschlagen und dabei Erfahrungen mit den auftauchenden Klippen und Schwierigkeiten sammeln. Da wir dafür in der uns verbleibenden Zeit nicht mehr die Musse haben, will ich die Aufgabe für diesen Vortrag bescheiden nur so stellen, die von uns in diesen Tagen gemeinsam gewonnenen Erfahrungen daraufhin mit Ihnen durchzugehen, was sich aus ihnen über die Gründe menschlicher Erkenntnis und damit über die Möglichkeit einer methodischen Bearbeitung philosophischer Fragen entnehmen lässt. Denn wenn es richtig ist, dass die Richtlinien des sokratischen Gesprächs den methodischen Hinweisen jener erkenntniskritischen Erörterungen entsprechen, dann werden wir //3// umgekehrt auch erwarten können, in sokratischen Gesprächen darüber Aufschluss zu gewinnen, ob und auf welchem Weg es gelingt, Unklarheiten und Meinungsverschiedenheiten zu überwinden und auf strittige Fragen eine begründete Antwort zu finden.

In einer unserer Abendaussprachen kamen wir auf die Frage, ob die sokratische Methode und die des Arbeitsunterrichts dasselbe seien oder wo der Unterschied zwischen beiden Methoden läge. Auch diese Frage drängte dahin, die weiterführende Frage nach den philosophischen Grundlagen der sokratischen Methode zu stellen. Eine der entscheidenden Richtlinien des Arbeitsunterrichts ist es gewiss, den Schüler zu selbsttätigem Arbeiten zu erziehen. Auch der nach sokratischer Methode unterrichtende Lehrer strebt[5] danach. Es fragt sich aber für jeden dieses Ziel verfolgenden Lehrer, welche Art der Selbsttätigkeit er anregen möchte und mit welchen Mitteln er glaubt, das erreichen zu können.

Es ist eine heute kaum mehr umstrittene pädagogische Wahrheit, dass jede Erziehung zu selbsttätigem Erkennen davon ausgehen muss, dem Kind Anschauungen zu bieten, es eigene Beobachtungen machen zu lassen und sie dem weiterführenden Unterricht zu Grunde zu legen. Der Grund für diese Forderung ist leicht einzusehen: Anschauung und Beobachtung steht am Anfang jeden Wissens, jeder Klärung von Vorstellungen, jeder Bildung von Begriffen. Zwar können wir uns Vorstellungen auch von Dingen bilden, die wir nie gesehen und wahrgenommen haben. Das Kind hat anschauliche Vorstellungen von Märchenwesen, die ihm in der Wirklichkeit nie begegnet sind. Woher stammt diese Anschauung? Nun einfach daher, dass auch diese Märchengestalten in all ihren einzelnen Zügen irgend welchen bekannten Wesen oder Dingen gleichen. Riesen und Zwerge, Hexen und Untiere haben Glieder wie Menschen und Tiere und weichen von solchen Urbildern nur in der Grösse oder der Zusammensetzung der Gliedmassen ab. Was die Phantasie zu den aus eigenen Beobachtungen stammenden Vorstellungen hinzu-

---

5   Ursprünglicher, aber gestrichener Text: gewiss.

tut, ist nur die neue Anordnung. Sie vergrössert oder verkleinert und fügt Dinge zusammen, die in unserer täglichen Erfahrung nicht zusammengehören. Aber sie braucht für ihre Bildung und Dichtung ein Material, mit dem sie so spielen kann. Und das entnimmt sie der Wahrnehmung, der Beobachtung.

Dass wir ein solches Material brauchen, um den eigenen Vorstellungskreis zu erweitern, ergibt sich auch aus der bekannten Erwägung, dass man einem von Geburt an Blinden durch keine noch so sorgfältige Beschreibung mitteilen kann, was Farben sind. Zwar kann unter Umständen auch ein Blinder Optik studieren und physikalische Untersuchungen über verschiedenfarbiges Licht machen. Aber für ihn handelt es sich dabei um gewisse physikalische Vorgänge, um Wellenbewegungen mit verschiedenen Schwingungszahlen und Wellenlängen. Vielleicht verschafft er sich die Kenntnis dieser Vorgänge, indem er seine Versuchsapparatur abtastet und dabei etwa eine Zeigerstellung beobachtet. Die Vorstellungen aber, die der Sehende mit den Worten „rot" oder „grün" //4// verbindet, kommen in diesen Untersuchungen des Blinden überhaupt nicht vor.

Jeder Erzieher, der seinem Schüler ein reiches Material an anschaulichen und klaren Vorstellungen mitgeben will, muss daher Wahrnehmung und Beobachtung des Schülers üben. Diese Übung kann durch keine Belehrung ersetzt werden. Im Gegenteil: Belehrung kann erst da fruchtbar werden, wo eigene Beobachtung und Erfahrung einen hinreichenden Schatz eigener, klarer Vorstellungen sichergestellt hat. Ob sie dann fruchtbar wird, hängt allerdings noch von andern Bedingungen ab. Die Pflege eigener Beobachtungen ist nur der erste Schritt in einer Erziehung zu selbsttätigem Erkennen. Die schwerere Aufgabe steht noch bevor: die Erziehung zu selbsttätigem Verarbeiten der gewonnenen Eindrücke. Die sokratische Methode hat es offenbar mit diesem Prozess zu tun, und zwar packt sie gedankliche Unklarheiten und Schwierigkeiten an, die sich ihm in den Weg stellen. Worin besteht nun dieses Verarbeiten? Und warum sollte es nicht gelingen, durch eine nur belehrende Anleitung den Schüler in dieser Kunst zu unterrichten?

Wir haben während unserer Tagung das Glück gehabt, auf einem einfacheren Gebiet als dem, mit dem die sokratische Methode es zu tun hat, zu verfolgen, welche Selbsttätigkeit der heranwachsende Mensch aufbieten muss, um zu selbsttätigem Erkennen zu kommen und wie wenig blosse Belehrung ihm diese Arbeit abnehmen kann. Dabei handelte es sich um einen Schritt, der gleichsam zwischen dem Sammeln sinnlicher Eindrücke und ihrer gedanklichen Verarbeitung liegt. Das „bildende Material", das Herr Oehmichen uns vorführte, soll den Schüler auch zu eigener Anschauung anregen. Dabei kommt es offenbar nicht auf die blosse Mannigfaltigkeit des Gebotenen an. Dieses Material bietet dem Kind im Gegenteil wieder und wieder gleichartige Vorstellungen - nur jeweils mit einer andern Anordnung des Materials. Ich denke hier vor allem an die Täfelchen, mit deren

Hilfe die Zahlvorstellung entwickelt und das Rechnen vorbereitet werden sollte. Das Kind besieht und betastet immer wieder Haufen von mehr oder weniger geordneten kleinen kreisförmigen Flecken. Indem es mit ihnen umgeht, lernt es, und zwar ohne dass der Lehrer ihm darüber etwas mitteilt, ja fast ohne dass er mit ihm darüber spricht, sich die abstrakten Vorstellungen von Zahlen zu bilden. In ähnlicher Weise bereitet das Hantieren mit den Klapptäfelchen, auf denen ein Teil der Punkte abwechselnd verdeckt und gezeigt werden kann, die Vorstellungen vom Hinzufügen und Wegnehmen, und damit die der Rechenoperationen Addition und Subtraktion vor. Anderes Material legt die Grundlage für geometrische Vorstellungen.

Was ist der Sinn dieses Materials? Es ist gewiss nicht die Absicht, dem Gedächtnis des Kindes Formen, Farben und Anordnung dieses Materials einzuprägen. Für jedes Kind kommt die Zeit, wo das Material seinen Dienst getan hat und aus der Hand gelegt werden kann. Es mag dann ruhig überhaupt vergessen werden; das, was es dem Schüler übermittelt hat, ist davon unabhängig. //5//

Das sind die Vorstellungen von Zahlen, ihren Eigenschaften und Beziehungen zu einander, von geometrischen Verhältnissen, von feinen Unterschieden in der Form, der Quantität oder der Qualität des Beobachteten. Alle diese Vorstellungen klingen an in dem, was das Kind in dem Umgang mit dem Material wahrnimmt und beobachtet. Aber sie klingen darin nur[6] an verknüpft mit anderen Vorstellungen und vielleicht überdeckt von ihnen, und es bedarf eines längeren Umgangs mit diesem Material, bis es dem Kind gelingt, sie klar für sich aufzufassen, sie auch auf kompliziertere Verhältnisse seiner Umgebung anzuwenden und schliesslich mit ihrer Hilfe rechnen zu lernen und mathematische Zusammenhänge zu studieren.

Auch bei diesem Prozess handelt es sich also darum, dass sich das Kind die Vorstellungen, mit denen es später arbeiten soll, selber erwerben muss. Es muss sie selber da aufsuchen wo sie in ihm angeregt werden. Das Studium dieses „bildenden Materials" hat uns gezeigt, dass diese Anregung in der Wahrnehmung und Beobachtung liegen und trotzdem weit über die konkreten Merkmale des gerade hier beobachteten Gegenstandes hinausgehen kann. Es liegt mehr im anschaulichen Gehalt unserer Erfahrung als nur die Kenntnisnahme des gerade vorliegenden Gegenstandes mit seinen konkreten Merkmalen. Wir fassen vielmehr zugleich allgemeine, anschauliche Beziehungen auf, die von diesem konkreten Gegenstand und der augenblicklichen Situation unabhängig sind. Darin finden wir die Grundlagen mathematischer Erkenntnisse.

In der Aussprache über das Material von Herrn Oehmichen ist der Ausdruck gefallen, der Umgang mit diesem Material sei für den Schüler gewissermassen eine

---

6 Ursprünglicher, aber gestrichener Text: dunkel.

„vorsokratische Erziehung". Damit ist die sich in der Tat aufdrängende Verwandtschaft zwischen beiden Methoden gut beschrieben. Das Kind erwirbt sich selber,
durch eigenen Umgang mit dem Material, die abstrakten Vorstellungen die es später im Rechnen, in der Raumlehre und auch in der höheren Mathematik braucht.
Es erwirbt diese Vorstellungen aber weder durch einen Denkprozess, noch durch
blosse Beobachtung, sondern durch eine Konzentration auf die eigene Anschauung, um dadurch allgemein mathematische Vorstellungen, die mit den Eindrücken
unserer Sinne verbunden, aber vielfach von ihnen zunächst überdeckt sind, aufzufassen und für sich klar herauszuarbeiten.

Nicht immer genügt die blosse Konzentration auf die eigene Anschauung
zur Aufklärung solcher mathematischen Grundvorstellungen sondern es treten
gedankliche Schwierigkeiten hinzu. Darin liegt dann die Aufgabe für eine sokratische Aussprache. Wir haben im Verlauf unseres Kurses etwas derartiges in den
Aussprachen über das Unendliche erlebt. Wir standen vor der Frage, ob die Anzahl
der Sterne endlich oder unendlich sei. Für beide Annahmen wurden von den
verschiedenen Diskussionsteilnehmern Gründe vorgebracht. Die Argumentation
für die Annahme unendlich vieler Sterne nahm nach längerem Hin und Her die
folgende Form an: So weit ich auch im Zählen der mir erkennbaren Sterne gegangen sein mag, so kann ich doch nie wissen, ob ich alle Sterne damit erfasst habe.
Selbst wenn hinter dem letzten //6// der gezählten Sterne auf weite Strecken hinaus
kein neuer Stern mehr zu entdecken ist, so dehnt sich doch der Raum dahinter
immer und immer noch weiter, über jede denkbare Grenze hinaus. Es ist daher
möglich, dass sich in grösserer Entfernung, als ich sie bisher überschauen kann,
noch wieder Sterne finden. Und da ein unendlicher leerer Raum etwas schlechthin
Unvorstellbares ist, so nehme ich an, dass auch in dem bisher unerforschten Gebiet
sich noch Sterne befinden.

Wir haben lange über die eine anschauliche Vorstellung diskutiert, auf die sich
dieser Gedankengang stützt, wonach sich jeweils hinter dem äussersten Gebiet, bis
zu dem ich irgendwann einmal in der Erforschung meiner räumlichen Umgebung
vorgedrungen sein mag, weitere, neue und also noch unerforschte Gegenden
erstrecken. Diese Vorstellung überschreitet offenbar das, was wir aus der bisherigen
Beobachtung haben entnehmen können. Wir haben sie ja gerade klar herausgearbeitet auf Grund der Vorstellung so weit entfernter Gebiete der Sternenwelt, dass
sie faktisch bis heute noch niemand beobachtet hat. Andererseits genügte es, sich
das Vordringen in solche noch unerforschten Gebiete anschaulich vorzustellen,
um sich davon zu überzeugen, dass über jede mögliche Grenze hinaus noch neue
Gebiete liegen.

Dieser anschaulichen Vorstellung konnte sich keiner der Gesprächspartner
entziehen. Trotzdem herrschte bei einigen ein tiefes Misstrauen, damit einer

Täuschung verfallen zu sein. Das rührte zum Teil von Einwänden her, wie sie von Vertretern der modernen Physik gegen solche Überlegungen geltend gemacht werden. Danach stimmt es zwar, dass wir beim geradlinigen Vordringen in den Raum hinein nie an eine Grenze kommen, an der die räumliche Ausdehnung zu Ende ist. Wohl aber sei es denkbar, dass wir bei diesem Vordringen schliesslich wieder in bekannte Gegenden zurückkommen, so wie es etwa dem Erdbewohner geht, der immer in der gleichen Richtung um die Erde herumreist und dabei schliesslich wieder an seinen Ausgangspunkt zurückkommt. Die gekrümmte Kugeloberfläche ist unbegrenzt aber endlich; die grössten Kreise auf ihr, die sogenannten „geraden Verbindungen" zwischen irgend zwei Punkten dieser Kugeloberfläche, laufen in sich selber zurück. In einer Analogie zu diesen Verhältnissen spricht man von der Möglichkeit, dass der dreidimensionale Raum, in dem wir leben, ein „gekrümmter Raum" sei, dessen gerade Linien endliche, geschlossene Kurven seien. Welche Gründe auch immer zu solchen Übertragungen Anlass geben mögen und was ihr berechtigter Kern auch sein mag - wir haben keine Zeit, hier darauf einzugehen -, so können sie uns doch nicht darüber hinwegtäuschen, dass solche Analogien mit unseren anschaulichen Vorstellungen in unlösbarem Widerspruch stehen: Die grössten Kreise auf der Kugeloberfläche sind keine Geraden, sondern im Raum gekrümmte Linien, die wir von den wirklichen Geraden wohl zu unterscheiden wissen. Die Übertragung auf den dreidimensionalen Raum wäre nur möglich, wenn wir uns einen vierdimensionalen Raum vorstellen könnten, in dem unser Raum gekrümmt //7// wäre und in dem die wirklichen Geraden verliefen. Diese Vorstellung aber widerspricht unserer Raumanschauung.

Die mühevolle und zeitweise verworrene Unterhaltung über die Anzahl der Sterne konnte uns zweierlei zeigen: einmal die Möglichkeit, über die anschaulichen Verhältnisse räumlicher Beziehungen allgemeine Aussagen zu machen, die weit über das von uns je Beobachtete hinausgehen, dann aber auch die Schwierigkeit, diese anschaulichen Verhältnisse auch nur aufzufassen, geschweige denn, daraus die richtigen Schlüsse zu ziehen, sobald unsere Fragestellung mit gedanklichen Unklarheiten beladen ist.

Woher aber kamen die gedanklichen Unklarheiten, wenn wir es doch mit anschaulichen Verhältnissen zu tun hatten? Auch darüber kann jene Unterhaltung uns etwas verraten. Die Gegenargumente gegen die Vermutung, dass es unendlich viele Sterne gäbe, gingen in der einen oder andern Weise von der Vorstellung der Gesamtheit aller Sterne aus. Einige Teilnehmer meinten, die Gesamtheit aller Sterne sei etwas Wirkliches und müsse darum endlich sein. Denn alles, was existiert, sei endlich. Andere glaubten, von der Gesamtheit aller Sterne überhaupt nur sprechen zu können, falls diese Menge aller Sterne etwas Endliches, Abgegrenztes wäre. Denn die Vorstellung „alle" oder „Gesamtheit" habe einen Sinn nur, sofern der Bereich der Gegenstände, auf den sie sich bezieht, genau umgrenzt sei.

Wir hatten in unsern Aussprachen nicht Zeit, diesen Argumenten auf den Grund zu gehen und sie jener anschaulichen Vorstellung vom unbegrenzten Fortschreiten in immer neue Gebiete gegenüberzustellen. Aber wir können hier schon feststellen, dass die Unklarheiten offenbar mit den Vorstellungen „alle", „Gesamtheit", „Wirkliches" in unsere Überlegungen hineingekommen ist [sic !]. Diese Vorstellungen steckten schon in der Frage, von der wir hier ausgingen, in der Frage nämlich: Wieviel Sterne gibt es? Allerdings kommen sie in ihr nur in einer gewissen versteckten Weise vor: keins der genannten Worte ist im Wortlaut der Frage enthalten. Trotzdem nötigte uns die Unterhaltung über diese Frage, uns mit jenen Vorstellungen zu beschäftigten, und dadurch gerieten wir von der einfach erscheinenden Ausgangsfrage in all die Schwierigkeiten unserer Diskussion. Wir haben hier also in gewisser Hinsicht eine ähnliche Lage, wie wir sie beim Studium von Herrn Oehmichens anschaulichem Material vorfanden: So wie die Anschauung geeigneten Materials offenbar mehr Vorstellungen anregt als die von den konkreten, einzelnen Gegenständen, die wir da vor uns haben, so enthalten einfache Fragestellungen und Überlegungen, in denen wir uns mit den Dingen unserer Umgebung beschäftigen, ungenannte[7] Vorstellungen, die wiederum über die Beschreibung der konkreten Umstände hinausgehen. Wir wenden sie an, ohne uns darüber zunächst Rechenschaft zu geben, ja ohne sie im Wortlaut unserer Überlegung zu nennen. Erst eine genauere Prüfung der eigenen Frage oder Behauptung nötigt dazu, die stillschweigend angewand//8//ten Vorstellungen und die mit ihnen verbundenen stillschweigenden Voraussetzungen zu nennen, klarzustellen und zu rechtfertigen. Und bei diesem Versuch entstehen Meinungsverschiedenheiten, und es geschieht nur zu leicht, dass die vorgetragenen Meinungen immer dunkler und verworrener zu werden scheinen.

Diese Erfahrung ist wohl in jedem unserer Kurse gemacht worden. Auch wo die Ausgangsfrage es mit konkreten Schwierigkeiten unseres heutigen Lebens zu tun hatte - etwa mit dem Konflikt eines Lehrers, ob er die Amtsenthebung eines politisch schwer kompromittierten Kollegen beantragen solle -, führte die Aussprache bald in Situationen hinein, in denen die Gesprächspartner anscheinend an einander vorbeiredeten und selber den Eindruck gewannen, dass ihnen jeder gemeinsame Boden fehlte, von dem aus sie zusammen die aufgeworfene Frage hätten beantworten können. In der eintretenden Sprachverwirrung ertönt dann häufig der Ruf nach Definitionen, den wir in der vergangenen Woche ja auch mehr als einmal gehört haben. Wie soll die Unterhaltung fortgeführt werden, wenn wir nicht zunächst

---

7   „implizite" gestrichen und „ungenannte" eingefügt.

durch eindeutige Worterklärungen festlegen, was wir unter „Denunziation", oder „Wahrhaftigkeit", oder unter „Denken" und „Vorstellen" verstehen wollen? Wir sind in einer Abendunterhaltung auf die Tatsache eingegangen, dass die Diskussionsleiter sich verschiedentlich diesem Verlangen widersetzt haben. Warum? Einen Begriff durch eine Definition festzulegen, gelingt nur dann, wenn man klar darüber ist, was für ihn wesentlich ist. Gerade das war aber in den geschilderten Situationen offenbar nicht der Fall! Nun meinten zwar einige Teilnehmer unserer Diskussionen, man könne dieser Unklarheit[8] dadurch ausweichen, dass man dem Begriff, der Schwierigkeiten mache, willkürlich diesen oder jenen Inhalt gebe. Es komme doch nur darauf an, sich auf eine Deutung zu einigen und an der im weiteren Verlauf der Unterhaltung festzuhalten. Dieser Vorschlag wird nur gerade der Tatsache nicht gerecht, von der, wie wir gesehen haben, die Schwierigkeit ausgeht: die Vorstellungen, über deren exakte begriffliche Bestimmung wir im Zweifel sind, tauchen in unseren Überlegungen auf, ohne dass wir zunächst abstrakt über sie Rechenschaft zu geben oder sie gesondert für sich aufzufassen vermöchten. Daher hilft es[9] nicht[10], sie durch willkürliche Begriffsbildungen ersetzen zu wollen. Wir hätten keine Gewähr, damit das wiederzugeben, was in der spontanen und unreflektierten Anwendung jener Vorstellungen zum Ausdruck kommt. Wenn aber beides nicht mit einander übereinstimmt, dann können wir nie ausschliessen, dass der künstlich gebildete Begriff[11] wieder durch die ursprüngliche, gefühlsmässig angewandte Vorstellung verdrängt wird.

Dieser Anteil einer nur gefühlsmässigen Beurteilung. die schon in der Ausgangsfrage und in der Art, wie der Einzelne an sie herangeht, steckt, zeigt uns, mit welchen Schwierigkeiten die sokratische Methode es zu tun hat. Diesen Schwierigkeiten gegenüber genügt es nicht mehr, sich, wie im Umgang mit dem „bildenden Material", nur auf die eigene Anschauung zu kon//9//zentrieren, um in ihr die allgemeinen, mathematischen Vorstellungen zu entdecken, die sie enthält. Hier haben wir es nicht mit einer Durchmusterung anschaulicher Vorstellungen, sondern mit einer Aufklärung des Gefühls zu tun. Wie ist das möglich? Was kann geschehen, wenn im sokratischen Gespräch Meinungsverschiedenheiten auftreten, ohne dass auf der einen oder der andern Seite eine klare Darlegung oder gar eine befriedigende Begründung der eigenen Meinung gelingt? Wir sind in unseren Unterhaltungen immer wieder in diese Lage gekommen. Da stand Meinung gegen Meinung,

---

8 Ursprünglicher, aber gestrichener Text: doch gerade.
9 Ursprünglicher, aber gestrichener Text: aber auch.
10 Ursprünglicher, aber gestrichener Text: weiter.
11 Ursprünglicher, aber gestrichener Text: nicht.

und der Versuch, den andern zu überzeugen, führte nach wenigen Schritten dahin, dass jeder sich auf sein Gefühl berief, das ihn zu dieser Auffassung führe. Die Erfahrungen unserer Aussprachen haben gezeigt, dass selbst diese Situation nicht ausweglos ist. Wir haben zwar in den Fällen, wo tieferliegende Meinungsverschiedenheiten, sei es in praktisch-politischen, sei es in philosophischen Fragen, auftauchten, keine restlose Verständigung erzielt. Wohl aber hat sich gezeigt, dass eine Unterhaltung noch längst nicht damit am Ende sein muss, dass im Gegeneinander der Meinungen Gefühl gegen Gefühl steht, ohne dass einer der Streitenden seine Auffassung durch ein klares und wohldurchdachtes Argument stützen könnte. In der Aussprache über jene Denunziation standen sich z.B. die Meinungen ursprünglich in dieser Weise gegenüber. Und dann wurden in längerer Arbeit von beiden Seiten Merkmale zusammengetragen, die den untersuchten Fall näher beschrieben, als er anfangs, bei der Stellung des Problems geschildert worden war. Es wurde erörtert, wodurch der denunzierte Lehrer sich kompromittiert habe und welche Wirkung sein Verbleiben in der Schule, aber auch seine Entlassung auf die ihm jetzt anvertrauten Kinder haben werde. Alle diese Erörterungen betrafen den blossen Tatbestand. Immer wieder wurden neue Fragen aufgeworfen, auf die weder der Berichterstatter noch die Zuhörer bei der ersten Schilderung des Falles geachtet hatten. Es gelang nicht immer, diese Fragen zufriedenstellend zu beantworten; denn auch der Berichterstatter kannte den Fall nicht in allen Einzelheiten und konnte daher auf einige Fragen nur mit Vermutungen antworten. Aber diese Unsicherheit rührte nur aus der mangelnden Kenntnis des Tatbestandes her, nicht aus der Dunkelheit des Gefühls. Und für diese gefühlsmässige Beurteilung des Falles, über die unmittelbar gar nicht einmal gesprochen wurde, wurde dieses Gespräch aufschlussreich: Denn im Fortgang dieser Unterhaltung wurde den Teilnehmern klar, dass für ihr eigenes, gefühlsmässig oft schon feststehendes Urteil die hier erörterten Einzelheiten des geschilderten Vorgangs wesentlich waren.

Was geht in einer solchen Unterhaltung vor? Wir bemühen uns dabei offenbar, Gründe für die eigene gefühlsmässige Stellungnahme beizubringen. Wir tun das, obwohl wir über diese Gründe zunächst keineswegs verfügen: Wir suchen sie erst und müssen sie uns erarbeiten. Das bedeutet nicht, das wir nachträglich ein Argument konstruieren, das eine ohnehin feststehende Meinung dem Diskussionspartner gegenüber vielleicht stützen könnte, //10// ohne mit dem ursprünglichen Gefühl etwas zu tun zu haben. Sondern wir fragen uns, woran sich dieses Gefühl denn im vorliegenden Fall orientiert hat. Dabei wird unsere Aufmerksamkeit auf diese oder jene Einzelheit des geschilderten Falls gelenkt, die faktisch unser Gefühl bestimmt hat, ohne dass wir selber bisher auf diesen Zusammenhang geachtet hätten. Daher tauchen in der Auseinandersetzung mit dem eigenen Gefühl immer wieder Fragen nach weiteren Tatbestandsmerkmalen auf. Denn nun wird es unter

Umständen plötzlich zum Problem, ob die Verhältnisse wirklich so gewesen sind, wie wir sie, ohne darüber nachzudenken, stillschweigend vorausgesetzt hatten. In solchen Unterhaltungen kann es[12] passieren, dass die Vertreter entgegengesetzter Standpunkte einander näher kommen, weil sie merken, dass sie sich ein verschiedenes Bild vom faktischen Sachverhalt gemacht hatten. Sobald durch eine genauere Erörterung des Tatbestandes dieser Unterschied[13] überwunden ist, verschwindet manchmal der Gegensatz in der gefühlsmässigen Beurteilung schon völlig, oder verliert doch seine ursprüngliche Schärfe. Aber auch wo der Meinungsstreit sich nicht in dieser einfachen Weise erklären und bereinigen lässt, wird die Unterhaltung durch diese Verständigung über die Gründe, die den einen und den andern in seinem gefühlsmässigen Urteil geleitet haben, um einen entscheidenden Schritt weitergeführt. Sie löst sich vom Streit um den Einzelfall und geht statt dessen auf die Gesichtspunkte ein, nach denen die Gesprächspartner diesen Einzelfall beurteilt haben. Es kann durchaus sein, dass auch hierbei wieder zunächst Gefühl gegen Gefühl steht, anscheinend ohne dass einer der Teilnehmer das eigene Gefühl auflösen und durch Gründe rechtfertigen könnte. Aber in dem Bemühen, das eigene Gefühl besser zu verstehen, als man es bisher verstanden hat, und es an dem zu messen, was der Gesprächspartner ihm entgegenzusetzen hat, gelingt es auch hier, diesem Gefühl weiter auf den Grund zu gehen.[14] Und wiederum kann es vorkommen, dass die Gesprächspartner in der Verständigung über die Gründe für ihre verschiedenen Gesichtspunkte merken, dass sie mehr mit einander gemeinsam haben, als der Gegensatz ihre Urteile zunächst vermuten liess.

In einem unserer Kurse ging z.B. der Streit um das Gebot der Wahrhaftigkeit. Einige waren der Meinung, dass das Gebot: Du sollst nicht lügen! ohne Einschränkung gelte. Andere lehnten das ab und schilderten, in dem Bemühen, ihren Standpunkt zu begründen, Situationen, in denen sie, um ein Unrecht abzuwehren oder um einem Menschen einen sehr wichtigen Dienst zu erweisen, eine Lüge für berechtigt, vielleicht gar für notwendig halten würden. In dieser Unterhaltung stellte es sich heraus, dass auch die andern, die die Lüge grundsätzlich ablehnten, die Möglichkeit solcher Situationen zugaben. Sie erkannten dann auch an, dass zwischen diesem Zugeständnis und ihrer eigenen grundsätzlichen Überzeugung ein Widerspruch besteht. Aber was nun? Es gebe so viele Widersprüche, meinten einige, //11// da komme es auf einen mehr auch nicht an. Eine solche Resignation

---

12 Ursprünglicher, aber gestrichener Text: daher durchaus.

13 Ursprünglicher, aber gestrichener Text: Gegensatz.

14 Ursprünglicher, aber gestrichener Text: Auch für diese Gesichtspunkte, die uns in der Beurteilung des Einzelfalles geleitet haben, lassen sich da eventuell tiefer liegende Gründe auffinden, an denen wir uns unbewusst orientiert haben.

schiebt gerade das bei Seite, was in dieser Situation fruchtbar ist: Die Entdeckung des Widerspruchs zeigt an, dass in den eigenen Überzeugungen noch etwas unklar und aufklärungsbedürftig ist, dass wir also weiter den eigenen gefühlsmässigen Überzeugungen auf den Grund gehen müssen, um herauszufinden, was uns an dem einen und was an dem andern Standpunkt wesentlich erscheint. Das bedeutet in unserm Fall keineswegs, dass die grundsätzliche Ablehnung jeder Lüge durch den aufgedeckten Widerspruch erledigt sei und sang- und klanglos fallen gelassen werden müsse. Es fragt sich auch hier erst wieder, ob nicht auch diese Ablehnung sich auf tiefere Gründe zurückführen lasse und was von diesen Gründen aus zu jenen Gegenbeispielen zu sagen sei, in denen, nach dem Urteil aller, eine Lüge notwendig werde und gerechtfertigt erscheine.

Wie weit es allerdings gelingen kann, durch ein solches Zurückgehen zu den Gründen der eigenen Meinung und der des Gesprächpartners die eigene Auffassung zu klären und zu bereinigen und sich mit dem Partner zu verständigen, darüber können wir auf Grund der gewonnenen Erfahrungen dieser Woche nur wenig sagen. Wir haben gewisse Schritte gemeinsam getan; aber in jeder unserer Aussprachen sind wir auf tieferliegende Fragen und Gegensätze gestossen, deren Lösung nicht mehr gelungen ist. Lag das nur daran, dass Zeit und Ruhe für diese Aufgabe fehlte? Oder sind dem Bemühen um eine solche Verständigung mit dem Mitmenschen und mit uns selber Grenzen gesetzt, über die wir bei aller Sorgfalt und Anstrengung doch nie hinweggekommen wären? Um das entscheiden zu können, müssen wir noch tiefer auf den Vorgang eingehen, der in der Besinnung auf die unsere Urteile bestimmenden Gründe und im Bewusstmachen dieser Gründe besteht. Haben wir irgend welche Anhaltspunkte dafür, anzunehmen, dass wir mit diesem Bemühen schliesslich zu Erkenntnisgründen vordringen, mit deren Hilfe wir unsere Streitfragen bereinigen und das eigene Urteil auf sicheren Grund stellen können? Oder schieben wir den Punkt, in dem schliesslich doch nur Gefühl gegen Gefühl steht, nur ein wenig weiter hinaus, ohne ihn wirklich überwinden zu können?

Wir stehen damit vor der Frage nach dem Ursprung jener Vorstellungen, die, wie wir gesehen haben, stillschweigend in Aussagen und Fragen des täglichen Lebens, vorausgesetzt werden und die doch über die bloss beschreibende Wiedergabe der beobachteten Einzelheiten des vorliegenden Falles hinausgehen. Diese Frage ist das Kernproblem der Erkenntniskritik Kants und seiner Schüler Fries und Nelson; sie stellt den Prüfstein dar, an dem sich die von ihnen entwickelte kritische Methode bewähren muss. Ich muss, wie ich eingangs sagte, darauf verzichten, Ihnen diese methodischen Untersuchungen im Einzelnen vorzutragen. Aber die Erfahrungen, die wir in den Aussprachen der vergangenen Woche zusammen gemacht haben, enthalten einige interessante Hinweise darüber, in welcher Richtung die Lösung dieses tiefliegenden Problems zu suchen ist. Und auf diese Punkte will ich im Folgenden noch eingehen. //12//

In der Aussprache der siebzehnjährigen Schüler, der wir beigewohnt haben, wurde eins der wichtigsten Ergebnisse, durch eine sehr einfache, formale Überlegung erreicht. Die Jungen unterhielten sich über die Aufgaben des Staates, und einer hatte die Behauptung aufgestellt, der Staat solle seine Massnahmen so treffen, dass sie möglichst vielen seiner Bürger gerecht würden. Darauf wandte ein anderer ein: Wenn sie nur möglichst vielen gerecht werden, sind sie es nicht für alle. Der Staat ergreift also Massnahmen, die für einige seiner Bürger ungerecht sind. Dann hat er aber Unrecht geschaffen, entgegen seiner Aufgabe, das Unrecht zu verhindern. Im weiteren Verlauf der Unterhaltung kam dann heraus, dass man in zwei verschiedenen Bedeutungen davon spricht, es jemandem recht bzw. gerecht zu machen. Nach der einen Bedeutung kann es durchaus vorkommen, dass wir es dem einen recht machen und gerade damit dem andern nicht: was im Interesse des einen liegt, kann dem andern sehr ungelegen sein. Im Sinn der zweiten Deutung ist ein solcher Gegensatz unmöglich; was in diesem Sinn recht ist, kann für niemanden Unrecht sein. Diese Feststellung war es, die in der Diskussion der Jungen ihre Aufmerksamkeit überhaupt erst auf den Unterschied beider Deutungen lenkte und dadurch half, die Vorstellung über die Aufgaben des Staates zu klären und zu vertiefen.

Das Kriterium, an dem hier die beiden Vorstellungen, es jemandem gerecht zu machen, von einander unterschieden wurden, ist dabei geradezu ein grammatischer Gesichtspunkt. Der entscheidende Satz, in dem zuerst von „Recht" die Rede war, wurde angegriffen, weil er nicht allgemein, sondern nur beschränkt galt, weil von „Recht für möglichst viele" und nicht von „Recht für Alle" gesprochen wurde. Die Vorstellung vom Rechten, dessen Schutz dem Staat anvertraut werden sollte, ist also verbunden mit der einer Allgemeingültigkeit, wie sie grammatisch in einem allgemeinen Urteil zum Ausdruck kommt. Die Unterscheidung zwischen allgemeinen und besonderen Urteilen gibt daher einen Anhaltspunkt, diese Vorstellung des Rechten aufzufinden und zu klären. Und sie gehört sicher mit zu den Vorstellungen, die meist nur gefühlsmässig angewandt werden und dabei von einer Fülle von Unklarheiten, Missverständnissen und Meinungsverschiedenheiten belastet sind.

Wir stossen damit auf Verhältnisse, die in gewisser Weise ähnlich sind wie die, die wir bei der Untersuchung des „bildenden Materials" vorfanden. Dabei fanden wir, dass die Anschauung geeigneten Materials mehr Vorstellungen in uns anregt als die der konkreten Gegenstände, die wir hier und jetzt vor Augen haben. An Hand dieses Materials werden vielmehr dem Kinde zugleich allgemeine mathematische Zusammenhänge anschaulich klar, und es kommt nur darauf an, die Vorstellung von diesen Zusammenhängen loszulösen von den Besonderheiten der hier vorliegenden Gegenstände. Und nun zeigt sich, dass auch in den einfachen gedanklichen Überlegungen und Äusserungen des täglichen Lebens mehr und andere Vorstellungen enthalten sind als die, durch die wir die Dinge und Vorgänge konkret beschreiben. Nur handelt es sich hier nicht um anschauliche, mathematisch demonstrier//13//bare Zusammenhänge, sondern um einen nur dem Denken zugänglichen gesetzmässigen Zusammenhang – in unserem Fall zwischen dem, was für den einen, und dem, was für die andern recht ist. Und die Vorstellung von diesem Zusammenhang wird hier nicht durch die Anschauung vermittelt, sondern durch die logisch-grammatischen Formen unserer Aussagen; wir können sie uns bewusst machen, indem wir auf die Bedeutung achten, die diese Formen für unsere Überlegungen haben.

In unseren Unterhaltungen über das Unendliche, auf die ich schon mehrfach hingewiesen habe, finden wir ein zweites Beispiel für diese Zusammenhänge. Bei der Frage nach der Anzahl der Sterne machte uns die Vorstellung von der Gesamtheit aller Sterne Schwierigkeiten. Auch diese Vorstellung ist offenbar nahe verwandt mit der Form des allgemeinen Urteils. Das alte Beispiel für ein allgemeines Urteil ist die Behauptung: Alle Menschen sind sterblich. Die Vorstellung „alle" bringt darin eine Verallgemeinerung zum Ausdruck: Nicht nur dieser oder jener Mensch ist sterblich, sondern jeder ist es; alle sind es. In unserer Diskussion über die Zahl der Sterne trat mit dieser Bedeutung des Wortes „alle" eine andere, weiterführende Vorstellung auf, und die war mit Schwierigkeiten belastet: Wenn wir nach der Anzahl aller Sterne fragen, dann studieren wir nicht irgend eine Eigenschaft, die jedem einzelnen Stern zukommt, sondern wir setzen voraus, dass diese Sterne, alle zusammen, eine Menge bilden, deren Eigenschaften wir untersuchen können. Die Zahl aller Sterne ist eine Eigenschaft dieser Menge, und nicht die irgend eines oder vieler oder aller einzelnen Sterne.

Diese Überlegungen sind[15], wie gesagt, nur knappe[16] Hinweise, wo wir die Lösung der Frage zu suchen haben, ob und wie philosophische Fragen sich methodisch, wissenschaftlich behandeln lassen. Gehen wir den Gründen unserer Urteile nach[17] dann führt uns das in der Regel nach[18] auf philosophische Vorstellungen wie etwa die des Rechts oder des Wirklichen. Solche Vorstellungen werden in den Erfahrungsurteilen des täglichen Lebens gewöhnlich gefühlsmässig vorausgesetzt, ohne dass wir uns davon Rechenschaft geben, oft ohne dass sie auch nur im Wort-

---

15 Ursprünglicher, aber gestrichener Text: können.
16 Ursprünglicher, aber gestrichener Text: nicht mehr sein als gewisse.
17 Ursprünglicher, aber gestrichener Text: wie sie etwa in einer sokratischen Unterhaltung auftreten.
18 Handschriftlich eingefügt: in der Regel nach.

laut der Behauptung ausdrücklich erwähnt werden. Fragen wir uns aber, woran
sich unser Gefühl in der Anwendung solcher Vorstellungen orientiert, dann finden
wir, dass die einfachen logischen Formen unserer Urteile den entscheidenden
Anhaltspunkt geben, wo und wie diese Vorstellungen anzuwenden sind. So sucht
der rechtlich fühlende Mensch nach einer Regelung menschlicher Verhältnisse,
die nicht nur dem oder jenem gerecht wird, sondern der jeder, der guten Willens
ist, zustimmen kann, weil sie für alle recht ist. So vertraut der unbefangen auf die
Umwelt reagierende Mensch darauf, dass alle Dinge, die er wahrnimmt, der einen
ihn umgebenden wirklichen Welt angehören und insofern auch unter einander in
einem durchgängigen Zusammenhang stehen. Wenn es uns gelingt, diesen Zusammenhang zwischen der uns nur dunkel vorschwebenden philosophischen Vorstellung //14// und der logischen Form des Urteils, mit deren Hilfe wir sie anwenden,
klar aufzufassen, dann gewinnen wir damit[19] ein Mittel, mit dem in vielen Fällen
Streitfragen über Bedeutung und Anwendung dieser Vorstellungen geschlichtet
werden können.

Wir rühren mit diesen Hinweisen an eins der Kernstücke der kritischen
Methode und der Erkenntniskritik Kants. Ich gehe hier nur so weit darauf ein,
wie ich es auf Grund der sokratischen Aussprachen dieser Woche und der darin
gewonnenen Erfahrungen tun kann. Ich glaube, das reicht schon hin, Ihnen einen
Eindruck von den philosophischen Grundlagen der sokratischen Methode zu
geben und Anhaltspunkte zu finden zur Beantwortung unserer eingangs gestellten
Frage: Was ist wesentlich für ein Arbeiten nach sokratischer Methode? Und welche
Eingriffe des Leiters einer solchen Arbeit sind demnach zulässig, welche nicht?

Blosse Belehrung bleibt unfruchtbar, wie wir sahen, sofern derjenige, dem sie
zuteil wird, noch nicht über die Grundvorstellungen verfügt, um die es sich in dem
handelt, was er auffassen soll. Diese Grundvorstellungen muss er sich selber erwerben, indem er sie da aufsucht, wo sie durch eigene Eindrücke und Erkenntnisse in
ihm zuerst angeregt werden. Das kann z.B. geschehen durch eigene Beobachtungen, zu denen der Schüler angehalten wird; es kann geschehen durch die Konzentration auf die anschaulichen Vorstellungen mathematischer Zusammenhänge, die
in der Anschauung geeigneten Materials mit angeregt werden. Und nun haben wir
gefunden, dass es noch weitere Grundvorstellungen gibt, die für die Erfahrungs-
urteile des täglichen Lebens von[20] Bedeutung sind und die wir doch nicht durch
blosse Beobachtung oder durch eine Konzentration auf die eigenen anschaulichen
Vorstellungen gewinnen. Sie melden sich in der gedanklichen Verarbeitung dessen,
was wir anschaulich aufgefasst haben, und auch da zunächst nur so, dass wir sie

---

19 Ursprünglicher, aber gestrichener Text: zugleich.
20 Ursprünglicher, aber gestrichener Text: grosser.

gefühlsmässig anwenden, ohne uns über ihre Bedeutung und ihren Anwendungs-
bereich begrifflich Rechenschaft zu geben. Diese Rechenschaft muss erst erarbeitet
werden, und zwar dadurch, dass wir sie hier aufsuchen und studieren, wo sie sich
unserm Bewusstsein, wenn auch noch so dunkel, faktisch zuerst anmelden. Dem
Schüler diesen Zugang zur Verständigung mit sich selber offen zu halten, ist die
Aufgabe des sokratischen Unterrichts. Jeder Eingriff des Lehrers, der dieser eigenen Arbeit des Schülers vorgreift durch Urteile, zu denen der Schüler noch keinen
eigenen Zugang haben kann, widerspricht dem Zweck der sokratischen Methode
und ist darum unzulässig. Ich kann Ihnen damit kein formal anwendbares Rezept
geben, nach dem sich ohne weiteres entscheiden liesse, ob eine bestimmte Frage
oder Bemerkung des Leiters eines sokratischen Gesprächs seiner Aufgabe entspricht oder nicht. Die Entscheidung darüber ist jeweils nur möglich, sofern wir
verstehen, vor welcher Aufgabe die Teilnehmer des Gesprächs hier stehen und was
erforderlich ist, damit sie diese Aufgabe selbsttätig lösen.

Erziehung in der sozialen Demokratie*

Wozu sollen wir erziehen? Wenn wir nach Mitteln und Wegen der Erziehung fragen, dann haben wir Alltagssituationen vor Augen, konkrete Verhältnisse, wie sie in unserer Zeit gegeben sind, uns Sorgen machen, uns vor Fragen und Aufgaben stellen. Wir haben den Boden der Erfahrung unter den Füßen, auf dem wir uns treffen und uns verständigen können. Die Frage nach dem Ziel, an dem Erziehung überhaupt sich orientieren soll, droht dagegen, uns in die verdünnte Luft grundsätzlicher, weltanschaulich geprägter Überzeugungen zu versetzen, auf Bergesgipfel gleichsam, die jeder von einem anderen Ausgangspunkt und auf anderen Wegen erstiegen hat und die, von einem zum anderen, ein Gespräch nicht zuzulassen scheinen.

Und doch lassen beide Fragen sich nicht voneinander trennen. Wie können wir uns über die praktischen Schritte der Erziehungsarbeit verständigen, wenn wir über das Ziel, das sie anstreben sollen, nicht einig sind? Jede tieferführende Auseinandersetzung über konkrete Erziehungsmaßnahmen muß vorstoßen zur Frage nach dem Ziel, an dem wir Sinn und Bedeutung solcher Maßnahmen messen. Mit dieser Frage haben wir es hier zu tun. Aber wie können wir sie anpacken, ohne der Gefahr zu verfallen, im Abstrakten zu diskutieren, getrennt durch weltanschauliche Gegensätze, in denen von vornherein Standpunkt gegen Standpunkt steht?

Die Verbindung unserer Frage zu den konkreten Erziehungsfragen unserer Zeit macht die Auseinandersetzung mit dieser Schwierigkeit unausweichlich. Sie zeigt zugleich den Weg zu ihrer Überwindung. Die Not unserer Zeit nötigt uns dazu, dem Anliegen der Erziehung unsere besondere Aufmerksamkeit zuzuwenden. Im Blick auf diese Not haben wir also den konkreten Ausgangspunkt, in dem dieses Anliegen lebendig wird und von dem aus wir dem Sinn und Ziel der sich hier aufdrängenden Aufgabe nachsinnen können.

Bei diesem Blick auf die Verhältnisse unserer Zeit werden wir von zwei Seiten her auf die Aufgabe der Erziehung gelenkt: einmal vom Kinde her, das in eine komplizierte, ihm nicht überschaubare Umwelt hineinwächst, das ein Recht hat auf Pflege und Entfaltung seiner Kräfte, die ihm den Weg zu einem freien und menschenwürdigen Leben erschließen; zum andern vom Zustand der Gesellschaft her, von ihren Krisen und Katastrophen, die nur durch eine demokratische und soziale

---

* G. Henry-Hermann: Erziehung in der sozialen Demokratie. In: Die Neue Gesellschaft. 1954, 1, 2, 3–6.

Gestaltung des mitmenschlichen Zusammenlebens überwunden werden können. Diese Aufgabe aber kann nicht durch politische Maßnahmen allein gelöst werden. Sie ist ebensosehr eine Frage der Gesinnungsbildung und der Erziehung in der Breite unseres Volkes.

Je nachdem, welcher dieser beiden Gesichtspunkte in der Erziehung vorangestellt wird, werden Zielsetzungen und Erziehungsmaßnahmen verschieden geprägt sein. In den pädagogischen Bestrebungen unseres Jahrhunderts zeigen sich diese Gegensätze bis hin zu den beiden Extremen, bei denen einseitig entweder nur Ansprüche des Kindes oder nur solche der Gesellschaft oder der „Volksgemeinschaft" für das pädagogische Verhalten maßgebend sind. Damit wurde in beiden Fällen eine verhängnisvolle Richtung eingeschlagen. Die Pädagogik „vom Kinde aus" stützte einen Individualismus, der in entscheidenden Zeiten das Bewußtsein der //4// eigenen Verantwortung und die Bereitschaft zum Eintreten für die eigene Überzeugung überdeckte. Und die Pädagogik der totalitären Staaten war planmäßig darauf gerichtet, Verantwortungsbewußtsein und Einsatzbereitschaft von der eigenen freien, sittlichen Entscheidung zu lösen und als bloßes Instrument für die Machtgelüste des Regimes zu mißbrauchen.

Die Zerrbilder, die entstehen, wenn der einzelne der Gemeinschaft oder die Gemeinschaft dem einzelnen schlechthin untergeordnet wird, weisen darauf hin, daß die beiden Erwägungen, von denen her die Aufgabe der Erziehung dringend wird, im Grunde aufeinander bezogen sind und, recht verstanden, uns zu der gleichen Erziehungsaufgabe führen. Der einzelne steht in der Wechselwirkung mit seiner Umwelt, insbesondere mit seinen Mitmenschen. Das Recht der Freiheit ist kein Recht der Willkür, und Menschenwürde wird nur von dem gewahrt, der die Rechte seiner Mitmenschen achtet. Auf der anderen Seite ist eine im echten Sinne demokratische und soziale Gesellschaft eine solche freier Menschen. Sie macht den einzelnen nicht zum bloßen Werkzeug eines Systems oder einer Klasse, sondern schützt, im Rahmen der Rechte seiner Mitmenschen, seine Freiheit, das eigene Leben würdig zu gestalten.

Wollen wir beide Gesichtspunkte in ihrer wechselseitigen Beziehung aufeinander berücksichtigen, so hilft daher die Frage weiter, welche Haltung in einer nach den Ideen der sozialen Gerechtigkeit und der Demokratie geordneten Gesellschaft vom Staatsbürger gefordert und welche Freiheit der eigenen Entfaltung und Betätigung ihm in ihr gegeben werden sollte. Man fordert heute vielfach die Erziehung des „demokratischen Menschen". Eine solche Forderung bleibt aber bei bloßen Schlagworten stehen, solange nicht – und zwar wiederum im Blick auf die Krise menschlichen Zusammenlebens in unserer Zeit – genauer herausgearbeitet wird, welche menschliche Haltung hiermit gemeint ist und angestrebt werden soll. Ein solches Bemühen führt uns zu drei eng miteinander verbundenen Forderungen:

Demokratische Haltung ist nicht möglich ohne soziales Verantwortungsbewußtsein. Demokratische Organisationsformen allein sichern noch kein demokratisches Zusammenleben der Menschen. Diese Formen erfüllen ihren Sinn nur in dem Maß, in dem Menschen unter ihnen leben, die Augen und Gewissen offen haben für die Vorgänge im gesellschaftlichen Leben, die diese Vorgänge messen am Maßstab sozialer Gerechtigkeit, die bereit sind, in entscheidenden Fragen Stellung zu nehmen und aktiv für die eigene Überzeugung einzutreten. Das bedeutet nicht, daß jeder einzelne den Schwerpunkt des eigenen Lebens im Mitgestalten politischer und gesellschaftlicher Verhältnisse haben sollte. Unsere Zeit braucht dringend auch Menschen der Stille und der Besinnung. Aber sie braucht sie als Wächter und Mahner. Wer sich, beschäftigt nur mit dem eigenen Lebens- und Arbeitsbereich, den darüber hinausführenden Fragen der Zeit verschließt und, als Forscher, Künstler oder Privatmensch, ein bloßes Inseldasein führt, der verletzt die erste Forderung demokratischer Haltung.

Verantwortungsbewußtsein und Einsatzbereitschaft aber können mißbraucht werden, wo sie nicht von eigenem kritischen Denken und eigener sittlich-sozialer Entscheidung getragen sind. Demokratische Haltung – wiederum gemessen an der der Demokratie zugrunde liegenden Idee, nicht an den auch unter demokratischen Formen vielfach auftretenden Erscheinungen – verlangt die innerlich freie und selbständige Stellungnahme des einzelnen. Sie steht damit im Gegensatz zu jeder bloßen Gleichschaltung mit irgendeiner herrschenden Strömung im öffentlichen Leben.

Eine dritte Forderung kommt hinzu: die der Verständigungsfähigkeit und Verständigungsbereitschaft. Selbständigkeit des Urteils und Treue der eigenen Gewissensentscheidung gegenüber können einen Menschen jederzeit in Gegensatz zu seiner Umwelt bringen. Demokratische Haltung fordert, daß solche Gegensätze //5// ernstgenommen und ausgetragen werden, zugleich aber, daß diese Auseinandersetzung, soweit das der gegebenen Lage und der Bereitschaft des Partners nach irgend möglich ist, auf dem Wege der Verständigung und nicht des bloßen Machtkampfes geschieht.

Mehr denn je brauchen wir in den Konflikten unserer Zeit Menschen dieser Haltung. Damit ist der Erziehung ein Ziel gewiesen, das beiden Anforderungen gerecht wird: die Aufmerksamkeit zu lenken auf die Notwendigkeit, den Menschen zur innerlich freien und würdigen Gestaltung des eigenen Lebens zu bilden, und diese Freiheit doch zu verstehen als die bewußte Anerkennung und Aufnahme von Verantwortung und sittlicher Bindung.

Aber ist diese Zielsetzung nicht erkauft dadurch, daß Unerreichbares vom Menschen gefordert wird? Wer mit dem Willen zu Verantwortung und Entscheidung die Unabhängigkeit und die Sicherheit des eigenen Urteils vereint, der wird

leicht im Andersdenkenden und etwas anderes Wollenden von vornherein nur den
Gegner sehen, den er bekämpft. Ja, er wird geneigt sein, die Mahnung zur Verständigung mit einem solchen Partner und zum Ernstnehmen auch seiner Gründe
als Aufforderung zu schwächlichen Kompromissen und zur Preisgabe der eigenen
Verantwortung zu brandmarken.

Ein anderer wahrt sich ebenfalls Unabhängigkeit und Klarheit der eigenen
Überzeugung, ist aber abgestoßen vom Kampf der Menschen untereinander, von
der Unsachlichkeit, Unredlichkeit und Rücksichtslosigkeit, die diesen Kampf
beherrschen. Ihn mag die Erwägung, daß Politik schmutzig und seiner nicht würdig sei, dazu veranlassen, das eigene Leben, soweit es an ihm liegt, aus den Händeln
der Welt herauszuhalten und die Verantwortung für das, was um ihn geschieht,
abzulehnen.

Und schließlich die Menschen, die ansprechbar sind für ihre Mitverantwortung im gesellschaftlichen Geschehen, die sie aber nur tragen wollen und können
im Einklang und in der Verständigung mit anderen! Woher sollen sie die Kraft
nehmen, sich gegen die Verführung durch Schlagwort und Demagogie zu wehren, sich nicht gleichschalten zu lassen und damit die eigene und freie Denk- und
Gewissensentscheidung aufzugeben?

Alle drei Gefahren sind in unserer Zeit lebendig. Gewiß, man kann sagen, daß
in jedem der hier gezeichneten Fälle auch die anscheinend anerkannten Werte nicht
in ihrer Tiefe erfaßt und verwirklicht worden sind. Aber das enthebt uns nicht der
Frage, ob nicht das Bild vom „demokratischen Menschen", wie es sich hier ergab,
ein bloßer Wunschtraum ist, der eben darum für die Nöte der Wirklichkeit keine
Bedeutung hat.

Diese Frage wird erst recht brennend, wenn wir die Umwelteinflüsse ins Auge
fassen, denen der Mensch unserer Zeit ausgesetzt ist und die der Erzieher in seiner
Arbeit berücksichtigen muß. Der Pflege und Entfaltung einer solchen menschlichen
Haltung, wie sie uns in dem aufgezeigten Erziehungsziel vorschwebt, stehen unter
den heutigen gesellschaftlichen Verhältnissen ungeheure Hemmungen entgegen.

Die überwiegende Mehrzahl der Kinder wächst in einer industrialisierten
Umwelt auf, unter Einrichtungen, die von Menschen geschaffen, aber dem kindlichen Verständnis unzugänglich sind. Das Kind erlebt die Arbeit des Vaters, oft auch
die der Mutter, nicht mehr mit als einen Lebensbereich, in dem es sich bewegt und
der sich ihm daher schrittweise erschließen kann, wie es für Kinder in einer bäu-
erlichen oder handwerklichen Umgebung möglich war. Es steht zugleich, mittelbar
oder unmittelbar, unter den Einflüssen, die dem modernen Menschen durchweg
den Zugang zu freier, verantwortungsbewußter Mitgestaltung der menschlichen,
sozialen und politischen Beziehungen und zu einer dem eigenen Wesen gemäßen
Teilnahme an Kultur- und Bildungsgütern erschweren, ja zu verbauen scheinen.

//6// In der weltanschaulichen und politischen Zerrissenheit der modernen abendländischen Gesellschaft versteifen sich die Gegensätze zwischen Menschen verschiedener Überzeugungen. Ja, noch verhängnisvoller, weite Kreise werden gleichgültig und skeptisch gegenüber der Aufgabe, die Fragen der Zeit überhaupt von tieferführenden Erwägungen her zu durchdenken.

Die innere Haltlosigkeit moderner Menschen diesen Umwelteinflüssen gegenüber ist die entscheidende Quelle der Gefahr, daß totalitäre Systeme Freiheit und Würde des Menschen erdrücken.

Über diese kurzen Hinweise brauche ich hier nicht hinauszugehen. Was können wir, angesichts dieses Ergebnisses, dem Einwand entgegenstellen, das aufgewiesene Erziehungsziel sei utopisch und unvereinbar mit den Tatsachen, wie die Erfahrung sie uns kennen lehrt? Zunächst nur das eine, daß wir in dieser heutigen Situation eine Gefahr für den Menschen erkennen, eine Gefahr, die nicht nur seine physische Existenz betrifft, sondern darüber hinaus das, was Wert und Würde seines Lebens ausmacht.

Eine Gefahr kann nur erkennen, wer etwas schätzt und wertet, was er gefährdet sieht. Wenn uns der Blick auf die heutigen Verhältnisse die über wirtschaftliche Not und politische Unsicherheit noch hinausgehende tiefere Gefährdung des Menschen zeigt, dann lenkt sie eben damit zugleich unsere Aufmerksamkeit auf die ethischen Werte menschlichen Zusammenlebens, die in der heutigen Gesellschaftsordnung besonders bedroht sind. Gerade diese Erwägung führt auf die genannten Erziehungsaufgaben und macht diese Aufgaben für uns unausweichbar. Diese Aufgaben anzuerkennen schließt aber das Vertrauen ein, daß der Mensch nicht einem blinden Automatismus der gesellschaftlichen Entwicklung ausgeliefert ist, sondern daß es, weil geboten, auch möglich ist, Wege zu finden, uns selber und in erzieherischer Hilfe auch unsere Mitmenschen, insbesondere die heranwachsende Jugend, gegen die Gefahr der Vermassung und der Selbstentfremdung widerstandsfähiger zu machen.

Genügt es, dem Zweifel an der Realisierbarkeit des aufgewiesenen Erziehungsziels nur dieses Vertrauen entgegenzusetzen und die Überzeugung, aus der es erwächst, daß nämlich, gerade im Hinblick auf die Not unserer Zeit, dieses Ziel uns eine unausweichbare Aufgabe stellt? Die Frage nach den Kräften, auf die wir in der Arbeit für dieses Ziel, ja im eigenen Ringen um die hier geforderte menschliche Haltung vertrauen können, ist damit noch nicht beantwortet. Ich glaube nicht, daß sie sich in einer nur theoretischen Erörterung beantworten läßt. Sie nötigt zu einer tieferen Auseinandersetzung mit den Fragen nach Wesen und Sinn menschlichen Lebens, einer Auseinandersetzung aber, die sich nur im lebendigen Bemühen um die erkannten Aufgaben vollziehen wird. Für unser Anliegen, den gemeinsamen Ausgangspunkt für eine Verständigung über das Ziel der Erziehung zu gewinnen, mag es darum genügen, daß diese Fragen sichtbar werden. Erziehung ist nicht Sache der bloßen Belehrung, sondern der Hilfe zu eigener Erfahrung und zur Gestaltung der eigenen inneren Haltung dem Leben gegenüber. Erziehung zur demokratischen Haltung ist nur möglich, wenn wir dem heranwachsenden Menschen eine Umwelt schaffen, in der er diese Haltung erfahren und sie selber üben lernt an Aufgaben, die seinem Verständnis und seinen Kräften entsprechen. Das aufgezeigte Erziehungsziel weist über sich selber hinaus. Das ehrliche Ringen mit den sittlichen Anforderungen, von denen aus hier das Ziel der Erziehung bestimmt wurde, stellt den Menschen vor tiefergehende Fragen. Den lebendigen eigenen Zugang zu diesen Fragen aber wird der Erzieher dem jungen Menschen eben deshalb nur dadurch erschließen können, daß er ihm hilft, jene sittlichen Werte mitmenschlichen Verhaltens im eigenen Leben zu bejahen und zu erstreben.

Gespräch zwischen Nord und Süd über die Schulreform[*]

Zu einem Gespräch über die Schulreform trafen sich am 8. und 9. Oktober 1950 in Freyersbach im Schwarzwald eine Gruppe von 30 Menschen, die in der Arbeit am Wiederaufbau des deutschen Schul- und Erziehungswesens stehen. Sie kamen, auf eine Einladung der Pädagogischen Hauptstelle der Arbeitsgemeinschaft Deutscher Lehrerverbände, aus den verschiedenen Ländern Westdeutschlands und aus Westberlin. Unter ihnen waren Vertreter der verschiedenen Schulgattungen. Der Teilnehmerkreis bot daher eine Gewähr, daß die mannigfachen und zum Teil gegensätzlichen Gesichtspunkte vertreten sein würden, wie sie, je nach den Bedingungen der verschiedenen Länder und den Aufgaben der verschiedenen Schularten, in der Auseinandersetzung über die Schulreform immer wieder geltend gemacht werden.

Die Aufgabe der Tagung war es, in einem lebendigen Gespräch an die vielfachen Schwierigkeiten und Gegensätze heranzugehen, die das Bemühen um die Neugestaltung der Schule belasten. Es ging um die Frage, ob und wie weit sich hinter den verschiedenen vorliegenden Plänen und Vorschlägen gemeinsame pädagogische Anliegen und damit ein Ansatzpunkt zu gegenseitigem Verständnis und gemeinsamem Bemühen auffinden ließen. Diese Verständigung sollte angebahnt, eine solche gemeinsame Basis gesucht werden. Das setzte voraus, daß auch die bestehenden Gegensätze ernst genommen und nicht durch billige Kompromisse verwischt wurden. Das Ziel war daher nicht, zu abschließenden Formulierungen und Entschließungen zu kommen, sondern den Schwierigkeiten so weit wie möglich auf den Grund zu gehen. Uns leitete dabei die Überzeugung, daß hier – wie auch sonst in ernsten Auseinandersetzungen über brennende Fragen des öffentlichen Lebens – die Konflikte zwischen den verschiedenen, um die rechte Lösung ringenden Gruppen sich im vorbehaltlosen Gespräch zurückführen lassen auf anscheinend gegensätzliche Forderungen, die in der Sache selber liegen, die gegeneinander abzuwägen und mit einander in Einklang zu bringen im Grunde das Anliegen aller ernsthaft Beteiligten ist.

---

[*] G. Henry: Gespräch zwischen Nord und Süd über die Schulreform (1950). Privatarchiv Dieter Krohn.

Eine solche Verständigung gelingt nur in einer Atmosphäre der Ruhe, Konzentration und Aufgeschlossenheit. Um diese Atmosphäre zu ermöglichen, wurde der Kreis der Gesprächspartner klein gehalten. An dem Gespräch nahmen teil:

von der Pädagogischen Hauptstelle:	Frau Prof. Dr. Grete Henry, Bremen
	Frau Dr. Anne Banaschewski, Hamburg
	Herr Dr. Adolf Strehler, München
	Herr W. Schumacher, Gelsenkirchen,
	Herr Dr. E. Wietig, Bremen
	Herr Fr. Bopp, Heidelberg
	Herr Hans Vennefrohne, Horn i. Lippe
	Herr Dr. Dietz, Crailsheim
	Herr O. Wagner, Hamburg
	Herr H. Brunckhorst, Hamburg
	Herr Dr. Bungardt, Frankfurt //2//
als Gäste:	Professor Caselmann, Stuttgart
	Frau Dr. Gurland, Stuttgart,
	Herr Ministerialdirektor Ott, Karlsruhe
	Herr Oberregierungsrat Köbele, Karlsruhe
	Herr Oberstudiendirektor König, Mannheim
	Fräulein Frey, Stuttgart
	Herr Schneider, Binau
	Herr O. Seitzer, Stuttgart
	Fräulein Jetter, Stuttgart
	Herr Schurr, Stuttgart
	Herr Oberregierungsrat Turn, Hannover
	Frau Enke, Berlin
	Frau Dr. Bühler, Traunstein
	Herr Albrecht, Süd-Baden
	Fräulein Metzger, Süd-Baden

Einführung in die Diskussion (Dr. G. Henry)

Das Jahresthema der Arbeitsgemeinschaft Deutscher Lehrerverbände heißt: „Die Einheit der Deutschen Schule und die Kulturautonomie der Länder". Unser Gespräch zwischen Süd und Nord über die Schulreform trägt bei zur Arbeit an diesem Thema. Das Bemühen um die Schulreform in Deutschland kann nur dann Erfolg haben, wenn die in den verschiedenen Ländern erarbeiteten Pläne und die unternommenen Versuche hinreichend zusammenstimmen, um die Einheit der deutschen Schule nicht zu gefährden. Es muß wieder gesichert werden, daß Kinder beim Übergang von einem Land in ein anderes ihre Schulbildung fortsetzen können, ohne sich mühsam in neue Fächer, andere Fremdsprachen, ein ganz anderes Schulsystem einarbeiten zu müssen. Auf der anderen Seite darf diese Einheitlichkeit nicht Uniformität sein. Nicht nur die verschiedenen örtlichen Bedingungen, die Berücksichtigung verlangen, verbieten das. Schwerer wiegt, daß die Auseinandersetzung über die Gestaltung des Schulwesens so wenig abgeschlossen ist, daß eine ins Einzelne gehende gemeinsame Regelung für das ganze Bundesgebiet zur Zeit nicht möglich ist. Planungen und Versuche in den verschiedenen Gebieten können und sollen die Verständigung über das, was pädagogisch geboten ist, vertiefen helfen. Das setzt eine Atmosphäre der Freiheit voraus. Es verlangt aber auch, daß nicht ohne wechselseitigen Kontakt und gegenseitigen Austausch der Erfahrungen gearbeitet wird. Der Aufgabe diesen Kontakt zu schaffen in einem vorbehaltlosen Gespräch gerade über die auftauchenden Schwierigkeiten und Gegensätze, soll unser Gespräch dienen.

Es fällt nicht schwer, in den mannigfachen Erörterungen und Planungen, die sich mit der Schulreform befassen, gewisse wiederkehrende pädagogische Forderungen zu erkennen, die für diese Arbeit richtunggebend sind – wenn auch über ihre Tragweite die Meinungen vielfach schon auseinandergehen. Wo heute ernsthaft nach einer Reform der deutschen Schule gefragt wird, geht es um eine Erziehungsaufgabe. Wir können sie kurz nennen: die Aufgabe der Erziehung zum demokratischen Menschen. Das ist zunächst nur ein Schlagwort. Was verstehen wir unter einem demokratischen Menschen? Wenn wir das Erziehungsziel, das uns hier vorschwebt, genauer zu bestimmen suchen, so ergeben sich im Wesentlichen drei Merkmale: //3//

1. Dieser „demokratische Mensch" steht aktiv und verantwortlich im öffentlichen Leben,
2. seine verantwortliche Teilnahme beruht auf eigenem kritischem Denken und eigener sittlich-sozialer Entscheidung – nicht auf blinder Gleichschaltung mit irgend einer herrschenden Strömung,

3. er ist trotzdem auch da, wo er durch diese Haltung in Gegensatz zu seiner Umwelt gerät, zur offnen und toleranten Auseinandersetzung bereit und fähig, wird also Meinungsverschiedenheiten und Konflikte zwar ernstnehmen und ansprechen, sie aber, soweit es an ihm liegt, auf dem Weg der Verständigung austragen.

Die Forderung der Toleranz bedarf einer Erläuterung. Toleranz, wie sie hier gemeint ist, bedeutet nicht bloßes Dulden und Gewährenlassen, auch nicht den skeptischen Relativismus, wonach die eine wie die andere Meinung den gleichen Anspruch hat, als wahr und verbindlich angesehen zu werden. Sie bedeutet vielmehr die Bereitschaft, sich den Gründen des Partners zu öffnen und in der Auseinandersetzung mit ihm eine Lösung des Konflikts zu suchen, der beide zustimmen können.

Die Erziehung zum demokratischen Menschen, die an den genannten Forderungen gemessen wird, kann nicht durch bloße Belehrung erfolgen. Sie ist nur möglich in einer Lebensgemeinschaft, in der das Kind von klein auf praktisch die Haltung erfährt und sie im Umgang mit Aufgaben, die seinen Kräften angemessen sind, selber übt, die durch jene drei Bedingungen geschildert ist. Diese Erwägung führt mitten hinein in einen der entscheidenden Gegensätze, mit denen wir es bei der Planung und Gestaltung des Schulwesens zu tun haben: Die Erziehung zur demokratischen Haltung verlangt auf der einen Seite, schon das Kind in eine Umwelt hineinzustellen, in der es, nach dem Maß seiner Fassungskraft, das Zusammenleben und Aufeinanderangewiesensein von Menschen erfährt, die ganz Verschiedenes wünschen, denken und können und die daher vor der Aufgabe stehen, sich mit einander zu verständigen. Für den Erzieher ergibt sich damit die Richtlinie, die Kinder nach Möglichkeit mit einander aufwachsen zu lassen, sie möglichst wenig von einander zu trennen – sei es nach Alter, Geschlecht, Begabung, nach der sozialen Stellung oder der Weltanschauung des Elternhauses. Auf der anderen Seite verlangt dieses Erziehungsziel die Bildung des selbständigen, kritischen Menschen, dessen eigene Kräfte und Interessen die ihnen gemäße Pflege und Förderung erhalten haben. Soll aber jedes Kind die Ausbildung bekommen, die seiner Anlage entspricht, so wird eine Differenzierung eben nach den Anlagen des Kindes erforderlich, die sich allein im Rahmen gemeinsamer Arbeiten und Aufgaben nicht durchführen läßt. Hier gilt es daher, den rechten Ausgleich zwischen den verschiedenartigen Erziehungsanforderungen zu finden. Es ist dabei verständlich, daß die Anforderung der Differenzierung beim kleinen Kind zurücktritt, während sie in den reiferen Jahren der Schüler überwiegt. Die besondere Sorgfalt der pädagogischen Planung gebührt daher der Übergangszeit, dem Mittelbau der differenzierten Einheitsschule. Seine Ausgestaltung ist damit eins der wichtigsten, wenn auch, keineswegs das einzige Problem in der Auseinandersetzung über die Fragen der Schulreform.

Differenzierung nach dem Grad der Schulreife in den Anfängerklassen.

In der Diskussion wird zunächst die Bemerkung aufgegriffen, daß die Differenzierung zu Beginn der Schulzeit noch kein akutes Problem sei. Stimmt das? Herr Köbele berichtet von Schulversuchen in Nordbaden.

//4//Die Erfahrung zeigt, daß unter den Schulanfängern eine verhältnismäßig große Zahl die erforderliche Schulreife noch nicht haben. Die Folge ist ein bitteres Schulelend. Diese Schüler erleiden Schiffbruch und sind für Eltern und Lehrer eine Sorgenquelle. Um hier Abhilfe zu schaffen, hatte Sickinger zu Beginn des Jahrhunderts in der Volksschule schon zur Differenzierung gegriffen. Er ging dabei aber vom Maßstab der Begabung, nicht von dem der Schulreife aus. Er ließ die Kinder also erst scheitern und faßte die Gescheiterten dann in kleineren „Förderklassen" zusammen. In einem nordbadischen Schulkreis bei Weinheim ist nun ein Schulversuch unternommen worden, der eine Differenzierung der Schulanfänger nach ihrer Schulreife anstrebt. Jedes Kind, das seinem Alter gemäß eingeschult werden muß, wird durch einen Test auf seine Reife geprüft. Nach dem Ergebnis werden die Kinder in drei Gruppen eingeteilt:

1. vollreife Kinder (Gruppe A), die in einem Klassenverband zusammengefaßt werden, (Klassenfrequenz 40-45 Kinder)
2. mittelreife Kinder (Gruppe B), die in kleineren Gruppen besonders gefördert werden (Klassenfrequenz 30-35 Kinder),
3. schwachreife Kinder (Gruppe C), die weitgehend zurückgestellt und in einen Kindergarten eingewiesen werden, soweit das möglich ist. Der Kindergarten hat nicht die Aufgabe, diese Kinder auf die Schule vorzubereiten, sondern er soll ihnen nur ein besseres Entwicklungsklima bieten, als sie es bisher gehabt haben. Wenn die Eltern auf Einschulung bestehen, werden diese Kinder in Gruppen von 20-25 Kindern zusammengefaßt und den besten Lehrern anvertraut.

Dieser Schulversuch, der vom ersten Schuljahr an die Kinder in zwei bis drei verschiedene Klassenzüge aufteilt, läuft jetzt seit zwei Jahren mit dem Erfolg, daß die Zahl der Sitzenbleiber verschwindend gering geworden ist. Dabei kommen laufend Übergänge vom einen in den andern Zug vor. Die Bevölkerung und die Lehrerschaft haben sich anfangs meist gegen den Versuch ausgesprochen. Die Bevölkerung sieht in der Abstufung nach der Schulreife eine Diffamierung der schwächeren Kinder. Das er klärt sich daraus, daß unter den Kindern, die dem Zug der Schwachreife zugewiesen werden müssen, die große Mehrheit aus den sozial schlechter gestellten Volksschichten stammt. Die Ursache der mangelnden Reife dieser Kinder ist also wohl darin zu suchen, daß sie zu Hause nicht das rechte geistige Entwicklungsklima gefunden haben. Gerade hier wehren sich die Eltern gegen die Absonderung ihrer Kinder, und ihr Protest wird von weiteren Kreisen aufgenommen, die sich gegen die Zerschlagung der Gemeinschaft wenden. Aber steht in diesem Konflikt nicht das Recht des Kindes gegen das der Eltern? Die Erfahrung hat gezeigt, daß diese Kinder sich in ihren gesonderten Klassenzügen wohlfühlen und ihre Absonderung nicht als Herabsetzung empfinden. Auch die Erziehung zur Gemeinschaftsgesinnung ist in den getrennten Klassen leichter. Wenn die Kinder einer Klasse der Reife nach einander näherstehen, ist ihre gegenseitige Hilfsbereitschaft stärker als in den normalen, inhomogenen Klassen, in denen das Bewußtsein des Gemeinsamen zurücktritt. Der Stärkere drängt hier nur zu leicht nach vorn, der Schwächere wird zurückgestoßen und verlacht – ein Verhältnis, das für die Erziehung beider Gruppen schwere Gefahren in sich birgt. Diese Gefahren sind in den homogenen Klassen herabgesetzt, und das empfinden Kinder und Lehrer als Entspannung. Die badische Schulkommission hat wochenlang in den Schulen hospitiert und dabei vor allem die Arbeit in den C-Gruppen beobachtet. Was ihre Mitglieder hier an lebendiger Freude und Hingabe dieser Schüler an ihrer Arbeit gesehen haben, hat die zunächst bestehenden Bedenken überwunden, und die Kommission hat sich für die Fortführung des Versuchs ausgesprochen. //5//

Die Erfahrung, daß es sich mit begabungs- und reifemäßig homogen zusammengesetzten Klassen gut arbeiten läßt und daß die Kinder sich in ihnen wohlfühlen, wird von einigen[1] Gesprächsteilnehmern bestätigt. Andere wenden ein, daß diese Erfahrung wohl nur da vorläge, wo noch in alter Weise frontal unterrichtet wird. Es werden auch Bedenken gegen die Zuverlässigkeit des Tests angemeldet, nachdem die Trennung der Kinder vorgenommen wird. Aber auch wenn die Analyse richtig getroffen ist und wenn sie Unterricht und Zusammenarbeit erleichtert, bleibt[2] die Frage: Ist die Trennung damit gerechtfertigt und entspricht sie dem aufgestellten Erziehungsziel? Wie die Erfahrung gezeigt hat, ist sie bis zu einem gewissen Grad, wenn auch nicht ausschließlich eine Trennung nach der sozialen Stellung des Elternhauses. Gerade diese Trennung sollte im demokratischen Staat überwunden werden! Aber um diese Überwindung geht es hier ja auch. Der Sinn der vorgenommenen Trennung der Klassenzüge ist es, den Unterschied in der Schulreife durch besonders gute Bedingungen für die Schwächeren auszugleichen.

---

1 Ursprünglicher, aber gestrichener Text: andern.
2 Gestrichen: Trotzdem erhebt sich.
   Handschriftliche Notiz: Andere wenden ein, daß diese Erfahrung wohl nur da vorläge, wo noch in alter Weise frontal unterrichtet wird. Es werden auch Bedenken gegen die Zuverlässigkeit des Tests angemeldet, nachdem die Trennung der Kinder vorgenommen wird. Aber auch wenn die Analyse richtig getroffen ist und wenn sie Unterricht und Zusammenarbeit erleichtert, bleibt[.]

Soweit diese Unterschiede durch solche im Milieu der Elternhäuser hervorgerufen sind, bedeutet das, daß milieubedingte Hemmungen durch Milieubegünstigungen im Schulleben überwunden werden sollen. Darum die geringe Klassenfrequenz und die Auswahl der besten Lehrer für die in ihrer Reife zurückgebliebenen Kinder! Das Ziel der Trennung ist die Überwindung der Unterschiede und die Wiedervereinigung der Kinder.

Es bleibt die Frage, ob die vorübergehende Trennung der richtige Weg zu diesem Ziel ist. Wer die Aufgabe der Schule in erster Linie auf dem Gebiet des Unterrichts und der Ausbildung intellektueller Fähigkeiten sieht, wird diese Frage leicht bejahen. Anders liegt es, wenn dem aufgestellten Ziel gemäß, die Aufgabe der Erziehung vorangestellt wird. Das freudige und fruchtbare Arbeiten der Kinder ist zwar ein wesentliches Anliegen der Schule. Daneben aber steht das andere, das gerade in der Not unserer Zeit verlangt, daß schon die Kinder es lernen, ihren Blick auf den Mitmenschen zu richten. Das gilt besonders für die begabten und in ihrer Entwicklung begünstigten Kinder. Sie sollen lernen, für die minderbefähigten und minderbegünstigten Kameraden verantwortlich mit einzustehen. Man kann vielleicht sagen, in diesem Alter sei das Kind psychologisch noch nicht reif für diese Aufgabe. Gewiß ist es von sich aus nicht ohne weiteres auf diese Aufgabe eingestellt. Aber die Aufgabe bleibt, es dahin zu führen und es eben darum möglichst früh schon in seiner kindlichen Umwelt Erfahrungen sammeln zu lassen, in denen das Gefühl für seine Verantwortung den andern gegenüber wachsen kann. Das sollte schon in der Vorschulzeit beginnen, und in einer gesunden Familie mit erzieherisch begabten Eltern geschieht es auch. Dieser Aufgabe darf sich auch der Lehrer nicht entziehen.

Die Tiefenpsychologie hat gezeigt, welche Bedeutung den Erfahrungen des frühen Kindesalters für die Entwicklung der Persönlichkeit zukommt. Wird das langsam sich entwickelnde Kind von dem rascheren und fähigeren ausgelacht, so bedeutet das für beide eine Gefahr. Die Aufgabe, diese Gefahr zu überwinden, ohne die Kinder zu trennen, stellt große Anforderungen an den Erzieher. Wieviele unserer heutigen Lehrer sind dieser Aufgabe: gewachsen? Wenn wir die für diese Aufgabe geeigneten Lehrer nicht in genügender Zahl haben – und wir sind uns klar darüber, wie ungeheuer viel hier in der Lehrerbildung noch geleistet werden muß – bedeutet dann nicht gerade der badische Plan den Versuch, die Aufgabe so zu begrenzen, daß auch der Durchschnittslehrer ihr entsprechen kann? Gegen diese Annahme erhebt sich Protest: Wir dürfen nicht die Erziehungsaufgabe den beschränkten Fähigkeiten des Lehrers anpassen, sondern sollten den Lehrer so bilden, daß er die vordringlichen Erziehungsaufgaben anzupacken versteht. Aber welchen Sinn haben solche Alternativen? Die erste Frage bleibt die, auf welchem Weg das uns vorschwebende Ziel erreicht werden kann. Das kann gewiß nicht gelingen, wenn man vor den heute gegebenen Bedingungen kapituliert, aber ebenso wenig, wenn das Ziel zum Wunschtraum wird, den man mit der //6// Wirklichkeit verwechselt. Es geht hier um mehr als die Lehrerbildung; es geht um eine Revision unserer Haltung zum Menschen überhaupt, um die Einsicht, daß nicht intellektuelle und technische Leistungen den ersten Maßstab zur Beurteilung des Menschen abgeben, sondern daß es auf den Menschen ankommt, der seine Fähigkeiten in der Verantwortung für das *Zusammenleben* der Menschen einsetzt.

Die Fragen des Mittelbaus.

I. Pläne und Erfahrungen.

Das Zentralproblem der Schulreform ist die Frage des Mittelbaus der Schulen, in dem die Differenzierung nach den verschiedenen Bildungswegen vorgenommen werden muß. Gerade hier weichen die in den verschiedenen Ländern eingeschlagenen Wege und die Planungen der verschiedenen Lehrergruppen und Pädagogen am weitesten von einander ab. In einigen Ländern ist durch Gesetz eine Regelung festgelegt, in Niedersachsen wird planmäßig durch Schulversuche die gesetzliche Regelung vorbereitet. In anderen Ländern, so in Württemberg und Baden, ist die Diskussion dieser Fragen unter dem Druck der bestehenden Gegensätze erlahmt und zum Schweigen gekommen. Wir stellen daher dem Bemühen, dieses Gespräch wiederaufzunehmen, zunächst kurze Berichte über die Planungen und Erfahrungen in einigen Ländern voraus.

1. *Hamburg.* Hamburg, Bremen und Schleswig-Holstein haben durch Gesetz die sechsjährige Grundschule eingeführt. In Schleswig-Holstein ist, weitgehend unter dem Druck der schwierigen Schulverhältnisse, die Neuregelung im Wesentlichen auf eine bloße Verlängerung der Grundschulzeit hinausgelaufen und daran gescheitert. Die Hamburger Teilnehmer stellen demgegenüber ihre Bemühungen, vor allem durch den richtigen Ausbau des 5. und 6. Schuljahres zu einer inneren Neugestaltung der Schule zu kommen. Es geht in diesen beiden Jahren darum, den in der kindlichen Entwicklung notwendigen Übergang vom. anschaulichen Erfassen der Umwelt zum Eindringen in abstrakte Zusammenhänge dadurch vorzubereiten, daß die erste Stufe, die des anschaulichen Erfassens voll ausreifen kann. In diesen Jahren werden die Kinder noch im alten Klassenverband zusammengehalten. Eine gewisse Differenzierung tritt nur durch die Einführung der ersten Fremdsprache ein, an der nicht alle Kinder teilnehmen. Für den Ausbau der Arbeit in diesen beiden Schuljahren wurde das Schwergewicht auf die Vorbildung der hier

unterrichtenden Lehrer gelegt. Wer sich für die Übernahme einer solchen Klasse meldete, verpflichtete sich damit zur Teilnahme an regelmäßigen Arbeitsgemeinschaften, in denen die Arbeit in diesen Übergangsklassen eingehend durchberaten wurde. Außerdem beschäftigte sich eine besondere Gruppe mit der Bereitstellung der geeigneten Arbeitsmittel. Im 5. und 6. Schuljahr unterrichten Lehrer der Volksschule und der höheren Schule.

    2. *Niedersachsen.* In Niedersachsen war es aus politischen Gründen nie möglich, den Neubau des Schulwesens durch ein Schulgesetz einzuleiten. Das niedersächsische Kultusministerium hat deshalb versucht, die Situation erst einmal zu klären, einerseits durch Diskussionen zwischen Vertretern aller Schularten, andererseits durch die Einleitung von Schulversuchen überall da, wo die äußeren Verhältnisse und die Bereitschaft der betreffenden Lehrer einen fruchtbaren Ansatz boten. Es kam in den Diskussionen nicht darauf an, die Bedenken gegen die geplanten Versuche auf alle Fälle vorher zu zerstreuen. Nicht alle Teilnehmer an den Gesprächen sind davon überzeugt worden, daß die Versuche den Erfolg haben würden, den ihre Befürworter sich von ihnen versprachen. Aber es ist das für die schulpolitische Situation entscheidende Ergebnis //7// erreicht worden, daß alle Gesprächspartner die *Notwendigkeit* von Versuchen anerkannten, weil nur so die Fragen, die sich rein theoretisch nicht entscheiden lassen, auf dem Weg der Erfahrung ihrer Lösung nähergebracht werden können. So haben auch die Verbände, die [im] einzelnen die stärksten Bedenken angemeldet hatten, ihre Mitglieder aufgefordert, solche Versuche zu unterstützen. Jeder Versuch beruht auf der Freiwilligkeit der Lehrer, der Eltern und der Schulträger. Der Widerstand, der aus ungenügender Vorbereitung aller Beteiligten entspringt, wurde von vornherein ausgeschaltet.

    Es laufen jetzt die folgenden Versuche:
1. Zwei Versuche an sogenannten Mammutsystemen mit 35 bzw. 40 Klassen. Die Erfahrungen in diesen Schulen sind ausgezeichnet. Das Schulleben ist geordnet und harmonisch.
2. Ein Versuch in einer Kleinstadt, der von allen Parteien gestützt wird,
3. Drei Versuche auf dem Lande,
4. Ein Versuch auf der Insel Juist.
Die Differenzierung wird in diesen verschiedenen Versuchen nicht nach einem Schema vorgenommen, sondern auf Grund von Beratungen der Kollegien, die für ihren Arbeitsplan selber verantwortlich sind. Dabei werden die verschiedensten Formen erprobt, und jeder Versuch kann in langsamem Wachstumsprozeß seine Form finden. So wird insbesondere die Differenzierung in den verschiedenen Fächern an der Erfahrung erprobt. Dabei sind wir zu dem interessanten Ergebnis gekommen, daß auf einer unserer Tagungen die Philologen feststellten, bei Erziehung zur selbständigen Arbeit könne in vielen Fällen auf eine Differenzierung

verzichtet werden, die von den Volksschullehrern für notwendig gehalten wurde.
Eine Differenzierung sei z.b. für die Physik nicht notwendig Sie sei umstritten für
die Mathematik, jedenfalls bis zum 8. Schuljahr.

Alle Versuche werden genau beobachtet. Eine Lehrkraft ist freigestellt für die
Aufgabe, die hier gewonnenen Erfahrungen zu sammeln und zu verarbeiten.

In einem Hannoverschen Versuch hat man im englischen Anfangsunterricht
der 5. Klasse eine Differenzierung in drei Gruppen vorgenommen, eine Gruppe für
die sprachlich begabten und schon vom Elternhaus her sprachlich gut geschulten[3]
Kinder,[4] die zweite für begabte Kinder,[5] deren Sprachschatz und Ausdrucksweise
aber nicht besonders gepflegt sind, die dritte für die sprachlich unbegabten Kinder.
Die ersten beiden Gruppen arbeiten methodisch verschieden, die erste nach der
Art der Oberschule, die zweite nach der der Volksschule. Es zeigte sich, daß beide
Gruppen nach einem Jahr gleiche Leistungen erreicht hatten. In einem anderen
Versuch wurden zunächst alle Kinder ohne Ausnahme in den englischen Unter-
richt hineingenommen. Ihre Leistungen entscheiden dann darüber, ob sie weiter
teilnehmen. Die Fluktuation im ersten Jahr war sehr stark.

Wesentlich für alle Versuche ist die Erhaltung des Gemeinschaftslebens, so daß
sich dem Kind gemäße Vorformen des öffentlichen Lebens bilden können. Es wird
angestrebt, daß an allen Versuchen mehr als eine Schulart teilnimmt. Eine Mit-
tel- oder Oberschule übernimmt die Pflegschaft für den Versuch. Im allgemeinen
hat diese Zusammenarbeit überraschende Erfolge gezeigt, und es ist solide Arbeit
geleistet worden. //8//

Die Differenzierung in den Landschulen wird verschieden vorgenommen. In
einem größeren, zentral gelegenen Ort, Hameln z.B., kommen die Lehrer mit den
Kollegen der umliegenden Orte zusammen, um den Kursunterricht auf einander
abzustimmen. Die Kurskinder kommen aus den umliegenden Orten in die Zentralschule. Vielleicht muß dieser Versuch aber über kurz oder lang wieder aufge-
geben werden. Eine andere Lösung der Landschulfrage ist[6] die Einsetzung von
Wanderlehrern. Junglehrer, die in einem zentral gelegenen Ort wohnen, erteilen in
den umliegenden Ortschaften den Kursunterricht. Dabei entsteht die Gefahr, daß
solche Lehrer nun als Fachlehrer eingesetzt werden und selber für ihre Arbeit keine
pädagogische Heimat haben.

---

3   Ursprünglicher, aber gestrichener Text: gewandten.
4   Ursprünglicher, aber gestrichener Text: die aus einem sprachlich gepflegten Elternhaus
    kommen.
5   Ursprünglicher, aber gestrichener Text: die keine solche Förderung vom Elternhaus er-
    fahren haben.
6   Ursprünglicher, aber ersetzter Text: „die der" durch „die Einsetzung von".

3. Berlin. In Westberlin geht es nicht wie in Niedersachsen um einzelne Versuche, sondern um die Durchführung eines Gesetzes. Dieses Gesetz läßt für die
Schulpraxis eine Reihe von Verwirklichungsmöglichkeiten, und es sind je nach den
örtlichen Verhältnissen viele Varianten entstanden. Sie sind zugelassen, sofern die
große Linie der Reform bejaht und eingehalten wird. Dieser Spielraum gibt die
Möglichkeit, in einem gewissen Rahmen das nachzuholen, was Niedersachsen in
seiner Vorbereitung leistet, nämlich die Diskussion und Erprobung der einzelnen
Schritte, durch die das Ziel der Reform erreicht werden soll.

Im 5. Schuljahr setzt der Unterricht im Englischen ein. Im 5. und 6. Schuljahr
sollen alle Kinder daran teilnehmen, doch darf kein Kind, das in diesem Unterricht
versagt, deswegen sitzenbleiben. Die Arbeit dieser zwei Jahre, für die die besten
Ordinarien und Fachlehrer ausgewählt werden, soll vom Sprachunterricht her das
Urteil über die Befähigung des einzelnen Kindes und seine Ausgeschlossenheit
einer fremden Welt gegenüber[7] ermöglichen.

Bereits in der Grundschule[8] soll der Unterricht aufgelockert werden, so daß
die erkennbaren Anlagen des Kindes individuell gefördert werden können. Nach
dem 6. Schuljahr tritt dann eine Aufspaltung in Kern- und Kursunterricht ein. Alle
Ordinarien erteilen Kernunterricht; die Kursarbeit in den theoretischen Fächern
liegt in den Händen der Oberschullehrer. Die in den Oberschulen frei werdenden
Klassenräume stehen für die Kursarbeit zur Verfügung, nehmen aber auch Kern-
klassen der Stammschulen auf. Je etwa sechs Volks-Stammschulen arbeiten mit
einer Ober- oder Mittelschule zusammen. Die Kollegien aller dieser Schulen sind
auf engen Kontakt angewiesen. In gemeinsamen Konferenzen muß ein Lehrplan
erarbeitet werden, nach dem Kern- und Kursunterricht organisch ineinandergreifen. Ein solcher aus der Arbeit der Kollegien erwachsener Lehrplan bietet eine
größere Gewähr für erfolgreiches Arbeiten als ein von der Behörde allen Schulen
gleichmäßig vorgeschriebener Plan.

Es gibt praktisch im allgemeinen 9 Kurse, die je eine sinnvolle Kombination von
Fächern darstellen. In manchen Schulbezirken sind diese Kurse mehrfach besetzt.
In jedem dieser Kurse sitzen Schüler verschiedener Stammschulen, in manchen
Schüler aus sechs verschiedenen Schulen. Die Frequenz der Kurse beträgt augen-
blicklich, wegen der bedrängten Finanzlage Berlins, 35; zugesagt ist die Frequenz-
zahl 20. Die aus der Arbeit der Oberschule kommenden Kollegen stellten fest, daß
sich mit den Kursen ausgezeichnet arbeiten lasse, besser als mit einem normalen
7. Schuljahr. Die Auswahl der Kurse ist weitgehend den Eltern und Kindern überlassen, die Schule berät sie dabei. Wo sich die Wahl als falsch erweist, kann nach

---

7 Ursprünglicher, aber gestrichener Text: zu.
8 Ursprünglicher, aber gestrichener Text: wird.

dem ersten Tertial gewechselt werden. Danach aber [sollten] die Kinder möglichst bis zum 9. Schuljahr in demselben Kurs bleiben.

Es wird erwartet, daß danach die Unterlagen für die weitere Auslese gegeben sind, so daß auf Grund der gewonnenen Erfahrung in diesem Schuljahr entschieden werden kann, ob ein Kind in die Lehre, in eine Fachschule oder in den theoretischen Zweig der Oberschule gehen sollte. //9// Aber auch bei dieser Entscheidung sind Übergänge und Umschulung noch möglich. Damit sind die Differenzierungsmöglichkeiten, die wir fordern, in großzügiger Weise gegeben.

Zwei Fragen und Aufgaben sind für diese Gestaltung des Mittelbaus von besonderer Bedeutung[:] Die eine betrifft die Abstimmung von Kern und Kurs aufeinander, die andere die innere und äußere Unruhe, die daraus entspringt, daß die Klassengemeinschaften für den Kursunterricht verlassen, ja vielfach dabei das Schulgebäude gewechselt werden muß.

Zur ersten Frage: Deutsch wird z.B. sowohl als Kernfach wie als Kursfach gegeben. Das geht nur, wenn die Lehrer des Kernunterrichts und die des Kursunterrichts ihre Pläne in engem Kontakt mit einander aufstellen. Nach Möglichkeit sollen die Arbeitsgebiete von Kern und Kurs im gleichen Fach sich nicht überschneiden, damit der Kurs sich nicht etwa nur durch größere Intensität vom Kernunterricht unterscheidet, wobei der Kurs zu einer bloßen mitlaufenden Ergänzung des Kernunterrichts würde. Dem Kernunterricht soll die laufende Arbeit überlassen bleiben; der Kurs vertieft diese Arbeit an geeignet gewählten, aber neuen Stoffgebieten. Auch dabei besteht die Gefahr, daß die Einheit des Deutschunterrichts verloren geht. Bei hinreichendem Kontakt der verschiedenen Lehrer unter einander kann diese Arbeitsweise aber auch zu einer Bereicherung des Schülers führen, weil er im Umgang mit dem gleichen Fach verschiedenen Lehrerpersönlichkeiten begegnet. Um Kern und Kurs sorgfältig auf einander abzustimmen, ist es wichtig, die Zahl der angebotenen Kurse nicht zu groß werden zu lassen. Ein 10. Kurs wurde jetzt schon abgelehnt. Das Angebot an Kursen wird voraussichtlich noch bescheidener werden.

Durch das Nebeneinander von Kern und Kurs ergeben sich ferner entscheidende Erziehungsaufgaben. Im Kernunterricht sind die Kinder in ihren alten nicht-differenzierten Klassenverbänden zusammen. Der Lehrer steht damit vor der Aufgabe, den Unterricht so zu gestalten, daß die verschieden begabten Kinder zu ihrem Recht kommen und daß in ihrer Zusammenarbeit das Bewußtsein wächst, auf einander angewiesen und für einander verantwortlich zu sein. Die Unterrichtsform muß dieser Aufgabe angepaßt werden und mehr als bisher vom nur frontalen Klassenunterricht zur Gruppenarbeit übergehen. Hinzu tritt die Aufgabe, der Unruhe Herr zu werden, die durch den Wechsel von Kern- und Kursunterricht hervorgerufen wird. Können Kinder, die einem Schulsystem von insgesamt etwa

5000 Kindern angehören, die beim Wechsel zwischen Kern und Kurs von einem Gebäude in ein anderes, von einer Gemeinschaft in eine andere hinübergehen müssen, noch eine ruhige Schulmitte empfinden? Hier liegt eine besonders große Aufgabe der Berliner Schule, und das umso mehr, als der Kampf gegen die innere Unrast ein entscheidendes Anliegen unserer Zeit ist. Wichtig dafür ist eine Besserung der baulichen Verhältnisse für die Schularbeit, ferner auch hierfür der enge Kontakt unter den Kollegien der zusammenarbeitenden Schulen, damit die Wärme dieser menschlichen Berührung den Schulorganismus durchdringen kann.

4. Bayern. Bayern hat eine vorwiegend ländliche Bevölkerung, die dem Gedanken der Zentralschule abgeneigt ist. Eine überörtliche Regelung ist nicht möglich. Die bayerische Schule kennt nicht die gleitende Auslese, wie sie in Niedersachsen und Berlin angestrebt wird. Sobald die Begabungsrichtung eines Kindes erkennbar ist, soll es in die seiner Anlage entsprechende Schulart überführt werden, damit nicht, durch ein zu langes Zusammenhalten verschieden begabter Kinder die intellek//10//tuell und praktisch Begabten in ihrer Entwicklung zurückgehalten werden. Nun liegt aber der Zeitpunkt, an dem eine solche Differenzierung möglich ist, nicht für alle Kinder in der gleichen Altersstufe. In Bayern ist daher der Übergang von der Volksschule zur höheren Schule an zwei Stellen möglich. Kinder, deren Begabung früh erkennbar ist, können nach dem 4. Schuljahr in die höhere Schule aufgenommen werden, sofern sie für die theoretisch-wissenschaftliche Ausbildung geeignet sind. Das 5. und 6. Schuljahr der Volksschule, in dem die übrigen Kinder zusammenbleiben, hat die weitere Auslese vorzunehmen. Hier muß der Unterricht also so aufgelockert sein, daß er den verschiedenen Begabungen gerecht werden kann. Die Einführung der Fremdsprache dient insbesondere dieser Auslese. Kinder, deren theoretische Begabung sich in diesen Jahren herausstellt, können nach dem 6. Schuljahr in die höhere Schule übergehen. An 40 Anstalten in Bayern wird dieser doppelte Übergang vorgenommen. Die Frage, ob es [bei] dem Übergang nach dem 6. Schuljahr noch möglich ist, das Ziel der Oberschule, die Hochschulreife, zu erreichen, ist von den Leitern dieser Oberschulen im allgemeinen bejaht worden. Diese Lösung hat ihre Vorteile vor allem für die Kinder der ländlichen Bevölkerung.

5. Der Stuttgarter Plan von 1948. Prof. Caselmann berichtet über einen Plan, der in Stuttgart 1948 unter seinem Vorsitz von einem Schulplanungsausschuß des Kultusministeriums entworfen wurde, aber nicht zur Durchführung, ja nicht einmal zur Erprobung gekommen ist. Der Plan wurde nicht im luftleeren Raum konstruiert, sondern mit dem dauernden Blick auf die gegebenen Möglichkeiten seiner Verwirklichung aufgestellt. Er stellt insofern einen Kompromiß dar, der aber von allen Mitgliedern des Planungsausschusses einstimmig angenommen wurde. Ausgangspunkt war ein Entwurf des Ministers, der eine sechsjährige Grundschule vorsah. Diese Forderung erschien dem Ausschuß von vornherein sehr problematisch, und zwar nicht nur für die höhere Schule, sondern ebenso auch für die Volks-schule. Gerade von hier aus ergab sich der Plan, einen gemeinsamen Mittelbau herauszustellen. Dieser Plan orientiert sich an zwei Brennpunkten: der Aufgabe der sozialen Erziehung und der der Differenzierung. Wichtig ist auf der einen Seite das Zusammensein der Kinder in der Gemeinschaft der Schule. Daneben steht auf der anderen Seite die Notwendigkeit der Differenzierung, die zeitlich festgelegt, aber auch gleitend sein sollte. Der Plan sollte so elastisch wie möglich sein, aber die Entwicklung eines gemeinsamen Schullebens mußte möglich bleiben. Der Planung lag demnach die Frage zu Grunde: Was kann gemeinsam sein, und wo müssen wir differenzieren?

Für die Differenzierung kam es einmal auf die verschiedenen Begabungsrich-tungen an, die wir als gleichwertig ansehen. Zum andern müssen Begabungsgrade berücksichtigt werden. Unter den Begabungsrichtungen wurden drei Hauptströmun-gen angenommen[9]: die praktisch-manuelle, die geistig-praktische und die geistig-theoretische. Zu kurz gekommen ist bisher der mittlere Strom der geistig-praktischen Begabungen, sie wurden auf den begrifflichen Weg gelenkt. Die Schulfeindlichkeit unserer Parlamente hängt wohl damit zusammen, daß in ihnen gerade diese Bega-bungstypen sitzen, die schulisch nicht auf den ihnen gemäßen Weg geführt wurden und deshalb mit Ressentiments belastet sind. Den Stuttgarter Plan nimmt eine Diffe-renzierung vor in den Kurs A ohne Fremdsprachen, den Kurs B, der die Fremdspra-che mit dem Hinblick auf ihre praktische Beherrschung treibt, und den Kurs C, der sich unter theoretisch-wissenschaftlichen Gesichtspunkten mit ihr beschäftigt und die steilere Kurve sehr rasch geht. Eine solche Differenzierungsmöglichkeit besteht aber nur in größeren Orten. In kleine//11//ren gibt es nur die Züge A und B, die ihre begabten Schüler nach zwei Jahren auf die weiterführenden Schulen abgeben. Englisch soll entweder in einem zentralen Kurs oder durch Wanderlehrer unterrich-tet werden. Auch die Möglichkeit des grundständigen Lateins ist für den Mittelbau vorgesehen, so daß die Ansprüche auf eine gründliche sprachliche Bildung mit denen der sozialen Erziehung verbunden bleiben.

Das schulische Leben hat wie eine Ellipse zwei Brennpunktes: das Kind und die objektiven Werte der Kultur. Beide verlangen ihr Recht. Eine Differenzierung kann nicht allein vom Kinde her bestimmt sein. Wissen und Wissenschaft sind unsere Existenzgrundlage. Man kann diesen Block der Kultur nicht ernst genug nehmen. Es geht um einen Ausgleich zwischen beiden Forderungen. In Amerika hat mich der echte Pestalozzi-Geist und der Erfolg in der Menschenbildung stark beeindruckt, aber Leistungen und unterrichtliche Erfolge sind minimal. In England ist die Erziehung zu gegenseitiger Rücksichtnahme spürbar. Wir selber fühlten uns

---

9   Ursprünglicher, aber gestrichener Text: festgestellt.

bei unserer Planungsarbeit ständig eingespannt zwischen den beiden Polen: Kind und objektive Kulturwerte. Auf die Mittelstufe baut sich dann der Oberbau auf. Lehrer im Mittelbau sind alle, die dafür geeignet erscheinen, gleich von welcher Schulart sie kommen. Dasselbe gilt für den Leiter. Wir haben nicht die Genehmigung erhalten, diesen Plan durch Versuche zu erproben.

6. *Mannheimer Philologen-Plan.* Der Mannheimer Philologen-Verband hat einen Gegenvorschlag gegen diesen Stuttgarter Plan aufgestellt, der nach Ansicht seiner Vertreter als der „rektifizierte Caselmann-Plan" dessen Ansprüche den Anforderungen der höheren Schule gemäß abwandelt. Dieser Mannheimer Plan lehnt den gemeinsamen Mittelbau ab und fordert die Auslese nach dem 4. Schuljahr. Diese Auslese soll unter denselben Gesichtspunkten vorgenommen werden, wie sie im Stuttgarter Plan vorgesehen sind; sie unterscheidet die praktisch-manuelle, die wissenschaftlich-praktische und die wissenschaftlich-theoretische Begabung. Die letzten beiden Gruppen sollen im Verband der höheren Schule verbleiben. Sie werden aber, abgesehen von den Fremdsprachen, in den gleichen Fächern unterrichtet wie die Kinder im praktisch-manuellen Zug, die nicht zur höheren Schule gehen. Dadurch bleibt auch nach dem 8. Schuljahr noch die Möglichkeit eines Übergangs vom praktisch-manuellen Zug in die höhere Schule.

Der Mittelbau soll in der Höheren Schule einheitlich sein. Erst mit Untertertia setzt eine, dann aber auch gleich radikale Gabelung in die Züge sein [sic!]. Im einen liegt der Akzent auf den alten Sprachen, im zweiten auf den mathematisch-naturwissenschaftlichen Fächern, im dritten auf den Fächern, die etwa für die Wirtschaftsoberschule charakteristisch sind. In Sexta beginnt der Sprachunterricht mit Latein oder Englisch. Alle drei Züge der höheren Schule heißen „Gymnasium". Damit soll die bisherige Sonderstellung des humanistischen Gymnasiums überwunden werden.

Auch in diesem Plan geht es darum, jedem Kind die seiner Anlage gemäße Ausbildung zu geben. Es fehlt in unserer Zeit an tüchtigen Handwerkern und praktisch veranlagten Menschen. Hier muß durch einen Ausbau der Volksschule und durch sorgsame Auslese Abhilfe geschaffen werden. Wesentlich für den Plan ist ferner die scharfe Abgrenzung der drei gymnasialen Züge gegen einander. Jeder dieser Zweige soll sich auf die für ihn wesentlichen Fächer konzentrieren und dafür auf das eine oder andere Fach verzichten, um so der Überfülle an Stoff, wie sie für die heutige höhere Schule charakteristisch ist, zu entgehen. Wenn wirklich //12// etwas geleistet werden soll, dürfen wir nicht in die Breite, sondern müssen in die Tiefe gehen. Das Vielerlei an Fächern ist eine Gefahr.

In diesem Plan überwiegt das Streben nach Differenzierung. Nach dem 4. Schuljahr tritt eine völlige Trennung der auf der Volksschule verbleibenden Kinder von den Gymnasiasten ein. Der Gedanke, um der sozialen Erziehung willen auch die sehr verschieden Begabten länger zusammenzuhalten, ist nicht aufgenommen. Auf der anderen Seite soll die Angleichung der Lehrpläne im Mittelbau, die weitgehend auch zwischen der höheren Schule und der Volksschule vorgenommen wird, einen Übergang in die höhere Schule auch nach dem 8. Schuljahr noch gestatten. Wenn das aber für möglich gehalten wird, so fragt es sich, warum dann im Interesse jener Erziehungsaufgabe, ein längeres Zusammenhalten der Kinder nicht ins Auge gefaßt wird.

II. Diskussion:

Die meisten dieser Schulplanungen und Schulversuche gehen von dem Erziehungsgedanken aus, schon die Kinder hinzulenken auf ein Zusammenleben verschiedener Menschen, die verschiedene Gaben und Interessen haben. In gemeinsamer Arbeit und gegenseitiger Hilfe sollen sie es lernen, den andern in seiner Wesensart zu sehen und anzuerkennen. Da sollen sie aber auch in der Entwicklung der eigenen Anlagen so gefördert werden, daß sie den ihren Kräften gemäßen Platz im Leben ausfüllen können. Die Schule soll nicht uniformieren, aber sie soll durch ihre Erziehungsarbeit das Ihre dazu beitragen, daß im Nebeneinander verschiedener Bildungswege und Lebensaufgaben Verantwortung für einander und Achtung voreinander wächst.

Aus diesem Gedankengang heraus ist vielfach behauptet worden, es gehe bei der Differenzierung nicht darum, Schulzweige für mehr oder weniger Begabte zu schaffen, sondern verschiedenartig aber gleichwertig Begabten je den ihnen gemäßen Bildungsgang zu öffnen. Diese einfache Bestimmung aber hält der Erfahrung gegenüber nicht stand. Schon die Trennung in geistig und praktisch Begabte scheitert bis zu einem gewissen Grad daran, daß beide Begabungen *vielfach* zusammenfallen. Im Anschluß an seinen Mannheimer Differenzierungsversuch hat Sickinger einen Schulpsychologen mit Untersuchungen über Intelligenzgrade und -richtungen beauftragt. Dieser Forscher hat auf Grund 14jähriger Arbeit in einem Gutachten die folgenden Ausführungen gemacht:

„Die immer noch weitverbreitete Ansicht, daß [es] sich bei den individuellen Begabungsunterschieden im Volksschulalter weniger um allgemeine Grade als um Unterschiede in der Begabungsrichtung handele, ist nicht zutreffend. Zwischen praktischer und theoretischer Begabung besteht vielmehr vor allem im Volksschulalter (Oberstufe) eine deutliche Korrelation. Im allgmeinen kann mit großer Wahrscheinlichkeit von einer guten theoretischen auch auf eine gute praktische Begabung geschlossen werden. Die Überlegenheit unserer Sprach- und Übergangsklassen in theoretischer Hinsicht wird nicht kompensiert durch eine Überlegenheit der Normalklassen im Praktischen, sondern die ersteren leisten auch in den praktischen Fächern bedeutend Besseres. Wenn ich also aus einem bestimmten Jahrgang die Schüler mit guten Leistungen in den wissenschaftlichen Fächern herausnehme, dann bleiben nicht die Schüler mit guter praktischer Begabung übrig. Eine Differenzierung nach theoretischer und praktischer Begabung läuft letzten Endes doch auf eine Differenzierung nach allgemeiner Begabung hinaus. Schulbegabung und praktische Begabung decken sich keineswegs, stehen sich aber auch nicht gegenüber. Die Unterscheidung in theoretische und praktische Begabung, //13// eignet sich also nicht für eine Differenzierung. Sie hängt eng mit der Alternative allgemeiner oder Sonderbegabung zusammen. Vor der Pubertät kann der Primat der allgemeinen Leistungshöhe als bewiesen gelten, so daß also Unterschiede in der Begabungsrichtung zurücktreten. Die praktische Forderung kann also nur lauten, eine Differenzierung der Schüler nach ihrer allgemeinen Leistungsfähigkeit vorzunehmen."

Selbst wenn man diesem Gutachten in seiner Ausschließlichkeit nicht zustimmt, so zeigt es doch die Schwierigkeit, vor der die Auslese steht. Die sich aufdrängenden Unterschiede der Begabungshöhe können für die Unterscheidung der verschiedenen Schulzweige nicht ausschlaggebend sein, sofern jeder dieser Zweige sein eigenes positives Gepräge bekommen soll. Wenn die Volksschule nur angesehen wird als die Schule für die Kinder, die das Ziel der höheren Schule nicht erreichen können, dann kann sie nicht ihren Weg zu dem eigenen vollwertigen Bildungsziel finden. Sinnvolle Differenzierung muß von positiven Gegensätzen der Bildungsaufgaben ausgehen, trotz der Schwierigkeit, daß die Unterschiede der Begabungshöhe die der verschiedenen Begabungsrichtungen zu überdecken droht. Unter diesem Gesichtspunkt gewinnt der Versuch, im Kern-Kurs-System Anlagen und Interessen der Kinder sorgfältig zu studieren, ein neues Interesse.

Nach welchem Maßstab soll diese Differenzierung vorgenommen werden? Der Stuttgarter Plan unterscheidet die drei Hauptgruppen der praktisch-manuellen, der geistig-praktischen und der geistig-theoretischen Begabungen. Eine ähnliche Dreiteilung finden wir in den meisten anderen Versuchen und Plänen. Gegen die Abgrenzung der manuell-praktischen Begabungen erhebt sich Widerspruch von Seiten der Berufsschullehrer. In allen Betätigungen, die hier gepflegt werden sollen, verbindet sich geistige mit manueller Tätigkeit. Die Begabungen scheiden sich dabei nicht in erster Linie nach dem Übergewicht der einen oder der anderen dieser beiden Seiten, sondern es zeigen sich, jedenfalls beim Berufsschüler, verschiedene Typen, die etwa auf das Material, mit dem sie zu arbeiten haben, oder auf die Art der Aufgaben, die zu lösen sind, verschieden ansprechen. Es gibt Menschen, die ausgesprochen für die Bearbeitung von Holz oder für die von Eisen begabt sind. Es gibt eine Begabung für schmückende, für pflegerische, für gärtnerische Aufgaben: Wie weit kann und sollte schon die Schule diese Unterschiede in der Anlage von Kräften und Interessen erkennen und berücksichtigen? Eine solche Berücksichtigung darf gewiß nicht heißen, daß die Differenzierung in der Schule nur im Hinblick auf die künftigen Berufe vorgenommen wird. Wir gerieten sonst in die Gefahr einer ganz einseitigen Ausbildung, die den mannigfachen Anforderungen, die das Leben an den jungen Menschen stellt, und der Notwendigkeit, in der Wahl des Berufs beweglich zu bleiben und nicht auf einen einzigen Weg festgelegt zu werden, in keiner Weise genügen kann. Die Schule, und gerade die der bisherigen Volksschule entsprechenden Schulzweige, muß eine breite Bildungsmöglichkeit geben. Das schließt aber nicht aus, daß Anlagen und Interessen erprobt werden und daß in differenzierenden Kursen Gelegenheit zur Ausbildung verschiedener Fähigkeiten gegeben wird. Hier stellt sich also die Aufgabe, die Gesichtspunkte, unter denen differenziert werden soll, und das Maß dieser Differenzierung genau zu überprüfen.

Mit dieser Frage nach dem Gesichtspunkt, unter dem differenziert werden soll, hängt eine andere eng zusammen, die in früheren Beratungen der Pädagogischen Hauptstelle durchgesprochen worden ist und die hier in den Bericht über das Gespräch in Freyersbach eingefügt werden soll. Es ist die Frage, ob die Differenzierung nach den Begabungsrichtungen in einem Schulwesen, das, um der sozialen Erziehung willen, nicht zu Trennung von einander losgelöster Schularten führen soll, nicht bezahlt werden muß mit einer Trennung der verschiedenen Altersstufen. //14//

Die Differenzierung durch ein System von Kursen, die neben dem gemeinsamen Kernunterricht laufen, setzt voraus, daß eine hinreichend große Zahl von Schülern da ist, die sich auf die verschiedenen Kurse verteilen. Hier erhebt sich das Bedenken, daß auf diese Weise sehr große Schulen entstehen, es sei denn, daß man die ganze Schule nach Altersgruppen aufgliedert, also etwa Grundstufe, Mittelstufe und Oberstufe in verschiedene Schulen legt. Das Zusammenhalten der Kinder verschiedener Begabungsrichtungen würde also erkauft entweder durch ein Mammutschulsystem, das unübersichtlich zu werden droht, oder durch ein Trennen der Kinder nach verschiedenen Altersgruppen. Gegen beide Möglichkeiten stehen wieder erzieherische Bedenken.

Gegen die Trennung der verschiedenen Altersgruppen spricht die Erwägung, daß die Schule die Kinder erziehen soll für die Aufgaben, vor denen sie im Leben stehen werden, in dem Erfahrene und weniger Erfahrene, Menschen, die Verantwortung für das menschliche Zusammenleben übernehmen können, und solche, die einer Führung bedürfen, zusammen leben und zusammen arbeiten. Nur dadurch, daß das Kind in seiner eigenen Welt entsprechende Verhältnisse und Aufgaben vorfindet, kann es – sofern die sich hier bietenden Möglichkeiten richtig

genutzt werden [–] hineinwachsen in die echt demokratische Haltung eines verantwortungsvollen und toleranten Zusammenlebens der Menschen.

Es stehen hier also wieder verschiedene erzieherische Anforderungen im Konflikt mit einander. Es kommt darauf an, jede in ihrer Bedeutung und Eigenart zu
sehen, um den besten Weg zur Lösung zu finden. Dabei ergibt sich zunächst, daß
beide Erziehungsaufgaben verschiedene Anforderungen an den Erzieher stellen.
Wo gleichaltrige Kinder verschiedener Begabungsrichtung und Begabungsstärke
an gemeinsamen Aufgaben zusammen arbeiten, können sie – wiederum, wenn die
gegebenen Möglichkeiten richtig genutzt werden! – praktisch Erfahrungen sammeln in der Möglichkeit und Notwendigkeit gegenseitiger Hilfe und Ergänzung
und daraus Achtung und Verständnis gewinnen für den anders begabten und den
um andere Aufgaben sich mühenden Mitmenschen. Beim Zusammenleben verschiedenaltriger Kinder in der gleichen Schule bietet sich die Möglichkeit, die älteren Verantwortung für die jüngeren Kameraden übernehmen zu lassen. Im ersten
Fall geht es um die Gelegenheit zu einer Selbsterziehung in der Gemeinschaft und
durch die Gemeinschaft, im zweiten darum, dem Älteren bewußt Aufgaben, auch
Erziehungsaufgaben den Jüngeren gegenüber zu geben.

Im Verkehr Verschiedenaltriger mit einander handelt es sich um einen natürlichen, den jungen Menschen einsichtigen Unterschied der Erfahrung und damit
auch der Verantwortung im gemeinsamen Schulleben. Der Ältere kann und soll
bewußt die Verantwortung für den Jüngeren übernehmen. [Bei] verschieden
begabten Gleichaltrigen liegen die Verhältnisse nicht so einfach. Das Zusammenarbeiten würde seinen Zweck nicht erfüllen, wenn es von den Kindern nur erlebt
würde als ein Zusammenbleiben stärker [und] schwächer Begabter, wobei sich
das Tempo der gemeinsamen Arbeit den Fähigkeiten des Schwächsten anpassen
müßte. Fruchtbar wird es nur dann, wenn es zum *gegenseitigen* Geben und Nehmen kommt und wenn immer wieder die Erfahrung der notwendigen gegenseitigen Ergänzung neben die der Hilfe für Schwächere tritt. Die Anforderungen an den
Lehrer und Erzieher sind daher hier weit höher als im ersten Fall. Nur wenn es ihm
gelingt, jedes Kind die Erfahrung machen zu lassen, daß es zu der gemeinsamen
Arbeit Gleichwertiges beitragen kann wie seine Kameraden, wenn auch den eigenen Anlagen Angemessenes, hat er seine Aufgabe [gelöst]. Bei der Entscheidung,
welches der beiden Anliegen im Konfliktsfall den Vorrang haben sollte, muß daher
realistisch die Frage einbezogen werden, welchen Aufgaben die bei einem solchen
Bemühen mitarbeitenden Lehrer gewachsen sind. //15//

Der Konflikt entsteht dadurch, daß die Vereinigung beider Anforderungen
zu großen Schulsystemen zu führen scheint, die für die Kinder und die Lehrer
unübersichtlich werden und damit die Gefahr in sich bergen, daß keine wirklich
erzieherische Luft in ihnen wehen kann. Ob diese Konsequenz unvermeidlich ist,

bleibt eine Frage an die Erfahrung. Hier werden die Erfahrungen verschiedener
niedersächsischer Versuche wichtig, vor allem des Braunschweiger Versuchs, in
dem eine große Anzahl verschiedener Schulzweige organisch mit einander verbunden sind, ohne die eigene Selbständigkeit zu verlieren, Ferner sollte der Jena-
Schulplan unter dem Gesichtspunkt geprüft werden, welche Möglichkeit er für die
Vereinigung der verschiedenen hier genannten Aufgabe bietet.

Auch die Erörterung dieses Problems führt damit, ebenso wie die in Freyersbach besprochenen Fragen zu dem Ergebnis, daß die richtige Vereinigung der beiden Grundforderungen, in und zur Gemeinschaft zu erziehen und dem Einzelnen
die ihm gemäße Bildungsmöglichkeit zu geben, nicht auf Grund einer generellen
organisatorischen Regelung und nicht allein durch grundsätzlich-theoretische
Erwägungen gefunden werden kann. Zentral bleibt die Frage der Erziehung der
Erzieher. Im einzelnen müssen die mannigfachen Konflikte, die beim Bemühen
um die Vereinigung dieser beiden Aufgaben in jedem konkreten Versuch auftreten,
unter Berücksichtigung der jeweils gegebenen Verhältnisse angepackt werden,
insbesondere unter Berücksichtigung dessen, wozu die mitarbeitenden Lehrer und
Erzieher fähig sind.

Das humanistische Gymnasium.

Die Hauptbedenken gegen ein Zusammenhalten der Kinder im Mittelbau gehen
aus von der höheren Schule, deren Vertreter die Erreichung ihres Ziels durch diese
Maßnahme gefährdet sehen. Am stärksten wird diese Befürchtung für das humanistische Gymnasium ausgesprochen. Das Gespräch wendet sich daher der Frage
zu, welche Bedeutung der humanistischen Bildung im Ganzen unserer Erziehung
zukommt und welche Anforderungen sich von da her für die Gestaltung dieses
Schulzweigs ergeben.

Wir haben die Frage der Differenzierung bisher vorwiegend unter dem
Gesichtspunkt der verschiedenen Begabungen der Kinder angesehen. Hinzu tritt
die andere Erwägung, die Entwicklung der Kinder zu sehen im Hinblick auf die
Aufgaben, die ihnen das Leben unserer Zeit stellt und stellen wird. Das kommt
schon zum Ausdruck in unserer Grundforderung, daß die Schule zur Demokratie
erziehen soll. Das Leben geht der Schule voraus und stellt ihr seine Forderungen.
Unsere deutsche Demokratie ist im wesentlichen noch eine Organisationsform, die
von einer Bürokratie geleitet wird. Ihrer Idee nach sollte die Demokratie mehr sein
als der Organismus einer politischen Gemeinde, – in den angelsächsischer Ländern
ist davon weit mehr verwirklicht als bei uns. Hier hat die Schule eine Aufgabe. Sie

sollte selber eine solche Gemeinde sein, in der das Kind lernt, als Bürger dieses seines Lebenskreises Verantwortung und Auftrag zu übernehmen. Nicht das Leben sollte verschult, sondern die Schule dem Leben und seinen Aufgaben geöffnet werden.

In dem Gewimmel von Unterrichtsfächern in unseren Schulen schlägt sich ein Teil des politischen Lebens nieder. Was gehört davon in eine Schule hinein, die Ernst macht mit der Erziehung zu einer echt demokratischen Haltung, und d.h. zu der Bereitschaft, die Lösung der Fragen des Gemeinschaftslebens in der Auseinandersetzung der gegeneinanderstehenden Meinungen, nicht im Kampf ihrer Vertreter gegen einander zu suchen? Um diesem Ziel zu dienen, muß die Schule ausgeglühte Werte //16// an die Jugend heranbringen, Fluktuierendes festigen an festen Werten. „Gegenwartsnähe" bedeutet nicht, das faktische Geschehen des heutigen öffentlichen Lebens im Sehnlichen nachzumalen, sondern die überzeitlichen Werte sichtbar werden zu lassen, die dieser Gegenwart Gestalt geben können und sollen. Sie ist nicht zeitlich, sondern wertmäßig zu verstehen.[10]

Unter diesem Gesichtspunkt stellt sich uns die Frage: Haben wir noch etwas mit Lateinertum und Griechentum zu tun? Theoretisch arbeiten wir in unseren Schulen damit, praktische Bedeutung hat diese klassische Bildung fast nur noch für den Theologen. Aber so ist es nicht überall. Churchills Redeweise zeigt, daß ihm Cicero noch das Vorbild der parlamentarischen Rede ist. Baldwin bekannte, daß er mit einer horazischen Ode seine Seele vom Staub und Druck des politischen Tageskampfes reinige. Clemenceau schrieb ein Buch über Demosthenes. Über 2000 Jahre hinweg sind hier die Werte der Antike lebendig in Auseinandersetzungen der Gegenwart. Damit behält sie ihre Bedeutung in der Schule für *die* Schüler, die sie aufsuchen, um sich im Leben an ihren Werten zu bewähren.

Es wird zugegeben[,] daß die Werte der Antike in der geschilderten Weise für die Aufgaben unserer Zeit fruchtbar werden können. Aber werden es nicht immer nur einzelne sein, die aus der intimen Berührung mit Sprache und Kultur der Antike diese Kräfte schöpfen? Und ist es da gerechtfertigt, um dieser wenigen willen etwa die Grundschule mit Grammatik zu belasten, die dem Lateinunterricht die Wege ebnen soll? Es ist noch nicht gelungen, für die große Mehrzahl unserer Kinder einen Ausbildungsweg zu finden, der frei ist von der Belastung einer philologischen Bildung, die sie nicht aufnehmen können und sollen. Auch sie sollten einer ihnen gemäßen Form an die Werte herangeführt werden, die für ihr Leben Bedeutung gewinnen können. Das gelingt nicht, wenn sie viel zu früh abgedrängt werden in ein Wissen und Lernen, dem die Beziehung zur Anschauung fehlt.

---

10 Dieser Absatz ist handschriftlich mit einem Fragezeichen gekennzeichnet.

Was braucht die Jugend, um in der Schule eine Vorform des öffentlichen Lebens zu finden, in der zeitlose Werte lebendig sind? Das Gespräch wendet sich der Situation der heutigen Jugend zu. Von ihr müssen wir ausgehen. Es wird heute noch immer zu viel in die Jugend hineingesehen, was nicht in ihr ist. Sie ist realistisch, nicht romantisch. Sie stehen in der vollen Realität des Lebens, aber diese Realität ist chaotisch. Diese Formlosigkeit soll überwunden wurden. Wo finden wir die rechte Form? Wie kann die Schule leisten, was heute offenbar die ganze bürgerliche Gesellschaft nicht leistet? Es gibt im Leben der Jugendlichen fast immer eine Zeit, wo sie den Eltern kritisch gegenüberstehen. In unserer Zeit ist das vertieft zu einem weitergehenden Mißtrauen der jungen gegen die ältere Generation. Das hat einen entscheidenden Grund darin, daß den Menschen unserer Zeit die verbindende weltanschauliche Grundlage fehlt, die dem jungen Menschen Sicherheit geben kann. Er steht einer Umwelt gegenüber, in der die Anerkennung der Werte schwankt. Die Erfahrung kann ihm die Schule nicht abnehmen. Aber sie sollte den Kräften in ihm zum Wachstum verhelfen, die es ihm ermöglichen, dieser Erfahrung standzuhalten und selber einen festen Standpunkt zu den für sein Leben entscheidenden Werten zu suchen. Dazu aber muß der junge Mensch den ihm eigenen Zugang zu diesen Werten finden. Ob vom Christentum, der Antike, dem Klassischen die Rede ist, immer kommt es darauf an, die Stimmen zu dieser Jugend reden zu lassen, die *sie* zu hören verstehen und sich nicht an Traditionen zu binden, die früheren Generationen zugänglich waren, aber zu erstarrten Formen geworden sind. Es ist unter Umständen leichter, den Zugang zu solchen Werten von der Dreigroschenoper als von Goethes „Iphigenie" herzufinden. Wo wir die lebendigen Fragen dieser Jugend aufzunehmen verstehen, da spüren wir, daß nicht die Werte selber in Frage gestellt sind, wohl aber die Formen //17// in denen sie geboten und vertreten wurden. Erfahrungen mit Arbeitslosen, mit Berufsschülern, mit Schülern der höheren Schulen zeigen, wie lebendig diese Jugend nach sittlichen und religiösen Werten fragt und für[11] jene alten Werten noch die Ohren offen sind[12], wenn Menschen diese Fragen aufzunehmen verstehen. Hier müssen neue Wege gefunden werden. Wir können dafür viel lernen von den social studies der amerikanischen Erziehung.

Zurück zur Frage der humanistischen Bildung! Auch die hier vermittelten Werte haben bleibende Bedeutung, auch zu ihnen ist der Zugang von Fragen unserer Zeit her möglich. Für die Mehrzahl der jungen Menschen wird dieser Weg nicht über das Studium der alten Sprachen führen, sondern über andere Zugänge und über die

---

11 Handschriftlich gestrichen „wie ein Zugang zu" und statt dessen eingefügt „für".
12 Handschriftlich gestrichen „gefunden werden kann" und ersetzt durch „noch die Ohren offen sind".

Arbeit mit Übersetzungen. Gerade darum aber wird die Forderung erhoben, daß für diejenigen in unserem Volk, die dieser Aufgabe gewachsen sind und durch sie befruchtet werden können, der Zugang über die alten Sprachen erhalten bleibt[13].

Aber gerade wenn wir die humanistische Bildung einordnen in die übergeordnete Aufgabe der Erziehung zum demokratischen Menschen, stellt sich umso ernster die Frage, ob es gerechtfertigt ist, diesen Bildungsweg schon vom 5. Schuljahr ab von dem der übrigen Kinder, oder mindestens von dem der überwiegenden Mehrzahl der Kinder völlig zu trennen. Wird es gelingen, sich bei einer so frühen Auslese von den weitgehend traditionell gebundenen Elternwünschen so weit unabhängig zu machen, daß wirklich *die* Kinder diesem Weg zugeführt werden, die nach ihren Anlagen und den Interessen für die ihnen hier zufallenden Aufgaben geeignet sind? Und selbst wenn das gelingen sollte: Ist es möglich, in einer so abgeschlossenen Atmosphäre den Kindern frühzeitig die Erfahrung vom Zusammenleben verschiedener Menschen zu vermitteln, in der gegenseitige Hilfe, Verantwortung für einander und Auseinandersetzung mit einander gepflegt werden kann? Man mag einwenden, daß bei richtiger Auslese auch die Kinder in einer solchen Gymnasialklasse aus sozial sehr verschieden gestellten Elternhäusern kommen werden und daß ein [erzieherisch begabter] Lehrer auch hier eine Fülle von Gelegenheiten hat, die Kräfte der Kinder anzusprechen und zu üben, die für die echte demokratische Haltung des Menschen entscheidend sind. Aber abgesehen davon, daß die hier genannten Voraussetzungen heute noch keineswegs gesichert sind, bleibt das Bedenken bestehen, daß gerade bei richtig vorgenommener Auslese diese Kinder in einen weitgehend geistig homogenen Kreis [geraten] werden. Gerade dem Gymnasiasten, der seiner Begabung nach zu besonderer Verantwortung im öffentlichen Leben berufen ist, fehlt damit in der Schule die umfassende Gelegenheit, seinen Blick dafür zu schärfen, daß es sehr viele anders lebende und anders denkende Menschen gibt, die im Zusammenleben aller ebenfalls unentbehrliche Funktionen zu erfüllen haben.

Von hier aus ergibt sich das pädagogische Anliegen, auch den humanistischen Zweig in den gemeinsamen Mittelbau der Schule einzufügen unter Berücksichtigung der notwendig werdenden Differ[e]nzierung. Die Diskussion über die Art und den Umfang dieser Differ[e]nzierung, ja auch über die Frage, ob bei diesem Weg das unterrichtliche Ziel der höheren Schule erreicht werden kann, ist noch längst nicht abgeschlossen. Sie ist, im Ganzen der Lehrerschaft und der Öffentlichkeit, noch immer belastet dadurch, daß nicht nur pädagogische, sondern auch gesellschaftlich-traditionelle Gesichtspunkte in ihr eine Rolle spielen. Auch in Freyersbach konnte eine Einigung in diesen Fragen nicht erreicht werden. //18//

---

13 Handschriftlich ergänzt „ , der Zugang über die alten Sprachen erhalten bleibt".

Aber es ist hier gelungen, im gemeinsamen Ringen um die pädagogischen Anliegen der Erziehung und Bildung die mannigfachen Aufgaben zu sehen, die von den verschiedenen Seiten her angemeldet werden. Einig waren wir uns über die Notwendigkeit von Versuchen, die, von der Verantwortung des Erziehers getragen, unter realistischer Berücksichtigung der gegebenen Voraussetzungen, insbesondere soweit sie die Erziehung der Erzieher selber betreffen, die Erfahrung nach den Wegen befragen, auf denen wir den vor uns liegenden Aufgaben gerecht werden können.

Dr. Grete Henry

Neuordnung des Schulwesens[*]

Zum Rahmenplan des Deutschen Ausschusses für das Erziehungs- und Bildungswesen

Die Verfasserin, Prof. Dr. Grete Henry-Hermann, war an der Erarbeitung des „Rahmenplans" des Deutschen Ausschusses für das Erziehungs- und Bildungswesen hervorragend beteiligt. Sie stellt hier seine wesentlichen Gedanken dar und setzt sich mit einigen Einwänden seiner Kritiker auseinander.

Schriftleitung von „Geist und Tat".

Der im April dieses Jahres vom Deutschen Ausschuß für das Erziehungs- und Bildungswesen vorgelegte „Rahmenplan zur Umgestaltung und Vereinheitlichung des allgemeinbildenden öffentlichen Schulwesens"[1] hat in der Öffentlichkeit eine lebhafte Diskussion ausgelöst. In dieser Diskussion wird die ganze Zwiespältigkeit der Ansprüche und Forderungen, die in unserer Zeit an die Schule gestellt werden, sichtbar – eine Bestätigung für die Dringlichkeit einer Neuordnung des Schulwesens, aber auch der Schwierigkeiten, die dieser Aufgabe entgegenstehen.

Das Bemühen des Ausschusses um eine Ordnung des Schulwesens, „die auf einem für das ganze Volk verbindlichen Fundament der Bildung und Gesittung beruht und der Entwicklung unserer Kultur und unserer pädagogischen Einsicht gerecht wird", hat sich an drei Hauptthesen orientiert:

1. Die arbeitsteilige Gesellschaft erfordert ein hinreichend gegliedertes Schulwesen, verschiedene Schultypen also, die den verschiedenen Bildungsforderungen der Gesellschaft entsprechen – wie auch der unterschiedlichen Bildungsfähigkeit der Kinder. Jedem Schultyp muß der Raum gegeben werden, in dem er den ihm gemäßen Bildungsauftrag erfüllen kann.

2. Die Pflicht zu sozialer Gerechtigkeit und der vermehrte Bedarf der modernen Gesellschaft an höher gebildetem Nachwuchs machen es nötig, jedem Kind den seiner Bildungsfähigkeit gemäßen Weg zu öffnen. Der Schulaufbau muß gestatten, alle kindlichen Begabungen zu wecken und sie nach Art und Grad auch an anspruchs//229//volleren Aufgaben zu erproben. Die Entscheidung darüber, auf

---

[*] G. Henry-Hermann: Neuordnung des Schulwesens. Zum Rahmenplan des Deutschen Ausschusses für das Erziehungs- und Bildungswesen. In: Geist und Tat. Monatszeitschrift für Recht, Freiheit und Kultur. Jg. 14, 1959, Nr. 8, S. 228–234.

[1] Erschienen als Folge 3 der „Empfehlungen des Deutschen Ausschusses für das Erziehungs- und Bildungswesen", Ernst-Klett-Verlag, Stuttgart[.]

welchem Weg und bis zu welchem Ziel das Kind gebildet werden soll, muß von deutlich erkennbaren Bewährungen in dieser Erprobung abhängig gemacht werden.

3. So unumgänglich die Differenzierung unseres Schulwesens ist, so dringend ist die Besinnung auf das, was die verschiedenen Bildungswege und Bildungstypen eint und verbindet. Wenn die moderne Gesellschaft als Kulturgemeinschaft bestehen soll – und nur dann kann sie die tiefgehenden Krisen und Konflikte unserer Zeit meistern –, so muß im Volk das Bewußtsein einer geistigen Einheit gekräftigt werden, das nur aus gemeinsamen Grunderfahrungen gewonnen werden kann.

Mit diesen Thesen ist kein Rezept gegeben, aus dem sich der ideale Schulaufbau ablesen ließe. Vorschläge, die der einen oder anderen von ihnen gemäß sind, finden ihre Begrenzung darin, daß alle drei zur Geltung kommen müssen. Einzelmaßnahmen gegen akute Notstände müssen daher geprüft werden in der Auseinandersetzung mit der ganzen Vielfalt oft gegeneinander laufender Anforderungen, vor die das Schulwesen in unserer sich wandelnden Welt gestellt ist. So ging es dem Ausschuß um den Versuch einer konstruktiven Synthese, in der vor allem immer wieder die Forderung nach hinreichender Differenzierung und die nach organischem Zusammenhang und Vereinheitlichung aufeinander bezogen und gegeneinander abgewogen werden mußten. Dieses prüfende Abwägen hat den Ausschuß Jahre hindurch beschäftigt; der einstimmig von seinen Mitgliedern vorgelegte Rahmenplan ist das Ergebnis dieser Arbeit.

Der Schulaufbau

Es kann hier nicht die Aufgabe sein, den Vorschlag des Ausschusses bis ins einzelne darzulegen oder gar zu begründen. In ihm greifen die Besinnung auf die Bildungsaufgaben des Schulwesens und die Erörterung eines für die Lösung dieser Aufgaben offenen organisatorischen Aufbaus eng ineinander. Der Rahmenplan beschränkt sich dabei zunächst auf das „allgemeinbildende" Schulwesen; er macht keine Vorschläge für die berufsbildenden Schulen, die Hochschulen oder den „zweiten Bildungsweg", in dem sich heute Übergänge zwischen beiden anbahnen. Aber er enthält bereits Hinweise auf die Fragen und Aufgaben, die sich im Zusammenhang mit seinen Vorschlägen in diesen weiteren Bereichen des Bildungswesens stellen und auf die der Ausschuß in künftigen Empfehlungen eingehen wird. Für eine eingehende Erörterung des Plans muß auf das Gutachten selber verwiesen werden. Wenn trotzdem im Folgenden der vorgeschlagene Schulaufbau kurz skizziert wird, so soll damit nur der Zusammenhang aufgewiesen werden, in dem dann an einigen der in der Öffentlichkeit am meisten umstrittenen Punkte die für den Ausschuß entscheidenden Erwägungen näher dargelegt werden sollen.

Der Rahmenplan sieht vor, daß nach einer für alle Kinder gemeinsamen vierjährigen Grundschule die Mehrzahl von ihnen in die zweijährige „Förderstufe" übergeht. Ihnen bleibt damit über die Grundschule hinaus das gemeinsame Schulleben noch erhalten, unabhängig davon, welchen späteren Bildungsweg ihre Eltern für sie wünschen und planen. Auch der Unterricht wird überwiegend ohne Trennung der Kinder erteilt. Daneben aber wird ihnen in getrennten Kursen Gelegenheit geboten, sich an erhöhten Anforderungen zu bewähren, die in diesem Alter sinnvoll sind und nicht hinausgeschoben werden dürfen. Am Unterricht in der Förderstufe sollen Lehrer der verschiedenen weiterführenden Schulen beteiligt sein und ihn gemeinsam gestalten.

In diesen Jahren der Förderstufe soll, im engen Kontakt zwischen Schule und Elternhaus, geprüft werden, welche weiterführende Schule der Bildungsfähigkeit des //230// einzelnen Kindes am besten entspricht. Aus der Förderstufe gehen die Kinder auf Grund dieser Erfahrung in eine der drei folgenden „Oberschulen" über: in die Hauptschule, die in ihrem Endziel eine zehnjährige Vollschulzeit vorsieht, in die Realschule, die nach dem 11. Schuljahr zur „Mittleren Reife" führt, oder in das Gymnasium, in dem die Schüler nach dem 11. Schuljahr ebenfalls die „Mittlere Reife", nach dem 13. Schuljahr mit dem Abitur die Hochschulreife erreichen.

Neben diese drei auf die Förderstufe aufbauenden Schulen tritt als weitere Oberschule die „Studienschule", die wie das Gymnasium nach dreizehnjähriger Schulzeit zum Abitur und damit zur Hochschulreife führt. Sie schließt unmittelbar an die Grundschule an und nimmt, sofern die Eltern es wünschen, auf Grund eines Gutachtens der Grundschule und einer besonderen Eignungsprüfung solche Kinder auf, bei denen schon im letzten Grundschuljahr erkennbar wird, daß sie mit hoher Wahrscheinlichkeit die Hochschulreife werden erreichen können. Die Sonderstellung der Studienschule gründet sich auf den besonderen Bildungsauftrag, den sie erfüllen soll: ihre Schüler in besonderem Maße zu den geschichtlichen Quellen unserer Kultur zu führen.

Um auch spät erkennbaren Begabungen gerecht werden zu können, dürfen die Oberschulen nicht hermetisch gegeneinander abgeschlossen werden. Übergänge von der einen in die andere müssen möglich bleiben.

Die Sonderstellung der Studienschule

Am stärksten entbrannt sind Meinungsstreit und Kritik am Vorschlag des Ausschusses, die Mehrzahl der Kinder über die Förderstufe in die Oberschulen zu führen, von diesem Weg aber eine Ausnahme zu machen und eine kleine Schar intellektuell besonders begabter Kinder unmittelbar von der Grundschule aus in die Studienschule gehen zu lassen. Der Widerstand ist begreiflich, liegt hier doch

eine einschneidende Beschränkung der angestrebten Einheitlichkeit des Schulwesens vor. Die Studienschule erhält im Aufbau des Schulwesens eine Sonderstellung.
    Warum diese Sonderstellung? Die Studienschule soll die Tradition des althumanistischen Gymnasiums fortführen, diese aber im Blick auf die Anforderungen der
heutigen Zeit weiter entwickeln. Gegen Ende des 19. Jahrhunderts hat das humanistische Gymnasium das Bildungsprivileg verloren, das es bis dahin für die zur
Hochschulreife führenden Schulen hatte. In langen und harten Auseinandersetzungen haben Oberrealschule und Realgymnasium neben ihm den gleichen Rang
erworben, ihre Schüler zur vollen Hochschulreife zu führen. In dieser Entwicklung
meldet sich ein Konflikt an, der sich bis in unsere Zeit erhalten hat. Die wachsende
Fülle an Bildungsgut, an Wissen und Einsichten, die für das geistige, politische und
wirtschaftliche Leben Bedeutung gewonnen haben, bedrängte die Lehrpläne der
Schulen. Sie übersteigt die Aufnahmefähigkeit des Einzelnen und kann ihn dazu
verführen, über der Vielfalt von Kenntnissen die Sammlung zu vertiefter Auseinandersetzung mit ihnen zu verlieren. Bildung aber ist nicht durch Anhäufung von
Wissensstoffen zu gewinnen. Sie verlangt – heute mehr denn je – die Entscheidung
für Schwerpunkte, von denen aus sich dem Gebildeten ein Verständnis seiner
Umwelt, der eigenen Stellung und der eigenen Verantwortung in ihr erschließen
kann. Für die Schule bedeutet das die Aufgabe, der Ausprägung klarer Bildungstypen zu dienen und unter ihnen auch dem Typ, der die Tradition der klassischen
Bildung in unsere Zeit hineinstellt, den ihm gebührenden Raum zu gewähren.
    Allerdings ist die Frage gestellt worden, ob diesem Typ in unserer Zeit noch
ein eigener Raum im Schulwesen gebührt, vor allem dann, wenn das bezahlt wird
mit einer so wesentlichen Beschränkung der Einheitlichkeit des Schulwesens.
Der in die//231//ser Beschränkung liegende Verzicht ist dem Ausschuß nicht
leicht gefallen; er hat sich nach eingehender Prüfung zu ihm entschlossen, um im
Ganzen unseres Volkes die Beziehung zu den Quellen unserer Kultur, die aufgeschlossene und kritische Auseinandersetzung mit dem, was die Vergangenheit
uns zu sagen hat, wach und lebendig zu erhalten. Ohne die Pflege und Bewahrung
dieser geschichtlichen Tiefendimension gerät unser schnellebiges Geschlecht in
die Gefahr der Verflachung und Zersplitterung. Nicht darauf kommt es an, daß
jeder Gebildete den Rückgang zu den Quellen der Kultur selber vollzieht, wohl
aber darauf, daß im Ganzen des Volkes eine, wenn auch zahlenmäßig nicht große
Gruppe, in dieser Beziehung zur Überlieferung den Schwerpunkt der eigenen
Bildung findet. Diesem Anliegen unserer Zeit soll die Studienschule dienen; sie
muß dafür ihre Schüler mit den alten Sprachen so vertraut machen, daß sie sich
den eigenen Zugang zu geeigneten altsprachlichen Texten erarbeiten und sie in den
geistesgeschichtlichen Rahmen, in dem sie stehen, einordnen können. Um dieser
weitgreifenden besonderen Aufgabe willen – die u.a. zu frühem und gründlichen

Eindringen in die Formen der alten Sprachen nötigt – hat der Ausschuß dieser
Schule den Sonderweg zugesprochen, der nicht über die Förderstufe führt.

Diese Sonderaufgabe darf nicht zu einer Isolierung der Studienschule im
gesamten Schulwesen führen; sie braucht es auch nicht zu tun. Neben sie tritt nach
dem Rahmenplan als gleichrangige, ebenfalls zur Hochschulreife führende Schule
das Gymnasium. Es wäre ein Mißverständnis dieser Nebeneinanderstellung, wenn
die Studienschule als eine nur der Vergangenheit, das Gymnasium als eine nur den
Aufgaben der Gegenwart und Zukunft zugewandte Schule gedeutet würde. Die
Absonderung der Studienschule kann nur aus den Bildungsanforderungen unserer
Zeit begründet werden; sie muß daher, will sie ihrer Aufgabe gerecht werden, ihren
Schülern den Blick für die Gegenwart und die eigene Verantwortung in ihr öffnen.
Ebenso aber wird das Gymnasium, das den Schwerpunkt der in ihm erstrebten
Bildung in den kulturellen, sozialen und politischen Aufgaben der Gegenwart
sucht, seinen Schülern die Kräfte erschließen, aus denen unsere Kultur erwachsen
ist. Das ist möglich auch ohne den ausdrücklichen Rückgang zu den Quellen dieser
Kultur. Denn diese Kräfte begegnen uns in den prägenden Bildungsgütern unserer
Zeit: in Literatur und Geschichte, in den modernen Sprachen, die ja aus der Über-
lieferung ihres Landes leben, nicht zuletzt in Mathematik und Naturwissenschaft.
Es gibt eine Grundbildung in den geschichtlichen und modernen Disziplinen,
die auf allen Zweigen der Höheren Schulen vertreten sein muß. Gymnasium und
Studienschule haben daher einen breiten Bereich an Bildungsgehalten gemeinsam.
Nur um einen Schwerpunktunterschied handelt es sich, nicht um eine Aufteilung
des Bildungsauftrags in mehrere von einander unabhängige Einzelaufgaben. Beide
Schulen orientieren sich an verschiedenen Bildungstypen; aber die Vertreter beider
Typen bleiben verbunden durch die unteilbare Verantwortung der geistig tragen-
den Schicht in unserer Welt.

Trotzdem: Ist die Sonderstellung der Studienschule nicht ein zu hoher Preis, der
für die hier skizzierte Aufgliederung der Höheren Schulen bezahlt wird? Wird sie
nicht dahin führen, daß die Höhere Schule nicht nur Abiturienten verschiedener
Art, sondern verschiedenen Ranges heranbildet? Wird die Studienschule zur Elite-
schule aller Hochbegabten werden, diese damit von ihren Altersgenossen trennen
und zu hochmütiger Abschließung verführen? Gewiß braucht die Studienschule
begabte Schüler, wenn sie ihren Auftrag erfüllen soll. Darum die strenge Auslese
und Prüfung, die zwischen Grundschule und Studienschule steht. Aber nicht für
jedes Kind, dessen gute oder vielleicht hervorragende intellektuelle Begabung
schon beim Abschluß der Grundschule erkennbar wird, ist die Studienschule der
ihm gemäße Bildungsweg. Weder ist gute Begabung notwendig verbunden mit
der besonderen Interessenrich//232//tung, die in der Studienschule gepflegt und
entwickelt wird, noch fehlt es in den Bildungsaufgaben des Gymnasiums, die ihren

Schwerpunkt in der geistigen Durchdringung der modernen Welt haben, an Bereichen, die hohe Begabung verlangen und ihr Nahrung zu geben vermögen.

Freilich melden sich hier neue Einwände: Der Ausschuß geht in seinen Betrachtungen zur Auslese davon aus, daß sich bei zehnjährigen Kindern im allgemeinen
Maß und Art der Begabung nicht mit der Sicherheit feststellen lassen, die eine hinreichend begründete Entscheidung über den für sie besten Bildungsweg ermöglichen. Wie soll aber dann in diesem Alter auch bei sehr begabten Kindern ein Urteil
darüber gewonnen werden, ob die Bildungsaufgaben der Studienschule oder die
des Gymnasiums ihren sich doch erst später entwickelnden Interessen und Fähigkeiten mehr gemäß sind? Allein von den sich in dieser Entwicklungsstufe bereits
ausprägenden Anlagen des Kindes her wird in der Tat, abgesehen von Ausnahmefällen, darüber nicht entschieden werden können. Schon die Höhe, erst recht aber
die Art von Begabungen sind nicht allein abhängig von den Anlagen, mit denen
ein Kind zur Welt kommt. Begabung, Interesse und Bildungswille werden geweckt
und geprägt erst im Kontakt mit Umwelt und Mitmenschen. Das Bildungsklima
des Elternhauses wird bei aufgeschlossenen und fähigen Kindern die Richtung
und Stärke, in der ihre Interessen und Gaben sich entfalten, wesentlich mitbe-
stimmen. Die Entscheidung darüber, ob ein Kind, das die Eignungsprüfung der
Studienschule bestehen kann, in diese eintreten oder den Weg über die Förderstufe
nehmen soll, liegt daher bei den Eltern; die Schule kann ihnen dabei nur beratend
zur Seite stehen.

Diese Erwägung ruft, vor allem bei Sozialisten, weitere Bedenken wach: Lebt
mit der Studienschule die alte Standesschule wieder auf, in der der Bildungsweg
eines Kindes in erster Linie vom sozialen Stand des Elternhauses, nicht von der
eigenen Bildungsfähigkeit und dem Bildungswillen des Kindes bestimmt wird?
Wenn die Studienschule vorwiegend von Kindern aus einer bestimmten Bildungs-
schicht unseres Volkes besucht wird, so bleibt sie damit voraussichtlich weithin
auch entsprechenden sozialen Gruppen zugeordnet. Das wiederum könnte Eltern
dazu verführen, diese Schule nicht der ihr eigenen Bildungsgehalte willen zu
wählen, sondern um die eigenen Kinder aus der großen Schar der übrigen her-
auszuheben, in der Hoffnung, ihnen damit zu gehobenem Ansehen und besseren
Lebenschancen zu verhelfen. Diese Hoffnung aber ist eitel, sofern die Studienschule
den ihr gebotenen Raum für die ihr übertragene Bildungsaufgabe nutzt – und nur
wenn sie es tut, wird sie im Ganzen unseres Schulwesens die geachtete Stellung
gewinnen, die ihr gebührt. Die Überlieferung der klassischen Gehalte unserer
Kultur steht heute im öffentlichen Bewußtsein nicht in so hohem Kurs, daß sich
mit ihr Geschäfte machen ließen. Darum spricht es auch nicht gegen die Studienschule, wenn sie ihre Schüler vorwiegend in derjenigen Schicht findet, in der das
Streben nach einer an den originalen Quellen der Kultur orientierten Bildung noch

lebendig ist, Sie dient damit nicht einer Sondergruppe, sondern dem ganzen Volk, dem sie einen für alle wesentlichen Bestand an Bildungsgut erhält. Wir Sozialisten, denen Freiheit und Tiefe in der geistigen Entwicklung und Auseinandersetzung unserer Zeit am Herzen liegen, können und sollen dieses Anliegen bejahen. In dem Maß, in dem wir es tun und in den eigenen Reihen Menschen haben, die sich selber dieses Bildungsstreben zu eigen machen, wird der Verdacht entfallen, als erhalte hier eine Sondergruppe eine Vorzugsstellung. Gerade dann wird sich zeigen, daß das Gegenteil vorliegt: Hier übernimmt eine besondere Gruppe eine besondere Verantwortung. Die Eltern, die für ihr Kind diesen Weg wählen, gehen dabei ein Risiko ein: Sie führen es auf einen engen und steilen Weg, auf dem nur dann ein sinnvoller Abschluß erreicht wird, wenn der heranwachsende junge Mensch diese Schule voll durchläuft und sich ihrem besonderen Bildungsan//233// liegen innerlich erschließt. Das Opfer, das der Ausschuß gebracht hat, als er mit der Sonderstellung der Studienschule auf größere Einheitlichkeit im gesamten Schulaufbau verzichtete, geht in Wahrheit zu Lasten der Studienschule, und nicht des Gymnasiums. Das ist bisher in der öffentlichen Diskussion verkannt worden.

Der Sinn der Dreigliedrigkeit des Schulwesens

Ein weiterer Punkt, der ernsthafte Kritik wachgerufen hat, liegt in der Dreigliedrigkeit des Schulwesens, und der Art, wie der Ausschuß an ihr festhält. Von sozialistischer Seite richtet sich der Einwand gegen die Beibehaltung des mittleren Schulwesens, gegen die Realschule also: Der notwendige Ausbau der Volksschule zur Hauptschule wird nicht nur die Vollschulzeit für alle Kinder von 8 auf mindestens 10 Jahre heraufsetzen, er wird darüber hinaus die Bildungsaufgaben der Hauptschule gegenüber denen der bisherigen Volksschule vertiefen und erweitern durch die Pflege einer Fremdsprache, eine stärkere Durchdringung der Sachkunde mit Vorformen wissenschaftlicher Denk- und Verfahrensweisen, durch Weckung des Verständnisses für geschichtliche und politische Zusammenhänge, die sich den jungen Menschen erst in der Reifezeit erschließen können. Wenn somit für alle Kinder, nach dem Maß ihrer Bildungsfähigkeit, die verstärkte Hinführung zu den Grunderfahrungen und Aufgaben der modernen Welt gefordert wird, so fragt es sich, welche andersartige Aufgabe der Realschule neben der Hauptschule zufällt. Bedeutet der Ausbau der Volksschule zur Hauptschule nicht, daß, was bisher als „Mittlere Reife" nur für eine relativ kleine Schar von Kindern angestrebt wurde, heute jedem Kind zugänglich gemacht werden muß? Bedeutet demnach das Festhalten an der Realschule, ja ihre Erweiterung um ein 11. Schuljahr nicht wieder eine Abwertung der Hauptschule? Hinter diesen Fragen steht die Sorge, daß jede unnötige Differenzierung im Schulwesen den Gefahren des Berechtigungswesens

Vorschub leistet, Standesvorurteile und Sonderansprüche fördert und die freie
Entfaltung von Begabungen nur einengt.

Es sei hier am Rande erwähnt, daß vor allem von gewissen Gruppen der Lehrer
der Höheren Schulen eine genau entgegengesetzte Kritik vorgebracht wird: Sie
begrüßen die Beibehaltung dieses mittleren Schultyps, wenden sich aber dagegen,
daß er nicht scharf genug von der Mittelstufe des Gymnasiums abgehoben werde.
Nach dem Rahmenplan sollen das abschließende 11. Schuljahr in der Realschule
und das die Mittelstufe abschließende 11. Schuljahr im Gymnasium in gleichwer-
tiger, wenn auch nicht gleichartiger Weise zur „Mittleren Reife" führen, zu einem
sinnvollen Schulabschluß also, mit dem, auch vom Gymnasium aus, der Weg in
ein breites Feld nicht-akademischer Berufe offensteht, mit dem aber auch – von
der Realschule aus über eine besondere Aufnahmeprüfung – der Übergang in die
Oberstufe des Gymnasiums möglich ist. Die hier erwähnten Kritiker sehen darin
eine Belastung des Gymnasiums mit einer ihm wesensfremden Aufgabe.

Der Ausschuß hat sich in seinem Vorschlag darum bemüht, die berechtigten
Anliegen, die in der Entwicklung des mittleren Schulwesens sichtbar werden, aufzunehmen, pädagogisch bedenkliche Tendenzen aber, die sich in dieser Entwicklung
ebenfalls gezeigt haben, zu überwinden. Das mittlere Schulwesen in den Formen
von Mittel- und Realschulen – hat sich verhältnismäßig spät entwickelt, und zwar
stark unter dem Druck wirtschaftlicher Anforderungen und dem Aufstiegswillen
der gesellschaftlichen Mittelschichten. Es war damit in besonderer Weise offen
für die Aufgabe, den zunehmend sich differenzierenden Anforderungen, die die
arbeitsteilige Gesellschaft an ihren Nachwuchs stellt, Rechnung zu tragen. Aber es
geriet damit auch, mehr als die anderen Schultypen, in die Gefahr, die Lehrstoffe
durch vorwiegend nur auf Zweckmäßigkeit gerichtete Gesichtspunkte zu bestimmen und damit //234// die Ausprägung einer diesem Schultyp eigenen Bildungsaufgabe zu verfehlen. Der Anreiz für weite Schichten der Bevölkerung, ihre Kinder
auf den hier gebotenen Weg zu bringen, entsprang weithin dem Wunsch nach
Ausbildung und Aufstieg in gehobene Berufe; das Verlangen nach einer solche
Ausbildung tragenden Bildung trat dahinter oft zurück. Und in dem Maß, in dem
das geschieht, gewinnen die Bedenken gegen diese Schulart in der Tat Gewicht.

Trotzdem fragt es sich, ob man ihnen dadurch Rechnung tragen sollte, daß
man das mittlere Schulwesen ganz in der ausgebauten Hauptschule aufgehen läßt.
Gewiß wird diese ihre Schüler stärker, als die Volksschule es bisher tun konnte,
an Grunderfahrungen unserer durch Naturwissenschaft und Technik gestalteten
Welt heranführen müssen. Aber gerade bei dem pädagogischen Bemühen, allen
Kindern ein Verständnis der modernen Welt zu erschließen, ist eine sorgfältige
Differenzierung nach Art und Höhe ihrer Begabung geboten. Für die Mehrzahl
der Kinder, und damit in der Hauptschule, wird das nur in dauerndem und engem

Kontakt mit praktischen Aufgaben geschehen können, bei deren Bewältigung das eigene Tun Hand in Hand geht mit der Besinnung auf die Eigengesetzlichkeit der Dinge, an und mit denen gearbeitet wird. Die Realschule wird höhere Anforderungen an das Abstraktionsvermögen ihrer Schüler stellen und sie stärker in die verschiedenen Fachdisziplinen einführen. Mathematik, Physik und Chemie gewinnen für diese Schule besondere Bedeutung; und zwar soll in diesen Fächern stark das Interesse der Schüler an elementaren technischen Vorgängen angesprochen werden. Dringt die Realschule, verglichen mit der Hauptschule, damit weiter in den Bereich von Fachkenntnissen und theoretischem Wissen hinein, so braucht sie aber ein Gegengewicht gegen die Gefahr einer bloßen Anhäufung unverbunden nebeneinander stehender Wissensstoffe – die den Menschen nicht vertiefen, sondern zur Oberflächlichkeit verleiten. Sie muß dem Schüler dazu verhelfen, daß er die im einzelnen erworbene Sachkunde in einen ihm faßbaren Zusammenhang einordnen kann, indem er mit dem Verständnis für seine Umwelt vor allem die eigene Verantwortung in ihr erfaßt. Nicht zuletzt um dieser Aufgabe willen fordert der Ausschuß das abschließende, vorwiegend einer solchen Besinnung dienende 11. Schuljahr. Dieses Jahr tritt damit zugleich in eine durch den pädagogischen Auftrag selber bestimmte und nicht künstliche Nähe zum Abschluß der Mittelstufe des Gymnasiums. Denn auch die Vorbereitung auf die selbständige Arbeit in einer beschränkten Zahl von Fächern, die in der Oberstufe des Gymnasiums zur Hochschulreife führen wird, verlangt die bewußte Ordnung des bisher erarbeiteten Wissens in einem dem Schüler einsichtigen Zusammenhang.

Ein solcher Aufbau der drei verschiedenen Typen von Oberschulen wird allerdings nur dann das Bildungswesen unseres Volkes organisch gliedern und nicht schädliche Spannungen zwischen den verschiedenen Zweigen verfestigen, wenn die Hauptschule, die immer noch die Mehrzahl der Kinder betreuen wird, mit der vordringlichen Sorgfalt ausgebaut wird, die ihr gebührt. Das wird geschehen müssen in engem Zusammenhang mit dem berufsbildenden Schulwesen – vor allem hier braucht der Rahmenplan die Ergänzung, die erst in weiteren Gutachten vorgelegt werden kann. Bei allen Erörterungen über die Vorschläge des Plans und die Schritte zu seiner Verwirklichung aber sollte die Mahnung des Ausschusses beachtet werden:

„Erst wenn der durch die Hauptschule führende Bildungsweg der neuen Aufgabe gerecht wird, die Jugend zwei Jahre länger als bisher ruhig reifen zu lassen und ihr eine der Arbeitswelt nahe Allgemeinbildung zu geben ..., gewinnt die Hauptschule genug Gewicht und Anziehungskraft, um als Oberschule eigener Art neben der Realschule und den Typen der Höheren Schule zu stehen. Nur die entwickelte Hauptschule also vermag dem gesamten Schulwesen das Gleichgewicht zu geben, in dem die anderen Oberschulen ihre Eigenart unbedrängt entwickeln können."

Anmerkungen

[1] In den 1950er Jahren war die Situation im deutschen Schulwesen schwierig, überfüllte Klassen (ca. 40 Schüler und Schülerinnen pro Klasse), zu wenig Räume, ein großer Lehrermangel, eher autoritäre statt demokratische Lehr- und Lernformen. 1953 wurde der ‚Deutsche Ausschuß für das Erziehungs- und Bildungswesen‘ eingesetzt. Er sollte Empfehlungen für eine Neuordnung des deutschen Schulwesens erarbeiten. Auf diese 1959 erschienen Empfehlungen des Ausschusses bezieht sich Grete Henry-Hermann in diesem Artikel. Die Gestaltung des Schulwesens lag in der Hand der Bundesländer, die sich bereits nach 1949 auf ein dreigliedriges Schulsystem geeinigt hatten. Der Rahmenplan des Ausschuss sah eine Beibehaltung des dreigliedrigen Schulsystems vor. Merkwürdig erscheint der Vorschlag einer „Studienschule" für begabte Lernende, diese wurde allerdings niemals verwirklicht. Alle staatlichen Schulen sollten besser auf die differenzierten Berufsanforderungen und die Studierfähigkeit vorbereiten.

Die Empfehlungen blieben in den folgenden Jahren in den Bundesländern fast wirkungslos.

In den 1960er Jahren zeigte sich, dass das Festhalten am dreigliedrigen Schulsystem vielfältige Probleme nach sich zog.

Erste Reformversuche gab es ab 1965 ausgelöst durch die Analysen von Georg Picht ‚Die deutsche Bildungskatastrophe. Analyse und Dokumentation.‘ Olten 1964.

Als 1969 erstmals eine von der SPD geführte Koalition die Bundesregierung übernahm, herrschte bildungspolitische Aufbruchstimmung. Es wurde eine Bund-Länder-Kommission für Bildungsplanung eingesetzt. Sie knöpfte teilweise an die Empfehlungen des ‚Deutschen Ausschuß für Erziehungs- und Bildungswesen‘ an und war dessen Nachfolgeorganisation. Die Volksschule wurde zur Hauptschule aufgewertet und auf 9 bzw. 10 Jahre verlängert. Die Dreigliedrigkeit blieb bestehen, aber erste Pläne für integrierte Gesamtschulen entstanden. Das Berufsschulwesen wurde ausgebaut und die Hochschulen reformiert. In den Schulen wurden das Züchtigungsrecht abgeschafft und demokratische Strukturen (z.B. Schülermitverwaltung) sowie schülerorientierte Lehr- und Lernformen eingeführt.

Toleranz, Erziehung zur Toleranz, religiöse Erziehung[*]

Vorbemerkung.

Die vorliegende Arbeit bemüht sich um die gedankliche Klärung grundsätzlicher Fragen. Sie ist gedacht als eine Vorarbeit für das eigentliche praktische Anliegen, die erzieherische Arbeit so zu gestalten, daß die hier entwickelten grundsätzlichen Aufgaben angepackt werden. Wir legen hiermit die erarbeiteten Gedanken den Landes- und Zweigverbänden als Diskussionsgrundlage vor.

Ausgehend von dem Thema „Das Recht des Kindes" hat die Pädagogische Hauptstelle der AGDL sich mit der Frage beschäftigt: Welche Anforderungen an die Erziehung ergeben sich aus der Tatsache, daß unsere Kinder in eine weltanschaulich und politisch zerrissene Umwelt hineinwachsen?

Die weltanschauliche und politische Zerrissenheit unserer Zeit stellt den Erzieher in besonderem Maße vor die Aufgabe, junge Menschen zu erziehen zu einem Zusammenleben in der Gesellschaft, in dem die für dieses Zusammenleben entscheidenden Gegensätze ernstgenommen, aber friedlich ausgetragen werden. Diese Erziehungsaufgabe tritt uns heute entgegen in den Forderungen einer Erziehung zur Toleranz und zur Demokratie. Diese Forderungen rufen tiefliegende Meinungsverschiedenheiten hervor. Es ist notwendig, sich über den Sinn dieser Forderungen zu verständigen, und zwar aus der gegebenen pädagogischen Situation heraus.

Die heutige Situation macht die Erziehung von Menschen, die bei klarer eigener Stellungnahme zur Zusammenarbeit auch mit Andersdenkenden bereit und fähig sind, zur vordringlichen pädagogischen Aufgabe. Was auch immer diese Aufgabe im einzelnen an Erziehungsmaßnahmen erfordert: sie verlangt in erster Linie von den um ihre Lösung ringenden Erziehern, daß sie an dieser Aufgabe gemeinsam arbeiten.

Auch diese Arbeit steht unter dem Zeichen unserer Zeit, daß sie von Menschen getan werden muß, die gerade in weltanschaulich-grundsätzlichen Fragen nicht ohne weiteres einen gemeinsamen tragfähigen Grund haben. Wohl aber kann und

---

[*] G. Hermann: Thesen der Pädagogischen Hauptstelle der Arbeitsgemeinschaft Deutscher Lehrerverbände (1951). Privatarchiv Dieter Krohn.

sollte diese Arbeit getragen sein von der gemeinsamen Verantwortung der an ihr beteiligten Erzieher gegenüber dem Recht des Kindes, seinem Recht, hineinzuwachsen in die Aufgaben des Lebens, praktisch geschult, sie zu meistern mit dem klaren Blick für die unsere Zeit durchziehenden Gegensätze, mit Kraft und Mut zu eigener Stellungnahme, mit Aufgeschlossenheit Bereitschaft zur Verständigung auch mit dem Andersdenkenden. //2//

Die Pädagogische Hauptstelle hat daran gedacht, das Gespräch über diese Aufgabe unter sehr verschieden denkenden Partnern aus Lehrerschaft und Kirchen in Gang zu bringen. Im Sinne dieses Bemühens legen wir den Landes- und Zweigverbänden die folgenden Thesen vor, nicht als endgültige Ergebnisse und Richtlinien, sondern als Anregung, dieses Gespräch aufzunehmen und weiterzuführen im breiten Kreise aller am Recht des Kindes ernsthaft Interessierten, Mit welchen Partnern die Verbände das Gespräch aufnehmen, wird davon abhängen, welche Gruppen in den verschiedenen Gebieten vertreten sind. Keine Richtung sollte ausgeschlossen sein, die einen Beitrag zu den grundsätzlichen Fragen der Erziehung leisten kann.

Thesen.

1) Toleranz ist etwas fundamental Anderes als der achselzuckende [Skeptizismus] der Pilatus-Frage: Was ist Wahrheit? und die daraus entspringende Indifferenz dem Andersdenkenden und Andersgläubigen gegenüber. Diese skeptisch-indifferente Haltung ist mit ernster Überzeugung unvereinbar.

2) Das Problem und die Aufgabe der Toleranz ergeben sich erst da, wo im menschlichen Zusammenleben ernste Überzeugung auf ernste Überzeugung stößt. Die Haltung der Toleranz liegt hier zunächst in dem Bemühen, solche Konflikte nicht nach dem Übergewicht der Macht zu entscheiden, sondern auf dem Wege der Verständigung, in der „Weisheit des Kompromisses" nach einem Wort von Gandhi, eine Lösung zu suchen, der beide Partner zustimmen.

3) Die Kompromißbereitschaft in den praktischen Konflikten des Zusammenlebens und das Verständnis für die politische Weisheit dieser Haltung sind wesentliche Voraussetzungen dafür, daß eine Demokratie lebensfähig und kraftvoll wird. Es ist notwendig, daran zu arbeiten, daß ein solches auf Verständigung und Kompromiß gegründetes politisches System in den verschiedenen politischen Lagern mehr und mehr anerkannt und verwirklicht wird. Aus der gemeinsamen Einsicht in diesen praktischen Wert wird dann auch unter politischen Gegnern die gegenseitige Achtung erwachsen, die jene Haltung der Verständigung und des Kompromisses ermöglicht.

4) Die Toleranz hat aber noch einen tieferen Sinn. Dieser wird deutlich, wenn wir der Frage nachgehen, wie beim Aufeinanderstoßen ernster Überzeugungen Verständigung überhaupt möglich sein soll. Ernste Überzeugung umfaßt den Glauben, daß es hier eine Wahrheit gibt, und das heißt: etwas, das von menschlicher Willkür und bloß subjektiver Meinung unabhängig ist. Wie soll aber zwischen Wahrheit und Irrtum eine Verständigung möglich sein?

5) Der Weg zur Lösung ergibt sich aus der Einsicht, daß uns nirgends in unserer menschlichen Erkenntnis absolute Wahrheit gegeben ist in dem Sinne, daß sie grundsätzlich jeder Irrtumsmöglichkeit entzogen wäre. Gewiß kommen wir schrittweise und stückweise zu Erkenntnis und Gewißheit, aber unsere Erkenntnis bleibt unabgeschlossen in dem Sinne, daß wir bei jeder Erkenntnis mit der Möglichkeit rechnen müssen, daß sie der Vertiefung und dabei gegebenen Falls der Modifizierung bedarf, einer Modifizierung, //3// die den wahren Kern des gegenwärtigen Standpunktes klarer und bestimmter herausarbeitet, ihn von Einseitigkeiten und unzulässigen Verallgemeinerungen, mit denen er bisher etwa, noch behaftet ist, befreit. Bas Bewußtsein von dieser Unabgeschlossenheit unserer Erkenntnis führt deswegen nicht zum Skeptizismus, wohl aber zu einer kritischen Wachsamkeit und Bescheidenheit. Mit der Treue zu einer ernsten Überzeugung verbindet sich dann die Einsicht, daß keiner von uns die ganze Wahrheit hat, daß auch der andere fast immer ein Stück davon hat, daß wir alle nur über den Weg durch den Irrtum hindurch zu einem neuen Stück Wahrheit kommen, daß wir nie mit Sicherheit wissen, wo wir auf diesem Wege stehen. Aus diesem Bewußtsein erwächst Achtung gegenüber dem ehrlichen Suchen des Anderen, ja das Wissen, daß Prüfung meiner Überzeugung an der ernsthaften Überzeugung des Andersdenkenden immer lohnt.

6) Die kritische Wachsamkeit gegenüber der eigenen Überzeugung und die Bescheidenheit gegenüber dem Andersdenkenden sind insbesondere angebracht da, wo es um die tiefsten Fragen des menschlichen Lebens geht. Auch wo wir über das sprechen, was uns heilig und unantastbar ist, bleibt doch unsere Aussage darüber eine menschliche Überzeugung. Und die ist nie heilig und unantastbar, sondern unterliegt den Grenzen menschlichen Erkennens. Sie ist dem Irrtum offen und sollte sich darum auch dem Bemühen um eine weiterführende Verständigung mit Andersdenkenden öffnen können.

7) Dieses Verständigungsbemühen wird allerdings immer wieder da an eine Grenze stoßen, wo ein Mensch, in einer bestimmten Überzeugung sicher, beim Andersdenkenden kein wesentliches Anliegen zu sehen vermag, das zur Einordnung in den eigenen Standpunkt, vielleicht sogar zu dessen Revision auffordert.

8) Ein noch weit tieferer Gegensatz tut sich auf angesichts der Frage, ob alle Aussagen, die in einem solchen Gespräch gemacht werden, menschliche Erkenntnis

in dem oben geschilderten Sinne sind, oder ob es unter ihnen einen Bereich gibt, der als Gottes Wort und Offenbarung an der Unabgeschlossenheit menschlicher Erkenntnis nicht teilhat.

9) Die positive Toleranz (Thesen 4, 5, 6) enthält Kräfte, die in unserer Situation der Zersplitterung von Weltanschauung und Glauben einen wesentlichen Beitrag leisten können zu dem Ziel, trotz dieser Zersplitterung ein gesundes gesellschaftliches Leben, ja Kultur möglich zu machen. Die Elemente dieser positiven Toleranz sind Glaube an die Wahrheit, Mut zur Unvollkommenheit menschlichen Erkennens, Geduld im Bemühen um die Wahrheit und im Kampf mit dem Irrtum, positives Interesse am Andersdenkenden und Andersgläubigen, der ja mit mir in der gleichen Lage der Wahrheit gegenüber ist, gegenseitige menschliche Hilfe in dieser Lage und in diesem Kampf.

10) Die Forderung der Verständigungsbereitschaft, der Bereitschaft zur Erörterung von Gründen und Gegengründen, erstreckt sich nicht auf alle Überzeugungen des Menschen. Es gibt aus persönlichen Erfahrungen des Menschen erwachsene Überzeugungen, die zu erörtern er nicht bereit ist, ohne daß wir ihm deshalb den Vorwurf der Intoleranz machen. //4//

11) Ein solches Reservat kann aber nicht da beansprucht werden, wo gegensätzliche Überzeugungen zu *praktischen* Konflikten im Zusammenleben führen. Hier ist immer der Weg der gemeinsamen denkenden Klärung sinnvoll und notwendig, der *Versuch* dazu ist notwendig, wenn es auch nicht immer gelingt, ihn bis zur Verständigung durchzuführen.

12) Wo dies nicht gelingt, bleibt für den, der mit einer ernsten Überzeugung an dem Konflikt beteiligt ist, nur der Weg, seiner Überzeugung entsprechend zu handeln. Das wird oft den Versuch notwendig machen, die eigene Überzeugung auf dem Wege des politischen Kampfes durchzusetzen. Das Ideal der Toleranz darf also nicht als eine Maxime des Ausweichens vor dem politischen Kampf mißverstanden werden.

13) Da aber das Ideal der Toleranz auch für das politische Leben Gültigkeit hat, ergibt sich für den politischen Kampf die Anforderung, ihn, wo es notwendig wird, so zu führen, daß das Wiederaufnehmen eines Verhältnisses der Toleranz durch die Art des Kampfes nicht unmöglich gemacht wird.

Toleranz und Schulform.

14) Die in unserer Kultur lebendigen Wertungen und tieferen Überzeugungen treten an das Kind heran, ohne daß dieses zunächst die Möglichkeit hat, jene Wertungen und Überzeugungen aus eigener Einsicht aufzufassen. Das ist die eine pädagogische Schwierigkeit. Die andere ergibt sich aus dem Umstand, daß widerstreitende Wertungen und Überzeugungen an das Kind herantreten.

15) Die pädagogische Aufgabe ist beide Kräfte im Kinde zu wecken und miteinander zu verbinden: den Ernst der Überzeugung und die Haltung der Toleranz.

16) Diese pädagogische Aufgabe kann nur in dem Maße gelöst werden, in welchem dem Kinde in der es umgebenden Welt der Erwachsenen die Verbindung beider Kräfte lebendig entgegentritt. Die Erziehung steht hier vor der Aufgabe, die das Kind umgebenden menschlichen Beziehungen, insbesondere in der Schule, mehr und mehr dieser Forderung entsprechend zu gestalten,

17) In dieser Aufgabe liegt das entscheidende Anliegen der Gemeinschaftsschule: die Schule nicht nach Weltanschauung und Bekenntnis der Eltern und Lehrer aufzugliedern, sondern in sie das Zusammenleben und Zusammenarbeiten von Menschen verschiedener Überzeugungen hineinzunehmen und für die genannte Erziehungsaufgabe fruchtbar werden zu lassen. Voraussetzung dafür ist, daß einerseits die vorhandenen Gegensätze nicht durch die Indifferenz der Lehrenden verwässert und durch Unwissenheit versteift werden und daß andererseits das Kind sie kennenlernt auf der Grundlage eines von Achtung und Verständnis getragenen Zusammenlebens der Erwachsenen, in dem jeder Kampf um die Gemüter der Kinder unterbleibt. Das ist nur möglich in enger Zusammenarbeit der Schule mit dem Elternhaus und mit den Gemeinschaften (Kirchen u.a.), die überlieferte Wertungen und Überzeugungen an das Kind herantragen. //5//

18) Gegen die Forderungen einer solchen Gemeinschaftsschule erheben sich zwei Bedenken. Das erste ergibt sich aus der Frage, ob wir heute die Lehrer finden, die bereit und fähig sind, ein diesen Anforderungen entsprechendes Erziehungsmilieu zu gestalten. Das andere wird geltend gemacht von den Vertretern bestimmter Glaubensüberzeugungen oder Weltanschauungen, insbesondere von Seiten der katholischen Kirche, welche die volle Vermittlung der von ihnen vertretenen Wahrheit nur da für möglich halten, wo das Leben an Schule und Elternhaus durchgängig vom Geist dieser Überzeugung getragen ist.

19) Das erste Bedenken hat Recht mit dem Hinweis darauf, daß organisatorische Regelungen nur den äußeren Rahmen schaffen, aber nicht das Anliegen der hier angestrebten Gemeinschaftsschule erfüllen können. Diesen Rahmen zu füllen, ist Aufgabe der Lehrerbildung, in erster Linie der Lehrerbildung an

unseren Pädagogischen Hochschulen und Instituten, in zweiter Linie der Leh-
rerfortbildung in den Lehrerorganisationen und im Kontakt der Lehrerschaft
mit anderen an den Erziehungsaufgaben beteiligten Kräften des öffentlichen
Lebens. Diese Aufgabe muß in Angriff genommen werden. Sie schließt insbesondere die Forderung ein, in die Lehrerbildung selber die fruchtbare Begegnung gegensätzlicher Standpunkte und Weltanschauungen hineinzunehmen.

20) In welcher Weise zugleich mit der Arbeit an diesen Vorbedingungen die Verwirklichung der positiven Toleranz im Schulleben selber angestrebt wird, sollte
der Erörterung im einzelnen überlassen bleiben. Dieser Weg sollte undog-
matisch gegangen werden und Freiheit lassen auch für Schulformen, die ein
besonderes pädagogisches Anliegen vertreten, wir denken hier etwa an die
Waldorf-Schulen oder an die von Kittel vertretene „Schule unter dem Evangelium", die ausdrücklich etwas anderes sein will als die evangelische Konfes-
sionsschule.

21) Der zweite Einwand gegen die Gemeinschaftsschule ist grundsätzlicher Natur
und geht daher tiefer. Bei seiner Erörterung scheiden sich die Geister, und zwar
an der Frage, welchem Erziehungswert im Konfliktfall der Vorrang gebührt:
dem Hineinführen in eine bestimmte, in sich geschlossene Weltanschauung
oder der Erziehung zur positiven Toleranz. Soweit es im einzelnen Fall nicht
gelingt, diesen Gegensatz in der Beurteilung erzieherischer Aufgaben auf dem
Wege der Verständigung zu überwinden, werden wir ihn als eine Tatsache hinzunehmen haben bei dem Versuch, uns über die Gestaltung des Schulwesens
zu verständigen. Eine solche Verständigung wird möglich sein in dem Maße,
in dem die Partner auch dieses Gesprächs einander als Vertreter echter, von
den Anforderungen der Erziehung her gründlich durchdachter Überzeugungen achten können. Das setzt in erster Linie voraus, daß jeder dem anderen
gegenüber das Vertrauen hat und haben kann, daß die angestrebte Schule sich
jeden Gewissensdrucks auf Kinder, Eltern und Lehrer enthalten wird.

Religiöse Unterweisung.

22) Das Kind hat ein Recht auf die Hilfe, die ihm durch Erziehung für sein reli-
giöses Leben und das Auffassen religiöser Wahrheit gegeben werden kann.
Hierzu gehört, daß dem Kinde überlieferte religiöse Ausdrucksformen und das
Ringen um ihre Fortbildung in Gestalt echter, unter uns Erwachsenen lebendi-
ger Über//6//zeugung entgegentreten. Dabei müssen wir unser pädagogisches
Tun orientieren an der Einsicht, daß – trotz aller Irrtumsmöglichkeit – nur das

eigene Denken und das eigene Gewissen dem Menschen den Zugang zu „wirklicher Wahrheit" ermöglichen.

(Albert Schnitzer über das Problem der Überlieferung: „Warum hören überlieferte Wahrheiten auf, wirkliche zu sein, und laufen als Phrasen unter uns weiter?")

23) Die erste Anforderung an den Erzieher ist hier die der Ehrlichkeit. Jedes über diese Dinge ohne Überzeugung gesprochene Wort verschüttet dem Kinde den Zugang zu den Werten des Religiösen. Wenn wir erreichen, daß in den Dingen unserer tiefsten Überzeugungen kein Lehrer etwas mehr gegen seine Überzeugung sagt, dann wird für die Kräftigung des religiösen Lebens, insbesondere für das praktische Durchdringen der Werte des Christentums, unter uns sehr viel gewonnen sein.

24) Anregung, die zur religiösen Wahrheit hinleiten kann, liegt für den Menschen nicht nur in überlieferten Ausdrucksformen, sondern auch in menschlichen Elementar-Erfahrungen von Not und Geborgensein, von sittlicher Tat und von Schuld, vom Unbegreiflichen im Menschenleben und in der Natur, vom Übernatürlichen, das wir in der Natur ahnen, Im Unterricht kann und sollte also das Religiöse keineswegs bloß in den Religionsstunden angesprochen werden.

25) Die christliche Überlieferung verfügt über reiche und mannigfach ausgeprägte Ausdrucksformen, Auch in der jüdischen Religion, soweit sie unter uns noch lebendig ist, ist ein Reichtum an Ausdrucksformen vorhanden. Wohingegen sich Menschen aus ernster Überzeugung von den überlieferten Ausdruckformen, insbesondere den christlichen, gelöst haben, sind andere Ausdrucksformen nicht – oder noch nicht – in dem Reichtum der überlieferten Formen vorhanden.

26) Diese Lage hat zur Folge, daß das Gut der christlichen Überlieferung in der Schule einen breiteren Raum einnimmt als andere Ausdrucksformen für das Religiöse, Diese Vorzugsstellung des christlichen Gutes ist eine geschichtliche Gegebenheit. Die heutige Situation hat aber einen anderen, für sie ebenfalls wesentlichen Zug: der Zugang zum Religiösen führt heute für geistig oder zahlenmäßig bedeutende Gruppen ernster Menschen nicht mehr über die christliche Überlieferung. Hierhin gehören: 1. die zahlenmäßig großen Gruppe der nichtchristlich orientierten Sozialisten 2. die zahlenmäßig kleine Gruppe der Menschen, für welche die bewußte Auseinandersetzung mit den elementaren weltanschaulichen Fragen Lebensbedürfnis ist, und die von ganz anderer Seite als von der christlichen Überlieferung her zu religiösen Überzeugungen kommen, 3. die religiösen Juden. Was in diesen Gruppen an ernster Überzeugung lebt, muß die Freiheit des Ausdrucks haben, im Leben des Volkes wie in der Schule. Diese Freiheit hat nur da ihre Grenze, wo bei einer Gruppe die Achtung

vor der Überzeugung der Andersdenkenden und die Bereitschaft zur Toleranz nicht gegeben ist. //7//

27) Wir halten es für eine Aufgabe der Schule, nicht nur der Religionsgemeinschaften, dem Kinde zum Auffassen der religiösen Wahrheit zu verhelfen, unter Beachtung der in These 22 genannten Anforderungen.

28) Wir halten es ebenfalls für eine Aufgabe der Schule, einem antireligiösen oder intolerant religiösen Elternhaus gegenüber den Weg der toleranten Heranführung an das Religiöse zu vertreten. Konflikte, die sich mit dem Elternhaus hier ergeben, können jedoch nur durch *Verständigung* mit den Eltern gelöst werden. (vergl. These 17)

29) Vom Lehrer fordern wir Ernst der Überzeugung, über die er dem fragenden Kinde ehrlich Auskunft gibt in einer Weise, welche die Achtung vor anderer Überzeugung spüren läßt. Der fanatisch „Überzeugte" kann die erzieherischen Aufgaben, um die es hier geht, *nicht* lösen. Unter „fanatischer Überzeugung" verstehen wir nicht schon den Glauben, im Besitz gesicherter Erkenntnis zu sein. Dieser Fanatismus setzt immer ein ungesundes Verhältnis des Menschen zur Wahrheit voraus, eine Angst vor dem Weg des eigenen Denkens und des eigenen Gewissens, der Fanatiker erfüllt nicht die Voraussetzungen der positiven Toleranz.

Erziehung und Leistung in der Schule[*]

Im Leibniz-Kolleg in Tübingen trafen sich[1] Anfang Oktober 1951 Vertreter der Universitäten, der Höheren Schulen und der Lehrerbildung, um über die Beziehungen zwischen der Höheren Schule und der Universität zu beraten. Die Tagung war einberufen von Prof.[2] v. Weizsäcker, dem Göttinger Physiker, Prof. Gerlach aus München und Dr. Picht, dem Leiter des Landerziehungsheims Birklehof bei Hinterzarten.

Höhere Schule und Universität stehen in enger Wechselwirkung mit einander. Die Schule bildet die Abiturienten, die als Studenten von der Universität übernommen werden; die Universität bildet die Lehrer, die nun ihrerseits an die Schule gehen und dort Schüler für das Studium an der Universität vorbereiten. Mängel und Hemmungen, die in der Arbeit des einen dieser Institute auftreten, werden daher in einem verhängnisvollen Wechselspiel immer wieder vom einen auf das andere übertragen.

Solche Mängel liegen heute vor; es gilt[3] diesen circulus vitiosus zu durchbrechen!

Es geht in Schule und Hochschule gerade heute vordringlich um die Erziehung der ihnen anvertrauten Menschen. Wir leben in einer Zeit der Krisen und Katastrophen. Sie zu überwinden, ist kein nur politisch-organisatorisches oder wirtschaftliches Problem. Es ist auch keine Aufgabe, die diplomatischen Verhandlungen überlassen bleiben darf. In der Breite unseres Volkes muss Verständnis und Verantwortung für das Geschehen der Zeit wachsen, gegründet auf die eigene Fähigkeit, kritisch Stellung zu nehmen und sich nicht durch Propaganda, Massensuggestion und politischen Druck beirren zu lassen, gegründet aber auch auf der Aufgeschlossenheit auch dem Andersdenkenden gegenüber,[4] Gegensätzen und Konflikten weder skeptisch-relativistisch auszuweichen, noch sie nur durch Gewalt

---

[*] G. Henry: Erziehung und Leistung in der Schule. 19.12.1951. Privatarchiv Dieter Krohn.

1 Ursprünglicher, aber gestrichener Text: zu.

2 Ursprünglicher, aber gestrichener Text: C. Fr.

3 Ursprünglicher, aber gestrichener Text: und es gilt daher.

4 Ursprünglicher, aber gestrichener Text: die.

zu lösen[5] sondern[6] in echter Toleranz das ehrliche Anliegen auch beim //2// andern zu sehen[7] und[8] Gegensätze fruchtbar zu machen.

Aber neben, und nur allzu oft gegen diese Erziehungsaufgabe tritt ein anderes Anliegen der Schule: die Forderung nach Leistungssteigerung, wie sie durch die Härte des Lebenskampfes geboten ist. Zwar sind, richtig verstanden, beide Aufgaben unlösbar mit einander verknüpft, ja in ihrer Erfüllung von einander abhängig. Denn die geforderte Erziehung zielt nicht ab auf eine weltabgewandte Gesinnung, sondern auf die sittliche Haltung des handelnden, den Fragen seines praktischen Lebens zugewandten Menschen. Sie ist daher angewiesen auf die Entfaltung und Stärkung aller Kräfte des Kindes, die es im Kampf des Lebens leistungsfähig machen. Und auf der andern Seite lässt sich die Forderung nach Leistungssteigerung nicht herauslösen aus der Erziehungsaufgabe, junge Menschen zum rechten Gebrauch ihrer Kräfte heranwachsen zu lassen.

Aber diese Einsicht in die enge Verflechtung beider Aufgaben wird praktisch verdunkelt durch Missverständnisse und Verfälschungen der Leistungsforderung. Um die Überwindung dieser Missverständnisse und ihrer Folgen im Leben unserer Schulen und Hochschulen ging es in Tübingen.

Die Forderung der Leistung wird in unserer Zeit verfälscht durch ein Nützlichkeitsdenken, das über der Bereitstellung von Mitteln für technisch-organisatorische Aufgaben die tiefere Besinnung auf den Wert und den Sinn dieser Aufgaben vergisst. Dieses Nützlichkeitsdenken beherrscht die Arbeit in der Schule überall da, wo man ihre Aufgabe überwiegend in der Vermittlung von Kenntnissen und Fertigkeiten sieht, die der junge Mensch im späteren Leben einmal brauchen wird, ohne dass seine heutigen Anliegen angesprochen, gepflegt und damit vertieft werden.

Die Idee der Leistung, wie sie dem Unterricht weitgehend zugrundeliegt, krankt ferner an einem falschen Wissensideal, //3// das am Einzelnen orientiert ist. Wissen bedeutet aber nicht Auswendigwissen von Einzelkenntnissen, sondern Verständnis und praktische Beherrschung der Grundlagen, von denen aus die Aufgaben des Lebens bewältigt werden können. Wo dieses Verständnis gewonnen ist, gelingt es, durch eigene Anstrengungen die gewonnene Einsicht auf neue Gebiete anzuwenden. Wo es fehlt, kann es durch keinen noch so eingehenden Kanon des Wissens ersetzt werden.

Höhere Schulen und Universitäten, die unter Überwindung der genannten Missstände zu geistiger Leistung erziehen wollen, brauchen dafür die Musse zu

---

5   Ursprünglicher, aber gestrichener Text: sucht.
6   Ursprünglicher, aber gestrichener Text: die.
7   Ursprünglicher, aber gestrichener Text: vermag.
8   Ursprünglicher, aber gestrichener Text: sich darum bemüht.

vertiefter geistiger Arbeit. Das bedeutet in erster Linie den Verzicht auf jedes Vollständigkeitsideal und damit eine radikale Stoffbeschränkung. Diese Beschränkung darf nicht im Sinn einseitigen Spezialistentums missverstanden werden. Unsere Erziehungsaufgabe verlangt Weite des Blicks und der Anteilnahme am Geschehen unserer Zeit. Aber Weite des Blicks bedeutet nicht, dass der junge Mensch auf allen Gebieten in gleicher Weise zu Hause sein müsse. Wirkliche Bildung hat, wie Prof. Heimpel in Tübingen ausführte, zwei Seiten: ein gegründetes Verständnis für einen Wirklichkeitsbereich *und* die Einsicht in die eigenen Grenzen, das Wissen darum, welche Wirklichkeitsbereiche man in dieser Weise nicht durchdrungen hat.

Hier ergeben sich, insbesondere für die wissenschaftliche Oberschule dringende und weitreichende Aufgaben: die der Überprüfung und Entlastung ihrer Lehrpläne, der Pflege und Entwicklung von Methoden, die den Schüler zu eigenem und selbständigen Forschen und Arbeiten anregen, der Schaffung von Musse und Freiheit in der eigenen Arbeit, die nicht vom Druck der Zensuren und Prüfungen erstickt wird.

Das Ringen mit diesen Aufgaben, der Ruf an die Lehrer der Schulen und Universitäten, an ihnen teilzunehmen, finden ihren Ausdruck in der Erklärung, die beim Abschluss der Tübinger Tagung von ihren Teilnehmern abgegeben wurde:

Vertrauen und Kritik im menschlichen Erkennen[*]

Begrüssung der PH nach dem Abschluss meines Urlaubsjahres. Ich habe mich in diesem Jahr mit der Frage beschäftigt, welche Bedeutung die Entwicklung der Physik, von der klassischen Mechanik an bis hin zur Relativitätstheorie und zur Quantenmechanik, hat für eine philosophische Kritik des menschlichen Vermögens zu erkennen. In der Auseinandersetzung mit dieser Frage habe ich immer wieder den Eindruck gewonnen, dass das, was wir philosophisch aus dem Faktum der physikalischen Naturerkenntnis und ihrer Entwicklung lernen können, ein Licht wirft auf die Aufgaben und Schwierigkeiten, vor denen die Pädagogik gerade unserer Zeit steht. Über diesen Zusammenhang will ich im folgenden sprechen.

Die besonderen Aufgaben, die im Bereich der Erziehung und des Unterrichts heute vor uns liegen, hängen aufs engste zusammen mit dem raschen Wandel in nahezu allen Bereichen des menschlichen Lebens. Mit dem technischen Fortschritt, den immer enger werdenden, den Erdball umspannenden Verflechtungen im sozialen, wirtschaftlichen und politischen Geschehen haben sich der Menschheit ungeheure Möglichkeiten erschlossen, sich Gefahren gegenüber zu behaupten, denen der Mensch früherer Zeiten hilflos ausgeliefert war, Möglichkeiten, das eigene Leben weiter und reicher zu gestalten. Auf der anderen Seite hat gerade diese Entwicklung neue Gefahren und Bedrohungen von einem Ausmass heraufbeschworen, dass das innere und äussere Gleichgewicht im Leben der Menschen labil geworden ist: für die ganze menschliche Gesellschaft durch drohende Katastrophen, die, wenn sie eintreten, das, was der Mensch im Lauf seiner Geschichte aufgebaut und entwickelt hat, in einem bisher nie erreichten Mass vernichten werden; für den Einzelnen, der in der durchtechnisierten Gesellschaft in die Rolle des blossen Funktionärs gedrängt zu werden droht, der sich selber weithin nur als Rädchen in einem grossen Mechanismus empfindet und damit in seinem Menschsein gefährdet ist. In diese labil gewordene Welt wachsen Kinder hinein. Können wir als Erzieher ihnen eine Hilfe geben, damit sie in ihr bestehen?

[*] G. Hermann: Vertrauen und Kritik im menschlichen Erkennen, Vortrag zur Eröffnung des Sommersemesters 1958 in der Pädagogischen Hochschule, Bremen. Ursprünglicher handschriftlich korrigierter Text: Kritik und Vertrauen in Unterricht und Erziehung. Privatarchiv Dieter Krohn.

Ich kann und will diese Frage nicht in ihrem ganzen Umfang behandeln. Ich greife nur den einen Gedankengang heraus, von dem ich eingangs sprach, denjenigen, der sich mir in dem Bemühen um ein philosophisches Verständnis der Entwicklung unserer Naturerkenntnis aufgedrängt hat. Vielleicht werden Sie einwenden, dass dieser Zugang uns nicht heranführen könne an die vordringlichen und akuten Nöte unserer Zeit, die der Pädagoge bedenken muss. Es könnte scheinen, als käme es für eine Auseinandersetzung mit den Aufgaben, vor die wir uns als Menschen unserer Zeit gestellt sehen, nur oder doch in erster Linie darauf an, die Ergebnisse naturwissenschaftlicher Forschung und das, was sie technisch ermöglicht haben, ins Auge zu fassen, nicht aber darauf, uns auf dieses Forschen selber zu besinnen mit der Frage, ob es uns etwas zu sagen hat über das Wesen des Menschen der die Natur in dieser Weise erkennen und damit weithin beherrschen kann. Ich bestreite nicht die Bedeutung jener anderen Fragestellung; ich stelle sie hier nur zurück. Jedenfalls sind es nicht nur die Verwicklungen in Wirtschaft und Politik, nicht nur die Technisierung unseres Lebens, die den Menschen unserer //2// Zeit schwanken lassen zwischen dem Vertrauen in das, was Menschen möglich und erreichbar ist, und dem Zweifel, ob das, was Menschen mit diesen ihren Errungenschaften machen, ihnen zum Heil oder zum Verderben dient. Dieses Schwanken verrät vielmehr eine tieferliegende Unsicherheit, eine Unsicherheit gegenüber den Fragen nach dem, was wahr ist, und nach dem, was zu tun gut ist. Die Entwicklung des wissenschaftlichen Denkens, durch das das menschliche Leben heute in weit stärkerer Weise bestimmt ist als in früheren Zeiten, hat den Menschen kritisch gemacht gegenüber den Antworten auf diese Fragen, die ihm aus seiner Geschichte überliefert worden sind. Kritik aber, wenn sie zu neuer Sicherheit führen soll, braucht einen Ausgangspunkt, dem wir vertrauen können. In dieser Wechselbeziehung zwischen Kritik und Vertrauen aber scheint mir das innere Gleichgewicht der Menschen unserer Zeit weithin gestört zu sein. Nun glaube ich, dass die Besinnung auf das, was Menschen in der Entwicklung der Wege naturwissenschaftlichen, insbesondere physikalischen Erkennens erfahren haben, uns wesentliche Anhaltspunkte gibt, diese Störung zu verstehen und uns mit ihr auseinanderzusetzen. Darin sehe ich die pädagogische Bedeutung einer solchen Besinnung.

Ehe ich aber auf pädagogische Konsequenzen eingehe, muss ich mit Ihnen diese Besinnung selber anstellen – wenn auch nur in grossen Zügen und ohne den Anspruch auf Vollständigkeit.

Ich beschränke mich dabei auf drei philosophisch bedeutsame Grunderfahrungen, die in der Entwicklung der exakten Naturwissenschaften gemacht worden sind. Ich nenne sie zuerst, um dann im einzelnen über sie zu sprechen. Die erste wurde gemacht in den Zeiten Galileis, Kepplers und Newtons; sie bestand darin, dass eine solche Wissenschaft überhaupt möglich war, dass es in ihr gelang, wissenschaftliche Fragen eindeutig zu entscheiden, und zwar ohne jede Berufung auf anerkannte Autoritäten. Die zweite Erfahrung wird in der gleichen Zeit spürbar, wenn sie auch, im Gegensatz zur ersten, nur von einzelnen Physikern uni Philosophen bewusst erfasst werden ist: Der Aufbau der wissenschaftlichen Physik ist faktisch bezahlt worden mit dem Scheitern einer alten Hoffnung und Erwartung, dass sich nämlich unsere Erkenntnisse auf den verschiedenen Gebieten, auf denen der Mensch Fragen hat und Antworten sucht, in ein umfassendes Bild der Wirklichkeit und der Stellung des Menschen in ihr zusammenfassen liessen. Die dritte Erfahrung gehört im Wesentlichen dem 20. Jahrhundert an: Es zeigte sich, dass die eindeutigen Ergebnisse der klassischen Physik nicht endgültig waren, dass die Grundbegriffe und Grundannahmen dieser klassischen Physik revidiert werden mussten, dass aber trotzdem die Kontinuität der physikalischen Forschung nicht abriss. Die klassische Physik ist und bleibt die Grundlage der modernen.

Die erste Erfahrung: Im 17. und 18. Jahrhundert sind mit Aufbau der klassischen Mechanik die Grundlagen unserer heutigen Physik gelegt worden. Diese damals neu aufkommende Wissenschaft hat das Interesse der Zeitgenossen, vor allem der führenden Philosophen jener Zeit ungeheuer stark auf sich gezogen und ihr Denken beeinflusst. Diese Wirkung ist nicht in erster Linie ausgegangen vom Inhalt der Ergebnisse der physikalischen Forschung, sondern von dem Weg, auf dem diese Ergebnisse gewonnen und gesichert worden sind. In systematischer Verbindung von planmässiger Beobachtung, Experiment und Mathematik gelang es dieser sich entwickelnden Wissenschaft[1] physikalische Fragen eindeutig //3// zu beantworten, d.h. so, dass gewonnene Ergebnisse von allen Sachverständigen einheitlich als wissenschaftlich gesichert unerkannt werden konnten. In der Physik gibt es keine einander widersprechenden und einander bekämpfenden „Schulen". Es gibt sie bis heute nicht, trotz einer nun gut dreihundertjährigen stürmischen Entwicklung dieser Wissenschaft. Das bedeutet keineswegs, dass die Physiker in der Beurteilung ihrer Probleme immer einer Meinung gewesen seien. Es hat in der Geschichte der Physik Streitfragen gegeben, in denen in leidenschaftlichen und langdauernden Auseinandersetzungen Meinung gegen Meinung gestellt wurde, so in jener Zeit der Begründung der klassischen Mechanik der Streit zwischen Newton und Huygens über die Natur des Lichts und in unserer Zeit der Streit zwischen Einstein und Bohr über die Quantenmechanik. Aber diese Auseinandersetzungen haben einen Wesenszug, der anderen Diskussionen, etwa über philosophische, politische, gesellschaftliche Fragen oft völlig fehlt: Sie werden von den Beteiligten in dem Bewusstsein geführt, dass die umstrittene Frage entscheidbar ist und entschieden werden wird, wenn auch vielleicht erst nach langer Zeit und unter grossen gemeinsamen Anstrengungen und wenn auch unter Umständen durch die

---

1 Ursprünglicher, aber gestrichener Text: ihre.

Einsicht, dass die Frage selber falsch gestellt war und durch eine genauere Fragestellung ersetzt werden muss. In solchen Diskussionen spürt man, dass gemeinsam nach einer für alle verbindlichen Wahrheit gesucht wird. Und das ist etwas grundsätzlich anderes als das, was man sonst im Meinungsstreit unserer Tage so oft empfindet, dass es nämlich dem einzelnen im Grunde nur darum geht, Anhänger für die eigene Meinung zu werben, und den Gegner, der nicht mehr Partner ist, in die Enge zu treiben.

In der Zeit der aufkommenden klassischen Mechanik verschiebt sich für die zeitgenössische Philosophie der Schwerpunkt der Fragen vom Interesse am Inhalt philosophischer Aussagen zu dem an Wegen, solche Aussagen methodisch zu gewinnen und[2] zu sichern, unabhängig von der Berufung auf anerkannte Autoritäten, etwa den Aristoteles. Dieser Wandel lässt sich gewiss nicht allein durch die Erfahrung der Physiker erklären. In einer solchen geistesgeschichtlichen Entwicklung greift vielerlei in einander. Aber schon die Tatsache, dass die führenden Gelehrten jener Zeit in beiden Gebieten zu Hause waren, lässt erkennen, wie stark der Einfluss der sich entwickelnden strengen Naturwissenschaft auf die damaligen philosophischen Bemühungen gewesen ist.

Descartes suchte die Sicherung philosophischer Aussagen auf dem Weg des methodischen Zweifels. Er beschloss, in Frage zu stellen, was sich überhaupt philosophisch in Frage stellen lasse, in der Hoffnung, dabei auf eine schlechthin gesicherte Grundlage zu stossen, von der aus dann das in Frage Gestellte erneut geprüft und kritisch gesichtet werden könne. Die Empiristen, vor allem in den angelsächsischen Ländern, glaubten in der Sinneswahrnehmung, die Rationalisten, vor allem in Deutschland und Frankreich meinten, in Logik und Mathematik das gesuchte feste Fundament zu finden. Kant sah die Einseitigkeit und das Ungenügen all dieser Bemühungen. Sein eigener Weg, der systematischen Philosophie die „Kritik der Vernunft" voranzustellen und in ihr Rechenschaft zu geben über die Grundlagen menschlicher Erfahrung und menschlichen Erkennens überhaupt, führt tiefer. Es ist heute leicht, dieser Kantischen Vernunftkritik entgegenzuhalten, sie habe die Grundlagen der Physik ihrer Zeit, der klassischen Mechanik, voreilig für letzte und unan//4//tastbare Grunderkenntnisse der menschlichen Vernunft ausgegeben. Der Einwand ist sachlich berechtigt; aber man sollte, wenn man ihn erhebt, daran denken, dass die Endgültigkeit der klassischen Mechanik in jener Zeit auch von den Physikern stillschweigend vorausgesetzt wurde.

Im 19. Jahrhundert ist der enge Kontakt, der bis dahin zwischen physikalischer und philosophischer Forschung bestand, abgerissen. Zugleich treten auch die Bemühungen, über Grundlagen und Methoden des Philosophierens Rechenschaft zu geben, wieder mehr in den Hintergrund, obwohl sie bis heute nicht erloschen sind.

---

2   Ursprünglicher, aber gestrichener Text: damit.

Aber jene erste Erfahrung, die mit dem Aufbau der Physik gemacht worden ist, wirkt heute nicht mehr mit der Kraft, mit der sie das philosophische Denken der Aufklärungszeit befruchtet hat. Ich bin überzeugt, dass der Philosophie unserer Zeit damit Wesentliches verloren zu gehen droht und dass sie damit in die Gefahr gerät, der Definition jenes Spötters zu verfallen, der erklärte: „Philosophie ist der systematische Missbrauch einer eigens zu diesem Zweck erfundenen Terminologie."

Ich komme zu der *zweiten Erfahrung*, wonach schon mit der klassischen Physik faktisch die Hoffnung gescheitert war, der Mensch könne in einem umfassenden Erkenn[t]niszusammenhang die Wirklichkeit, in der er sich findet, und die eigene Stellung und Aufgabe in ihr begreifen. Die Physik hat die Strenge und Sicherheit, von der ich im ersten Punkt sprach, nur dadurch gewonnen, dass sie von Anfang an als *Fach*wissenschaft ausgebildet worden ist. Sie hat ihre eigenen bestimmten Fragen herausgebildet, die nach der Naturgesetzlichkeit im physischen Geschehen, und sich darauf beschränkt, die Natur, in der wir leben, unter diesem Gesichtspunkt zu durchforschen. Das ist nicht der einzige Gesichtspunkt, der den denkenden Menschen angeht. Gerade unsere Zeit erfährt das in unabweisbarer Schärfe, wenn sie, im Besitz der ihr durch die Naturwissenschaft ermöglichten Technik, hilflos vor den sittlichen und politischen Fragen steht, für welche Zwecke sie diese Technik einsetzen darf und soll. Die Physik gibt darauf keine Antwort.

Es gibt im Leben Newtons eine Zeit, in der ihm, wie ich glaube, diese Grenze seiner eigenen Wissenschaft erschütternd bewusst geworden ist. Newton war sein Leben lang gläubiger Christ. Er ist – wenn ich das richtig sehe – als Junger Mansch an seine physikalische Arbeit herangegangen in dem Vertrauen, dass Gott dem Menschen auch in ihr einen Weg geöffnet habe, die Welt zu verstehen, und damit in der Erwartung, dass Wissenschaft und Glaube ihn, wenn auch von verschiedenen Zugängen aus, zum gleichen, in sich geschlossenen Weltbild führen würden. In der Mitte seines Lebens, als gut Vierzigjähriger, hat Newton einen Zusammenbruch erlitten, und zwar unmittelbar nachdem er in wenigen Jahren sein grosses Werk, in dem er die klassische Mechanik begründet, abgeschlossen und niedergeschrieben hatte. Es liegen Briefe vor, die Freunde von ihm einander geschrieben haben und in denen die Frage steht, was mit Newton geschehen sei. Man höre, er verstehe sein eigenes Werk nicht mehr. Newton hat diese Krise überwunden. Aber wir finden ihn in seiner zweiten Lebenshälfte nicht mehr mit der früheren Ausschliesslichkeit der Physik zugewandt. Er hat Einzelforschungen weitergetrieben, aber er hat sich daneben ganz anderen Aufgaben gewidmet. Er war Leiter der Londoner Münze und er hat biblische Bücher kommentiert. //5//

Unter den Philosophen haben vor allem Kant und sein Schüler Jakob Friedrich Fries die hier spürbar werdende Grenze der Erfahrungswissenschaft gesehen. Das öffentliche Bewusstsein jener Zeit aber ist von dieser Erfahrung wohl kaum geprägt worden. Im 19. Jahrhundert, als sich der Kontakt zwischen Physik und Philosophie löste, ist sie weithin völlig verkannt worden. Vielleicht können wir uns heute ihre Bedeutung am deutlichsten dadurch ins Bewusstsein rufen, wenn wir die Populärphilosophien ins Auge fassen, die im vorigen Jahrhundert aus ihrer Verkennung erwachsen sind. Diese Anschauungen ergaben sich geradezu zwangsläufig unter der einen Voraussetzung, dass man der Versuchung verfiel, aus der Physik eine Weltanschauung zu machen, in ihren Ergebnissen also eine Erkenntnis der Wirklichkeit schlechthin zu sehen. Diese Physik war damals die klassische Mechanik, und deren Grundbegriffe sind die der Materie, als des Trägers allen physischen Geschehens, der Kräfte, die Materie auf Materie ausübt, der eindeutigen Bestimmung eines Bewegungsablaufs durch die in irgend einem Zeitpunkt gegebene Verteilung der bewegten materiellen Körper im Raum und der damit zwischen ihnen wirkenden Kräfte. Sieht man in diesem Beziehungsgefüge die Wirklichkeit schlechthin, dann ergibt sich die Weltanschauung eines streng determinierten Materialismus. Für geistige Vorgänge bleibt entweder überhaupt kein Raum; denn in die klassische Mechanik gehen sie nicht ein. Oder aber man lässt sie zwar notgedrungen gelten, sieht sie dann aber in völliger Abhängigkeit vom materiellen Geschehen. Denn geistiges Leben tritt uns nur entgegen in Verbindung mit dem Körper. Wenn dessen Zustände und Bewegungen aber restlos kausal determiniert sind durch die physikalischen Kräfte, die Materie auf Materie ausübt, dann können geistige Vorgänge nur ein Schattendasein haben; sie werden bestenfalls zu einer „Wiederspiegelung materieller Verhältnisse", wie es etwa der Marxismus sieht.

Auffassungen dieser Art sind sehr tief ins Bewusstsein Jener Zeit eingedrungen und wirken bis heute weiter, obwohl sie sich jeder tieferen Betrachtung gegenüber als brüchig erwiesen haben und theoretisch in der hier geschilderten Form nicht mehr vertreten werden. So vereinigen sich im Determinismus die beiden einander widersprechenden Überzeugungen, wonach der Mensch auf der einen Seite glaubt, dank seiner Kenntnis der Naturgesetze die Natur fest über jede Grenze hinaus beherrschen zu können, während er auf der anderen Seite sich selber als blosses Rädchen in einem grossen Mechanismus sieht. Diese Labilität und Inkonsequenz beherrscht weithin bis heute das Verhältnis des Menschen zur Technik. Die Überzeugung, dass die klassische Mechanik nicht das letzte Wort der Physik ist, wie man es in der ersten Hälfte des 10. Jahrhunderts glaubte, hat daran nichts geändert.

Die dritte Erfahrung, der Umbruch im physikalischen Denken, der mit dem Übergang von der klassischen zur modernen Physik vollzogen wurde, hat wiederum, weit über den Kreis der physikalischen Forscher hinaus, die Aufmerksamkeit der Zeitgenossen erregt. Sie hat dahin geführt, dass der fast verlorene Kontakt zwischen Physik und Philosophie wieder gesucht wird. Dem steht allerdings die grosse Schwierigkeit entgegen, dass ein solches Bemühen Menschen verlangt, die

auf beiden Gebieten hinreichend zu Hause sind. Machen wir uns klar, was das
verlangt, dann wissen wir, dass wir ein auch nur einigermassen abgeschlossenes
Urteil darüber[3], was uns das Faktum dieser Physik über das Wesen menschlichen
Erkennens zu sagen hat, heute noch gar nicht erwarten können.[4] //6//[5]

Trotzdem glaube ich, dass sich einige
Hinweise herausarbeiten lassen, die für
das Selbstverständnis des Menschen
unserer Zeit wesentlich sind.

Beim Übergang von der klassischen
zur modernen Physik haben die Physiker
sich genötigt gesehen, ihre bisherigen
Ergebnisse bis in die Struktur von deren
Grundvorstellungen und Grundannahmen hinein zu revidieren. Das frühere
Vertrauen in die Endgültigkeit der
bereits erworbenen physikalischen Einsicht ist damit entfallen. Und doch ist
damit die klassische Physik nicht etwa
als irrig erkannt und überwunden. Die
Kontinuität der Forschung reisst nicht
ab. Die klassische Physik ist nicht nur
die Vorstufe, sondern die Grundlage
der modernen. Ihre Sätze sind, in dem
Sinn, in dem wir überhaupt davon
sprechen können, legitime wissenschaftliche Erkenntnisse. Wir verstehen sie

Trotzdem glaube ich, dass sich einige
Hinweise herausarbeiten lassen, die für
das Selbstverständnis des Menschen
unserer Zeit wesentlich sind.

Beim Übergang von der klassischen zur modernen Physik haben die
Physiker sich genötigt gesehen, ihre
bisherigen Ergebnisse bis in die Struktur von deren Grundvorstellungen und
Grundannahmen hinein zu revidieren.
Das frühere Vertrauen in die Endgültigkeit der bereits erworbenen physikalischen Einsicht ist damit entfallen.
Trotzdem ist[6] jene erste Erfahrung von
der ich gesprochen habe, in keiner Weise
aufgehoben oder auch nur erschüttert
worden. Auch unsere wissenschaftlich
am besten gesicherten Einsichten – das
sind die der mathematisch durchgebil-
deten Naturwissenschaft – sind, wie wir
mit dem Aufbau der modernen Physik
erfahren haben, nicht derart in sich

---

3   Ursprünglicher, aber gestrichener Text: das.
4   Ursprünglicher, aber gestrichener Text: Ich, jedenfalls, kann es Ihnen nicht geben.
5   Von den Seiten 6 und 7 liegen je zwei nicht identische Versionen vor, die jeweils in ge-
    trennten Spalten wiedergegeben werden.
6   Ursprünglicher, aber gestrichener Text: damit.

allerdings anders, als sie zur Zeit ihrer Begründung, ja noch im vorigen Jahrhundert verstanden worden sind.

abgeschlossen und „fertig", dass sie gegen die Nötigung zu einer grundsätzlichen Kritik und Revision gesichert wären. Aber das System der klassischen Physik, das einer solchen Revision unterzogen werden musste, bildet nach wie vor die Grundlage, auf der auch das Gebäude der modernen Physik ruht. Seine Sätze sind nicht einfach als Irrtümer erkannt und beiseitegelegt worden. Sie sind, in dem Sinn, in dem wir überhaupt davon sprechen können, legitime wissenschaftliche Erkenntnisse. Damit aber wird klar, dass unser Verständnis für das, was „Erkenntnis" ist, sich wandelt.

Die erste Erfahrung, von der ich gesprochen habe, hatte die Aufmerksamkeit vom Inhaltlichen einer Erkenntnis hingelenkt auf den Weg, auf dem sie erworben wird, und dem, auf dem sie sich bewährt. Jede einzelne physikalische Aussage hat ihre Bedeutung für die Physik dadurch und nur dadurch, dass sie sich im Gesamtzusammenhang der physikalischen Naturerkenntnis bewähren. Das ist nur möglich, wenn sie Vorstellungen enthält, die all das einzelne, was wir von der Umwelt aufnehmen, zu einander in Beziehung setzen. Solche Vorstellungen sind die von Raum und Zeit, von Masse, Kraft und Kausalität. Ohne ihre Verwendung wäre die klassische Physik, und damit die Physik überhaupt nicht möglich geworden.

Die erste Erfahrung, die die Physik uns vermittelt hat, hatte uns ins Bewusstsein gerufen, das „Erkenntnis" nicht ein selbstverständlicher Besitz ist, den wir haben, bezw. aus einem uns überlieferten Bestand an Einsicht übernehmen können. Erkenntnis wird durch menschliches Bemühen erworben auf Wegen des Erkennens, die sich selber erst ausbilden und daran bewähren müssen, dass sie gesicherte Ergebnisse liefern. Die philosophischen Versuche, von denen ich gesprochen habe, dieses sichernde Erwerben von Erkenntnis zu verstehen, gehen alle von der stillschweigenden Annahme aus, ein hinreichend kritisches Vorgehen müsse uns zurückführen auf in sich gesicherte Grundvorstellungen und Grunderkenntnisse.

Die dritte Erfahrung, die uns die Physik mit ihrem Übergang zu den modernen Theorien hat machen lassen, zeigt nun aber dass wir über diese Vorstellungen nicht endgültig verfügen, sondern dass ihre Anwendbarkeit und damit ihr Gehalt sich mit der Erweiterung des Bereichs, der physikalisch durchforscht ist, wandelt.

Die philosophischen Versuche, von denen ich vorhin gesprochen habe, die Grundlagen menschlicher Erkenntnis und damit die Möglichkeit des Erkennens zu verstehen, gehen stillschweigend von der Voraussetzung aus, ein hinreichend kritisches Vorgehen müsse uns zurückführen auf in sich gesicherte Grundvorstellungen und Grunderkenntnisse. Die dritte Erfahrung zeigt, dass diese Voraussetzung nicht selbstverständlich ist und dass wir sie aufgeben müssen. Unser fortschreitendes physikalisches Wissen, zum mindesten, hat sich als unabgeschlossen erwiesen, und zwar nicht nur in dem trivialen Sinn, dass es für die Erfahrung immer noch unerforschte Bereiche geben

Die dritte Erfahrung zeigt, dass diese Voraussetzung nicht selbstverständlich ist und dass wir sie werden aufgeben müssen. Unser fortschreitendes physikalisches Wissen, zum mindesten, hat sich als unabgeschlossen erwiesen, und zwar nicht nur in dem trivialen Sinn, in dem jede Erfahrung unabgeschlossen ist, weil es stets noch unerforschte Bereiche geben wird. Unser physikalisches Wissen ist in dem tieferen Sinn unabgeschlossen, dass es sich inhaltlich wieder als revisionsbedürftig erweisen kann, nun nicht, um einfach preisgegeben zu werden, wohl aber, um in begrifflich neuer Form aufgefasst und dargestellt werden zu müssen.

Was das bedeutet, würde ich Ihnen nun am liebsten an einzelnen Beispielen vorführen, etwa an dem, was in der Relativitätstheorie mit unseren Vorstellungen von Raum und Zeit, oder an dem, was in der Quantenmechanik mit unserer Vorstellung von der Kausalität geschehen ist. Aber das würde den Rahmen dieses Vortrags sprengen. Ich beschränke mich deshalb darauf, mit Ihnen ein Bild zu besprechen, in dem Heisenberg einmal die Arbeit des modernen Physikers dargestellt hat und das mir über die besondere Lage in der Physik hinaus für das Wesen menschlichen Erkennens aufschlussreich zu sein scheint. Heisenberg sagt, „dass jeder Versuch einer Naturerkenntnis gleichsam über einer wird. Es ist in dem tieferen Sinn unabgeschlossen, dass die Vorstellungen, in denen allein es möglich ist, keine endgültig geprägten Begriffe sind, sondern dass wir, indem wir sie anwenden, über die Art und die Grenzen ihrer Anwendbarkeit erst belehrt werden.

Es würde den Rahmen dieses Vortrags sprengen, wenn ich diesen Vorgang an einzelnen Beispielen erläutern wollte. Aber ich möchte Ihnen ein Bild geben, in dem Niels Bohr das, was der Physiker in ihm erfährt, einmal dargestellt hat. Er war mit anderen Physikern auf einer Skihütte, und nach einer selbstbereiteten Mahlzeit wurde gemeinsam das Geschirr abgewaschen. Bohr fiel die Aufgabe zu, die Gläser abzutrocknen und er freute sich am Werk seiner Hände. Dann sagte er nachdenklich: „Dass man mit schmutzigem Wasser und einem schmutzigen Tuch schmutzige //7// Gläser sauber machen kann – wenn man das einem Philosophen sagen würde, er würde es nicht glauben."

In diesem Bild greift zweierlei in einander: das Bewusstsein um die Möglichkeit und das um die Begrenztheit und Vorläufigkeit des Erkennens.

//7// grundlosen Tiefe schweben muss, dass es zwischen dem Bewusstsein und dem Glauben an eine reale objektive Aussenwelt nirgends eine für immer festgelegte Strasse des Erkennens gibt, die auf sicherem Grund vom bekannten Gebiet ins unbekannte Neuland führt".

Damit schliesse ich die Besprechung der drei Erfahrungen ab, die uns die Geschichte der physikalischen Forschung hat machen lassen. Worin liegt ihre *Bedeutung* für *unsere Zeit*, die daran leidet, dass wir es in der äusseren Beherrschung der Natur sehr weit gebracht haben und gerade dadurch in die Gefahr geraten sind, dass die vom Menschen geschaffene Technik nun ihrerseits den Menschen beherrscht und bedroht? Ich glaube, dass eine der Ursachen – gewiss nicht die einzige! – dieser Unsicherheit des modernen Menschen darin liegt, dass das Wesen naturwissenschaftlichen Erkennens missverstanden worden ist. Ein solches Missverständnis habe ich bei der Behandlung der zweiten Erfahrung besprochen: Die Überschätzung der Naturwissenschaft, die eine Weltanschauung aus ihr machte. In der galten dann nur die Kategorien der Physik: Materie und Kausalität. Für die Frage nach Sinn und Wert menschlichen Tuns blieb faktisch kein Platz. Das in dieser Weise überschätzte naturwissenschaftliche Denken diskreditierte die Bemühungen, die der schnell wachsenden Menge an naturwissenschaftlichem Wissen und technischen Können hätten die Wage halten sollen: die sich mit dieser Erweiterung menschlichen Wissens und Könnens ergebenden Möglichkeiten, das Leben des einzelnen und die gesellschaftlichen Verhältnisse zu wandeln,

In diesem Bild kommt dreierlei zum Ausdruck: Zunächst die Überzeugung, dass es unter unseren Aussagen über Dinge und Vorgänge der Umwelt keine unproblematischen Voraussetzungen gibt in dem Sinn, dass wir ihren Gehalt als abgeschlossene Erkenntnis über die Wirklichkeit, in der wir leben, in unserem Besitz hätten. Das gilt für die Überzeugungen unserer Alltagserfahrung, für das, was wir wahrnehmen, beobachten und damit an Kenntnis unserer Umwelt gewinnen; es gilt auch für die Vorstellungen und Annahmen, mit denen die Physik diese unsere Alltagserfahrung deutet.

Zum andern: Mit diesem Vorbehalt der Unabgeschlossenheit aber ist Naturerkenntnis möglich. Mag sie ein Schweben über einer grundlosen Tiefe sein; dieses Schweben gelingt offensichtlich. Physik ist möglich in ihrer trotz aller Revisionen durchgehenden Kontinuität von den klassischen zu den modernen Theorien.

kritisch auf ihren Wert für das menschliche Leben zu durchdenken, statt sich
vorwiegend beeindrucken zu lassen von
der Grösse und Neuigkeit der technischen Errungenschaften.

Ich sagte bereits, dass diese unaus-
geglichene Haltung des Menschen
dem eigenen technischen Wissen und
Können gegenüber nicht schon dadurch
überwunden ist, dass der im Grunde
naive Glaube an ein nur materialistisch-
deterministisch bestimmtes Weltbild
zerfiel. An die Stelle dieser Überschätzung und Verabsolutierung unserer
Naturerkenntnis traten nun weithin
Auffassungen, die, streng genommen,
auf den Erkenntnisanspruch der naturwissenschaftlichen Forschung überhaupt verzichteten und ihre Bedeutung
nur noch darin sahen, dass sie uns
Mittel in die Hand gibt, unsere Umwelt
zu beeinflussen. Mit der Preisgabe der
Frage nach dem, was wahr ist, aber ver-
lor auch die nach Wertmassstäben für
das menschliche Tun ihre Bedeutung.

Die Besinnung auf das, was jene drei
Erfahrungen uns lehren können, könnte
dazu dienen, uns ein besser ausgewoge-
nes Verhältnis zum eigenen Erkennen
und Tun zu geben. Damit gewinnt sie
ihre Bedeutung für die Aufgaben in
Unterricht und Erziehung, wie sie sich
unserer Zeit stellen.

Was leistet die Psychologie für die Erziehung?[*]

Dass die Psychologie für die Erziehungswissenschaft unentbehrlich ist, steht heute unter ernstzunehmenden Pädagogen nicht zur Debatte. Aber welche Rolle sie, und zwar nicht nur für die Erziehungswissenschaft, die Pädagogik, sondern für die Erziehung selber, spielt, ist noch keineswegs in einer allgemein anerkannten Weise entschieden.

Das Ziel der Erziehung macht hier Schwierigkeiten. Dass, wo dieses Ziel feststeht, die Frage seiner Verwirklichung zu einem Studium der Natur des Menschen auffordert und also nach psychologischen Methoden entschieden werden muss, liegt auf der Hand. Der Erzieher muss Menschenkenner sein und die Kunst der Menschenbehandlung verstehen, wenn es nicht dem Zufall überlassen bleiben soll, ob er sein Ziel erreicht. Aber woher nimmt er dieses Ziel, das Idealbild, an dem er die Bildung des zu erziehenden Menschen misst? Er braucht, wenn seine Arbeit nicht Willkür und Anmassung sein soll, auch für dieses Ziel eine Begründung und Rechtfertigung. Und da fragt es sich, ob er auch sie, ebenso wie die Kenntnis der Mittel, die zur Erreichung des Ziels erforderlich sind, aus dem psychologischen Studium der Menschennatur gewinnen kann oder ob er dazu auf andere Überlegungen und andere wissenschaftliche Methoden angewiesen ist.

Gegen den Versuch, auch diese Zielbestimmung der Psychologie anzuvertrauen, spricht die einfache Überlegung, dass die Psychologie nur die Tatsachen des psychischen Lebens, ihre Entwicklung und die Gesetze, nach denen diese erfolgt, erforschen kann, dass aber die Bestimmung des Ziels der Erziehung ein *Wert*urteil voraussetzt, nämlich ein Urteil darüber, welche Lebensweise erstrebenswert ist. Urteile dieser Art nennen wir ethische Urteile; in der Psychologie, die nur beschreibt, wie Menschen tatsächlich leben und wie sich ihre Lebensweise je nach den äusseren und inneren Umständen bestimmt und entwickelt, kommen derartige Bewertungen nicht vor. Sie kann wohl beschreiben und erklären, dass Menschen eine //2// bestimmte Lebensweise tatsächlich erstreben, oder auch, dass sie diese Lebensweise für erstrebenswert *halten*. Aber die Frage, ob diese Lebensweise in Wahrheit erstrebenswert *ist*, überschreitet die Kompetenzen der Psychologie. Diese

---

[*] G. Henry-Hermann: Was leistet die Psychologie für die Erziehung? Erste Fassung (1982). Privatarchiv Dieter Krohn.

Frage kann nur in einem ethischen Urteil entschieden werden. Und so scheint es, als sei der Erzieher für die Zielbestimmung seiner Arbeit auf die Ethik angewiesen, und könne die Psychologie *nur* dazu verwerten, die diesem Ziel entsprechenden Mittel aufzusuchen.

Und doch genügt diese Argumentation nicht, die Bedenken dagegen, dass die Zielbestimmung für die Erziehung der Psychologie entzogen und der Ethik zugewiesen wird, zum Schweigen zu bringen.[1] Dabei ist der oft geäusserte Einwand, dass man mit der Berufung auf ethische Urteile[2] den Boden der Wissenschaft verlasse, noch nicht einmal entscheidend. Denn er bleibt, ganz abgesehen davon, dass die Anforderungen der Wissenschaft in den herrschenden psychologischen Schulen[3] keineswegs einwandfrei gesichert sind und dass es ausserdem noch niemandem gelungen ist, die Unmöglichkeit einer wissenschaftlichen Ethik wissenschaftlich zu erweisen, an einem formal-methodischen Gesichtspunkt hängen und berührt die Frage nicht, ob die Erziehung selber besser in den Händen von nur psychologisch oder auch von ethisch gebildeten Menschen aufgehoben wäre.

Viel tiefer geht[4] ein anderer Einwand, der für die *Erziehung* eine Gefahr befürchtet, wenn der Erzieher sich das Ziel seiner Arbeit nicht durch psychologische Erwägungen, sondern, unabhängig davon, durch seine ethischen Überzeugungen vorschreiben lässt. Es ist die Sorge, dass jede solche auf ethischen statt auf psychologischen Erwägungen beruhende Zielbestimmung zu einer Vergewaltigung des zu erziehenden Menschen führt, indem sie sein Leben einer Zielsetzung unterwirft, bei der nicht geprüft ist, ob diese seiner eigenen Natur entspricht oder ihr gewaltsam von aussen auferlegt worden ist. Die freie Entfaltung der Persönlichkeit des Kindes scheint daher zu fordern, dass auch das Ziel seiner Erziehung auf Grund eines Studiums seiner eigenen Natur und das //3// heisst, auf Grund psychologischer Erwägungen bestimmt und nicht einer Wissenschaft anvertraut wird, die dieses Ziel ohne Berücksichtigung der individuellen Natur des Kindes ein für allemal festlegt.

Nun kann man zwar auf diese Überlegungen das schon erwähnte Bedenken gegen eine psychologische Begründung des Erziehungsziels anwenden und antworten, dass hier in Wahrheit schon eine ethische Voraussetzung gemacht wird, die nämlich, dass die Erziehung dem Kind zu einer freien Entfaltung seiner Persönlichkeit verhelfen und es vor Vergewaltigung schützen sollte. Dieses Werturteil,

---

1 Ursprünglicher Satz: Und doch genügt diese Argumentation nicht, die Bedenken dagegen zum Schweigen zu bringen, dass die Zielbestimmung für die Erziehung der Psychologie entzogen und der Ethik zugewiesen wird.

2 Ursprünglicher Text: „damit". Geändert in „mit der Berufung auf ethische Urteile".

3 Ursprünglicher, aber gestrichener Text: noch.

4 Ursprünglicher, aber gestrichener Text: daher.

dem die Forderung, auch das Erziehungsziel psychologisch festzulegen entspringt, nennt ja selber schon ein Ziel der Erziehung. Und dieses Ziel ist gewiss nicht auf Grund psychologischer Beobachtung gewonnen.

Aber das stört den Vertreter einer psychologischen Bestimmung des Erziehungsziels nicht. Mag sein Eintreten für eine freie Entfaltung der Persönlichkeit selber auf einem Werturteil beruhen und insofern nicht psychologisch begründbar sein, so ist doch dieses Urteil andererseits nichts anderes als die selbstverständliche Wertschätzung eines *gesunden* seelischen Lebens. Was aber im Einzelnen zur Gesundheit des geistigen Lebens gehört, darüber entscheidet die Psychologie. Sie gibt Kriterien dafür an, ob ein Mensch verkümmert und in seiner Entwicklung gehemmt ist, oder ob seine Kräfte sich entfalten und die Anwendung finden, die ihrer Natur entspricht. Das eine solche Entfaltung der Kräfte einem kränklichen Verkümmern der geistigen Anlagen vorzuziehen ist, ist gewiss ein Werturteil und keine psychologische Entdeckung. Das kann zugegeben werden. Aber was besagt das, wenn diese Wertung so selbstverständlich ist, das faktisch über sie gar kein Streit besteht? Das Verhältnis zwischen Psychologie und Erziehung scheint dasselbe zu sein wie das zwischen der medizinischen Wissenschaft und der Kunst des Arztes. Auch der Arzt braucht eine Zielsetzung, wenn er einen Kranken behandelt. Und dieses Ziel, den Kranken gesund zu machen, hat er gewiss nicht allein seiner medizinischen Wissenschaft ent//4//nommen, die ihn nur gelehrt hat, dass es gesunde und kranke Menschen gibt, dass unter gewissen Umständen gesunde Menschen krank und unter anderen kranke Menschen gesund werden, dass Krankheiten mit gewissen Beschwerden verbunden sind und Gesundheit die[5] Empfänglichkeit für gewisse Freuden schafft[6]. Dass es aber besser ist, zu diesen Freuden fähig zu sein, als unter jenen Beschwerden zu leiden, das ist kein medizinisches Urteil. Und trotzdem wird niemand daran denken, die Medizin nur als eine Hilfswissenschaft der Kunst des Arztes zu betrachten und von ihm zur wissenschaftlichen Rechtfertigung seines Verfahrens eine Begründung seines Ziels mit Hilfe einer wissenschaftlichen Ethik verlangen.

Und doch hinkt dieser Vergleich. Es gibt einen wesentlichen Unterschied zwischen Erzieher und Arzt, der für die Frage nach der Bestimmung ihrer Ziele entscheidend ist. Der Arzt hat es, jedenfalls in der Regel, mit Menschen zu tun, die selber darüber entscheiden können, zu welchem Zweck sie sich ihm anvertrauen. Zu ihm kommen Menschen, die gesund werden wollen. *Sie* schreiben ihm das Ziel vor, zu dessen Erreichung sie seine Hilfe begehren, und er hat insofern einen nur

---

5　Ursprünglicher, aber gestrichener Text: mit der.

6　Ursprünglicher, aber geänderter Text: mit gewissen Beschwerden und Gesundheit mit der Empfänglichkeit für gewisse Freuden verbunden sind .

technischen Beruf, als er sich geschult hat, ein bestimmtes Bedürfnis, das erfah-
rungsmässig häufig bei den Menschen auftritt, so weit wie möglich zu befriedigen.
Im Verhältnis zu seinem Ziel steht er nicht anders da als der Techniker und der
Handwerker.

Der Erzieher steht anders da. Ihm sind Kinder anvertraut, die[7] darum der
Erziehung bedürfen, weil sie in der Zielbestimmung, die sie ihrem Leben geben,
und in der Kraft, diesem Ziel zu folgen, unfertig sind, und seine Aufgabe besteht[8]
darin, ihnen bei dieser Gestaltung ihres Lebens zur Seite zu stehen. Aber eben
darum kann er die Verantwortung für das Ziel, an dem er ihre Bildung und ihre
Fortschritte misst, auch nicht ihnen überlassen. Sondern er muss selber, gerade um
sie nicht zu vergewaltigen, darüber Rechenschaft ablegen können, dass dieses Ziel
für sie erstrebens*wert* ist und dass er es sich nicht durch irgend welche zufälligen
Umstände hat aufdrängen lassen. //5//

Auch das wird der Vertreter einer rein psychologisch bestimmten Pädagogik
unter Umständen zugeben und, gerade unter Berufung auf diese Verantwortung
des Erziehers[9], verlangen, dass er[10] sich an die Natur des zu erziehenden Menschen
hält, wenn er entscheidet, was für diesen erstrebenswert ist. Um es zu wiederholen:
Dass dieses Erstrebenswerte geistige Gesundheit und freie Entfaltung der eigenen
Kräfte ist und nicht die Verkümmerung und Einengung der Persönlichkeit, das
erscheint so selbstverständlich wie die Tatsache, dass die Menschen vom Arzt fordern, dass er sich um ihre Gesundheit bemüht.

Beides[11] ist aber bei Licht besehen nicht selbstverständlich. Es gibt Fälle genug,
in denen der Wert der körperlichen Gesundheit für einen Menschen weit zurück
tritt hinter andern erstrebenswerteren Zielen. So wie Hutten – nach C. F. Meyer
– seinem ihn zu Ruhe und Mässigung mahnendem Arzt erwidert: „Freund, was
Du mir verschreibst, ist wundervoll. Nicht leben soll ich, wenn ich leben soll!", so
können die an sich klugen und ihrem Ziel angemessenen Forderungen eines Arztes
etwa nach sorgsamer Pflege und Schonung zurückgewiesen werden, weil dieses
Ziel gegenüber widerstreitenden wertvolleren Zielen als minderwertig verworfen
wird.[12]

Aber lassen sich diese Bedenken gegen eine Überschätzung der körperlichen
Gesundheit übertragen auf die Forderung einer inneren Harmonie und Gesund-

---

7   Ursprünglicher, aber gestrichener Text: eben.
8   Ursprünglicher, aber gestrichener Text: eben.
9   Ursprünglicher Text: Erzieherberufs.
10 Ursprünglicher Text: der Erzieher.
11 Ursprünglicher, aber gestrichener Text: Es.
12 Ursprünglicher Text: weil dieses Ziel als minderwertig verworfen und widerstreitende
     wertvollere Ziele erstrebt werden.

heit? Zwar liegt es in der heutigen Zeit geradezu auf der Hand, daß Menschen, denen durch den Zufall der Umstände, eine freie Gestaltung des eigenen Lebens nur unter dem Gesichtspunkt der harmonischen und kräftigen Entfaltung der eigenen Kräfte und des eigenen Wesens aufbauen.[13] Die gesellschaftlichen Zustände stellen uns heute in besonderem Masse vor Aufgaben, bei denen es zufällig ist, ob sie vom Einzelnen eine Tätigkeit gerade in der Richtung seiner Begabung verlangen, oder ob sie ihn in eine Bahn nötigen, in der er – beurteilt allein nach der Entfaltung und Betätigung seiner Kräfte – weniger produktiv ist, als er es auf einem anderen Gebiet sein könnte. Wenn aber ein Mensch um sol//6//cher Aufgaben willen bewusst darauf verzichtet, für sich selber ein Höchstmass an Ausbildung seiner Talente zu erstreben, so werden wir eben darin ein Zeichen wahrer Bildung sehen, und er selber kann im Bewusstsein der Notwendigkeit dieses Verzichts die innere Sicherheit und Ruhe gewinnen, die den Eindruck der harmonischen und gesunden Entwicklung seines Wesens hervorruft. Die Forderung nach einer gesunden Entfaltung der eigenen Persönlichkeit ist also gar nicht durchbrochen: Sofern es nur die eigene Einsicht, die Stimme des eigenen Gewissens war, die den Verzicht gefordert und herbeigeführt hat, ist dieser Verzicht ein Ausdruck der Kraft des eigenen Wesens. Wenn die Erziehung diese Kraft im Menschen zur Entfaltung kommen lässt, dann dient sie also in der Tat trotz des Verzichtes, zu dem sie den Menschen unter Umständen führt, recht verstanden einer Befreiung und Kräftigung seines Wesens.

Das ist alles durchaus richtig und verwickelt doch den auf eine nur psychologische Zielbestimmung ausgehenden Erzieher in eine Fülle von Schwierigkeiten. Zunächst ist es gar nicht eindeutig, auf welchem Weg er eine harmonische und gesunde Entfaltung der ihm anvertrauten Menschen suchen soll. Im Menschen leben widerstreitende Kräfte: solche, die ihn zu einem Leben gemäss den zufälligen Neigungen verlocken, solche, die ihn zur Produktivität auf einem Gebiet drängen, das seinen Anlagen entspricht, solche, die ihm einen Massstab vorhalten, der sowohl die momentanen Neigungen wie die tieferwurzelnden Interessen an einer Bestätigung seiner Anlagen und Kräfte daraufhin prüft, ob sie es wirklich wert sind, dem Leben ihren[14] Inhalt zu geben. Was soll der Erzieher tun, wenn der zu erziehende Mensch in einen Konflikt dieser[15] Kräfte gerät? Es gibt verschiedene Wege, einen solchen Konflikt zu überwinden und dabei das innere Gleichgewicht nicht zu verlieren oder das verlorene wiederzufinden. Welcher von ihnen entspricht dem

---

13 Ursprünglicher Text: Zwar gibt es gerade in der heutigen Zeit hinreichend viele Fälle, wo wir uns selber und anderen gar nicht das Recht zubilligen, die Gestaltung des eigenen Lebens nur unter dem Gesichtspunkt der harmonischen und kräftigen Entfaltung der eigenen Kräfte und des eigenen Wesens zu betreiben.

14 Ursprünglicher, aber gestrichener Text: des Menschen den.

15 Ursprünglicher, aber gestrichener Text: verschiedenen.

Ideal der harmonischen und gesunden Entwicklung des Menschen am meisten, der Kompromiss, der allen Interessen, Neigungen und Anforderungen je etwas gerecht zu werden versucht, oder die Überwindung widerstrei//7//tender Neigungen zu Gunsten erkannter Aufgaben, oder endlich die Überwindung der quälenden Vorstellung dieser Aufgaben zu Gunsten anderer starker und lebendiger Interessen?

Vielleicht erwidert jemand, dass es eine psychologisch entscheidbare, und zwar eindeutig entscheidbare Frage sei, welcher dieser Wege und der Natur des Einzelnen angemessen sei, und dass es für diese Entscheidung darauf ankomme, die Kräfte des Menschen zu kennen und sich daraufhin ein Urteil darüber zu bilden, wieviel er sich selber an Überwindung seiner Neigungen und Interessen zumuten kann. Eine solche Antwort würde aber schon verraten, dass hier in Wahrheit ein anderer Gesichtspunkt massgebend ist als der einer ruhigen und gesunden Entfaltung des eigenen Wesens. Denn die ist bei einem solchen Maximum an Anstrengungen wahrscheinlich nicht am besten aufgehoben.

Diese Überlegung führt schon auf die entscheidende Schwierigkeit, in die der nur psychologisch orientierte Erzieher bei einem Konflikt des zu erziehenden Menschen hineingerät: Er nimmt an diesem Konflikt in Wahrheit gar nicht teil, sondern steht als blosser Zuschauer daneben. Denn der Konflikt besteht darin, dass der Mensch in einen Widerstreit gerissen wird zwischen seinen Neigungen und dem, was er für wertvoll, für anständig, für geboten hält. Vielleicht schwankt er noch, ob die Aufgabe, die er sieht, wirklich so dringlich ist, dass er um ihretwillen seine Neigungen zurücksetzen sollte, oder er zögert, auch wenn er an dieser Dringlichkeit nicht zweifelt, noch, sich für oder gegen diese Aufgabe zu entscheiden. Das, was ihm zusetzt und ihn in den Konflikt stürzt, ist sein eigenes Werturteil, dass er dieses oder jenes tun *sollte*. In diesem Kampf kann ihm nur jemand zur Seite stehen, der selber zu der Frage, ob dieses Werturteil zur Recht oder zu Unrecht gefällt ist, Stellung nimmt. Wenn der Erzieher sich darauf beschränkt, die psychischen Vorgänge von Zweifel und Überzeugung, Zögern und Entschluss zu studieren, dann geht er bei aller Sorgfalt achtlos an dem vorüber, was den ihm anvertrauten Menschen selber zur Zeit beschäftigt. //8//

Wenn sich etwa heute ein junger Mensch vor die Frage gestellt sieht, ob er sich einen wissenschaftlichen oder künstlerischen Beruf wählen soll, der seinen Neigungen und seinen Anlagen entspricht, ihn aber von der Mitarbeit an der Besserung der gesellschaftlichen Verhältnisse im Wesentlichen fernhält, oder ob er um sozialer Aufgaben willen die eigene Ausbildung auf den Gebieten, zu denen seine Begabung ihn drängt, zurückstellen soll, so hängt für ihn alles von der Frage ab, wie die Dringlichkeit der sozialen Aufgaben und der Wert, den Wissenschaft oder Kunst für sein Leben haben, gegen einander abzuwägen sind. Wenn der Erzieher eine solche Auseinandersetzung nur mit dem Interesse verfolgt, dass die innere

Lebendigkeit des Menschen nicht herabgesetzt wird, und wenn er seinen Einfluss aufbietet, um den Konflikt diesem Interesse gemäss zu lösen, dann teilt er die Sorgen des andern in Wahrheit nicht und sein Einfluss ist für diesen eine Gefahr, die nämlich, sich von der eigentlich entscheidenden Frage abdrängen zu lassen.

Ein solches Abdrängen von der entscheidenden Frage wäre eine Vergewaltigung des jungen Menschen. Und damit kehrt sich die Warnung vor der Vergewaltigung, die für das psychologisch orientierte Erziehungsziel zu sprechen schien, gerade gegen eine solche Erziehung. Wie kommt das? Würde die Gefahr der Vergewaltigung nicht weit grösser sein, wenn der Erzieher in einem solchen Konflikt selber Stellung nimmt und dabei sein Urteil dem anderen autoritativ aufdrängt? Dem psychologisch orientierten Erzieher liegt alles daran, Jede autoritative Bevormundung auszuschalten, die dem jungen Menschen, mit welchen Mitteln auch immer, eine ethische Anschauung, von einem Kodex irgend welcher Verhaltungsregeln an bis zur Wahl eines Lebenszieles, suggeriert und damit die Entfaltung seines eigenen Urteils und seiner eigenen Einsicht abbricht. Gegen diese Gefahr, die gewiss naheliegt und für die Erziehung verhängnisvoll ist, sucht er sich dadurch zu schützen, dass er sich selber in ethischen Fragen des Urteils enthält, um nur psychologisch zu verfolgen, wie sich das ethische //9// Urteil und die Bereitschaft, ihm zu folgen, von sich aus in dem zu erziehenden Menschen entwickelt. Und damit verfällt er der anderen Gefahr, gerade in dieser entscheidenden Entwicklung in Grunde teilnahmlos neben seinem Zögling zu stehen, der, wenn er überhaupt etwas auf seinen Erzieher hält, dadurch nur zu der Annahme gedrängt werden kann, dass den Fragen, wie er sich als anständiger Mensch verhalten soll, in Wahrheit keine Bedeutung zukomme. Denn der von ihm geachtete Erzieher wendet ihnen ja auch kein Interesse zu.

Das Dilemma, in das der Erzieher hier hineingerät, beruht also auf der einfachen Alternative:[16] Entweder er nimmt die Entwicklung des ethischen Urteils und der Bereitschaft, das Leben an der Übereinstimmung mit ihm zu messen, so ernst, dass er die Harmonie im Leben seines Schülers darin sucht, dass dieser mit der Stimme seines Gewissens ins Reine kommt, dann wird er auch in seinem eigenen Leben an dieser Entwicklung der[17] ethischen Überzeugung arbeiten. Tut er das, dann bildet er sich Überzeugungen davon, wie ein Mensch sein Leben einrichten sollte, und kann dann ehrlicher Weise nicht anders, als dass er nicht nur das eigene Leben, sondern auch das der anderen, insbesondere das der ihm zur Erziehung anvertrauten Menschen an diesen Überzeugungen misst. Oder er spricht[18], um ja

---

16 Ursprünglicher, aber gestrichener Text: hat einen sehr einfachen Grund.
17 Ursprünglicher, aber gestrichener Text: seiner.
18 Ursprünglicher, aber gestrichener Text: er andererseits.

keine Bevormundung aufkommen zu lassen, seinen eigenen Überzeugungen das Recht ab, den Massstab für das Handeln anderer zu bilden, dann hat er sie im Ernst als Überzeugungen preisgegeben und spielt höchstens noch mit ihnen. Er glaubt[19] nicht daran, dass solche Überzeugungen Einsichten und Erkenntnisse sein können, und muss sie, wenn er[20] konsequent zu Ende denkt, als Wahn und Irrtum abtun. Woraus dann[21] folgt, dass er sich nichts darauf einbilden sollte, wenn sich unter seiner Erziehung in dem jungen Menschen derartige Überzeugungen bilden, und dass er im Interesse einer freier Entwicklung besser daran täte,[22] auch in ihm die Überzeugung von der Unhaltbarkeit ethischer Werturteile zu wecken.

[23]Können wir zwischen der Skylla der Bevormundung und der //10// Charybdis der Preisgabe jeder ethischen Überzeugung einen Ausweg finden? Einen solchen Ausweg kann es nur dann geben, wenn der Erzieher Grund hat zu der Annahme, dass die sittlichen Überzeugungen, die sich mehr oder weniger dunkel in dem jungen Menschen regen und[24] sich langsam entwickeln, in *Erkenntnissen* wurzeln, die unter dem Einfluss der Erfahrung allmählich ins Bewusstsein treten, sofern dieser Entwicklungsprozess nur nicht durch ungünstige Umstände – unter denen die Bevormundung der schlimmste ist! – gehemmt oder gar verhindert wird. Denn dann und nur dann kann der Erzieher im Vertrauen auf die eigenen Kräfte des Kindes ihm gegenüber zurückhaltend sein und ihm die Freiheit geben, sieh selber ein Urteil zu bilden, ohne dass er darum in seinem eigenen Urteil, an dem er auch die Entwicklung des Kindes und den Erfolg seiner Erziehungsmassnahmen misst, unentschieden wäre oder auch nur bei dem Kinde den Eindruck erweckte, er enthielte sich hier des Urteils. Er steht dann, wenn auch die Anforderungen an den erzieherischen Takt weit grössere sind, im Grunde hier nicht anders da als bei der Aufgabe, den jungen Menschen etwa mit mathematischen Untersuchungen vertraut zu machen. Auch dabei kommt es zu einer Entwicklung der[25] Einsicht – im Gegensatz zur blinden Übernahme eines Formelsystems – nur dann, wenn der Schüler selbständig und ohne Bevormundung durch das Urteil des Lehrers mathematische Gedankengänge zu entwickeln lernt. Der Lehrer wird also mit seinem eigenen Wissen zurückhalten müssen. Er wäre[26] aber ein schlechter Mathematik-

---

19 Ursprünglicher, aber gestrichener Text: also selber.
20 Ursprünglicher, aber gestrichener Text: nur.
21 Ursprünglicher, aber gestrichener Text: schon.
22 Ursprünglicher, aber gestrichener Text: dessen Einsicht in die Unhaltbarkeit dieser Überzeugungen zu wecken.
23 Ursprünglicher, aber gestrichener Text: Wie.
24 Ursprünglicher, aber gestrichener Text: die.
25 Ursprünglicher, aber gestrichener Text: mathematischen.
26 Ursprünglicher, aber gestrichener Text: wird.

lehrer[27], wenn er[28] in seiner Zurückhaltung den Eindruck erweckte, als nähme er diese Wissenschaft so wenig ernst, dass er sich nicht selber damit beschäftigte, sich keine Urteile darüber bildete und die Ergebnisse seiner Schüler nicht an seinen eigenen Urteilen kontrollierte.

Es kommt also alles auf die Frage an, wie der Erzieher sich zu den Wertungen stellt, die sich in dem heranwachsenden Menschen regen, und zwar handelt es sich zunächst darum, wie er sie *psychologisch* erklärt, ob als ein zufälliges Produkt von Vorstellungsassoziationen, //11// das in jeder Hinsicht abhängig ist von den Umständen und sich bei einer Änderung der Umstände nach Inhalt und Stärke beliebig ändern oder überhaupt wegfallen könnte, oder ob er in ihnen eine unverlierbare, ursprüngliche Überzeugung des Menschen entdeckt, der man nur[29] Freiheit geben muss, sich allmählich klar vor dem Bewusstsein zu entfalten, damit im Menschen gemäss seiner eigenen Kraft und Anlage die sittliche Einsicht reift, die sich[30] zwar an Hand der Erfahrung entwickelt, in ihrem Gehalt aber von der wechselnden Erfahrung unabhängig ist.

[Die entscheidende Frage, die hier weiterführt, ist also in der Tat ein psychologisches Problem, ein Problem, das sich keineswegs nur auf die *Methoden* der Erziehung bezieht, sondern das gelöst werden muss, wenn über das *Ziel* der Erziehung eine wissenschaftliche Entscheidung möglich sein soll. Es ist die Frage nach dem psychologischen Ursprung der ethischen Vorstellungen und Wertungen, von deren Entscheidung es abhängt, ob wir diese Vorstellungen als Fiktionen entlarven, denen in Wahrheit keine Berechtigung und keine Verbindlichkeit zukommt, oder ob wir in ihnen einen ursprünglichen Gehalt an Überzeugungen finden, der bei freier Entfaltung der eigenen Kräfte als die unverfälschte und unverlierbare ethische Grundüberzeugung hervortritt.][31]

Beide Theorien sind vertreten worden. Die erste behauptet, dass ethische Vorstellungen wie „Pflicht", „sollen", „anständig", „Recht", „gut", „böse" u.s.w. psychologisch zurückgeführt werden können auf die sinnlichen Anregungen der Neigung, dass sie also – meist durch[32] einen komplizierten psychologischen Prozess – aus Lust- und Unlustempfindungen entstanden sind. Die andere weist demgegenüber darauf hin, dass alle derartigen Erklärungsversuche an der Tatsache scheitern, dass in den ethi//12//schen Vorstellungen etwas qualitativ anderes vorgestellt wird als in

---

27 Ursprünglicher, aber gestrichener Text: sein.
28 Ursprünglicher, aber gestrichener Text: dabei auch nur.
29 Ursprünglicher, aber gestrichener Text: die.
30 Ursprünglicher, aber gestrichener Text: dann.
31 Dieser Absatz enthält Streichungen, die jedoch zum Verständnis des Absatzes notwendig sind. Deshalb wurde der Absatz in vollem Umfang wiedergegeben.
32 Ursprünglicher, aber gestrichener Text: auf.

den Lust- und Unlustempfindungen, aus denen sie angeblich entstanden sind. Es ist zwar erklärlich, dass durch eine Verknüpfung von Erlebnissen die Lustempfindung übertragen werden kann auf Gegenstände oder Vorgänge, die ursprünglich gar nicht lustbetont waren, ja die vielleicht Unlust erregten. Aber wie und an welcher Stelle sollte bei einem solchen Prozess der Assoziation und der Übertragung von Vorstellungen und Wertungen die ganz neue Vorstellung entstehen, dass etwas nicht nur mir angenehm ist und mir Lust bereitet, sondern dass es objektiv wertvoll ist, dass es geschehen soll, und dass sich also jemand, der ihm diesen Wert abspricht, in einem Irrtum befindet? So[33] schliesst man denn auf dem Boden dieser zweiten Theorie, dass die Lust- und Unlustempfindungen schon zur Erklärung des blossen Faktums ethischer Urteile[34] nicht ausreichen auch wenn wir noch ganz absehen von der Frage, ob diese Urteile berechtigt sind oder nicht! -, sondern dass offenbar die menschliche Vernunft eigene Wertvorstellungen in sich trägt[35]. Daraus ergibt sich für diese Theorie die Aufgabe, diese Vorstellungen zu klären und zu untersuchen, worauf sie sich ursprünglich richten.

Die Entscheidung zwischen diesen beiden Theorien ist *ein psychologisches Problem*. Seine Lösung ist für die Erziehungswissenschaft von entscheidender Bedeutung, und zwar nicht für die Wahl geeigneter Mittel zur Erreichung eines anderweit gegebenen Erziehungsziels, sondern zur Begründung und Klärung des Erziehungsziels selber! Der Vertreter der psychologisch orientierten Erziehung hat also jedenfalls darin recht, dass die besonnene Wahl des Erziehungszieles sich auf die psychologische Untersuchung der menschlichen Natur gründen muss, wenn sie dem Kinde nicht einen seiner Natur fremden Zweck auferlegen und es damit vergewaltigen will.

Es bleibt aber noch die Frage, ob mit der Aufweisung dieses entscheidenden psychologischen Problems die Psychologie schon als die ein//13//zige und hinreichende Hilfswissenschaft der Erziehung erwiesen ist und ob insbesondere die Forderung, das Ziel der Erziehung nicht der Psychologie, sondern der Ethik zu entnehmen, hiermit[36] als unberechtigt zurückgewiesen worden ist.

Die Antwort auf diese Frage wird verschieden ausfallen, je nachdem, zu welchem Ergebnis die psychologische Untersuchung über der Ursprung der ethischen Vorstellungen kommt. Wenn es gelingt, das Entstehen dieser Vorstellungen restlos aus dem Auftreten von Lust- und Unlustempfindungen zu erklären, dann erweisen sich eben damit ethische Überzeugungen durchweg als Fiktionen, die im Lauf der

---

33 Ursprünglicher, aber gestrichener Text: Und.
34 Ursprünglicher, aber gestrichener Text: – ganz abgesehen.
35 Ursprünglicher, aber gestrichener Text: an ihre Erlebnisse heranbringt.
36 Ursprünglicher, aber gestrichener Text: bereits.

Zeit aus Angst oder Hoffnung entstanden sind. Der Erzieher hat also gar keinen Grund, die ethischen Überzeugungen seiner Zöglinge inhaltlich irgendwie ernst zu nehmen. Ebenso wenig aber gibt es für ihn ein Idealbild, an dem er den Wert seines eigenen Lebens und den der ihm anvertrauten Menschen messen könnte. Sofern er ein solches Idealbild zu haben glaubt, ist er nur auf eine fixe Idee hereingefallen, die sich aus seinen zufälligen Erfahrungen erklären lässt aber keine objektive Bedeutung hat. Wozu also soll er erziehen? Er „soll"[37] überhaupt nicht erziehen. Jede objektive Auszeichnung eines Erziehungszieles beruht ja nach dieser Voraussetzung auf Wahnvorstellungen. Was er mit jungen Menschen machen will, ist, wie alles andere, was er unternimmt, eine Sache seines Beliebens, die er, wenn er seine Situation versteht, nur unter dem Gesichtspunkt seiner eigenen Neigungen in die Hand nehmen wird. Dass er dabei gerade auf den Gedanken verfällt, die innere Gesundheit und Harmonie des Kindes sich zum Ziel zu setzen, ist schon fraglich und – nach Beseitigung aller ethischen Vorurteile – gewiss nicht die Regel. Aber angenommen selbst, jemand habe sich dieses Ziel gesetzt: worin besteht denn nun diese innere Gesundheit? Ein Maximum von geistiger Gesundheit wird man wohl nur dem zusprechen können, der sich von Vorurteilen in seinem Denken und Handeln befreit hat, und das heisst, wiederum nach der hier gemachten Voraussetzung, dem von keinen ethischen Skrupeln ge//14//hemmten, nur von seinen ursprünglichen sinnlichen Trieben und Neigungen beherrschten Menschen. Dass die Heranbildung solcher Menschen nicht das ist, was Erzieher, die ihre Aufgabe noch im geringsten ernst nehmen, sich unter Erziehung vorstellen, liegt auf der Hand.

Trifft die Voraussetzung zu, dass alle ethischen Vorstellungen aus Angst oder Hoffnung entsprungene Fiktionen sind, so ist also zwar die Psychologie die einzige Hilfswissenschaft für die Kunst der Menschenbehandlung. Diese Menschenbehandlung kann aber nur auf Grund blinder Vorurteile für Erziehung gehalten werden. Denn Erziehung will den Menschen zu einem wertvollen Leben fähig machen, und diese Vorstellung wäre unter der hier gemachten Voraussetzung ein Wahn. Und erst recht wäre es ein Wahn, die Erziehung selber als eine Aufgabe zu betrachten! Die Psychologie reicht also in diesem Fall nicht hin ein Erziehungsziel abzuleiten. Das aber nicht darum, weil eine andere Wissenschaft hinzutreten müsste, sondern darum, weil es eine Erziehung unter dieser Voraussetzung überhaupt nicht gibt.

Wie steht es nun in dem andern Fall, in dem die psychologische Untersuchung nachweist, dass die menschliche Vernunft einen ursprünglichen Schatz von ethischen Vorstellungen und Wertungen besitzt, und in dem[38] sie zeigt, worauf diese

---

37 Ursprünglicher, aber gestrichener Text: zunächst.
38 Ursprünglicher, aber gestrichener Text: wenn.

Wertungen sich richten, sofern sie nur unverfälscht durch Angst, Hoffnung oder Bevormundung ins Bewusstsein treten können? Die Psychologie führt den Erzieher in diesem Fall so weit, dass sie ihm die ursprünglichen und unverdorbenen ethischen Grundüberzeugungen des Menschen nennt. Sie gibt[39] damit ein Kriterium dafür, ob die im Kinde sich regenden ethischen Überzeugungen ihm durch den Druck äusserer Umstände aufgedrängt sind, oder ob sich in ihnen die eigenen Kräfte des Kindes entfalten.

Aber dieses psychologische Verständnis der Menschennatur[40] schliesst an sich noch keine Stellungnahme zum Inhalt dieser ethischen Grundüberzeugungen ein. Dieses Verständnis macht //15// den Erzieher nur zu einem *verständnisvollen* Zuschauer der Kämpfe, die in dem Kinde vorgehen. Das Kind braucht mehr; es braucht einen Freund, der an diesen Kämpfen teilnimmt. Teilnehmen aber kann nur jemand, der Stellung nimmt, der die ethischen Überzeugungen, die den Konflikt hervorrufen, teilt oder verwirft, oder sich doch jedenfalls darum bemüht, über ihre Berechtigung ins Klare zu kommen.

Ohne Stellungnahme zu diesen ethischen Überzeugungen bleibt ferner die Frage offen, ob und wie weit es im Interesse der inneren Harmonie überhaupt wünschenswert ist, diese ethischen Grundüberzeugungen bewusst und im tätigen Leben zu den herrschenden zu machen. Denn unmittelbar dienen sie nur zu oft dazu, das innere Gleichgewicht zu stören und Erschütterungen hervorzubringen, von denen schwer vorauszusehen ist, ob und wie sie überwunden werden können. Nur ein Erzieher, der diese Überzeugungen selber bejaht, wird die Kraft und Ruhe haben, durch solche Erschütterungen hindurchzusteuern, statt ihnen auszuweichen. Denn er weiss, dass der Wert des Lebens davon abhängt, ob ein Mensch sich vorbehaltlos mit seiner eigenen Überzeugung[41], wie er sein Lehen gestalten soll, auseinandersetzt.

Der Erzieher, dem es ernst[42] ist, den ihm anvertrauten Menschen den Weg zu einem wertvollen Leben freizugeben, muss also einen Schritt über die bloss psychologische Untersuchung der menschlichen Natur hinaustun. Er muss sich darauf besinnen, dass die ethischen Grundüberzeugungen, die er[43] aufgedeckt hat, auch seiner eigenen Vernunft als ursprünglicher Besitz innewohnen, dass er also mit sich selber im Widerspruch lebt , wenn er diese Überzeugungen für irrig erklärt oder sich auch nur weigert, zu ihnen Stellung zu nehmen. Er muss also

---

39 Ursprünglicher, aber gestrichener Text: ihm.
40 Ursprünglicher, aber gestrichener Text: genügt.
41 Ursprünglicher, aber gestrichener Text: davon.
42 Ursprünglicher, aber gestrichener Text: damit.
43 Ursprünglicher, aber gestrichener Text: dabei.

den im Grunde sehr einfachen Schritt tun, – der allerdings bei der relativistischen Verweichlichung unserer Zeit von den sogenannten Gebildeten weitgehend nicht gelten wird – von der psychologischen Feststellung, dass er eine Überzeugung als unmittelbaren Besitz seiner Vernunft hat, dazu überzugehen, diese Überzeugung nun selber seinen Gedanken und Handlungen zu Grunde zu legen, ihren In//16// halt also als wahr anzuerkennen. Es ist der Schritt *von der Psychologie*, die das Faktum ethischer Grundüberzeugungen aufweist, *zur Ethik*, die mit diesen Überzeugungen ernst macht und auf ihnen das Gebäude ihrer Forderungen errichtet. Diese ethischen Forderungen selber sind keine psychologischen Sätze mehr, sie lassen sich auch nicht logisch aus psychologischen Sätzen ableiten. Sie sind es aber erst, die dem Erzieher Auskunft darüber geben, welches Erziehungsziel für den jungen Menschen erstrebens*wert* ist.

Was leistet also die Psychologie für die Erziehung? Sie leistet mehr, als dass sie nur die Methoden einer klugen Menschenbehandlung aufweist. Sie entscheidet durch ihre kritischen Untersuchungen der im Menschen sich regender ethischen Vorstellungen, ob diese blosse Fiktionen sind oder ob ihnen ein ursprünglicher Schatz an ethischen Überzeugungen zu Grunde liegt. Sie entscheidet damit über die Frage, ob und wie eine wissenschaftliche Ethik möglich oder ob jede Ethik Aberglaube ist. Diese Entscheidung aber ist darum für die Erziehung von grösster Bedeutung, weil nur die Ethik – und nicht die Psychologie! – ein objektiv begründetes, in sich wertvolles Ziel der Erziehung aufweisen kann.

Grundwerte in der pluralistischen Gesellschaft[*]

Liebe Freunde!

Ich sehe meine Aufgabe[1] nicht darin, ein zweites Referat nach dem Referat von Willi Eichler zu halten, sondern[2] darin, in die Diskussion überzuleiten. Ich glaube nach dem, was Willi Eichler uns hier vorgetragen hat, ist die gemeinsame Aufgabe[3], uns darauf zu besinnen und[4] konkreter herauszuarbeiten, was er hier als eine neue Haltung in politischen[5] Auseinandersetzungen und dem Suchen nach Lösungen für die heute brennenden politischen Fragen[6] beschrieben hat. Das Entscheidende hierin, im Abweichen von weltanschaulich geschlossenen Standpunkten, zu einem sich Öffnen gegenüber dem Partner, der auf einer weltanschaulich anderen Grundlage steht, ist wohl dieses, daß das Suchen nach Antworten auf konkrete Fragen von dem Einzelnen nicht mehr im wesentlichen[7] ein Deduzieren aus der eigenen Weltanschauung sein sollte, sondern nun ein anderes Herangehen an die konkreten Fragen. Die Möglichkeiten der Diskussionen über solche Weltanschauungsgrenzen hinaus, geht aus von der Überzeugung, wie vieles uns gemeinsam ist selbst bei weltanschaulich ganz verschiedenen[8] Standpunkten, gemeinsam also dem Katholiken und demjenigen, der sich von kirchlichen Bindungen[9] gelöst hat und selber auf solche kirchlichen Bindungen etwa zurücksieht als etwas Gefesseltes, Gebundenes, von dem ein Mensch sich lösen sollte; gemeinsam zwischen Menschen, die aus der sozialistischen Bewegung kommen, mit dem Bewußtsein, daß unsere Gesellschaft

---

[*]   G. Henry-Hermann: Kulturkonferenz der Zeitschrift ‚Geist und Tat‘ vom 24.5.bis 26.5. in der Sportschule Grünberg bei Gießen über das Thema: Grundwerte in der pluralistischen Gesellschaft [ohne Jahreszahl]. Privatarchiv Dieter Krohn.

[1]   Ursprünglicher, aber gestrichener Text: hier.

[2]   Ursprünglicher, aber geänderter Text: die Besinnung darauf zu richten, womit wir es in der kommenden Diskussion zu tun haben werden.

[3]   Ursprünglicher, aber gestrichener Text: gemeinsam.

[4]   Ursprünglicher, aber gestrichener Text: noch etwas.

[5]   Ursprünglicher, aber gestrichener Text: Diskussionen, politischem Kontakt.

[6]   Ursprünglicher, aber gestrichener Text: uns gesagt.

[7]   Ursprünglicher, aber gestrichener Text: mehr.

[8]   Ursprünglicher, aber gestrichener Text: Gegensätzen der.

[9]   Ursprünglicher, aber gestrichener Text: vielleicht überhaupt völlig.

völlig neu gestaltet werden muß, wenn sie menschenwürdig sein soll, und anderen, die in all diesen Bestrebungen ein Erschüttern alter Werte sehen, einen Übergang, sei es in eine wertfreie und damit im Grunde wertlose Welt, sei es ein Abreißen von Überzeugungen und Haltungen, die sich in sehr langen Zeiträumen herausgebildet haben, die den Menschen einen Halt und eine //2// Sicherheit gegeben haben, also ein Übergang in eine weltanschauliche Lehre, bei der sie meinen, jetzt sind die im Grunde menschenwürdigen Überzeugungen und Haltungen damit preisgegeben.

Wenn wir trotzdem behaupten, und zwar auf Grund von Erfahrungen behaupten, wie vieles Menschen auch solcher verschiedener Standpunkte gemeinsam ist, dann taucht dagegen oft der Zweifel auf, daß das, was dann an Gemeinsamem bleibt, so eine Art Wassersuppe ist, die zwar gute und schöne Wahrheiten enthält, aber viel zu arme, um ein Leben wirklich voll gestalten zu können. Es steht also nebeneinander – beides sicher mit gutem Grund – auf der einen Seite die Entdeckung dieser Gemeinsamkeiten auf der anderen Seite das Bewußtsein der großen Gegensätze, Ich[10] könnte es auch so sagen: Es ist zweifellos gar nicht so schwierig, einige Werte zu nennen, die heute wohl kaum jemand, jedenfalls nicht offen anzugreifen wagt. Daß Gerechtigkeit ein solcher Wert ist, wird kaum ein ernstzunehmender Mensch öffentlich bestreiten; ebenso geht es bei Freiheit; ebenso geht es bei Frieden; ebenso geht es bei Worten wie Menschenwürde und menschenwürdiges Dasein. Es ist leicht, sich darauf zu einigen, daß dieses Grundwerte sind, und selbst derjenige, bei dem unser Urteil ist, er mißachtet sie völlig, die Freiheit etwa, wird wahrscheinlich gerade dann die eigene Position als die einzige in Wahrheit freie darstellen. Da wo Verhältnisse verteidigt werden, von denen[11] ein Kreis wie der unsere, sagen wird, hier herrscht eine ganz grobe Ungerechtigkeit, hier gibt es Menschen verschiedener Klassen und die einen haben den Zugang zu diesen Gütern und die anderen haben ihn eben einfach nicht, wird derjenige der diese Ordnung verteidigt, nicht etwa Ungerechtigkeit verteidigen wollen, sondern wird zeigen, und auch gar nicht so ganz oberflächlich, daß erst eine solche Ordnung dem Einzelnen einen solchen Platz gibt, in dem es überhaupt so etwas wie Recht und seine Stellung und das, was er hier zu vertreten hat, wo das wirklich einen Wert hat. Die Gemeinsamkeiten in den großen Worten hilft uns also wenig.

Die Gegenposition ist dann die – übrigens bei vielen jungen Menschen solche großen Worte abzulehnen, nicht etwa weil sie Gerechtigkeit für etwas Schlechtes halten, sondern darum, weil sie die Berufung auf Gerechtigkeit als eine Kulisse ansehen, hinter der dann jeder im Grunde das tut und vertritt, was ihm aus ganz anderen Gründen am Herzen liegt. Das führt zu dieser grundsätzlichen Skepsis,

---

10 Ursprünglicher, aber geänderter Text: Man.
11 Ursprünglicher, aber geänderter Text: sagen wir.

die ich bei jungen Menschen vor allem unmittelbar nach dem vorigen Weltkrieg, als die Diskussionen und die Gegensätze zum Teil noch //3// viel heißer aufeinanderprallten und dem Einzelnen noch viel mehr Sorgen und Mühen machten, als es in den allmählich wieder stabilisierten Verhältnissen geworden ist, was ich da vielfach angetroffen habe: Junge Menschen, die um ihrer eigenen sauberen ethischen Haltung willen die Ethik überhaupt für eine bloße Illusion und für ein mißbrauchtes System von Phrasen hielten, die nur verdeckten, daß im Grunde gar nichts einig war. Wir stehen also mit dieser Forderung des Kontakts und des Zusammenarbeitens nach zwei Seiten hin vor Gefahren und vor Schwierigkeiten und die müssen wir uns bewußt machen: Das eine, wie weit und wie tief geht dieses Gemeinsame, bleibt es nur hängen in großen Worten und bricht auseinander, wo wir konkret werden und das andere, wie sind die Verschiedenheiten, wie sind diese Unterschiede anzusehen, sind unter ihnen nicht sehr schwerwiegende, die wir verwischen, wenn wir in ein solches Gespräch nun wirklich hineingehen und Gemeinsames ansprechen wollen[12].

Von da aus wird es gut sein, sich beides noch einmal klar zu mache[n.] Wie steht es mit dieser Entdeckung der Gemeinsamkeit, wo tritt sie auf, und wieweit trägt sie? Die Erfahrung ist vielfach die gewesen, daß je mehr wir an sehr konkreten Fragen und Aufgaben sind – Willi Eichler hat genannt die Diskussion von sozialen Problemen, wie sie jetzt von sehr verschiedenen Gruppen geführt werde, und wie sie zum Teil erfolgreich die Gruppen zusammengeführt haben – Diskussionen dieser Art zeigen zum Teil ganz überraschend in Kreisen, in denen sich Menschen so verschiedener Überzeugungen zusammengefunden haben, daß es einfach praktisch gelingt, wenn man bestimmte Situationen, sei es in der Wirtschaft, sei es in irgendwelchen Menschengruppen, auch in meinem Bereich, in dem sehr schwierigen Bereich, den Willi Eichler ansprach, die Schule und ihre Stellung zur religiösen Erziehung, mit all den Problemen, die da auftauchen, wenn man über sie spricht, dann zeigt sich, daß man erheblich weiter miteinander reden kann als man es tun würde, wenn man von vornherein sagt, hier spricht einer vom katholischen und hier spricht einer vom kirchlich nicht gebundenen Standpunkt aus, infolgedessen können wir zwei nicht zusammenkommen. Es gelingt immer wieder, es gelingt da, wo es in dem Bewußtsein einer gemeinsamen Verantwortung, für Kinder, die aus Elternhäusern dieser verschiedenen Art kommen, in die Schule hineinkommen, und die jedes Kind für sich, das Recht haben nun in der Erziehung die Hilfen zu bekommen, die sie //4// brauchen, und bei denen wir nicht die eine Gruppe einfach ausschalten können, und sagen, die interessieren uns nicht, dafür mögen die sorgen, die mit den Elternhäusern da in der gemeinsamen Überzeugung liegen.

---

12 Ursprünglicher, aber geänderter Text: es ansprechen.

Diese Gemeinsamkeit gelingt, sie kann die Gefahr haben, daß man das Gespräch da abschließt, wo die tieferen Unterschiede einsetzen, daß man versucht, und das ist gerade in diesen religiösen Fragen weithin versucht worden, aus dem, was man da so für alle gemeinsam machen kann, gewissermaßen eine Durchschnittsreligion zu machen und sagen, soviel ist da allen noch gemeinsam, soviel kommt in die Schule hinein und mehr darf nicht hinein kommen, Bremen, das sich hier wirklich um die Gemeinsamkeit bemüht hat, schon zum Beginn unseres Jahrhunderts, ist in seinen Schulen weitgehend dieser Gefahr verfallen, und man hatte dann den Eindruck, was nun noch getrieben wird ist die, wie ich es anfangs nannte, Wassersuppe, das, was dann allen gemeinsam wird, wird so dünn und so wenig tragend, daß damit nicht recht etwas anzufangen ist. Es fragt sich also, wie wir dieses offensichtlich uns gemeinsame zu verstehen haben, ob man da nun sagt: Schön, es sind alles Menschen, in irgendeiner Weise stimmt der Eine dann doch noch mit dem Anderen überein und wir machen sauber einen Schnitt da, wo es anfängt, verschieden zu werden und kommen dann zu einem reichlich armseligen Ergebnis, das in entscheidenden Fragen nicht weiterträgt. Die andere Möglichkeit, die darum auch immer wieder dagegen gesetzt wird – wie gesagt mit ganz gutem Grund – ist die: Wir dürfen es nicht auf eine solche Verdünnung ankommen lassen, wir brauchen einen geschlossenen Standpunkt, wiederum gerade in der Erziehung; wir möchten Kinder ins Leben hineinlassen, die nicht so ein paar dünne Brocken, die dann noch in Gefahr kommen, im Grunde nur bloße Phrasen zu sein, mitbekommen, sondern wir möchten die Kinder mit einer geformten und geprägten Überzeugung ins Leben hinauslassen, und das setzt voraus, daß sie in der Schule an solche Formungen und Prägungen herangeführt werden. Das ist das pädagogisch ernst zu nehmende Moment von der Seite derer, die die Schulen nicht ganz offen machen wollen, sondern ihnen eine einheitliche Prägung geben wollen. Wir sollten uns also hier gründlich mit der Frage beschäftigen: Wie verstehen wir dieses Gemeinsame, auf das wir ja unbedingt angewiesen sind, wenn wir in einer pluralistischen Gesellschaft es weder auf eine Abspaltung in einzelne Gruppen ankommen lassen wollen, was politisch dann nur den Kampf der einen Gruppe gegen die andere bedeuten kann, noch meinen, daß es möglich sein müßte, //5// aus allen das herauszufiltrieren, worin sie mit den anderen einig sind, und zu meinen, wir hätten damit den tragfähigen Boden, auf dem wir alles aufbauen können.

Worin liegt die Erfahrung des Gemeinsamen, mit der wir hier aufbauen müssen? Sie baut auf darin, wie ich erst sagte, daß man in konkrete Fragen und Situationen hineingeht, an ihnen fragt, was ist hier zu machen? Vielleicht nehmen wir wieder das Problem sozialer Gerechtigkeit des Anspruchs jedes Einzelnen in einem Staat, in dem nicht nur die Einzelnen untereinander verschieden sind, sondern in dem sie verschieden sind nach der Herkunft aus diesem oder jenem

Elternhaus. Darin liegt eingeschlossen nicht nur der momentane wirtschaftliche Stand der Eltern, sondern es liegt etwas darin in der Entwicklung der ganzen Familie, was ist an Geist, an Ansprüchen mitgebracht worden, es liegt ganz äußerlich drin: ist es ein sozial gut situiertes Elternhaus, das den eigenen Kindern sehr viel mehr an Möglichkeiten geben kann als einem Kind das aus armen Verhältnissen kommt. Wenn man über solche Fragen spricht, dann gelingt es, auch an ihnen ganz konkret herauszuarbeiten, was hier anzustreben, was nicht anzustreben ist, und es zeigt sich, daß man dabei keineswegs bei Wassersuppe und bloßen Schlagworten stehen bleiben kann, wenn die einzelnen Partner in dem Gespräch offen und frei sind, alles sagen zu dürfen, was zu dieser Sache zu sagen ist, alles zu sagen dürfen, das heißt, durchaus, ihren eigenen geschlossenen Standpunkt, den sie haben, mit zum Tragen zu bringen, nicht indem sie gegen Positionen anreiten, sondern indem sie zeigen, wie sie von ihrer Position aus die konkrete Lage sehen und in ihr eine Lösung finden. Das Erstaunliche, das dann eintritt, ist auch dies, daß der Partner von einer ganz anderen Position aus, wird sagen müssen: Diese Konsequenz sehe ich im Grunde ganz ähnlich, ich würde es nicht mit deinen, sagen wir katholischen oder sozialistischen oder atheistischen oder sonst welchen Worten sagen, sondern ich würde es etwa so ausdrücken; und dann kommt ein Gedanke, deutlich verbunden mit einem weltanschaulich ganz anderen Standpunkt, und die beiden, soweit sie aufgeschlossen miteinander hantieren können: Deine Formulierungen kann ich zwar aus irgendwelchen Gründen nicht annahmen, aber hier in dem Konkreten, in dem Vorschlag dessen, was hier zu machen ist, sind wir ja gar nicht so weit voneinander entfernt, wie das ursprünglich schien. //6//

Es ist merkwürdig, daß man eine Gemeinsamkeit findet, die über bloße Phrasen und Schlagworte hinausgeht und das bewährt daran, daß in ganz konkreten Fragen man zu gemeinsamen Schlußfolgerungen kommen kann, und daß damit doch die Unterschiede und die Begründungen keineswegs von der Sprache des Einen in die des anderen übersetzt werden können, sondern diese Gemeinsamkeit zeigt sich in einer ganz anderen Weise. Nun könnte man sagen: Wenn uns also mehr verbindet, als Schlagworte, was herausgearbeitet werden muß – bei Schlagworten stehenzubleiben, tritt immer dann auf, wenn man um den anderen nicht zu verletzen nur das sagt was er auch sagt, und dann bleibt es bei Schlagworten wie Gerechtigkeit und Menschenwürde und Freiheit und Frieden und beim nächsten Schritt zu dem, was nun zu geschehen hat, sind die Kampfhähne wieder da – sondern das Gespräch muß schon weiter gehen, und oft mühsam auf konkrete Fragen Anwendung suchen, könnte man es so verstehen, daß uns im Grunde diese Werte ja doch allen gemeinsam sind, und verschieden sind nur die Begründungen. Dann würde ich sagen: Zum Kuckuck mit den Begründungen; Was gehen mich die Begründungen an, wenn die Werte gemeinsam sind, wozu brauchen wir sie. Die meisten von uns wer-

den, wenn sie sich da mal genau prüfen, in solchen konkreten Fragen auch feststellen: Das, was uns sicher macht, eine bestimmte Sache zu vertreten, ist in den aller-
seltensten Fällen ein rationaler Deduktionsprozeß, bei dem ich gesagt habe: Voraussetzung ist meine Weltanschauung, es gibt einen Gott oder es gibt keinen Gott,
Gottes Wille geht auf brüderliches Zusammenleben der Menschen, nein, der
Mensch ist autonom und darum soll er brüderlich mit dem anderen Zusammenleben, der mit ihm in der gleichen Lage ist, und sich nicht an irgendeine antiquierte
Religion binden. Das ist so in den seltensten Fällen. Es gibt so verquere Menschen,
bei denen sind die rationalen Deduktionen wirklich das erste, und sie lassen eine
praktische Schlußfolgerung fallen, wenn sie merken, daß es in das bisherige Schema
nicht paßt. Der gesunde und normale Mensch reagiert ja gar nicht so. Er ist
zunächst einmal sicher darin, daß in einem ganz bestimmten Fall etwas in Ordnung oder nicht in Ordnung ist, und kann sich mit dem Anderen zusammenfinden,
mit dem er darin einig ist, und mit dem er gemeinsam einen Weg findet, die beiden
brauchten sich darum gar nicht darum zu quälen, daß der eine es so ableitet und
der andere es anders ableitet. Wäre die Gemeinsamkeit also dieses, daß wir im
Grunde in den konkreten Fällen ja doch alle einig sind, dann wären die //7// Weltanschauungen dahinter ja nicht mehr als eine rationalistische Hemmung, die uns
das, was im Grunde wichtig ist, und das ist das konkrete Verhalten in bestimmten
Situationen und die konkrete Verantwortung, die wir hier und heute haben, das
was das dann wieder nur verdeckt. So liegt es ganz sicher auch nicht. Das Schwierige in dem, daß wir zweifellos ungeheuer viel gemeinsames haben, ist nun in der
Tat auch das, daß in der Anwendung auf den konkreten Fall zum Teil wirklich die
konkreten Schwierigkeiten kommen. Ein solches Beispiel nannte Willi Eichler erst
im Verhältnis etwa zum Eigentum. Von einer katholischen und einer sozialistischen
Position aus, das hat auch lange Zeit und wird im konkreten wahrscheinlich immer
noch wieder zu Unterschieden führen, daß der eine hier vom Wert des Eigentums
ausgeht, liegt darin, daß er dem Einzelnen seine sichere Stellung gibt, in der er dann
auch erst frei verfügen und schalten kann, und auf der anderen Seite ist das Eigentum anrüchig geworden dadurch, daß es die Manschen in verschiedene Gruppen
geschieden hat, diejenigen die einen leichten und weiten Zugang zum Eigentum
und damit zu einer wirtschaftlichen Machtstellung haben, gegenüber denen, die
solches Eigentum nicht besitzen, sei es nun das Eigentum an den Produktionsmit-
teln im alten klassischen Sinn, oder auch sonst das Eigentum ihnen möglich macht,
zu Bildung und einer wirklichen inneren Freiheit und Selbstgestaltung kommen.
Dieses Eigentum ist anrüchig geworden, und von daher wird in den Diskussionen
hier in der Anwendung hier ein spürbarer Gegensatz sein: Vom einen die Voraus-
betonung, Bejahung des Eigentums, und nur da, wo er nun im Konkreten spürt,
hier wird es eine Hemmung für Dinge, die auch er anerkennt, das Zugeständnis,

hier müßte eingegriffen und hier müßte reguliert werden. Auf der anderen Seite grundsätzlich das Mißtrauen gegen das Eigentum, und dann nur das Zugeständnis, daß die einfache Abschaffung, die Gleichmachung, [e]in reiner Kommunismus wieder zu einer Regulierung des Menschen, zu einem Schematismus zu einer Gleichmacherei an Stelle von Gerechtigkeit, wie wir sie anstreben führt, einer Gleichmacherei, die zu einem ungeheuren Unrecht da führen kann, weil sie dem Menschen gerade die Freiheit zur individuellen Bestimmung zur Gestaltung seines eigenen Lebens wieder abnimmt. Es ist also mit dem Gemeinsamen nicht so einfach, daß wir unsere Weltanschauungen als Begründungen, die dann im Grunde gar nicht mehr notwendig sind, in den Hintergrund treten lassen können, und dann meinen, wir seien schon beieinander, sondern der Unterschied in den Weltanschauungen wird sich in //8// solchen Diskussionen durchaus typisch zeigen darin, daß in den konkreten Anwendungen Gegensätze und Verschiedenheiten sich wieder finden; wiederum das Gute und das Positive, was sich bei solchen Versuchen zeigt, ist dies, daß oft gerade von den Anwendungen her das eintreten kann, was ich eben andeutete, das derjenige, der nach seiner Grundposition dem Eigentum sehr positiv gegenübersteht, sagt, das ist ein Grundrecht, und darf nicht angetastet werden, sich überzeugen läßt, daß es in bestimmten Fällen zu einer Hemmung, zu einer Ungerechtigkeit wird, wo der Eingriff notwendig ist, und daß auf der anderen Seite derjenige, der Eigentum für Diebstahl erklärt, wie es in krasser Weise ja auch geschehen ist, das Eigentum als den Sündenfall ansieht, mit dem der Einzelne sich absondert und damit schon dem anderen Menschen gegenüber verschließt und nach Überlegenheitssituationen und nach klassenmäßiger Scheidung sucht, daß er auch feststellt, mit einem einfachen Überwinden dieser Eigentumsbindungen kommen wir nicht zu dem gesuchten Zustand des Lebens freier Menschen miteinander. Sondern wir geraten in die ganz große Gefahr, einer Uniformierung, einer Gleichmacherei, die mit Gerechtigkeit dann gar nichts mehr zu tun hat. Das heißt, das Fruchtbare, das in solchen Gesprächen auftreten kann, wo beide Partner frei auf den anderen eingehen, ohne die eigene Position zurückzustellen, ist dieses gegenseitige sich aufschließen für Engen, die der eigene Standpunkt hat. Die Erfahrung, daß in dem, was der andere vertritt, sich Zusammenhänge bilden und wichtig werden, die im eigenen Lager bisher als unwesentlich, vielleicht nur als Randerscheinungen gesehen wurden, die aber ihr Gewicht haben, und die von dem anderen mit Recht angemeldet werden. Es ist also die Erfahrung, daß in dem, was uns da gemeinsam ist, dieses Gemeinsame weder liegt nur in den großen Worten – das ist ja viel zu wenig – noch liegt es in der konkreten Anwendung im Einzelnen Fall. Da sind gerade die Härten und da sind die Unterschiede und das sind die Punkte, in denen wir miteinander arbeiten müssen. Dieses Gemeinsame liegt in

einer[13] erstaunlichen und verblüffenden Art darin, daß wir uns gegenseitig an
Schwierigkeiten heranführen, die wir bisher im eigenen Standpunkt, in dem wir
sicher sind, und in dem wir uns gut bewegen, noch gar nicht in der Schärfe gesehen
haben, und daß wir dann merken, im Arbeiten an solchen Gegensätzen gelingt es,
aus zwei zunächst fast in sich geschlossenen Kreisen im Hinblick darauf, daß das,
was hier in der anderen Position vorgeht, mich ja auch angeht, einen größeren
Zusammenhang herauszuarbeiten, bei dem //9// meistens jeder beim eigenen
Standpunkt dann merkt, ich war in der Gefahr, hier etwas einseitig und als allge-
meingültig hinzustellen, was es in der Weise ja noch gar nicht ist. Das gehört in
einen viel größeren Zusammenhang hinein.

   Es ist also das Vermögen, die Gabe, die wir mitbringen, dadurch, daß wir als
Menschen im Grunde vor gleichen Aufgaben stehen, Zusammenhänge[14], ich
möchte hier sagen: Wertzusammenhänge, denn es geht ja immer um besser und
schlechter, Recht und Eindringendes Unrecht, aus gewissen Zusammenhängen, die
wir übersehen in weitere Zusammenhänge hineingeführt zu werden. Und gerade
dadurch, daß wir es ernsthaft tun, uns hüten, vor der Gefahr der bloßen Verwässe-
rung und vor der Relativierung, man kann so und man kann auch anders, sondern
in dem Auffassen, da sind jetzt Dinge, die noch mit einbezogen werden müssen,
und die wir einfach bisher im vollen Gewicht noch nicht gesehen haben, und das
Wechselseitige vom anderen Standpunkt aus. Ich kann es jetzt nicht weiter an einzelnen Beispielen konkretisieren, ich glaube, das könnte nachher in der Diskussion
geschehen, daß wir nachprüfen, kann man es wirklich so verstehen.

   Ich möchte zum Abschluß nur Eines sagen: Ich glaube, die Diskussionen sind
zum Teil dadurch schwierig, durch dieses Wort der Begründung durch die Weltanschauung, das so leicht fällt. Begründung, das ist der Grund, von dem aus ich mein
Leben und das Leben der Gesellschaft beurteile, mit dem Gefühl, und wenn ich
diesen Grund verlasse, dann stehe ich im Leeren und im Nichts, darum schließe
ich mich ab von dem, der diese Begründung bestreitet. Ich sagte eben schon, daß
diese weltanschauliche Überzeugung, die eine sehr große Bedeutung hat, und die
einen Menschen prägt, meiner Meinung nach ja gar nicht von dem Charakter [des]
Begründens herrührt, begründen in dem Sinn, das sind meine Grundsätze und im
Einzelnen Fall deduziere ich von da aus, was wahr und was gut ist. Daran hängen
wir gar nicht so. Ich glaube, das Wesentliche dieser weltanschaulichen Standpunkte
ist dies, daß ein Mensch, der ihn hat, die Wirklichkeit nicht ungeordnet sieht,
nicht dem einzelnen Vorgang hilflos gegenüber steht, sondern daß er sich in einem
Zusammenhang orientieren kann. Daß er den einen Wert auf den anderen bezieht.

---

13 Ursprünglicher, aber gestrichener Text: auf der.
14 Ursprünglicher, aber gestrichener Text: oder.

Daß er an diesem großen Problem, wie wir Gerechtigkeit und Freiheit miteinander in Einklang bringen können, je mehr wir auf die Freiheit des Einzelnen geben, desto größer wird die Gefahr, daß diese //10// Freiheit, ob bewußt oder unbewußt, mit wirklich bösem Willen oder nur in Betätigung der eigenen Kräfte doch dahin führt, wieder Ungerechtigkeiten zu manifestieren und der in irgendeiner Hinsicht starke und kräftige oder intelligente und kluge für sich Vorrechte in Anspruch nimmt, von denen er annimmt, daß die anderen sie vielleicht auch gar nicht brauchen und im Grunde setzt damit die Ungerechtigkeit schon wieder ein. Also noch einmal: Die Bedeutung eines weltanschaulichen Standpunktes, scheint mir nicht so sehr die zu sein, daß ich Thesen und Grundsätze habe, auf die ich mich im einzelnen Fall stütze, wo ich etwas beurteile, sondern scheint mir die zu sein, daß in der Wertordnung, in der ich lebe ich eine Gestaltung, ein Gefüge habe, in dem ich mich orientieren kann. Sehe ich es nur als Prinzipien an, aus denen ich etwas ableite, dann stehe ich dem, der meine Prinzipien verneint im Grunde schon immer feindlich gegenüber und werden mißtrauisch sein, wenn er eine Konsequenz zieht, von der ich meine, daß sie von seinem Standpunkt aus nicht gezogen werden kann. Sehe ich es als sich herausgebildete Ordnungen an, dann kann dies passieren, was ich schilderte und ich für das Fruchtbare halte, daß ich im Gespräch und in der Berührung mit anderen merke, daß mein Zusammenhang, den ich aufgefaßt habe, wie es ja für einen endlichen Menschen natürlich ist, eben auch nur ein vorläufig endlicher und nicht allumfassender ist, dann kann ich in dieser Berührung mit dem Anderen nach den Dingen suchen, wo ich meinen eigenen Standpunkt noch zu weiten habe und auch nach dem, wo ich dem Anderen etwas zu geben habe, was bei dem vielleicht zunächst zu kurz gekommen ist. Ich würde es begrüßen, wenn wir diesen Prozeß des Aufnehmens weiterer Gesichtspunkte, des Weitens des eigenen Standpunktes ohne Preisgabe der eigenen Grundüberzeugungen und der gestalteten eigenen Überzeugungen, daß wir das im einzelnen weiter verfolgen. Und zum Abschluß noch ein Wort zu dem, was in unsere Untersuchungen immer hineinklingt, das was nun gerade den Wertzusammenhang unserer westlichen Welt betrifft, in ihrem Gegensatz zu der östlichen, die ja von einer viel stärker geschlossenen Weltanschauung immer noch versucht, das Leben zu gestalten. Was den Westen einigt ist die Demokratie und Demokratie gehört selber zu den großen Worten, die sehr in die Gefahr geraten als Schlagwort irgendwo angehängt zu werden und dabei entweder positiv als die einzige Form, in der Freiheit möglich ist oder auch negativ als Ausdruck einer zerfallenen Welt, die keine gemeinsamen Ideale mehr hat und damit im Grunde etwas sehr fragwürdiges ist.

Willi Eichler hat in seinem Vortrag an einer Stelle auf demokratische //11// Forderungen hingewiesen, das war als Abwehr gegen die Verführbarkeit jedes Menschen, dem überwiegende Gewalt in die Hände gegeben wird und von daher

Aufteilung der Gewalt und Kontrolle der Gewalt gefordert. Er hat die großen
Probleme genannt, die dahinter stehen und auch die Bedeutung der Erziehungsaufgabe, die dann mit aufkommt, das Problem sollte hier nicht behandelt werden,
ich glaube es würde sehr tief führen und ich könnte hier auch nur als These dage-
genstellen: Es könnte durchaus sein , daß sich dabei herausstellt, daß die Sicherung
gegen Machtmißbrauch und gegen Verführtwerden durch die Macht in gewisser
Weise bei einem solchen Aufteilen der Macht erhöht und verstärkt wird und nicht
herunter gesetzt wird, weil bei diesem Aufteilen aus klarer und deutlich sichtbarer
Macht auch die anonyme Macht wird, und die anonymen Machthaber, wie sie in
der Presse, wie sie in Parteien, wie sie in der Propaganda in der Öffentlichkeit wirken, diese anonyme Macht ist erheblich schwerer ihrerseits zu kontrollieren und
gegen Mißbrauch abzusichern, als die ganz öffentliche und eindeutige Macht, bei
der ich weiß, dieser oder jener Politiker hat die Entscheidung gefällt und die Kritik
kann sich gegen ihn richten. Ich bin also im Zweifel, ob es gelingt, die Demokratie
und ihren Wert von dieser im Grunde negativen Seite her wirklich zu verteidigen
vorauszustellen. Da stehen immer eine Fülle von Gegenargumenten auf der anderen Seite dabei. Ich meine aber, daß die Aufgabe und die Haltung, von der wir
hier sprechen, die für unsere Zeit wesentliche Aufgabe, das Gemeinsame zwischen
Menschen verschiedener Standpunkte und verschiedener Weltanschauungen
dadurch zum Tragen zu bringen, daß sie miteinander diese Wertzusammenhänge,
die jeder aufgefaßt hat, aneinander heranführen und da sehen: Was habe ich von
anderen zu lernen und was wird er von mir aufnehmen können und zwar praktisch
dadurch, daß sie gemeinsam Verantwortung übernehmen und sich da auseinandersetzen mit den Aufgaben, vor denen sie stehen. Daß diese Aufgabe eine nicht
immer genannte, aber im Grunde konstitutive Idee für die Demokratie und nur
für sie ist. Die Demokratie hat zugrundeliegend, und das scheint mir der entscheidende Wert zu sein, den sie vertritt, und für den sie in unserer Zeit notwendig und
wesentlich und entwicklungsbedürftig und entwicklungsfähig ist, das was wir als
Demokratie haben, läßt zwar solche Gespräche zu, aber sie sind keineswegs in Par-
lamentsdebatten und wo sie sonst kommen, das Beherrschende, es ist ja erst eine
Aufgabe, sie dahin zu führen, aber wenn wir uns darauf besinnen, worum es geht
in diesem Miteinander – Leben von Menschen verschiedener Weltanschauungen,
verschiedener poli-[15]

---

15 Das verfügbare Manuskript bricht an dieser Stelle ab.

Nelson Politik[*]

Das für die Politik herauszuarbeitende Ideal ist die Verwirklichung des Rechts-zustandes. Dieses Ideal ist nur durch den Staat zu verwirklichen. Dafür muss die Regierung politisch unbeschränkt und allein dem Rechtsgesetz unterstellt sein. Das impliziert, dass die Regierung im Staat über die höchste Macht verfügt, mit der keine andere Macht konkurriert und konkurrieren kann. Hieraus folgt sowohl die Ablehnung der Trennung der Gewalten als auch die der Demokratie und der politischen Kontrolle der Regierung.

Voraussetzungen, aus denen Nelson diese Forderungen aufbaut:

1. Es gibt ein objektives Rechtsgesetz.
2. Dieses objektive Rechtsgesetz muss rein a priori einsehbar sein, da es aus Erfah-rungen nicht ableitbar ist (aus der Feststellung von Tatsachen kann kein Wert-urteil gefolgert werden.).
3. „Alle Gesellschaft ist in der Natur nur als Wechselwirkung durch äussere Na-turkräfte möglich; das heisst, sie ist nach Naturgesetzen als ein Verhältnis der Gewalt bestimmt und nicht als ein solches des Rechts." (Bd. 3, S. 159)
4. Nur ein durch die Vorstellung des Rechts bestimmter Wille kann die rechtlose Gewalt in der Gesellschaft unwirksam machen, sofern er selber über die über-legene Gewalt verfügt.

S.M.s [1] Bedenken, Nelsons Postulat der politischen Unbeschränktheit der Regie-rung der politischen Diskussion heute überhaupt anzubieten. Der Montesquieue-sche Vorschlag der Teilung der Gewalten und die demokratische Forderung, durch parlamentarische Gremien die Regierung zu kontrollieren, entsprangen[1] dem rechtlichen Bedürfnis, das Volk vor der Willkür des Regenten zu schützen. Die Berechtigung dieser historischen Forderung ist auch dadurch nicht aufgehoben, dass sowohl durch die Teilung der Gewalten (Justiz in der Weimarer Republik, bremsende Rolle des Supreme Court in der New Deal Zeit) als auch durch parla-mentarische Einrichtungen Missbrauch getrieben wurden. Diesen Missbräuchen muss gegenübergestellt werden der Wert verfassungsmässig gesicherter Institutio-nen, die sich in //2// Demokratien mit längerer Tradition bewährt haben. Diese Institutionen haben eine wichtige Funktion gehabt bei der Herausbildung der

---

[*] G. Hermann, S. Miller: Nelson Politik, Bonn, 15.3.1964. Privatarchiv Dieter Krohn.

1 Ursprünglicher, aber gestrichener Text: dem.

Rechtsbewusstseins des Volkes und der Regierungen. Anstelle einer Untersuchung solcher Institutionen mit ihren Schwächen und Stärken und ihrer Rolle in der historischen Entwicklung des Rechtsbewusstseins deduziert Nelson a priori aus einigen wenigen Grundbegriffen die Forderung nach dem führerschaftlich aufgebauten Staat. Nelson stand diesen Untersuchungen weitgehend fremd und ablehnend gegenüber, weil sie im wesentlichen positivistisch und historisierend geführt wurden. Das gilt für die heutige politische Wissenschaft weitgehend nicht mehr in dem Maße wie in den zwanziger Jahren, denn die politische Wissenschaft sieht heute mindestens das Problem, einen Bezug herzustellen zwischen der empirische Wissenschaft und der philosophischen Frage nach den Werten, die in der Politik verwirklicht werden sollen.

Gegen die hier behauptete Bedeutung der Institutionen in einem demokratischen Staat setzt Nelson lediglich die Sicherung durch die durch planmässige Erziehung erzielte Gesinnung des Regenten. (Bd. 3 S. 606: Einerseits: „[E]s gibt für die Tugend keine Entwaffnung des Gegners. Es gibt, auch als höchstgespanntes Ziel, kein Monopol der Macht auf Seiten des sittlichen Antriebs." Andererseits: "Denn das ist in der Tat das Auszeichnende des politischen Ideals: gibt es überhaupt ein solches, so besteht es gerade in der Entwaffnung des Gegners, in der Monopolisierung der Macht auf seiten des Willens zur Rechtsverwirklichung.")

Die Behauptung S.M.s, wonach verfassungsmässige Institutionen, die die Macht verteilen, zu einer Entwicklung des Rechtsbewusstseins führen und damit einer Annäherung an rechtliche Zustände dienen können, steht im Widerspruch zu Nelsons Voraussetzung 3. und seiner aus dieser Voraussetzung gezogenen Konsequenz, wonach nur *ein* Wille, der über eine allen anderen Gewalten überlegene Macht verfügt, die Durchsetzung des Rechts garantieren kann.

Nelson verkennt die Möglichkeit, mitmenschliche und gesellschaftliche Beziehungen auf dem Weg des Ausgleichs und der Verständigung aufzubauen: soweit mitmenschliche und gesellschaftliche Konflikte auf dem Weg der Verständigung und des Ausgleichs //3// gelöst werden, hängt die Lösung nicht ab von der Verteilung der Macht unter den am Konflikt Beteiligten, sondern von gemeinsam anerkannten Gründen und Werten, mögen diese auch den Beteiligten nicht voll bewusst sein. Es ist zuzugeben, dass in den seltensten Fällen diese gemeinsame Entscheidung und Verständigung das allein Bestimmende ist; fast immer spielt das von Nelson allein anerkannte Machtverhältnis mit eine Rolle. Eine jede Gesellschaft entwickelt eine Reihe von Spielregeln, die an die Stelle des bloßen Machtkampfes treten; diese Spielregeln enthalten sowohl das Element der vernünftigen Verständigung als auch die Anerkennung bestehender Machtverhältnisse und ihre Einhaltung wird in dem Maße erleichtert, in dem die Möglichkeit besteht, die Machtverhältnisse im Rahmen dieser Regeln zu verändern. Die von Nelson angegriffenen Institutionen zur Verteilung der politischen Macht beruhen auf der verfassungsmässigen Festlegung von Spielregeln, durch die die Form des Machtkampfes festgelegt wird. Richtig ist Nelsons Überlegung, dass es Gruppen in der Gesellschaft gibt, die diese Spielregeln nur so lange einhalten, als sie ihnen selber nützen. Es ist darum nicht auszuschliessen, dass in solchen Fällen der reine Machtkampf entscheidet. Die Erfahrung des Funktionierens solcher Spielregeln über einen längeren Zeitraum stärkt das Rechtsbewusstsein und hat dahin geführt, dass in Ländern mit gefestigter demokratischer Tradition der Widerstand gegen solche Entartung lebendig ist; dadurch werden Situationen eines durch Formen nicht gezügelten Machtkampfes zu Ausnahmefällen.

Faktisch kann Nelson sich auch nicht beschränken auf seine These, dass die Wechselwirkung in der Gesellschaft nur als ein Verhältnis der Gewalt denkbar sei. Er selber beruft sich an entscheidenden Stellen auf Beziehungen, die durch Vertrauen oder rechtliche Gesinnung begründet sind, so auf S. 185: „Die einzige Beschränkung der Regierung, die das Volk vor einem solchen Missbrauch (seitens der Regierung) der Gewalt schützen kann, liegt in der moralischen Macht des öffentlichen Rechtsbewusstseins, wie fern dieses nämlich genügend entwickelt und gefestigt ist, um von der Regierung geachtet zu werden." Gemäss der These von der politisch unbeschränkten Gewalt der Regierung kann es sich hierbei eben nicht um ein Gewaltverhältnis handeln. Entsprechend wird in der Parteipolitik //4// die Beziehung zwischen Führer und Gefolgschaft auf Vertrauen gegründet und nicht auf eine Konzentration auf Gewalt in der Hand eines Führers. Die Voraussetzung 3. wird also nicht streng durchgeführt, hat aber die Folge, dass Nelson im gesamten System diese verschiedenartigen Beziehungen von Menschen zueinander in unbegründeter Weise auseinanderreisst, insbesondere dadurch, dass er die Sicherung des Rechts durch die Regierung auf blosse Überlegenheit der ihr zur Verfügung stehenden Gewalt meint gründen zu sollen.

Abgesehen von dieser Kritik enthält auch die Forderung, in der Gesellschaft überhaupt eine Stelle, nämlich die Regierung, einer allen anderen schlechthin überlegenen Gewalt auszustatten, eine ungeprüfte Voraussetzung, die einer Analyse gesellschaftlicher Verhältnisse nicht standhält. Zwar gibt es in den Diktaturen Systeme mit starken Machtballungen, die letzten Endes auf physischer Gewalt beruhen. Aber selbst in diesen extremen Formen ist derjenige, der auf diese geballte Macht verfügt, keineswegs unabhängig in seinen Entscheidungen und seine Macht bleibt bedroht (man kann nicht auf Bajonetten sitzen - selbst der Diktator ist darauf angewiesen, durch verschiedene Methoden eine Bereitschaft zum Gehorsam zu gewinnen Die für eine rechtliche Entwicklung günstigen Bedingungen sind jederzeit diejenigen gewesen, in denen Mächtegruppen friedlich miteinander konkurrieren können.

Die Lehre von der politischen Unbeschränktheit der Regierung ruht bei Nelson auf tieferen Voraussetzungen, siehe 1. und 2. Diese Voraussetzungen bewegen ihn dazu, sein politisches System auf eine *rein* philosophische Rechtslehre und Politik zu begründen, die von aller Erfahrung abstrahiert und für die politische Zielsetzung jede Berufung auf historisch entwickelte Traditionen ablehnt. S. IX f.: „Es gibt hier nur den Weg über das strengste systematische Denken und völliger Abstraktion von allen Tatsachen der Erfahrung. Denn wenn auch alles Interesse an diesen Untersuchungen von den Problemen der Anwendung ausgeht, so ist es doch nutzlos und muss vielmehr den ganzen Zweck der Untersuchung vereiteln, wenn man, um diesem Interesse entgegenzukommen, früher zu den Anwendungen greift, //5// als bis alle die Vorfragen gelöst sind, ohne deren endgültige Beantwortung die Maßstäbe im Dunkeln bleiben, die für die Beurteilung der Tatsachen allein die Entscheidung liefern können." Für den ganzen Aufbau des Nelsonschen System ist damit sein in der Vernunftkritik gewonnener Ansatz entscheidend, wonach die Prinzipien ethischer Wertungen durch die Organisation der menschlichen Vernunft endgültig und abgeschlossen festgelegt sind, zwar durch philosophische Abstraktion und Erziehung des Einzelnen von ihrer theoretischen und praktischen Dunkelheit befreit werden müssen, nicht aber inhaltlich durch eine sich weitende Erfahrung gewonnen und gegebenenfalls revidiert werden können. Hier hat die ahistorische Behandlung ethisch wertender Fragen ihren Grund. Nelson sah als Alternative zu dieser Haltung nur die historisierende, und damit relativistische Behandlung von Wertfragen, die keinen Maßstab in der Hand hat, einer faktischen Entwicklung kritisch wertend gegenüberzutreten. Für Nelson bestand nur die Alternative: entweder es gibt einen objektiven Maßstab zur Beurteilung von Recht und Unrecht, dann muss er sich als unmittelbares reines rechtliches Interesse in der Vernunft aufweisen lassen oder es gibt diesen Maßstab nicht, und dann lässt er sich auch nicht aus der Geschichte gewinnen.

Anmerkungen

[1] S.M. steht für Susanne Miller. Dieser Text basiert auf einem Dialog zwischen Grete Henry-Hermann und Susanne Miller.

„Grundwerte" und „Letzte Wahrheiten"*
Zwei Grundentscheidungen und ihre Problematik

Das Godesberger Programm ruht auf zwei Grundentscheidungen:

1. Als Programm einer Volkspartei geht es nicht von Sonderinteressen bestimmter Gruppen aus; es entwickelt seine Forderungen aus Grundwerten, die alle Menschen ansprechen und für alle gültig sind:
   „Freiheit, Gerechtigkeit und Solidarität, die aus der gemeinsamen Verbundenheit folgende gegenseitige Verpflichtung, sind die Grundwerte des sozialistischen Wollens."

2. Als Programm einer politischen Partei bleibt es neutral gegenüber den widerstreitenden Weltanschauungen der pluralistischen Gesellschaft:
   „Die Sozialdemokratische Partei Deutschlands ist die Partei der Freiheit des Geistes. Sie ist eine Gemeinschaft von Menschen, die aus verschiedenen Glaubens- und Denkrichtungen kommen. Ihre Übereinstimmung beruht auf gemeinsamen sittlichen Grundwerten und gleichen politischen Zielen." [1]

Die Übereinstimmung hinsichtlich der sittlichen Grundwerte und der politischen Ziele ist danach möglich trotz tiefgehender Unterschiede der Glaubensüberzeugungen. Und doch sind beide Bereiche nicht unabhängig voneinander. Das Programm nennt selber eine enge Beziehung, wenn es sagt, der demokratische Sozialismus sei „in Europa in christlicher Ethik, im Humanismus und in der klassischen Philosophie verwurzelt", und wenn daraufhin die Neutralität gegenüber den Glaubens- und Denkrichtungen verstanden wird als Verzicht darauf, „letzte Wahrheiten" zu verkünden – „nicht aus Verständnislosigkeit und nicht aus Gleichgültigkeit gegenüber den Weltanschauungen oder religiösen Wahrheiten, sondern aus der Achtung vor den Glaubensentscheidungen des Menschen, über deren Inhalt weder eine politische Partei noch der Staat zu bestimmen haben".

Dieser Verzicht zeigt die Problematik einer Verständigung über die Anwendung von Grundwerten unter Partnern, für die diese Grundwerte in zum Teil einander ausschließenden Grundüberzeugungen „verwurzelt" – also: begründet sind. Mindestens der Verdacht liegt nahe, hier täuschten Worte über Gegensätze hinweg, vor allem, da ja die für alle als verbindlich erklärten Grundwerte in Anspruch genom-

---
* G. Henry-Herman: „Grundwerte" und „Letzte Wahrheiten". Zwei Grundentscheidungen und ihre Problematik. In: Geist und Tat. Monatszeitschrift für Recht, Freiheit und Kultur. Jg. 24, 1969, Heft 4, S. 238–247.

men werden als Richtlinien einer Partei, der andere Parteien mit abweichendem
politischem Wollen entgegenstehen. Das erfordert eine kritische Überprüfung
jener Grundwerte hinsichtlich ihres Gehalts und ihres Ursprungs.

Wie aber diese Überprüfung vornehmen, wenn doch der nächste Zugang zu
den gesuchten Werten verbaut zu sein scheint: der Weg zu den „Wurzeln" dieser
Werte im Lebens- und Weltverständnis der Menschen, die sie vertreten? Dann
bleibt zunächst nur die *Erfahrung*, daß Menschen unterschiedlicher Denk- und
Glaubensrichtungen miteinander über Probleme und Konflikte reden können und
dabei immer wieder, wenn auch in engen Grenzen, zu Verständigung und gemeinsamer Entscheidung gelangen. Ohne solche Erfahrungen wären demokratische
Lebensformen in der modernen Gesellschaft //239// schon in den Ansätzen zum
Scheitern verurteilt. Trotz solcher Erfahrungen allerdings zeigen wiederkehrende
Krisen und Erschütterungen dieser demokratischen Lebensformen, wie eng
begrenzt und darum wenig verläßlich Verständigungsfähigkeit und -bereitschaft
sind.

Die Aufgabenstellung der Vernunftkritik

Das scheint ein recht ungesicherter Ausgangspunkt zu sein. Aber von ihm aus
führen zwei aufschlußreiche Gedankenwege an die geforderte Überprüfung
heran. Zunächst liegt diese Ausgangserfahrung nicht weit von jener Position, von
der aus *Kant* an die Frage nach wissenschaftlicher Aufweisung und Klärung ethischer Grundwerte herangegangen war. Sein bohrendes Fragen, ob und wie auch
für „natürliche Theologie und Moral" gelingen könne, was in den Bereichen von
Logik, Mathematik und Erfahrungswissenschaft gewonnen war, die Entwicklung
einer wissenschaftlichen Methode nämlich, geht aus von der Untersuchung der
Grundlagen, die menschliches Erkennen und Werten und so die Verständigung
über gemeinsame Fragen erst ermöglichen.

Die Erfahrungswissenschaften haben, so stellt *Kant* in der „Kritik der reinen
Vernunft" fest, ihren Erfolg erreicht durch methodischen Einsatz vernunfteigener
Vorstellungen, der Kategorien, die als „Funktionen des Verstandes" oder „Funktionen des Denkens" zu „Bedingungen möglicher Erfahrung" werden. Wo so etwas,
wie vor allem in der Ethik, noch nicht gelungen ist, fällt der Vernunftkritik die Aufgabe zu, in diesem Bereich den vernunfteigenen Vorstellungs- und Verknüpfungsweisen auf den Grund zu gehen, um so die eigene Vernunft darin zu verstehen, „wie
sie sich Objekte zum Denken wählt" und welche Aufgaben sie sich ihrem Wesen
nach vorlegen muß (Vorrede zur 2. Auflage der „Kritik der reinen Vernunft").

Diese Fragestellung wollen wir im Auge behalten, wenn wir das Faktum mitmenschlicher Verständigung und ihrer Grenzen zum Ausgangspunkt nehmen für
die Überprüfung sittlicher Grundwerte. Denn dieses Faktum selber drängt dem

Menschen Objekte zum Denken auf und legt ihm Aufgaben vor – schon in der Frage, was mitmenschliche Verständigung ihm bedeute, worauf sie beruhe und wodurch sie gefährdet werde. Auch das Godesberger Programm deutet auf diese Frage hin, wenn es die Solidarität erläutert als „die aus der gemeinsamen Verbundenheit folgende gegenseitige Verpflichtung".

Verhaltensforschung und Wissenschaft vom Menschen

Diese Verbundenheit im Guten wie im Bösen bestimmt heute in steigendem Maß das menschliche Leben. Wissenschaft und Technik haben die Wechselwirkung zwischen den Menschen zugleich enger und umfassender gemacht: Informations- und Kommunikationsmittel öffnen über den Erdball hinweg die Wege, auf denen Hilfe und Kooperation, aber auch Konflikte und Aggressionen von einem Ort zum andern übergreifen können. Hier setzt der zweite für die Überprüfung der Grundwerte wichtige Gedankengang ein: mit dem naturwissenschaftlichen Nachweis, wie tief und unablösbar im Wesen des Menschen und seiner Umweltbeziehung die gegenseitige Verbundenheit wurzelt und mit ihr nicht nur die Chance für den Menschen, sich zum Herrscher über die //240// Natur zu machen, sondern auch die Gefahr, die der Mensch für den Menschen bedeutet. Moderne Biologie und Verhaltensforschung stellen den Menschen in die Entwicklungsgeschichte der Lebewesen und lassen dabei zweierlei immer klarer hervortreten: die enge *Verwandtschaft* – nach Körperbau und Verhaltensweisen – des Menschen mit bestimmten Gruppen hochentwickelter Tiere und seine tiefgehende, die ganze Lebensstruktur durchdringende *Sonderstellung* im Tierreich.

Unter dem Aspekt der biologischen Entwicklungslehre gehört der Mensch zu den sozialen Tieren, für die Kontakt und Zusammenwirken mit Artgenossen zu der ihnen gemäßen Lebensweise gehören; die dabei entstehenden individuellen Bindungen regen das Einzelwesen zur Entfaltung und Betätigung seiner Kräfte an. Der Mensch hat teil an all den Trieben und Verhaltensweisen, die, wie sorgsame Beobachtungen gezeigt haben, solche sozialen Lebensformen entstehen lassen – auch an der innerartlichen Aggression, die dem einzelnen den Rahmen für die eigene Entwicklung und Selbstbehauptung sichert, und an Hemmungen oder Ablenkungen dieser Aggression, die deren Gefahr für die Lebens- oder, vor allem, für die Arterhaltung entgegenwirken. Allerdings: Im Gegensatz zu den höheren Tieren, die so zu einer einigermaßen stabilen Lebensordnung gelangen, reichen beim Menschen solche Wechselwirkungen nicht aus, die zwischenmenschliche Aggression in noch erträglichen Grenzen zu halten. Das „große Parlament der Instinkte", wie *Konrad Lorenz* es nennt, hat für den Menschen die Herrschaft, oder doch die Alleinherrschaft verloren. Dem Menschen öffnen sich neue Wege, auf denen insbesondere ihre Sozialbeziehungen umgestaltet werden. Dabei erlangen

sie den Doppelcharakter: die Herrschaftsstellung der Menschen in der Natur fortlaufend auszubauen, zugleich aber die zwischenmenschliche Aggression zu einer
Bedrohung für das Leben auf Erden überhaupt werden zu lassen.

Analysiert man von Anthropologie und Verhaltensforschung her den tiefen
Unterschied zwischen Mensch und Tier, so bietet sich dafür als besonders prägnan-
ter Ausgangspunkt die menschliche Sprache an. Sie unterscheidet sich als Begriffssprache von den unter Tieren zum Teil hoch entwickelten Verständigungszeichen,
durch die im Sozialkontakt der Artgenossen Gestimmtheiten und Ansätze zu
bestimmtem Verhalten übertragen werden. Im Gegensatz dazu ist die menschliche
Sprache und das, was sie ausdrücken kann, nicht beschränkt auf die im Augenblick
gegebenen Eindrücke und Stimmungen. Sie enthält sprachliche Symbole für Vorstellungen, die ein sich mehr und mehr weitendes, den Augenblick übergreifendes
Lebens- und Umweltverständnis entstehen lassen und den Menschen damit befä-
higen, besonnen zu handeln. Die begriffliche Sprache des Menschen entspricht seinem begrifflichen Denken, das selber erst mit der Entwicklung dieses Werkzeugs,
der begrifflichen Sprache, die Freiheit zu fortschreitendem Fragen und Forschen
erhält.

Die vernunftkritische Frage und unser Wissen vom Menschen

Mit dieser Lebensform hat es auch *Kant* zu tun, wenn er die eigene Vernunft daraufhin erkunden will, „wie sie sich Objekte zum Denken wählt". Denn das Vermögen, sich Fragen und Aufgaben vorzulegen, ist die besondere Gabe, die der Mensch
mit der Begriffssprache in seine Gewalt bringt und um derentwillen wir ihn als
„vernünftiges Wesen" dem vom Wechselspiel seiner Triebe und Instinkte gesteu-
erten Tier gegenüberstellen. //241// Beide Betrachtungsweisen gelten dem Leben
dieses vernünftigen Wesens, seinen besonderen Möglichkeiten und Gefahren. Aber
sie stellen dabei verschiedene Gesichtspunkte voran:

Die Verhaltensforschung, als anthropologische Studie angewandt auf den Men-
schen, erklärt dessen Lebenssituation gewissermaßen von außen; sie macht sie zum
Objekt einer Erfahrungswissenschaft und erkundet in ihr die Lage des vernünftigen
Wesens, das, ohne den Schutz festgestellter, den Lebensbedingungen angepaßter
Verhaltensweisen, lernen muß, besonnen zu handeln, und das dabei, als soziales
Wesen, auf den mitmenschlichen Kontakt angewiesen ist.

Kants Vernunftkritik faßt dieselbe Lebenssituation des Menschen gewissermaßen von innen her in den Blick, vom Selbstverständnis des Menschen her, in
dem dieser sich als das *Subjekt* eigenen Tuns herausgefordert sieht, seine Umwelt
zu erkennen und einsichtig wertend in ihr zu handeln. Besonnenes Verhalten im
Rahmen seines Lebens- und Umweltverständnisses versteht der Mensch, indem er
es vollzieht, als eigenes Tun und Handeln: „Ich" erkenne, werte, wähle, entscheide

mich für etwas. Der Mensch ist damit der Frage fähig und ihr ausgesetzt, ob, was er tut, „richtig", „gut" und der gegebenen Lage „angemessen" sei, mag er eine solche Frage nun bewußt auffassen oder ihr unbewußt offenstehen im Selbstverständnis eigenen besonnenen Verhaltens.

In diesem Selbstverständnis erschließt sich dem Menschen eine eigene Dimension der Lebensbewältigung, in der ihm selber die Auseinandersetzung mit seinen naturgegebenen, aber disziplinierbaren und formbaren Bedürfnissen zufällt. Mit welchen begrifflichen Kategorien und welchen Kriterien ihrer Anwendung er an diese Aufgabe herangeht, muß sich aufweisen lassen, wenn wir seine besonnenen Lebensäußerungen daraufhin ansehen, wie er sie vor dem eigenen Selbstverständnis auffaßt. Wie versteht er sich selber in den beiden Wesenszügen seiner Lebensform, auf besonnenes Werten und Wählen angewiesen zu sein, dieses Vermögen aber nur im mitmenschlichen Sozialkontakt voll entfalten und betätigen zu können?[1]

Die Grundwerte der Gerechtigkeit und der Freiheit

Menschen sprechen einander an als vernünftige Wesen, die besonnen zu handeln vermögen und miteinander sozial verbunden sind. Sie machen das eigene Verständnis von Leben und Umwelt, nach dem sie beurteilen, was ihnen erstrebenswert ist, füreinander //242// und für ihr Zusammenleben geltend, weithin schon durch die Sprache und die durch deren Symbole angewandten Begriffe. In den sprachlich-begrifflichen Formen von Dialog und Frage, von Aufforderung, Befehl und Bitte beziehen sie einander ein in die gemeinsam erfahrene Lebenssituation. Als „Funk-

---

1 *Kant* hat seiner Vernunftkritik an entscheidender Stelle, nämlich bei der Deduktion der Erfahrungskategorien, den hier herausgehobenen Unterschied zwischen der Erkenntnis von Objekten und dem Selbstverständnis des Subjekts zugrunde gelegt. Aber er hatte noch nicht das heutige Erfahrungswissen zur Durchforschung dieses Selbstverständnisses und seiner Funktion im besonnenen menschlichen Verhalten; er suchte daher logisch a priori den kategorischen Imperativ zu deduzieren. Seine Schüler *Jakob Friedrich Fries* und, in unserem Jahrhundert, *Leonard Nelson* haben die Fortbildung der Vernunftkritik zwar auf der Überlegung aufgebaut, daß die Untersuchung vernunfteigener Vorstellungen ihrerseits Aufgabe der Erfahrung ist, unbeschadet des Umstandes, daß sie es mit Vorstellungen und Verknüpfungen a priori zu tun hat. Aber auch sie konnten noch nicht die Ergebnisse moderner Verhaltensforschung und Anthropologie verwerten, die den Grundgedanken der Kantischen Deduktion neu hervorheben, anzuknüpfen nämlich an das dem Menschen, als dem vernünftigen Wesen, eigentümliche Selbstverständnis im Vollzug einsichtig besonnenen Verhaltens. Die folgenden Überlegungen stützen sich vorwiegend auf das, was ich in der Schule *Kants* gelernt habe. Die inhaltliche Diskussion des Gebots der Gerechtigkeit und des Ideals der vernünftigen Selbstbestimmung schließt sich den Grundgedanken der Ethik meines Lehrers *Leonard Nelson* an.

tionen des Denkens" dienen diese begrifflichen Formen dazu, Verständigung zu
gemeinsamem besonnenem Handeln möglich zu machen.

Die von der Vernunftkritik ins Auge gefaßte „Innensicht" versteht das eigene
„Ich" daher immer schon als sozial bezogen auf den Partner gemeinsamen Handelns und Verhaltens. Die für das Selbstverständnis des Menschen konstitutive
Frage, ob, was er tut, „gut" und „angemessen" ist, gilt ihm unvermeidlich als
„intersubjektiv", d.h. alle im Sozialkontakt stehenden Partner umfassend. Das
betrifft insbesondere die Kategorie, durch die vernünftige Wesen die Beziehung zu
gemeinsamem Handeln aufnehmen: die sprachlich-begriffliche Form des Imperativs. Wo Imperative ausgesprochen und verstanden, wenn auch nicht notwendig
anerkannt werden, erheben sie Anspruch auf Verbindlichkeit für den Willen des
Angesprochenen. Gewiß kann dieser Anspruch als Willkür und Diktat des Stärkeren auftreten und sich damit der kritischen Frage entziehen. Aber diese Frage
bleibt latent gegenwärtig, solange der Angesprochene, als vernünftiges Wesen, die
behauptete Verbindlichkeit, und sei es nur im eigenen Denken, infragestellen kann.

Denn als vernünftiges Wesen versteht er sich herausgefordert zu eigener Entscheidung. Triebe, Wünsche und Gewohnheiten, Interessen und Abhängigkeiten
bieten dafür Anregungen, unter denen er wertend wählen und sich entscheiden
muß. Er tut es gemäß seiner Vorstellung von dem, was ihm im Ganzen gesehen
erstrebenswert ist. Diese Vorstellung selber wurzelt in seinem weitergreifenden
Lebens- und Umweltverständnis, in dem die Beziehungen zum Sozialpartner verstanden werden als eine durch wechselseitige Ansprüche zu regelnde Ordnung.

Als vernunfteigene Vorstellungen, wie *Kant* sie aufsucht, ergeben sich demnach
im Bereich der praktischen Vernunft – d.h. im Bereich des Wertens und Wollens
vernünftiger Wesen – auf der einen Seite die des „kategorischen Imperativs", auf
der anderen die von Wert und Sinn vernünftig geführten Lebens. Die Vorstellung
vom kategorischen Imperativ liegt regulierend den Herausforderungen zugrunde,
die beim Kontakt vernünftiger Wesen die Kooperation im Sozialverband einleiten:
er wird vom Selbstverständnis aufgefaßt, sofern diese Herausforderungen besonnen durchdacht werden unter der Frage nach ihrer Angemessenheit und Verbindlichkeit. Das Ideal vom Wert und Sinn vernünftigen Lebens wird ins Bewußtsein
gehoben dadurch, daß und in dem Maß wie das vernünftige Wesen Ernst macht
mit dem eigenen Verständnis für das, was ihm erstrebenswert ist.

Wohin aber führt die kritische Prüfung gegenseitiger Ansprüche? Das hängt
davon ab, wie weit die im Selbstverständnis aufgefaßte soziale Grundbeziehung
ernstgenommen wird: Der Mensch versteht sich selber als auf den Sozialpartner
verwiesen, und zwar durch wechselseitige Anforderungen unter der Vorstellung
der Verbindlichkeit. Wer daran festhält, hat zur Beurteilung des Einzelfalles nur
die Kriterien der Konsequenz und Gesetzlichkeit, nach denen im ganzen Rahmen

des Sozialverbandes jedem Partner gleiches Recht in der Berücksichtigung seiner Lebensanliegen zugebilligt werden soll. Das ist die *Idee der Gerechtigkeit*, wie sie dem *Sozialcharakter* des vernünftigen Wesens entspricht. Sie tritt in dem Maß – und nur in ihm! – klar und zwingend hervor, in //243// dem die soziale Verbundenheit ernstgenommen und bejaht wird. Das aber ist für den Menschen, dessen Verhalten nicht von einem „Parlament der Instinkte" gesteuert wird, sondern dem Eingriff wertender Wahl offensteht, nicht selbstverständlich. Der Mensch kann die Beziehung zum Mitmenschen verleugnen, indem er den Partner nicht als solchen anerkennt, sondern als bloßes Objekt behandelt. Sprachliche Verständigung und gemeinsamer Entschluß entarten dabei zu Zwang und Vergewaltigung, oder zu Servilität und Flucht vor eigener Verantwortung.

Zu solcher Entartung kommt es fast unvermeidlich, sofern und soweit im Sozialverband nicht klar und folgerichtig zum Tragen kommt, daß es *vernünftige Wesen* sind, die in ihm zusammenleben. Im Selbstverständnis jeden besonnenen Aktes erfährt der Mensch eigene tätige Lebensbewältigung als Wert im Rahmen und Zusammenhang eigener Selbst- und Lebensbestimmung. Darin meldet sich die *Idee der Freiheit zu vernünftiger Selbstbestimmung*, in der der Mensch als Vernunftwesen die ihm gewordene Lebensmitgift annimmt und bejaht: dem Schutz und dem Zwang als unabänderlich erkennbarer Reaktionsweisen entzogen zu sein, um vor dem Selbstverständnis wertend und wählend die sinnlich vorgegebenen Triebe und Strebungen zu disziplinieren. Indem der Mensch dies annimmt und bejaht, versteht er sein Mensch-Sein als Aufgabe und Chance, das eigene Leben sinnvoll zu bestehen, reich und gut zu gestalten. „Machet Euch die Erde Untertan!" „Habe Mut, Dich Deines eigenen Verstandes zu bedienen!"

Das sogenannte und das wirkliche Böse

Nur als *soziales Wesen* gewinnt der Mensch den Zugang zu *vernünftiger Selbstbestimmung;* nur im Sozialverband *vernünftiger Wesen* kann die Sozialbeziehung als Rechtsordnung unter dem Maßstab der *Gerechtigkeit* aufgefaßt werden. Die Grundwerte der Freiheit und der Gerechtigkeit sind also eng aufeinander bezogen. Das schließt die Spannung nicht aus, die zwischen der Freiheit des einzelnen und der gesellschaftlichen Rechtsordnung besteht.

Wie für die entwicklungsgeschichtlich ihm nahestehenden sozialen Tiere bilden sich für den Menschen Entwicklung des einzelnen sowie Gestaltung und Differenzierung des Sozialverbandes auf einer Grundlage von Trieben und Instinkten, angeborenen und erworbenen Verhaltensweisen. Da gibt es die Triebe der Aggression zwischen den Artgenossen, aber auch Ansätze zur angemessenen Verarbeitung dieser Aggression, Was „angemessen" ist, setzt sich im Tierreich durch als leben- und arterhaltend. Der Aggressionstrieb selber gehört dazu: er legt im Sozialverband eine Rangordnung fest, die das Zusammenleben ordnet und sichert – die „Hackordnung", gewiß keine Rechtsordnung! –, er dient der vollen Ausnutzung des zur Verfügung stehenden Lebensbereiches u. a. m. Wo aber der ungehemmte Aggressionstrieb zu einer Gefährdung der Art wird, da haben sich im Tierreich neue Lebensformen und Sozialbeziehungen herausgebildet, durch die der Aggressionstrieb, ohne seiner arterhaltenden Wirkung verlustig zu gehen, unter Hemmung gesetzt oder auf harmlose Ziele abgelenkt wird.

„Das sogenannte Böse" nennt *Konrad Lorenz* die innerartliche Aggression im Tierreich, als „moralähnliches, moralanaloges Verhalten" gelten ihm Hemmung, Überwindung, Ablenkung des Aggressionstriebes in kritischen Situationen. Ethische Vorstellungen vom moralisch Bösen und Guten haben sich seit je den Menschen bei der Beobachtung der //244// Tierwelt aufgedrängt und sie dazu bewogen, moralische Überzeugungen in Tierfabeln abzubilden. Die Verhaltensforschung lehrt, Anwendbarkeit und Grenzen solcher Gleichnisse deutlicher zu sehen. Anwendbar sind sie, weil Triebe zur Aggression gegen den Mitmenschen, der scheinbar oder wirklich die eigene Freiheit und Entfaltung beschränkt, zwar in ähnlicher Weise eine positive, lebensdienliche Funktion haben wie die innerartliche Aggression sozial lebender Tiere, aber weit dringender und durchgehender noch als irgendwo im Tierreich der Hemmung und Beherrschung bedürfen, wenn ihre dem Leben dienende Funktion nicht umschlagen soll in seine Zerstörung. Für den Menschen aber ist das eine sittliche Aufgabe – und damit ist die Grenze der Vergleichbarkeit erreicht. Sie liegt eben in dem, was solche Tierfabeln dem unreflektiert lebenden Menschen ansprechend und überzeugend machen kann, in der Unschuld, Natürlichkeit und Zwangsläufigkeit, mit der sich unter Tieren das „sogenannte Böse" und das „sogenannte Gute" vollziehen – „Rücksichtslosigkeit" und „Fairneß" im Rivalenkampf, Ausmerzung der Schwachen und aufopfernde Pflege der Jungen und vieles mehr. Dem, was im Tierreich vom „Parlament der Instinkte" gesteuert wird, entsprechen beim Menschen Akte, die er, indem er sie vollzieht, im Selbstverständnis erfährt als moralische Probleme, Aufgaben, Kämpfe. Deren Lösung kann er nicht, sich selber und das eigene Verhalten zum *Objekt* der Betrachtung machend, vorausberechnen und vorhersagen, solange er an diesem Selbstverständnis festhält, in dem er sich selber als *Subjekt* frei und zur Entscheidung herausgefordert sieht.

Dieser „Innensicht" gehören ethische Wertungen und Einsichten an. Soweit das Parlament der Instinkte tierisches Verhalten regelt, gibt es kein Böses und keine Moral. Als „sogenanntes Böses" und „moralähnliches Verhalten" erscheinen tierische Aggression und ihre Verarbeitung nur im Vergleich mit entsprechenden menschlichen Verhaltensweisen, die den Menschen, in seinem Selbstverständnis bei ihrem Vollzug, rechtlichen Anforderungen und Idealen der Selbsttätigkeit gegenüberstellen. Dieser Rechtsforderung kann er sich entziehen; er kann, um angeblicher Bereicherungen des eigenen Lebens willen, den Sozialpartner zum bloßen Objekt eigenen Verlangens und Handelns erniedrigen. In dieser dem Menschen möglichen Absage an die vom eigenen Selbstverständnis aufgefaßte eigene Verpflichtung liegt das wirklich Böse, das nicht mehr als nur „sogenannt" abgetan werden kann.

Hier tritt denn auch das Selbstverständnis des Menschen in unverkennbaren Gegensatz zu der distanzierenden Betrachtungsweise, in der auch menschliches Denken, Werten und Streben zum Objekt naturwissenschaftlichen Forschens gemacht werden kann. Solchem Forschen zeigen sich Tun und Lassen des Menschen, wie andere Vorgänge auch, eingeordnet in das kausal-gesetzlich ablaufende Naturgeschehen. Ob und wie diese Naturgesetzlichkeit auch menschlichen Verhaltens vereinbar ist mit der Freiheit zu Verantwortung und Selbstbestimmung, wie sie vom Selbstverständnis besonnen handelnder vernünftiger Wesen aufgefaßt wird, das ist das alte Problem der Willensfreiheit. Es sei hier nur aufgewiesen, aber nicht weiter verfolgt als bis zu dem Hinweis, daß Erkenntnis von Objekten und Selbstverständnis des besonnen handelnden Subjekts verschiedene, miteinander nicht zu vermengende Betrachtungsweisen sind. Zwar beziehen sie sich, sofern es dem Menschen darum geht, sich selber und das eigene Leben zu verstehen und zu bestehen, unlösbar aufeinander. Aber sie schließen sich nicht zusammen zu einer in sich einheitlichen und geschlossenen Sicht, in der die Spannung überwunden wäre zwischen Naturgesetzlichkeit und Freiheit zu eigener Verantwortung. //245//

Mitmenschlichkeit

„Freiheit, Gleichheit, Brüderlichkeit" war der Ruf, mit dem man in der Französischen Revolution die Gesellschaft umgestalten wollte. „Freiheit, Gerechtigkeit und Solidarität" sind die Grundwerte, an denen das Godesberger Programm die gesellschaftlichen Verhältnisse mißt. Zum Ideal der Freiheit zu vernünftiger Selbstbestimmung und zum kategorischen Imperativ der Gerechtigkeit tritt beidemal ein weiterer Wert: Brüderlichkeit, Solidarität. Gemeinsam ist beiden Ergänzungen – bei spürbarem Unterschied in der Konkretisierung – die Bedeutung, die positiver Zuwendung zum Mitmenschen und der Anteilnahme an seinem Ergehen beigelegt wird.

Auch das ist Ausdruck der vom Selbstverständnis des Menschen aufgefaßten und akzeptierten sozialen Grundform seines Lebens. Wo von Brüderlichkeit oder Solidarität die Rede ist, geht es um mehr als die gegenseitige Zubilligung von Rechten oder die Achtung vor der Freiheit des anderen. Mitmenschliche Beziehungen werden hier vielmehr erfahren als Zusammengehörigkeit in gemeinsamem Leben, in dem allein auch die Sorge für Freiheit und Recht gedeihen kann. Um ein

menschliches Leben zu führen, bedarf der Mensch des Mitmenschen, ja er bedarf
der konkreten Erfahrung, in gegenseitiger Anteilnahme mit ihm verbunden zu sein.
Nur auf dieser Grundlage können Frage und Mitteilung, Bitte, Aufforderung und
Befehl in ihrer sozialen Bedeutung verstanden werden und Beziehungen stiften, die
für das Selbstverständnis des Menschen, der an ihnen teilhat, ethisch-rechtlichen
Charakter tragen.

Mitmenschlichkeit kann in manchen Formen partnerschaftliche und gesellschaftliche Verhältnisse durchdringen: Die Vorstellung von Brüderlichkeit schließt
an die enge und nahe Zusammengehörigkeit im Familienverband an; Solidarität
nimmt auf und weitet den Blick und die Rücksichtnahme auf den Partner, wie
sie im Zusammenwirken für einen gemeinsamen Zweck, aber auch im bewußten
Erfahren gemeinsamen Ergehens sich herausstellen; auch die Nächstenliebe gehört
hierher als die Atmosphäre, in der Gemeinschaftsbindung und Persönlichkeitsent-
faltung am tiefsten ineinandergreifen – sie gibt Leitbild und Richtschnur für eine
über die konflikt- und unrechtbelastete menschliche Gesellschaft hinausweisende
Wandlung des Menschen.

Letzte Wahrheiten

Der Mensch, und nur er unter den Lebewesen, lernt in der eigenen Entwicklung,
sich selber als fehlbar zu verstehen, zu rechnen mit der Möglichkeit eigenen Irrens
und Versagens; eben dadurch sieht er sich herausgefordert zu Selbstkritik und
Selbstdisziplin im Rahmen seines Lebensverständnisses. Erst damit öffnet sich ein
Weg zu anscheinend unbeschränkt fortschreitender Bildung und Entwicklung,
der aber über das Leben jedes einzelnen Menschen hinausgeht und die Abfolge
der Generationen durchzieht. Soziale Wechselwirkung und Tradition mit ihrer
Weiterbildung führen zur historischen Entwicklung menschlicher Kulturgesellschaften. Diese erst dem Menschen eigene Entwicklung ist etwas qualitativ Neues
gegenüber der biologischen Entwicklung tierischen Lebens. „Der Mensch ist das
Tier, das Geschichte hat" – so hat *Carl Friedrich v. Weizsäcker* diesen Sachverhalt
wiedergegeben.

Traditioneller Weitergabe und geschichtlicher Fortbildung unterliegt jenes
Lebens- und Umweltverständnis, an dem der Mensch, sich selber im eigenen
besonnenen Handeln //246// als Subjekt verstehend, dieses Tun und Lassen orientiert, diszipliniert und gestaltet – dem gemäß er handelt und nicht nur blind
reagiert. Kein Mensch ist frei davon, Kind seiner Zeit zu sein, im eigenen Denken,
Fühlen und Werten angeregt und mitbestimmt vom Kulturleben seiner sozialen
Umwelt, auch von dessen Schäden und Schwächen. Nur im sozial-historischen
Tradieren und Revidieren menschlicher Lebensformen sind die großen Denk-
und Glaubensrichtungen gewachsen, in denen Menschen die sie bedrängenden

Lebensfragen endgültig durch „letzte Wahrheiten" zu lösen suchen oder eine ihnen
überlieferte Antwort auf solche Fragen als Offenbarung annehmen, um von ihr aus
das eigene Leben zu bestehen.

Besinnung auf die „Grundrechte" macht den Menschen nicht unabhängig von
der besonderen historisch-traditionell entstandenen Kultur-Umwelt, in der er sein
Leben führt. Auch der hier unternommene Versuch tut das nicht, die menschliche
Einsicht in ethische Grundwerte zu klären und zurückzuführen auf die Struktur
menschlichen Selbstverständnisses. Verständigung und Kooperation unter Menschen lassen zwar erkennen, daß die Beteiligten ihre Beziehung zueinander unter
ethisch-rechtlichen Kategorien auffassen müssen, ja, daß dieses Selbstverständnis,
festgehalten und zu Ende gedacht, auf das Gebot der Gerechtigkeit und den Wert
freier Selbstbestimmung führt. Aber Klärung und Anerkennung solcher Grundwerte reichen nicht hin, konkrete Wertfragen im Leben des einzelnen oder der
Gesellschaft zu entscheiden unabhängig vom weitergreifenden Zusammenhang der
erworbenen Lebensauffassung. Diese Grundwerte geben nur regulierende Prinzipien an die Hand, nach denen und auf die hin Einzelentscheidungen, herrschende
Meinungen und gesellschaftliche Verhältnisse kritisch beurteilt und fortgebildet
werden können und sollen.

Grundlage, Grenzen und Gefährdung mitmenschlicher Verständigung

Damit schließt sich der Kreis dieser Betrachtungen, die von der Erfahrung mitmenschlicher Verständigung und ihrer Gefährdung ausgehen und auf sie zurückführen:

Verständigung unter Menschen kann gelingen, da diejenigen, die sich darum
bemühen, vor der – in ihrer Grundstruktur – gleichen Aufgabe der Lebensbewältigung und Lebensbewährung stehen. Wechselseitige Information und Kooperation
werden vollzogen in einem Selbstverständnis, daß die eigene Person und die des
Partners auffaßt als Subjekte besonnenen gemeinsamen Handelns und das darum
offen ist für die Anerkennung gleicher Rechte der Beteiligten an Rücksicht auf ihre
Bedürfnisse, vor allem aber an Achtung ihrer Freiheit zu Selbstbestimmung und
der Übernahme eigener Verantwortung.

Trotz dieser Grundlage bleibt Verständigung unter Menschen begrenzt und
gefährdet, bedroht von Eigennutz und zwischenmenschlicher Aggression, mit der
einzelne und Gruppen den Bereich eigener Verfügungsgewalt und Interessenbefriedigung auszuweiten suchen. Hinzu kommt, daß die Entwicklung besonnenen
menschlichen Lebens auf der von Tradition und Umwelt mitgeprägten Durchbil-
dung eines Lebens- und Weltverständnisses beruht, die je nach den persönlichen,
gesellschaftlichen, zeitpolitischen und kulturellen Lebensbedingungen verschieden
verläuft. Die Gemeinsamkeit der gleichen Grundstruktur des Mensch-Seins, die

dem zum Bewußtsein seiner selber kommenden Menschen die Einsicht in die
Grundwerte erschließt, wird daher verdeckt von Unterschieden und Gegensätzen
im konkreten Weg, auf dem der einzelne wie auch gesell//247//schaftliche, nationale, politische Gruppen oder die großen Kulturgesellschaften zu ihrer Lebens- und
Weltanschauung gelangen. Solche Gegensätze, solches Anders-Sein und Fremd-
Sein geben der latenten oder offen-akuten Aggression zwischen einzelnen Gruppen
und Völkern Anlaß, Nahrung und scheinbare Rechtfertigung. Dafür ist unsere Zeit
besonders reich an Erfahrung.

Zwei Wege bieten sich an, dieser Gefahr entgegenzutreten: Der eine führt
über das Bemühen, im Verständnis von Leben und Welt zu „letzten Wahrheiten"
vorzudringen oder sie im Glauben anzunehmen, um von ihnen her die Gemeinschaft der durch gleichen Glauben und gleiches Denken Vereinten zu vertiefen, die
Aggression zwischen ihnen zu bändigen und zu verarbeiten, Frieden und Freiheit
zu sichern.

Der andere Weg geht aus vom Zustand der heutigen pluralistischen Welt, in
der tiefgehende Gegensätze der Weltanschauungen und Grundüberzeugungen
auf absehbare Zeit hingenommen werden müssen und in der das wechselseitige
Aufeinander-Angewiesensein der Menschen, Völker, Gruppen über alle bestehenden Grenzen hinaus ständig wächst. Dieser Weg nötigt zum Verzicht auf die
gemeinsame Bindung an „letzte Wahrheiten", öffnet sich aber der Besinnung auf
die in allen ernsten und tiefdringenden Lebens- und Weltansichten gemäß ihrer
Grundstruktur aufweisbaren und anerkannten Grundwerte der Gerechtigkeit,
Freiheit und Mitmenschlichkeit.

Die beiden Grundentscheidungen des Godesberger Programms sind das
Bekenntnis zu diesem zweiten Weg.

Anmerkungen

[1] Grete Henry-Hermann arbeitete ab 1957 im Kulturpolitischen Ausschuss der SPD. Sie war auch über ihre Verbindung zu Willi Eichler, der das Godesberger Programm wesentlich mitgeprägt hat, an den Beratungen und Vorbereitungen des Godesberger Programms beteiligt.

Nelson, Leonard (1882–1927)[*]

German critical philosopher and the founder of the Neo-Friesian school. Nelson was born in Berlin. After studying mathematics and philosophy he qualified for teaching as a *Privatdozent* in the natural science division of the philosophical faculty at Göttingen in 1909. In 1919 he was appointed extraordinary professor.

The critical school. Nelson's philosophical work was concerned mainly with two problems; the establishment of a scientific foundation for philosophy by means of a critical method and the systematic development of philosophical ethics and philosophy of right and their consequences for education and politics.

Nelson's search for a strictly scientific foundation and development of philosophy soon led him to critical philosophy. Nelson took the *Critique of Pure Reason* to be a treatise on method and regarded the critical examination of the capacities of reason as its decisive achievement. Through this critique alone could philosophical concepts be clarified and philosophical judgments traced back to their sources in cognition. Therefore, Nelson undertook a close examination of the thought of Jakob Friedrich Fries (1773-1843), the one post-Kantian philosopher who had concentrated on Kant's critical method, carried it further, and tried to clarify its vaguenesses and contradictions.

While Nelson was still a student, he began to collect Fries's writings. These were not easily available, for Fries //464// was hardly known at that time; when he was mentioned at all in philosophical treatises, it was as the representative of an outmoded psychologism. In his own first works Nelson attempted to defend Fries against this reproach. Together with a few friends whom he had interested in Fries's philosophy, he began to publish a *neue Folge* (new series) of *Abhandlungen der Fries'schen Schule* in 1904 – the same year in which he wrote his doctoral dissertation on Fries. A few years later he founded, together with these same friends, the Jakob-Friedrich-Fries-Gesellschaft to promote the methodical development of critical philosophy.

---

[*] G. Henry-Hermann: Nelson, Leonard. In: The Encyclopedia of Philosophy. Vol. 5, hrsg. von Paul Edwards. New York, London 1967, pp. 463–467.

CRITICAL METHOD AND CRITIQUE OF REASON

In his own writings devoted to the critical method, Nelson distinguished between the critique of reason and two misinterpretations of it, transcendentalism and psychologism. The critique of reason was to prepare the grounds for a philosophical system and to give this system an assured scientific basis by means of a critical investigation of the faculty of cognition. Posing the problem in this way seems to require the critique of reason and the system of philosophy to be adapted to each other in such a way that either the critique of reason must be developed a priori as a philosophical discipline, because of the rational character of philosophy, or philosophy must be conceived as a branch of psychology, since the investigation of knowledge by means of the critique of reason belongs to psychology. Transcendentalism sacrifices the main methodical thesis of the critique of reason, that the highest abstractions of philosophy cannot be dogmatically postulated but must be derived from concrete investigation of the steps leading to knowledge. Psychologism fails to recognize the character of philosophical questions and answers, which is independent of psychological concepts.

Kant did not unequivocally answer the question whether the critique of reason should be developed as a science from inner experience of one's own knowledge or as a philosophical theory from a priori principles. His subjective approach, according to which philosophical abstractions should be introduced by a critique of the faculty of cognition, indicates the first interpretation, but in carrying out his investigations – and in the asserted parallelism between general and transcendental logic as well as in the demand for a transcendental proof of metaphysical principles – Kant tacitly assumed the second interpretation and interpreted the theorems of the critique as a priori judgments. Fries, who was mainly concerned with countering the contemporary tendency to develop Kant's teaching in the direction of transcendentalism, took the subjective approach and developed it consistently from inner experience, without, however, transforming philosophical questions and answers into psychological ones. The boundary between Fries's work and psychologism is not so clear, and for this reason most of his critics misunderstood his philosophy as a psychologistic system, albeit not a consistent one.

Nelson solved the problem that philosophy based on the critique of reason seemed necessarily to lead either to transcendentalism or to psychologism by proving that both tacitly assume that a basis of knowledge must consist of proving philosophical principles from theorems of the critique of reason. If the theorems of the critique and the foundations of the philosophical system were in fact related to each other in the same way that the premises and conclusions of logical problems are related, then indeed the critique of reason and philosophy would have to be identical – that is, they would both have to be either empirical and psychological or rational and a priori. By investigating the problem of the critique of reason Nelson showed that and why this premise is mistaken: the critique serves to clarify one's understanding of the origin of philosophical notions and of their function in the human cognition of facts. Cognition is an activity of the self, motivated by sensual stimulation; data acquired by sensual stimulation are related to one another by cognition of the surrounding world. The function of the critique of reason is to demonstrate the connecting ideas in this process and the assumed criteria by which these ideas are applied by analyzing the concrete steps in cognition and to follow these connecting ideas back to their origin in the cognitive faculty by means of psychological theory; it is not its function to prove the objective validity of the principles in which these criteria are expressed. These principles themselves are of a philosophical rather than a psychological nature. They cannot be derived from the statements of the critique; indeed, since they are the basic assumptions of all perception, they cannot be derived from any judgments more valid than they are.

Critique of reason and philosophy. The connection between the critique of reason and the system of philosophy, according to this theory, is not one of logical proof; it is derived, rather, from "reason's faith in itself," as Fries put it, from the fact that all striving for knowledge assumes faith in the possibility of cognition. This faith is faith in reason, inasmuch as reason is the faculty of cognition instructed by the stimulation of the senses. This faith is maintained by the agreement of cognitions, but it cannot be further checked or justified by a comparison of cognitions with the object cognized. This sets an unsurpassable limit to the provability of cognitions. Nelson expressed this in his paper on the impossibility of the theory of knowledge, in which he understood the theory to be an attempt to investigate scientifically the objective validity of cognition. In contrast, the critique of reason should limit itself to investigating the direction in which faith in cognition is in fact turned.

In carrying out this investigation Fries and Nelson distinguished between indirect cognition, supported by some other claim to truth, and direct cognition, which simply claims the faith of reason and which therefore neither needs nor has any justification, even when it is obscure and enters consciousness only in its application as a criterion for the unity of sensually perceivable isolated cognition. Fries and Nelson, in agreement with Kant, considered the criteria which belong solely to reason to include the pure intuition of space and time and their metaphysical combinations according to the categories of substance, causality, and reciprocal action.

Natural philosophy. Nelson's interpretation of cognition led him to the problem of a mathematical natural philosophy that had been sketched by Kant and further developed //465// by Fries; this philosophy established a priori an "armament of hypotheses" for the empirical-inductive investigation of natural laws. It coincided in fact with the basic principles of classical mechanics and thereby came into conflict with modern physics. Nelson neither minimized this conflict nor confused it with problems of the principles of critical natural philosophy. He saw physics as being in the process of a radical changeover to modern theories, which had by no means yet been ordered into a conflict-free system comparable to that of classical physics. He was sure that every physical theory must go beyond the data provided by observation and experiment in developing concepts and making assertions. And he was convinced that the positivistic, antimetaphysical tendencies of contemporary physicists promoted a tacit and therefore uncritical metaphysics. Without himself being able to solve the conflict that had arisen within critical philosophy, he was convinced the progressive clarification of modern theories would lead back to a physics based on classical mechanics.

CRITICAL ETHICS

Basic principles. Nelson systematically applied the critical method in his studies in practical philosophy-ethics in the broadest sense of the word, including philosophy of right and philosophically based educational and political theory. He added his own critique of practical reason to those of his predecessors. He developed his own processes, both for what he called abstraction (analysis of the assumptions underlying practical ethical value judgments) and for determining, by an empirical study of value judgments, "the interests of pure practical reason," that is, ethical demands put to the human will by reason itself. It is these interests which make value judgments possible. Nelson derived two basic ethical principles from these interests: the law of the balanced consideration of all interests affected by one's own deeds and the ideal of forming one's own life independently, according to the ideas of the true, the beautiful, and the good. These two principles were linked by the fact that, on the one hand, the law of balanced consideration, as a categorical imperative, determines the necessary limiting condition for the ideal value of human behavior; on the other hand, the ideal of rational self-determination leads to the doctrine of the true interests of man and finds in these interests the standard for a balanced consideration of conflicting interests.

Nelson's system. From these two principles alone Nelson developed his system of philosophical ethics; he limited himself to such consequences as could be derived from these principles purely philosophically – without the addition of experience – but he attempted to grasp them completely and systematically. In this he was influenced, first, by his interest in systematically and strictly justifying the assumptions used in every single step and the logical connections of the concepts appearing in the principles and, second, by his interest in applying this practical science. The principles demonstrated are formal and permit determination of concrete ethical demands only through their application to given circumstances as justified by experience. But it is precisely this application of the principles to the world of experience which requires preparatory philosophical investigation if the application is to be guarded against hasty generalization of single results, in which changing circumstances are not taken into account, and against opportunistic adaptation to circumstances without regard for the practical consequences of ethical principles. In the system as a whole, ethics and philosophy of right appear side by side. Nelson distinguished between them according to different ways of applying the law of balanced consideration. As a categorical imperative, this law demands of the human will the balanced consideration of other persons' interests affected by its actions. By its content it determines the duties of the individual by the rights others have with regard to him; in this respect it is related to communal life and thereby provides a criterion for the value of a social order. Nelson defined this criterion as the concept of the state of right, by which he meant the condition of a society in which the interests of all members are protected against wrongful violation. Ethics, by this definition, is concerned with the duties of the individual; philosophy of right is concerned with the state of right. To each of these disciplines Nelson added another concerned with the conditions of realizing the values studied by them; philosophical pedagogics, as the theory of the education of man to the ethical good, and philosophical politics, as the theory of the realization of the state of right.

Validity of ethical principles. The logically transparent construction of the entire system reveals clearly that the principles behind all further developments are strictly valid in all cases but can be applied only through full consideration of the concrete circumstances in each individual case; since they are objectively valid, they are not subject to arbitrary decisions and are valid even in cases where human insight and will fail to understand them; but they are justified only by reference to reason, which makes possible for each individual the autonomic recognition of these standards and the critical examination of their applications. Thus, the demands of equality for all before the law and of equality of rights are compatible with the demand to differentiate according to given circumstances; and the demands of force against injustice remain linked to those of freedom of criticism and of public justification for the legal necessity of certain coercive measures. Such coercive measures are particularly necessary when the freedom of man to form himself rationally within the framework of his own life is threatened; this freedom can be threatened because man's true need for it is at first obscure and can therefore be mistaken and suppressed.

Nature and chance. One conclusion appears again and again, determining the structure of the whole system. In each case it is a question of fighting with chance, to which the realization of the good is subject in nature. What happens in nature is, according to the laws of nature, dependent on the given circumstances and on the forces working through them, which are indifferent to ethical values: Under the laws of nature it is a matter of chance whether what should happen is in fact what happens or whether ethical demands are ignored. But what ethics demands should not he subject to chance but assured by the human will. Following this line of thought, Nelson derived the law of character in ethics, which demands from man the //466// establishment of a basic willingness to fulfill his duty, by which he makes himself independent of given concrete circumstances; his inclinations and the influences on his will may or may not be in agreement with the commands of duty.

In the philosophy of right Nelson correspondingly finds certain postulates. These determine the forms of reciprocal action in society which alone assure just relations between individuals; among them are public justice, prosecutability, the law of contract, and the law of property. The transitions from ethics to pedagogy and from philosophy of right to politics are made in the same spirit. Education, among the many influences on man, should strengthen or create those elements which develop his capacity for good and oppose those that could weaken this capacity. Politics is concerned with the realization and securing of the state of right determined by the postulates of philosophy of right. This problem leads to the postulation of a state seeking the rule of law and having the power to maintain itself against forces in society opposing the rule of law. A sufficiently powerful federation of states is necessary to regulate the legal relationships between states.

The same conclusion is reached in the last section of Nelson's *System der philosophischen Rechtslehre und Politik.* Here again, in a state of nature it is a matter of chance to what degree states realize the rule of law or violate its demands, unless men having insight into justice and moral will work to transform the existing state into a just stale. These men must interfere in the struggle between social groups and parties and must themselves band together into a party. In this case, therefore, the ideal of a just state leads to that of a party working to achieve it.

Freedom and necessity. The conflict between natural necessity and man's freedom and responsibility impelled Nelson's thinking. Ethical standards are valid for human action in nature and are therefore directly relevant to two apparently mutually exclusive forms of legality: the theoretical form, according to which everything that hap pens in nature (including human behavior) is determined by natural laws working through the existing powers, and the practical one, which presents the human will with duties that can either be violated and ignored or become man's purpose.

Thus on the one hand Nelson insisted that demonstrated ethical standards be maintained without compromise and rejected the skeptical assumption that man, as a limited creature of nature, was incapable of maintaining them; this assumption he considered a sacrifice of known ethical truth, a mere excuse for those who were able but not willing. On the other hand, he expected the human will to act according to the strongest motivation of the moment, without any guarantee from nature that this motivation would direct man toward what is ethically required. For this reason he rejected any speculation that in a state of nature the good would pave its own way.

Within the framework of the critique. Nelson thoroughly examined the question of how man's freedom could be reconciled with this natural law. He sought the answer in the doctrine of transcendental idealism that human knowledge is limited to the understanding of relationships in the sphere of experience but cannot achieve absolute perception of reality itself. In the consciousness of his freedom, which is indissolubly bound to the knowledge of his responsibility, man relates himself by faith to the world of that which is real in itself and superior to the limitations of nature. Nelson unified the two points of view by connecting two results of his investigations of the critique of reason: the principle of the existence of pure practical reason, which as a direct moral interest makes moral in sight and moral motivation possible, and the principle of the original obscurity of this interest, according to which it does not determine judgment and will by its very existence but rather requires enlightenment and is dependent on stimulation.

Education and politics. Concern with the realization of ethical requirements led Nelson beyond his philosophical work to practical undertakings, in which he gave primary emphasis to politics, particularly to political education.

Toward the end of World War I Nelson collected a circle of pupils and co-workers who were willing to undergo intensive education and discipline in preparation for the political duties imposed by ethics and philosophy of right. Together with these pupils he founded the Internationaler Jugendbund and in January 1926 developed his own political organization, the Internationaler Sozialistischer Kampf-Bund. In 1924 he opened a "country educational institution," Landerziehungsheim Walkemühle, directed by his co-worker Minna Specht. Here youths and children were trained in a closely knit educational and working community for activity in the workers' movement, until the school was closed and appropriated by the National Socialists in 1933.

As a teacher and educator Nelson had a strong effect on his pupils. He led them by masterly Socratic discussions to a clarification and critical examination of their own convictions, and he required them to carry out what they had recognized as just and good in their actions with the same consistency which he demanded of himself. "Ethics is there in order to be applied."

Works by Nelson

„Die kritische Methode und das Verhältnis der Psychologie zur Philosophie."
Abhandlungen der Fries'schen Schule, N.F. Vol. 1, No. 1 (1904), 1-88.

„Jakob Friedrich Fries und seine jüngsten Kritiker." *Abhandlungen der
Fries'schen Schule,* N.F. Vol. 1, No. 2 (1905), 233-319.

„Bemerkungen über die nicht-Euklidische Geometrie und den Ursprung der
mathematischen Gewissheit." *Abhandlungen der Fries'schen Schule,* N.F. Vol. 1. No.
2 (1905), 373-392, Vol. 1, No. 3 (1906), 393-430.

„Inhalt und Gegenstand, Grund und Begründung. Zur Kontroverse über die
kritische Methode." *Abhandlungen der Fries'schen Schule,* N.F. Vol. 2. No. 1 (1907),
33-73.

„Ist metaphysikfreie Naturwissenschaft möglich?" *Abhandlungen der Fries'schen
Schule,* N.F. Vol. 2, No. 3 (1908), 241-299.

„Über das sogenannte Erkenntnisproblem." *Abhandlungen der Fries'schen
Schule,* N.F. Vol. 2, No 4 (1908), 413-850.

„Bemerkungen zu den Paradoxien von Russell und Burali-Forti." *Abhandlungen der Fries'schen Schule,* N.F. Vol. 2, No. 3 (1908), 301-334. Written with Kurt
Greiling.

„Untersuchungen über die Entwicklungsgeschichte der Kantischen Erkenntnistheorie." *Abhandlungen der Fries'schen Schule.* N.F. Vol. 3, No. 1 (1909), 33 96.

//467// „Die Unmöglichkeit der Erkenntnistheorie." *Abhandlungen der
Fries'schen Schule,* N.F. Vol. 3, No. 4 (1912), 583-617.

„Die Theorie des wahren Interesses und ihre rechtliche und politische Bedeutung." *Abhandlungen der Fries'schen Schule,* N.F. Vol. 4. No. 2 (1913), 395-423.

„Die kritische Ethik bei Kant, Schiller und Fries." *Abhandlungen der Fries'schen
Schule,* N.F. Vol. 4, No. 3 (1914), 483-691.

*Die Rechtswissenschaft ohne Recht. Kritische Betrachtungen über die Grundlagen
des Staats und Völkerrechts, insbesondere über die Lehre von der Souveränität.* Leipzig, 1917.

*Die Reformation der Gesinnung durch Erziehung zum Selbstvertrauen. Gesam-
melte Aufsätze.* Leipzig, 1917; 2d enlarged ed., Leipzig, 1922.

Vorlesungen über die Grundlagen der Ethik, 3 vols. Leipzig, 1917-1932. Vol. II
translated by Norbert Cuterman as *System of Ethics.* New Haven, 1956.

*Die Reformation der Philosophie durch die Kritik der Vernunft. Gesammelte
Aufsätze.* Leipzig. 1918.

Demokratie und Führerschaft. Leipzig, 1920.

Spuk, Einweihung in das Geheimnis der Wahrsagerkunst Oswald Spenglers. Leipzig, 1921.

„Kritische Philosophie und mathematische Axiomatik." *Unterrichtsblätter für Mathematik und Naturwissenschaft*, 34th year, Nos. 4 and 5 (1927), 108-115 and 136-142.

„*Sittliche und religiöse Weltansicht.*" *XXVI Aasaner Studenten-Konferenz.* Leipzig, 1922. Pp. 7-25.

„Die Sokratische Methode." *Abhandlungen der Fries'schen Schule*, N.F. Vol. 5, No. 1 (1929), 21-78. Translated by Thomas K. Brown in *Socratic Method and Critical Philosophy.* New Haven, 1949. Selected essays.

Fortschritte und Rückschritte der Philosophie; von Hume und Kant bis Hegel und Fries. Frankfurt, 1962.

Works on Nelson

Specht, Minna, and Eichler, Willi, eds., *Leonard Nelson zum Gedächtnis*, Frankfurt, 1953. Contains essays.

Grete Henry-Hermann
Translated by Tessa Byck

Leonard Nelson, der Philosoph und Vegetarier[*]

Im Sommer-Semester 1924 hörte ich als Studentin in Göttingen Leonard Nelsons Vorlesung über Ethik. Ich kannte Nelson schon aus einer anderen Vorlesung und vor allem aus einer seiner Übungen. Seine klare Gedankenführung sprach mich an, ebenso die Beharrlichkeit, mit der Denkansätze in ihre Konsequenzen verfolgt wurden – sei es im Aufbau der eigenen Vorlesung, sei es im Gespräch mit Schülern, die er durch knappe Fragen und die Wiederholung ihrer oft tastend und unsicher vorgebrachten Äußerungen zum Weiterdenken anhielt. Ich habe in seiner Schule, vor allem in den von ihm geleiteten sokratischen Gesprächen mit Studienkameraden, gelernt, daß und wie ich das eigene gedankliche Rüstzeug schärfen und anwendungsfähiger machen konnte, besser verfügbar für eigene Fragen und Schwierigkeiten. Dabei habe ich stets gespürt, daß diese Erziehung zur Konsequenz nicht Sache nur des Verstandes war. Es ging so gut wie immer, selbst bei der Erörterung bloß logischer Beziehungen zwischen Begriffen und Sätzen, auch um Fragen menschlichen Verhaltens, oft nämlich um Mut und Bereitschaft, alte Denkgewohnheiten zu durchbrechen und unliebsamen Folgerungen ins Auge zu sehen.

In einer Vorlesung über die Grundlagen der Ethik lag die Beziehung zur Lebensführung jedes einzelnen besonders nahe. Und doch schien die Art, in der Nelson seine Gedanken entwickelte, eben dies ganz zurücktreten zu lassen. Er hatte es mit den philosophischen Grundlagen der Ethik zu tun und verstand darunter Begriffe und Grundsätze, die sich nicht aus der Erfahrung ableiten lassen, sondern selber erst den Rahmen bieten, in dem die wechselnden Eindrücke des Lebens geordnet, aufeinanderbezogen und so verarbeitet werden können. Die Anwendung der erörterten Begriffe und Grundsätze auf konkrete Verhältnisse überließ Nelson fast durchweg dem Hörer, der gerade dadurch dazu herausgefordert wurde, diesen Schritt selber zu vollziehen und dabei Tragweite und Überzeugungskraft des Vorgetragenen zu überprüfen.

Nur an wenigen Stellen durchbrach Nelson diese Zurückhaltung. Dabei ging es jedes Mal um die Auseinandersetzung mit herrschenden Meinungen und Lebensgewohnheiten, die geeignet waren, die Aufmerksamkeit von einem durch

---

[*] G. Henry-Hermann: Leonard Nelson, der Philosoph und Vegetarier. In: Der Vegetarier 29, 1978, Heft 1, S. 10–13.

sie gedeckten Unrecht abzuziehen – der Widerstand gegen das durchweg Übliche könnte nur allzu leicht als die Empfindsamkeit von Sonderlingen abgetan werden. Am nachdrücklichsten habe ich einen solchen Durchbruch von der Darlegung abstrakter Grundsätze zur Ableitung konkreter Folgerungen erlebt in der Stunde, in der Nelson vom „Recht der Tiere" sprach.

Es ist das Gebot der Gerechtigkeit, an dem Nelson menschliches Verhalten in erster Linie mißt. Er gibt ihm die zunächst umständlich scheinende Formulierung, deren einzelne Wendungen aber wohl überlegt und wesentlich sind: „Handle nie so, //11// daß du nicht auch in deine Handlungsweise einwilligen könntest, wenn die Interessen der von ihr Betroffenen auch deine eigenen wären." Dahinter steht zunächst die einfache Regel, bei eigenen Entscheidungen nicht nur die uns selber betreffenden Folgen zu bedenken, sondern darüber hinaus ins Auge zu fassen, was das von uns geplante Verhalten anderen antut – Wirkungen, die sich ohne solche Besinnung leicht der eigenen Aufmerksamkeit entziehen, darum nämlich, weil nicht wir selber, sondern andere die Folgen zu spüren bekommen.

Nelson macht seine Abwägungsregel geltend nicht nur für Einzelkonflikte, wie sie sich in der Wechselwirkung verschiedener Personen ergeben; er fragt darüber hinaus nach den Beziehungen zwischen verschiedenen Gruppen in der Gesellschaft, von denen die einen von den anderen in ihrer Interessenbefriedigung abhängig und eben darum auf die Achtung ihrer Rechte mehr angewiesen sind als jene. Als Sozialist setzt Nelson sich ein für die Rechte all derer, die in der menschlichen Gesellschaft benachteiligt sind in der Verfügung über lebensnotwendige Güter. Sein besonderes Interesse gilt ferner denen, die nicht einmal in der Lage sind, durch einen Zusammenschluß mit ihresgleichen gegen diese Abhängigkeit und für ihre Rechte zu kämpfen, sondern die ihrem Wesen nach abhängig bleiben von Menschen, die ihnen überlegen und daher in der Lage sind, die Unterlegenen als bloßes Mittel für die eigenen Zwecke anzusehen und zu behandeln. Dieser Art ist die Beziehung vom Menschen zum Tier in der menschlichen Gesellschaft. Darum der Nachdruck, mit dem Nelson das „Recht der Tiere" vertritt, darum sein Abstecher aus dem Bereich abstrakt philosophischer Deduktionen in die Auseinandersetzung mit faktisch erhobenen Argumenten, wie sie weniger durch die Logik der Sache als durch eingewurzelte Lebensgewohnheiten hervorgerufen werden.

Die gedankenlose Beschränkung anerkannter sozialer Verpflichtungen allein auf menschliche Partner bildet hier das Extrem – Tieren werden danach überhaupt keine Rechte zugesprochen, sie gelten als bloße Mittel für menschliche Zwecke. Eine solche Ansicht aber ist weithin bereits gesprengt durch das Bewußtsein, daß Tiere leiden können und daß Tierquälerei verwerflich ist – verwerflich wegen der Mißachtung des dem Tier zugefügten Leides und nicht etwa nur wegen ihrer verrohenden Wirkung, die wiederum andere Menschen gefährden könnte. Trotzdem aber wird nur zu oft auch da, wo aus solchen Überlegungen heraus menschliche Verantwortung und Verpflichtung der Tierwelt gegenüber anerkannt werden, dieses Zugeständnis beschränkt auf die Forderung, den für menschliche Zwecke eingesetzten Tieren nach Möglichkeit Schmerzen zu ersparen – was dann etwa zu dem Anspruch führt, Schlachttiere, die ja der menschlichen Ernährung dienen, möglichst schmerzfrei zu töten. Dabei bleiben viele Menschen stehen, die sich zwar den Blick für das Leiden von Tieren gewahrt haben, aber auf den Fleischgenuß in der menschlichen Ernährung nicht verzichten zu können meinen. Nelson warf ihnen in seiner Vorlesung über das Recht der Tiere die Frage entgegen, wieso denn das Lebensinteresse, das in der Abwägung mitmenschlicher Konflikte so hoch bewertet zu werden pflegt, Tieren gegenüber stillschweigend mißachtet werden dürfe und nicht einmal mit in Rechnung gestellt werde.

Die Vorlesung, in der Nelson diesen Gedanken vortrug, blieb ohne Echo. Ich empfand sie als bedrückend und provozierend; Nelson wird auf den Gesichtern mancher seiner Hörer Ablehnung oder Desinteresse haben ablesen können. Er hielt in jenem Semester Übungsstunden im Anschluß an die Ethik-Vorlesung, in denen Fragen oder Einwände vorgetragen werden konnten und besprochen wurden. Zum Thema „Recht der Tiere" ist keine Frage vorgebracht, kein Einwand erhoben worden. Eine tiefgreifende religionsphilosophische Frage, die in der nächsten Übungs//12//stunde gestellt wurde, wurde von Nelson beiseite geschoben; „Das ist sehr schwierig. Sind keine anderen Fragen da? Es ist doch in der Vorlesung vieles behandelt worden, worüber wir noch nicht gesprochen haben!" Ich wußte, was er meinte, nahm aber, wie die andern Hörer, die Herausforderung nicht an, und Nelson stellte sie nicht noch einmal.

Gut ein Jahr später aber stand ich erneut und nachdrücklicher vor der gleichen Herausforderung. Ich hatte mein Studium abgeschlossen, und Nelson hatte mich aufgefordert, als seine Privatassistentin an der Drucklegung seiner Vorlesungsnachschriften mitzuarbeiten. Es ging um den zweiten Band seines dreiteiligen Werkes „Vorlesungen über die Grundlagen der Ethik". Der erste Band, die „Kritik der praktischen Vernunft", und der dritte, das „System der philosophischen Rechtslehre und Politik", waren schon im Druck erschienen. Unfertig war noch der zweite Band, das „System der philosophischen Ethik und Pädagogik". Nelson hatte auch dieses Thema bereits mehrmals behandelt, zuletzt in jener Vorlesung vom Sommer-Semester 1924, die ich gehört hatte. Es lagen Nachschriften aus verschiedenen Semestern vor, die sich nur in der Ausführlichkeit der einzelnen Abschnitte und in der Wahl von Schwerpunkten unterschieden. Diese Texte sollten nun ineinander gearbeitet werden, und es lag Nelson daran, dabei noch einmal die gedankliche Entwicklung in ihren einzelnen Schritten zu überprüfen. Er suchte dafür den kritischen Mitarbeiter und ging bereitwillig und interessiert auf Fragen und Bedenken

ein, die ich vorbrachte. Wir haben manche Fragen miteinander diskutiert, einige
begleiteten uns fast durch die ganze Zeit dieser Zusammenarbeit, die mit Nelsons
Tod im Oktober 1927 endete. Meist aber gelang es in unseren Diskussionen bei
anfänglicher Meinungsverschiedenheit relativ bald, daß sich der eine oder der
andere vom Partner überzeugen ließ oder daß wir gemeinsam eine vermittelnde
Lösung fanden.

In dem „System der philosophischen Ethik und Pädagogik" steht das Kapitel
über das Recht der Tiere. Bei der Intensität der Zusammenarbeit, in die Nelson mich
hineingenommen hatte, war es mir nicht mehr möglich, an seinen Konsequenzen
vorbeizuhören, wie ich es noch in der Vorlesung getan hatte. Also galt es, zunächst
selber Stellung zu nehmen, ja oder nein zu sagen und, im zweiten Fall, dann die
Diskussion mit Nelson aufzunehmen und seinen Argumenten entgegenzutreten.
Ich hatte einen starken gefühlsmäßigen Widerstand gegen die Forderung der
vegetarischen Lebensweise, der sich auch durch Nelsons Argumente nicht auflösen
ließ; und doch gelang es mir nicht, diese zu widerlegen. Warum dieser Widerstand?
Faßte ich etwa gefühlsmäßig doch Fehler im Nelsonschen Gedankengang auf, die
mich hinderten, seine Schlüsse nachzuvollziehen, obwohl ich ihnen keine durch-
dachten Gegengründe entgegenstellen konnte? Ich klopfte den eigenen Widerstand
gewissermaßen nach solchen Gegengründen ab, trug dabei einiges zusammen und
brachte das dann in einem unserer Arbeitsgespräche Nelson gegenüber vor. Ich
weiß heute, ein halbes Jahrhundert später, nicht mehr, worauf ich mich im einzelnen berief. Es lag wohl in der Richtung, daß im Konfliktsfall menschliches Leben
höher zu bewerten sei als das eines Tieres. Nelson hörte sich meine Ausführungen
freundlich, aber etwas gelangweilt an; meine Versuche, mit ihnen seine ethische
Begründung des Vegetarismus zu entkräften, wies er lässig, mit einfachen Gegen-
fragen und weiterführenden Folgerungen zurück. Und ich wußte genau, daß sie
auch nicht mehr wert waren.

Trotzdem blieb mein Widerstand und mit ihm der Zweifel an Nelsons Argumentation. Ich fand den Weg nicht zur eigenen Überzeugung, die auch das Gefühl
erfaßt und die Sicherheit gibt, mit den eigenen Gedanken auf dem richtigen Weg
//13// zu sein. Wo lag der Fehler? Und dann kam mir der Verdacht, daß Sicherheit
und Überzeugung vielleicht nur darum fehlten, weil es mir gar so greulich war,
mich in meiner Lebensweise auf Grund eines moralischen Urteils von meiner
Umwelt abzuheben und im Zusammenleben mit anderen für mich vegetarische
Kost und somit Sonderregelungen zu verlangen. Die Frage, ob mein Gefühl in der
Vegetarismusfrage vielleicht nur durch diesen Widerwillen barrikadiert sei, habe
ich dann durch das Experiment zu beantworten versucht, es mit jenen unangeneh-
men Konsequenzen einfach einmal zu versuchen und dann zu prüfen, wie mein
Gefühl reagieren werde.

Ich fing also gewissermaßen im Selbstversuch mit der vegetarischen Lebensweise an, hielt das aber, um der Reinheit des Experiments willen, vor Nelson verborgen, was mir auch etwa neun Monate gelang. In dieser Zeit hat wiederum er nicht ein einziges Mal auch nur andeutungsweise das Thema angeschnitten. Dann passierte es zufällig, daß er ein Mädchen nicht zu erreichen wußte, die an der Nachschrift seiner Vorlesung arbeitete und die den gleichen Mittagstisch besuchte wie ich. Ich erbot mich, ihr dort eine Nachricht von ihm zu überbringen, worauf er – nach einer kurzen Pause – fragte: „Ist das nicht ein vegetarischer Mittagstisch?" „Ja." „Essen Sie dort, w e i l es ein vegetarischer Mittagstisch ist?" „Ja." „Seit wann essen Sie da?" „Seit Januar." Zwei Tage später bot Nelson mir in seinem Studierzimmer Nußpaste an: „Da Sie sich nun auch zum Vegetarismus entschlossen haben, sollen Sie auch erfahren, wie gut das schmecken kann." Mehr haben wir über die Angelegenheit nie gesprochen. Nelson war offen für den Gedanken, daß die angeblichen Opfer in der Ernährung, die der Entschluß zum Vegetarismus erfordert, sich als der Übergang zu gesünderer, wohlschmeckender und bekömmlicher Nahrung erweisen können. Aber das war für ihn zweitrangig. Angelpunkt und Begründung seiner Vegetarismus-Forderung blieb das Gebot der Gerechtigkeit, nach dem auch Tiere Rechte haben, das Recht auf Mitberücksichtigung ihrer Interessen, auch ihres Interesses am Leben, das Recht, nicht nur als Nahrungs-, Arbeits- oder Forschungsmittel des Menschen angesehen und behandelt zu werden, sondern als Inhaber eigener Rechte.

Mein Selbstversuch mit der vegetarischen Lebensweise ist positiv ausgegangen: jene quälende Diskrepanz zwischen Gefühl und Reflexion hat sich bald gelöst. Ich habe in den inzwischen verflossenen Jahrzehnten nie bereut, den Schritt getan zu haben, obwohl – oder vielleicht gerade: weil – mir im Verlauf der Jahre klargeworden ist, daß ich mit ihm die ethisch-rechtliche Beziehung zum Tier auch im eigenen Leben bei weitem noch nicht angemessen gestaltet habe. Die eigene vegetarische Lebensweise ist heute für mich nicht mehr, aber auch nicht weniger als ein verstandes- und gefühlsmäßig voll bejahtes Signal dafür, daß die Menschen unserer Zeit und Kulturstufe – auch ich selber als einer unter ihnen – im eigenen Umweltverständnis den eigenen Blick noch sehr weiten müssen, um das Recht der Tiere voll aufzufassen und zu wahren. In der biologischen Forschung unserer Zeit mit ihrer Erkundung der Verhaltensweisen und Lebensbedingungen von Tieren ertönen für den, der darauf achtet, weitere Signale zum gleichen Thema. Wir entdecken in der Tierwelt jüngere Partner des Menschen, die gleich ihm aus Erfahrung lernen, die im Sozialverband mit Artgenossen die ihnen gemäße Lebensform finden – und die schon darum vom Menschen nicht zum bloßen Mittel für menschliche Zwecke gemacht werden dürfen. Ich danke es meinem Lehrer Leonard Nelson, dem Philosophen und Vegetarier, auf solche Zusammenhänge an einer entscheidenden Stelle unüberhörbar hingewiesen worden zu sein.

(Anschrift: Prof. Dr. Grete Henry, Am Barkhof 19, 2800 Bremen)

Recht und Unrecht in der Beziehung des Menschen zum Tier[*]

1) Am 11. Juli 1982 hat sich zum hundertsten Mal der Geburtstag eines Mannes gejährt, der als akademischer Lehrer und Rechtsphilosoph die Lehre vom Recht der Tiere vertreten hat. Leonard Nelson, der 1927 im Alter von nur 45 Jahren gestorben ist, bekämpft mit dieser Lehre die bis heute weit verbreitete Auffassung, als handle es sich bei den Entscheidungen über Recht und Unrecht ausschließlich um zwischen*menschliche* Beziehungen, als gehe es dabei nur um die Wirkungen, die Handlungen oder Einrichtungen auf *menschliches* Leben und Wohlergehen haben, als sei die übrige Natur - Tiere, Pflanzen und Unbelebtes - rechtlich nur so weit von Bedeutung, wie ihre Schädigung oder Entwicklung dem Menschen schade oder nütze[1].

Im ausgehenden zwanzigsten Jahrhundert erfahren wir auf verschiedenen Gebieten, wie verhängnisvoll der Opportunismus wirkt, den Umgang des Menschen mit der Natur nur an seinem Nutzen für menschliche Zwecke zu messen. Dieser Opportunismus hat den Menschen selber gefährdet: Rohstoffe drohen auszugehen, Energiequellen zu versiegen, von Menschen verfolgte Tierarten sterben aus, die Vernichtung von Wäldern stört den Kreislauf des Wassers und läßt weite Landstrecken veröden. Das sind Warnsignale, die zu größerer Vorsicht mahnen; es gilt, immer sorgfältiger zu prüfen und vorweg zu erwägen, mit welchen unbekannten und vielleicht sehr unerwünschten Folgen bei neuen Eingriffen in die Natur gerechnet werden muß. Aber diese Mahnungen bleiben, im Ganzen gesehen, noch innerhalb der Grenzen, die der freien Verfügung über die Natur durch Sorge und Verantwortung für *menschliches* Leben gesetzt sind. Selbst der in unserer Zeit zunehmend geforderte Tierschutz wird weithin so begründet, etwa mit dem Recht künftiger menschlicher Naturfreunde, nicht in einer verödeten Natur aufzuwachsen, oder mit dem Recht von Menschen, nicht durch die Brutalität derer bedroht zu werden, die im brutalen Umgang mit Tieren auch Menschen gegenüber brutal geworden sind.

---

[*] Grete Henry: Recht und Unrecht in der Beziehung des Menschen zum Tier, Referat auf dem Vegetarier Kongreß, Ulm, am 26. Juli 1982. Privatarchiv Dieter Krohn.

[1] Ursprünglicher, aber gestrichener Text: Eine Verarmung menschlichen Lebens nach sich zieht.

Nelsons Appell für das Recht der Tiere hebt sich von solchen Überlegungen grundsätzlich ab. In ihm geht es nicht um gefährliche oder doch unliebsame Folgen, die der Eingriff in tierisches Leben *für den Menschen* hat oder doch haben kann, sondern es geht um das, was *den Tieren* angetan wird, sofern sie als bloße Mittel für menschliche Zwecke beurteilt und behandelt werden. //2//

So ist Nelson auch um des Rechts der Tiere willen Vegetarier geworden, und er begründet den Vegetarismus als ethische Forderung mit den Interessen der Tiere, die vom Menschen mitbedacht und gegenüber den eigenen berücksichtigt und abgewogen werden sollen.

In unseren Jahrhundert hat die Verhaltensforschung viel dazu beigetragen, das menschliche Verständnis für Leben, Leiden und Wohlergehen von Tieren zu fördern. Aber die Anerkennung eines Rechts der Tiere - nach der Auffassung Nelsons eine Folge dieses Verständnisses - hat sich keineswegs entsprechend durchgesetzt. Sie stößt nach wie vor auf Skepsis und Ablehnung.

2) Woher diese Hemmung? Der Erfahrungsbereich, in dem sich die Begriffe von Recht und Unrecht bilden und durch Anwendung weiterentwickeln, ist in der Tat das nach Rechtsnormen geordnete Zusammenleben von Menschen. Erst eine Rechtsordnung, in der Rechte und Verpflichtungen der einzelnen überschaubar gegeneinander abgegrenzt sind, schafft den Rahmen, in dem Konflikte durch Verständigung und damit ohne Gewaltanwendung gelöst werden können. Als ein vernunftbegabtes soziales Wesen ist der Mensch fähig, die Sozialordnung, in der er mit seinesgleichen lebt, sprachlich-begrifflich zu denken und durch ethisch-rechtliche Kategorien zu bestimmen. Es war ein langer geschichtlicher Prozeß, in dem Menschen Rechtsvorstellungen entwickelt und geltend gemacht haben. Da ging es zunächst um beschränkte Bereiche sozialer Wechselwirkung. Aber der Umgang der Menschen miteinander, der zur rechtlichen Regelung ihrer Beziehungen herausfordert, greift ja immer wieder über solche Gruppen hinaus, seien es Klein- oder Großfamilien, Gemeinden, Staaten oder Staaten-Verbände. Immer wieder kommt es zur Begegnung mit dem Außenstehenden, dem Fremden, und dann fragt es sich, ob und wie weit er in die durch Rechtsvorstellungen geprägte Sozialordnung hineingenommen wird, ob ihm in gleicher Weise wie den Mitgliedern des engeren Kreises Rechte zustehen und Pflichten zufallen. In der Begegnung mit fremdem Leben sind oft neue Konflikte entstanden; sie waren nicht selten der Anlaß, zu überprüfen, ob sich die eigene Sozialordnung als *Rechts*ordnung bewähre, oder ob sie revidiert, erweitert oder eingeschränkt werden solle. Die Auseinandersetzung mit der in der einen oder der anderen Form immer wiederkehrenden Trennung zwischen angeblich zivilisierten Menschen und sogenannten Barbaren gehört hierher. „Barbaren" – βάρβαροι – nannten die Griechen jene Fremdlinge, denen die griechische Begriffssprache //3// abging und die statt dessen, wie die Griechen meinten, sinnlos

Laute von sich gaben, die wie „barbaraba" klangen. In der Begegnung mit ihnen blieb es zunächst ungewiß, ob und wie weit ihnen gegenüber Rücksichtnahme oder gar die Achtung von Rechten geboten sei, wie Griechen sie einander zusprachen. In der Menschheitsgeschichte tauchen immer wieder Konflikte und Kämpfe auf, in denen es darum geht, eine in gewissen gesellschaftlichen Bereichen entstandene Rechtsordnung daran zu messen, ob und wie die in ihr herausgestellten Richtlinien auch in neuerschlossenen, über den bisher erfaßten Bereich hinausgreifenden Sozialbeziehungen sich als verbindlich bewähren. Die Sklavenbefreiung, die Verantwortung der Industrienationen für eine gesunde Entwicklung der Völker der dritten und der vierten Welt, die Nötigung, bei Umweltproblemen auch an kommende Generationen zu denken, all' das sind historische Anstöße und Vorgänge gewesen, in denen Menschen realisiert haben, daß rechtliches Denken hinausgreifen kann und, um konsequent zu bleiben, hinausgreifen muß über einen zunächst allein berücksichtigten aber beschränkten Bereich.

3) Damit stellt sich die Frage, ob denn nicht auch die Beziehung des Menschen zum Tier dem Maßstab des Rechts unterstehe und auf ihre rechtliche Zulässigkeit hin überprüft werden müsse. Dagegen scheint zu sprechen, daß - im Gegensatz zu allen anderen hier erwähnten Fällen - die Beziehung des Menschen zum Tier nicht durch eine Begriffssprache vermittelt wird und daher auch nicht von allen Betroffenen als ein Gefüge von Rechtsnormen festgelegt und verstanden werden kann. Tiere können vom Menschen durch Pflege und Dressur zu bestimmten Verhaltens- und Reaktionsweisen bestimmt werden und so scheinbar ihren Platz im menschlichen Sozialverband finden. Aber ihnen fehlt das Verständnis für die vom Menschen geschaffene Ordnung; sie können sie nicht als Rechtsordnung verstehen und nicht kritisch verantwortlich an ihr teilhaben.

Zwar leben auch viele höhere Tiere in Sozialverbänden, in denen ihr Umgang miteinander gemäß einer aufweisbaren festen Sozialordnung verläuft. Vielfach beruht sie auf einer Rangordnung, die zwar erst durch Rang*kämpfe* festgelegt wurde, dann aber in der *kampflosen* Ein- und Unterordnung der Tiere des Verbandes zur Geltung kommt - etwa in der Kooperation für gemeinsame Unternehmungen der Nahrungsbeschaffung oder der Verteidigung. Aber solchen soziallebenden Tieren fehlt eine Begriffssprache, wie sie sich in menschlichen Sozialverbänden herausgebildet hat. //4// Die faktisch zwischen ihnen geltende Sozialordnung wird daher auch nicht als Rechtsordnung verstanden und beruht nicht auf einer als verbindlich aufgefaßten Abgrenzung von Recht und Unrecht.

Aber was besagt das? Es war ja nicht nach Rechtsbeziehungen in den Verbänden höherer Tiere gefragt, sondern nach den Beziehungen des Mensche[n], der das eigene Verhalten am Maßstab von Recht und Unrecht messen kann, zum Tier, das eben dies nicht kann. Sollten sich - was nicht von vornherein ausgeschlossen wer-

den kann - rechtliche Anforderungen hinsichtlich seiner Beziehungen zu Tieren
ergeben, so kann deren Wahrung nicht einer Verständigung unter den Betroffenen
anvertraut werden. Sie bleibt abhängig davon, daß Menschen sich bestimmen lassen, diesen Anforderungen nachzukommen und Tiere so zu behandeln, wie es die
Achtung vor dem Recht der Tiere ihnen vorschreibt. Aber gibt es solche Rechte?

4) Der englische Philosoph Bentham[2] hat auf die Frage, ob auch Tiere den sie
behandelnden Menschen gegenüber Rechte haben, mit der Überlegung geantwortet: „Die Frage ist nicht: können sie argumentieren?, noch ist es die: können sie
sprechen?, sondern es ist die: können sie leiden?" Und Leonard Nelson begründete
seine Lehre vom Recht der Tiere mit dem Gebot der gerechten Abwägung, in dem
er das entscheidende Kriterium jeder rechtlichen Wertung erkannte und dem er die
Form gab: „Handle nie so, daß du nicht auch in deine Handlungsweise einwilligen
könntest, wenn die Interessen der von ihr Betroffenen auch deine eigenen wären."
Dieser „kategorische Imperativ", wie Nelson im Anschluß an Kant das hiermit
aufgewiesene Sittengesetz nennt, richtet sich als Gebot nur an den Menschen, das
vernunftbegabte Wesen, das sprachlich -begrifflich zu denken, die vorliegenden
Verhältnisse zu beurteilen, die auftretenden Interessen gegeneinander abzuwägen
vermag. Nur Menschen werden durch dieses Gesetz verpflichtet; nur sie sind nach
der Terminologie Nelsons „Pflichtsubjekte". Verpflichtet aber sind sie gegenüber
allen denen, in deren Interessensphäre sie durch ihr Verhalten eingreifen können
und denen nach eben diesem Abwägungsgesetz dem Menschen gegenüber das
Recht auf Mitberücksichtigung[3] //5// auch ihrer Interessen zusteht. Solche „Rechtssubjekte" sind nicht nur die von der Handlung eines „Pflichtsubjekts" betroffenen
Menschen, sondern auch die Tiere, deren Interessen durch menschliche Eingriffe
verletzt werden können, ohne daß sie, da ihnen die Begriffssprache fehlt, die ihnen
zustehenden Rechte selber vertreten können.

Der Kreis der Rechtssubjekte ist also weiter als der der Pflichtsubjekte. Auch die
Tiere haben Rechte, wenn ihnen auch nicht nach dem Abwägungsgesetz Pflichten
zugeschrieben werden können. Wohl aber ist es für den Menschen geboten, in der
Rechtsordnung seiner Sozialverbände die Rechte auch der behandelten Tiere zu
berücksichtigen.

5) Was gehört dazu? Die deutsche Gesetzgebung regelt die Beziehung des Menschen zum Tier, zwar ohne von Rechten der Tiere zu sprechen, aber doch durch
Beachtung der Sonderrolle, die den Tieren, eben weil sie leiden können, gegenüber
anderen Objekten menschlicher Betätigung zukommt. Das Grundgesetz für die

---

2 Jeremy Bentham, 1748–1832. „Einführung in die Grundsätze der Moral und der
   Gesetzgebung" [Fußnote von Grete Henry]
3 Ursprünglicher, aber gestrichener Text: auch.

Bundesrepublik Deutschland, das Bürgerliche Gesetzbuch und auch das Strafgesetzbuch, sie alle behandeln den Tierschutz im Zusammenhang mit menschlichen
Interessen am Umgang mit Tieren und an der Nutzung von Tieren; und sie behandeln ihn *nur* in diesem Zusammenhang.[4] Tiere werden erwähnt als zugehörig zu
den Lebens- und Genußmitteln und „anderen Bedarfsgegenständen" des Menschen
und außerdem in den erst kürzlich ins Strafgesetzbuch eingefügten Bestimmungen
gegen Umweltgefährdung. Das Tierschutzgesetz erst[5] geht im Ansatz über diese
nur auf menschliche Vor- und Nachteile bedachten Bestimmungen hinaus. Sein
erster Abschnitt nennt den Grundsatz für die weiteren Bestimmungen: „Dieses
Gesetz dient dem Schutz des Lebens und Wohlbefindens des Tieres. Niemand darf
einem Tier ohne vernünftigen Grund Schmerzen, Leiden oder Schäden zufügen.
Fragt man allerdings, was denn nun vernünftige Gründe seien, um derentwillen
Schmerzen, Leiden und Schäden der behandelten Tiere in Kauf genommen werden
dürfen, so verrät schon der Aufbau des Gesetzes, daß, als ob es sich von selber verstehe, menschliche Zwecke dem geforderten „Schutz des Lebens und Wohlbefinden des Tieres" übergeordnet sind. Auf jenen ersten, den Grundsatz verkündenden
Abschnitt folgen die weiteren Abschnitte unter den Themen: „Tierhaltung", „Töten
von Tieren", „Tierversuche", „Eingriffe zu Ausbildungszwecken", „Tierhandel".

Trotzdem aber schließt der vorangestellte Grundsatz im Tierschutzgesetz die
willkürliche Verfügung des Menschen über das Tier aus. Schmerzen, Leiden und
Schäden, die aus den so genannten „vernünftigen Gründen" Tieren zugefügt werden, sind //6// nach Grundsatz und Ausführungsbestimmungen des Tierschutzgesetzes rechtlich *nicht* gleichgültig. Schon damit wird - ob nun explizite Rechte von
Tieren anerkannt werden oder ob davon nicht die Rede ist - die Grenze überschrit-
ten, die anscheinend die Anwendung der Kategorien von Recht und Unrecht auf
zwischenmenschliche Beziehungen beschränken könnte.

6) Gegen die Anerkennung des Rechts von Tieren wird gelegentlich eingewandt,
sie führe zu unübersehbaren Folgerungen und damit auch zu unlösbaren Konflik-
ten. Wie weit reicht die Verpflichtung des Menschen Tieren gegenüber? Oskar
Heinroth hat im Gespräch über solche Fragen einmal gemahnt: „Entschuldigen Sie
bitte? wenn Sie von *dem* Tier reden, denken Sie dabei an eine Amöbe oder an einen
Schimpansen?" Menschliche Eingriffe in tierisches Leben reichen vom Umgang mit
Bakterien, Ungeziefer, Spinnen und Stubenfliegen bis zu dem mit Schoß-, Labor-,
Arbeits- und Schlachttieren. Am Anfang dieser Reihe stehen Reinigungs- und
Abwehrprozesse, die sich vom Hantieren mit toter Materie kaum unterscheiden;
die Endglieder betreffen Beziehungen die den Handelnden zusammen mit einem

---

4   GG, Art. 74, 20; BGB, §§ 481–493; Str.GB § 325,1 und § 326,1 [Fußnote von Grete Henry]
5   Ursprünglicher, aber gestrichener Text: aber.

ihm anvertrauten oder ihm ausgelieferten Lebewesen zeigen, das leidens- und genußfähig ist und in seinem Ergehen vom Menschen abhängt. Dieser Abhängigkeit des Tieres vom Menschen entspricht eine Verantwortung des Menschen dem Tier gegenüber. Beides ist dadurch aufeinander bezogen, daß der Mensch als vernunftbegabtes Wesen die Verwandtschaft auffassen kann, die zwischen den eigenen Lebensvorgängen und denen der ihm nahestehenden höheren Tiere besteht, und damit auch zwischen den eigenen Grundbedürfnissen, Schmerzen, Leiden und Freuden und denen dieser Tiere. Dieses Verständnis für Tiere und ihre Bedürfnisse bestimmt ihm das Maß der Verantwortung, wie sie ihm bei jedem Verfügen über Tiere diesen gegenüber zufällt. So wie im rechtlich geordneten zwischenmenschlichen Verkehr die Rücksichtnahme auf die Bedürfnisse der Mitmenschen gefordert wird, gilt Entsprechendes auch für den Umgang mit Tieren. Wollte jemand diese Rücksichtnahme zwar im Verkehr mit anderen Menschen für verbindlich halten, sich aber im Umgang mit höheren Tieren über sie hinwegsetzen, so würde er damit nur zu erkennen geben, daß es ihm auch seinen Mitmenschen gegenüber nicht um deren *Rechte* geht, die er achtet, sondern um eine Art Komplizenschaft im Kreise derer, die anderen Lebewesen absprechen, was sie für das eigene Leben als etwas ihnen rechtlich Zustehendes in Anspruch nehmen. //7//

Mit dem § 1 des Tierschutzgesetzes wird dieser Anspruch zurückgewiesen, wenn das auch noch in recht vorsichtiger[6], fast versteckter Weise geschieht. Von ausdrücklicher Anerkennung oder gar inhaltlicher Bestimmung des Rechtes von Tieren ist nicht die Rede; selbst der geforderte Tierschutz fügt sich weitgehend der Betrachtungsweise [ein], die Tiere nur als Mittel für menschliche Zwecke ansieht und als solche zu schonen sucht. Hinter der von Bentham und von Nelson geforderten Abwägung bleibt dieses Gesetz zurück und erscheint unzureichend. In diesem Mangel aber wird im Grunde nur ein Wesenszug von Kultur und Gesittung unserer abendländischen Welt sichtbar; er kann nicht durch Gesetz und Verordnung überwunden werden. Ein Vorstoß etwa, in der europäischen Gesellschaft unserer Zeit die Schlachthöfe als Mordstätten schließen zu wollen, würde - selbst wenn sich eine gesetzgebende Körperschaft dazu bereitfinden wollte - diktatorischen Zwang erfordern und eben damit dem Prozeß entgegenwirken, auf den es zur Behebung dieses Mangels ankommt und dem das Tierschutzgesetz dient: das Verständnis für das Recht der Tiere so zu klären und zu stärken, daß die menschliche Nutznießung von Tieren mehr und mehr davon durchdrungen und begrenzt wird.

7) Das ist gewiß ein weiter Weg. Welche anderen Erwägungen bieten sich, das Verhältnis des Menschen zum Tier ausgewogener zu gestalten? Albert Schweitzer sucht einen anderen Weg als Leonard Nelson. Er will den Blick des Menschen auf

---

6 Ursprünglicher, aber gestrichener Text: zurückhaltender.

die Tiere überhaupt weiten.[7] Es gibt [...][8] verschiedene Tiere und tierisches Leben ist wiederum nur ein Teil im umfassenden Bereich lebender Wesen überhaupt, wie sie sich in Jahrmillionen auf der Erde in immer neuen Formen entwickelt haben. Die Gestaltungskräfte der lebenden Natur, die dabei am Werke sind, übertreffen so sehr alle Künste des Menschen, Produkte seiner Wahl und für seinen Gebrauch herzustellen, daß nachdenkliche Menschen sich immer wieder in die eigenen Schranken verwiesen fühlen: Darf der Mensch mutwillig und weithin gedankenlos eingreifen in Lebensvorgänge, die der Mensch zerstören und entarten lassen, aber nicht aus eigenen Kräften gestalten kann? Albert Schweitzer spricht von der Ehrfurcht vor dem Leben, die für ihn zur Grundlage der Ethik wird. Die „Ethik der Ehrfurcht vor dem Leben" gründet er auf das Bewusstsein: „Ich bin Leben, das leben will, inmitten von Leben, das leben will." Damit scheint ein weiterer Bogen gespannt[9] zu //8// sein, als Nelson ihn in seiner nüchternen Lehre vom Gebot der gerechten Abwägung bietet.

Und doch fragt es sich, ob Schweitzer mit seiner Ethik der Ehrfurcht vor dem Leben in der Tat über jenes Gebot hinausführt. In seiner Rechenschaft über das eigene Leben sagt Schweitzer: „Dem wahrhaft ethischen Menschen ist alles Leben heilig, auch das, das uns vom Menschenstandpunkt aus als tiefentstehend vorkommt. Unterschiede macht er nur von Fall zu Fall und unter dem Zwange der Notwendigkeit, wenn er nämlich in die Lage kommt, entscheiden zu müssen, welches Leben er zur Erhaltung des anderen zu opfern hat. Bei diesem Entscheiden von Fall zu Fall ist er sich bewußt, subjektiv und willkürlich zu verfahren und die Verantwortung für das geopferte Leben zu tragen zu haben."

Auch die Ehrfurcht vor dem Leben befreit somit nicht vom Gebot der Abwägung. Sie selber enthält keinen Maßstab zur Lösung auftretender Konflikte. So bleibt denn auch sie auf Nelsons Lehre vom Recht der Tiere angewiesen, wenn sie von Willkür frei gehalten werden soll. Auch in der Beziehung des Menschen zum Tier gilt die Richtschnur, die sich im zwischenmenschlichen Verkehr als rechtliche Grundbedingung erwiesen hat: die Folgen des eigenen Verhaltens auf die von ihm Betroffenen so zu berücksichtigen, als ob sie alle auch den Handelnden selber träfen.

---

7 Ursprünglicher, aber gestrichener Text: Die Mannigfaltigkeit tierischen Lebens geht weit hinaus über den Bereich der Tiere, die im eigenen Verhalten durch bewußte Bedürfnisse bestimmt werden und die daher leiden oder sich wohlbefinden können.

8 Text nicht lesbar oder unvollständig.

9 Ursprünglicher, aber gestrichener Text: geschlagen.

Ceterum censeo. Bemerkungen zu Aufgabe und Tätigkeit eines philosophischen Verlegers[*]

EINEN „TRAKTAT VON DER METHODE" hat Kant die eigene „Kritik der reinen Vernunft" genannt. Für seine Schüler Jakob Friedrich Fries und Leonard Nelson wurde diese Bestimmung zum Schlüssel ihres Verständnisses der kritischen Philosophie. Den entscheidenden Kern von Kants Entdeckungen sahen sie im Postulat der Vernunftkritik als einer philosophischen Propädeutik, die, ohne selber schon philosophische Lehren zu entwickeln, doch die grundlegenden Kategorien und Prinzipien der Philosophie klären und deren Erkenntnischarakter diskutieren sollte.

Nelson verfolgt diesen methodischen Ansatz bei Kant zurück bis auf die Schrift: „Untersuchung über die Deutlichkeit der Grundsätze der natürlichen Theologie und der Moral", mit der Kant eine Preisaufgabe der Berliner Akademie der Wissenschaften beantwortet hat. Nelson führt aus: „Es ist kulturgeschichtlich nicht uninteressant, daß die damals weltberühmte Akademie einen Preis aussetzte für die Lösung eines metaphysischen Problems. Man hatte sich vergeblich bemüht, durch Anwendung der mathematischen Methode auf die Metaphysik diese zu einer ebenso evidenten Wissenschaft zu erheben, wie es die Mathematik längst war. Das Fehlschlagen aller dieser Bemühungen hatte die Akademie der Wissenschaften veranlaßt, ihre Preisaufgabe zu stellen. Diese Preisaufgabe lautete folgendermaßen: ,Man will wissen, ob die metaphysischen Wahrheiten überhaupt und besonders die ersten Grundsätze der theologiae naturalis und der Moral ebenso der deutlichen Beweise fähig sind als die geometrischen Wahrheiten, und welches, wenn sie besagter Beweise nicht fähig //78// sind, die eigentliche Natur ihrer Gewißheit ist, zu was vor einem Grad man gemeldete Gewißheit bringen kann und ob dieser Grad zur völligen Überzeugung zureichend ist.'" (Ges. Schr. Band VII, S. 153 f.) In seiner Antwort stellt Kant fest, die Mathematik verdanke die Sicherheit ihres Fortschreitens keineswegs der axiomatischen Methode und ihren „deutlichen Beweisen", sondern der Anschaulichkeit ihrer Grunderkenntnisse, und diese Anschaulichkeit sei für die Metaphysik nicht gegeben. In dieser Feststellung sieht Nelson den ent-

---

[*]   G. Henry-Hermann: Ceterum censeo. Bemerkungen zu Aufgabe und Tätigkeit eines philosophischen Verlegers. Richard Meiner zum 65. Geburtstag (hrsg. von Manfred Meiner). Felix Meiner Verlag. Hamburg 1983, S. 77–81.

scheidenden Anstoß, durch den Kant zur Entwicklung der kritischen Methode geführt wird. Und deren schrittweise Ausgestaltung und Anwendung sind es, die für Jakob Friedrich Fries und seine Schule den Leitfaden bilden, gemäß dem die kritische Philosophie schulmäßig weiterentwickelt werden soll.

Als Leonhard Nelson und seine Freunde 1904 die Herausgabe der „Abhandlungen der Fries'schen Schule, Neue Folge" aufnahmen, beriefen sie sich im Vorwort zum ersten Heft auf diesen Ansatz: „Der Grund unserer Überzeugung von der Überlegenheit dieser Philosophie liegt in nichts anderem als in dem Vertrauen auf dieselbe Macht, durch die einst die Geometrie des Euklides über die Zahlen- und Figurenphantasien der Pythagoräer gesiegt hat, und die der von Kepler, Galilei und Newton ausgebildeten Astronomie die Überlegenheit über die astrologischen Träume ihrer Zeitgenossen verliehen hat. Diese Macht ist die *wissenschaftliche Methode*." (I, 3f.)

Nelson selber hat sich mit der kritischen Methode vorwiegend der praktischen Philosophie zugewandt. „Praktisch" ist, der unmittelbaren ... Bedeutung nach, was sich auf das Handeln bezieht." (IV. 344) „Die höchsten Zwecke der Philosophie liegen stets in der praktischen Philosophie, das heißt in dem, was die Philosophie dem Leben bedeuten soll, also in der Ethik im allgemeinsten Sinn des Wortes." (VII, 13) //79//

Die „Gesammelten Schriften" Leonard Nelsons, deren neun Bände in den Jahren 1970 bis 1977 beim Felix Meiner Verlag in Hamburg erschienen sind, gliedern sich in ihrem Aufbau nach den verschiedenen Aufgaben und Arbeitsbereichen, denen Nelson seine Kraft zugewandt hat. Da geht es zunächst um Klärung, Durchformung und Anwendung der kritischen Methode selber und damit um Nelsons Anspruch, durch diese Methode und nur durch sie sei Philosophie als Wissenschaft möglich. Es folgen die Hauptwerke, mit denen Nelson den eigenen Beitrag zu dem geforderten wissenschaftlich-systematischen Aufbau der Philosophie vorgelegt hat, sein dreibändiges Werk „Vorlesungen über die Grundlagen der Ethik" und die philosophiegeschichtliche Arbeit „Fortschritte und Rückschritte der Philosophie". Die abschließenden beiden Bände bringen Ausarbeitungen und Reden Nelsons zu inhaltlich wichtigen Einzelfragen. Deren Bedeutung wird gemessen an jenen „höchsten Zwecken", in denen Nelson die Grundaufgabe der Philosophie und des Philosophierens sah; dem menschlichen Streben würdige Ziele zu weisen. Diese Orientierung seines Philosophierens hat ihn im eigenen Leben über die Arbeit des philosophischen Forschers hinausgetrieben zu pädagogischen und politischen Aufgaben, in die er auch seine Schüler hineinstellte. „Die Ethik ist da, um angewandt zu werden" – das ist sein Ausdruck für diesen Fortgang seiner Arbeit, für sein Verständnis vom „Beruf der Philosophie zur Erneuerung des öffentlichen Lebens", für das er 1915, während des Ersten Weltkrieges in einem Vortrag eintrat.

Der Kreis der Herausgeber der „Gesammelten Schriften" umfaßt Menschen, die in diesen verschiedenen Gebieten mit Nelson zusammengearbeitet und sich mit ihm auseinandergesetzt haben. Paul Bernays, Arnold Gysin, Fritz von Hippel und Gerhard Weisser gehören zum Kreis derer, die in den Unternehmungen der wiederbelebten Fries'schen //80// Schule sich mit um die schulmäßige Ausbildung der kritischen Philosophie bemüht haben. Willi Eichler hat im eigenen politischen Leben Nelsons Ideen zur Geltung gebracht. Er war Vorsitzender der Programmkommission der Sozialdemokratischen Partei Deutschlands. Deren Godesberger Grundsatzprogramm läßt in seinem Bekenntnis zu den „Grundwerten sozialistischen Wollens" deutlich die Verwurzelung auch in der kritischen Philosophie Kants und Nelsons erkennen. Gustav Heckmann, einst Lehrer in dem von Nelson ins Leben gerufenen Landerziehungsheim Walkemühle, hat sich vordringlich der „Sokratischen Methode" zugewandt; er hat diese Methode, mit der Nelson zwar nicht Philosophie, wohl aber das Philosophieren lehren wollte, selber angewandt und kritisch vertieft; er hat darüber hinaus einen Arbeitskreis von Mitarbeitern gewonnen, die an dieser pädagogischen Arbeit teilnehmen und sie weiterführen.

In einem Kreis von Freunden und Schülern Nelsons, die zusammengeschlossen sind in der noch von Nelson gegründeten „Philosophisch-Politischen Akademie", wurde der Plan gefaßt, die vielfach zerstreuten Schriften Nelsons zu ordnen und überschaubar zur Verfügung zu haben. Damit stellte sich die Frage, welcher Verlag um die technische Durchführung dieses Unternehmens gebeten werden sollte. Es war die gefestigte Tradition der vom Felix Meiner Verlag herausgebrachten Philosophischen Bibliothek, die uns den Wunsch nahelegte, Nelsons Schriften in diesem Verlag erscheinen zu sehen. Mit der Redaktion der Bände beschäftigt, habe ich während mancher Jahre in dauerndem Kontakt mit Richard Meiner [1] und seinen Mitarbeitern gestanden. Selber Laie in dieser Arbeit war ich auf Kritik und Rat des Verlages angewiesen und habe beides – gelegentlich über Klippen und Schwierigkeiten hinweg – immer wieder erfahren. Ich danke vor allem Herrn Richard Meiner [1] für diese Hilfe. //81//

Es war sein Vorschlag, neben den „Gesammelten Schriften" noch einen Sonder- und Studienband mit Schriften Nelsons herauszubringen, der auf Nelsons philosophische Arbeit hinweisen und in sie einführen sollte. So erschien 1975 als Band 288 der Philosophischen Bibliothek ein Sammelband: „Leonard Nelson, Vom Selbstvertrauen der Vernunft, Schriften zur kritischen Philosophie und ihrer Ethik". Der Titel dieser Schrift nimmt jenen Grundsatz auf, den Nelson, im Anschluß an Fries, dem eigenen Philosophieren nach kritischer Methode zugrunde legte. Es ist der Satz vom Selbstvertrauen der Vernunft, den Fries so ausgesprochen hat: „Jeder Mensch hat das Vertrauen zu seinem vernünftigen Geiste, daß er der Wahrheit empfänglich und teilhaft sei." (VII, 628)

Die Arbeit des Verlages hat ihren Anteil am Bestreben Nelsons, diesem Vertrauen in philosophischen Darlegungen Ausdruck zu geben. Es liegt auf der Hand,
wie Nelson selber diesen Beitrag beurteilt. Ihm gilt es um die Vertretung seiner
Ideen, zu deren Erprobung in der Wirklichkeit er aufruft. Er anerkennt die ideale
Bedeutung dessen, was er einen technischen Beruf nennt; das ist „ein solcher, der
nicht unmittelbar einem idealen Zweck dient, sondern der uns nur die Herrschaft
über die äußere Natur sichert und ihr die Mittel zur Befriedigung unserer Interessen abgewinnt. ... Dem recht verstandenen Idealismus ist an der Verwirklichung
seiner Ideale gelegen, und er wird daher immer danach streben, sich in den Besitz
der dazu erforderlichen Technik zu setzen." (V, 239 f.)

GRETE HENRY

Anmerkungen

[1] Richard Meiner (1918–1998) war der Sohn des Verlagsgründers Felix Meiner (1883–1965). Er leitete den Verlag von 1948 bis 1998. Im Zentrum der Verlagsarbeit stand und steht die ,Philosophische Bibliothek'. In ihr erscheinen kontinuierlich philosophische Publikationen und Forschungsarbeiten sowie Gesamtausgaben der wichtigsten Philosophen. Von 1970 bis 1977 gab Richard Meiner als Herausgeber die Gesammelten Schriften von Leonard Nelson in neun Bänden heraus. In dieser Zeit arbeitete er eng mit Grete Henry-Hermann und anderen Herausgebern der einzelnen Bände zusammen.

1975 erschien der Band ,Leonard Nelson: Vom Selbstvertrauen der Vernunft. Schriften zur kritischen Philosophie und Ethik'.

2011 erschien aus Nelsons Nachlass die Publikation ,Leonard Nelson: Typische Denkfehler in der Philosophie', herausgegeben von Andreas Brandt und Jörg Schroth im Meiner Verlag Hamburg.

Im Jahr 2020 erschien bei Meiner eine Neuausgabe der neunbändigen Schriften Nelsons sowie eine digitale Ausgabe der Werke Nelsons.

Printed in the United States
by Baker & Taylor Publisher Services